Der Sternenhimmel

beschrieben

von

F. Kaiser,
Professor der Astronomie und Director der Sternwarte zu Leiden, Ritter des Niederländischen Löwenordens, Mitglied mehrerer gelehrten Gesellschaften zc.

Nach der zweiten holländischen Auflage übersetzt

von

Dr. Franz Schlegel.

Mit einem Vorwort

von

J. F. Encke.

Berlin, 1850.
Verlag von G. Reimer.

Der Sternenhimmel

beschrieben

von

F. Kaiser,

Professor der Astronomie und Director der Sternwarte zu Leiden, Ritter des Niederländischen Löwenordens, Mitglied mehrerer gelehrten Gesellschaften ꝛc.

Nach der zweiten holländischen Auflage übersetzt

von

Dr. Franz Schlegel.

Mit einem Vorwort

von

J. F. Encke.

Berlin, 1850.

Verlag von G. Reimer.

Vorrede des Uebersetzers.

Wenn ich die nicht unbedeutende Anzahl der über diesen Gegenstand in Deutschland erschienenen Schriften, womit sich selbst einige unserer ausgezeichnetsten Astronomen bemühten, mit der Uebersetzung eines holländischen Werkes vermehre, so kann man wohl billigerweise fragen, ob diese Vermehrung auch eine Bereicherung sei. Die Entscheidung dieser Frage überlasse ich den Männern von Fach und zwar denen, welche in ihrem Urtheile nur durch das Interesse der Wissenschaft und der allgemeinen Verbreitung ihres Segens geleitet werden. Ich glaubte durch die Vortrefflichkeit dieses Buches eine Uebersetzung desselben nicht nur gerechtfertigt, sondern wegen so mancher

Vorzüge dieser Schrift sogar erwünscht. In diesem meinen Vorhaben hat mich das Urtheil unseres großen Astronomen Encke, welchen ich darüber um Rath fragte, nur noch mehr bestärkt, um so mehr als der Herr Verfasser selbst gütigst seine Hand bot, mir von seiner kostbaren Zeit so viele Opfer zu bringen, daß die Uebersetzung unter seinen Augen Wort für Wort mit dem Originale verglichen und die Berichtigungen und Bereicherungen der letzten drei Jahre, welche seit dem Erscheinen der zweiten Auflage seiner Schrift verflossen waren, aufgenommen werden konnten. Besonders in dem Abschnitt über den Bau des Weltalls war eine Berücksichtigung der nach der Herausgabe der zweiten Auflage des Originals erschienenen bedeutungsvollen Arbeiten Herschel's, Mädler's und Struve's nothwendig, die, wenn sie auch nach dem Urtheile des Herrn Verfassers keine durchgreifenden Veränderungen in unseren Ansichten darüber bedingen, doch als die Arbeiten so hochachtbarer Männer nicht nur benutzt, sondern auch einer ausführlicheren Besprechung gewürdigt zu werden verdienen, welches letztere sich der Herr Verfasser für eine spätere Gelegenheit vorbehält. Soviel übrigens aus diesen ebengenannten Untersuchungen für diese Schrift von Wichtigkeit oder nach dem Urtheile des Herrn Verfassers als Wirklichkeit oder als hohe Wahrscheinlichkeit wenigstens gelten konnte, ist aufgenommen worden und somit dem Buche diejenige Gestalt verliehen worden, welche dem heutigen Stande unsrer Kenntniß entspricht.

Für alle diese Theilnahme und vielfältigen Bemühungen bin ich dem Herrn Verfasser zum lebhaftesten Danke verpflichtet und kann nicht umhin, die für dieses Buch so ehrenvolle Bevorwortung Encke's mit um so größerem Danke anzuerkennen, als ein so streng wissenschaftlicher Mann mit dieser anspruchslosen Schrift sich zu bemühen nicht versagte.

Der leicht faßliche Vortrag, welcher dieses Buch durch und durch und selbst bei den schwierigsten Gegenständen in so hohem Grade auszeichnet, schien mir einer der hauptsächlichsten Vorzüge, der eine Menge anderer einschließt, welche wir in mehreren anderen populären Schriften keineswegs in diesem hohen Maße wiederzufinden glaubten. Der Erfahrung gemäß, daß mathematische Sätze, Zeichen und Begriffe, mathematische Figuren und selbst die dieser Hülfswissenschaft eigene Ausdrucksweise dem bei weitem größten Theile des Publikums ein Gegenstand des Widerwillens und ein Hinderniß des Verständnisses sind, hat der Verfasser auf wirklich unübertreffliche Weise alle diese Klippen umgangen und scheint mir darin glücklicher gewesen zu sein, als so viele Andere, welche sich um die Verbreitung der erhabensten aller Naturwissenschaften verdient gemacht haben. Keineswegs jedoch muthet der Verfasser seinen Lesern zu, seine Versicherungen auf Treu und Glauben hinzunehmen, sondern überall, wo es geschehen konnte oder mußte, wird man den Grundsatz mitgetheilt finden, von welchem aus einige Untersuchungen zu wichtigen Resultaten führten. Hie und da mag der Deutlichkeit die Form geopfert scheinen und in dem Streben, innerhalb der beschränkten Grenzen über jeden Gegenstand gerade das Wissenswürdigste zu geben, mag für die Behandlung der verschiedenen Gegenstände einige Ungleichheit erwachsen sein, wie sie der Verfasser selbst anerkennt, die mir aber für ein Buch der Art den vielen Vorzügen gegenüber durchaus ohne Nachtheil zu sein scheint. Immer seinen Hauptzweck der allgemeinen Faßlichkeit verfolgend hat der Verfasser in der zweiten Abtheilung dieser Schrift über die höheren Regionen des Himmels die geschichtliche Entwicklung vorgezogen, welcher Weg überall da leichter zum Ziele führen muß, wo wenig sichere Resultate, sondern nur mehr oder weniger wahrscheinliche Annahmen vorzutragen sind und wo man seine Leser auf die großen, zu wichtigen Resultaten führenden Unternehmungen unserer Zeit aufmerksam zu machen nicht versäumen darf.

Es wird jedenfalls Manchen befremden, eine derartige Schrift ohne Figuren zur Erläuterung zu finden, der Verfasser ist aber darüber ganz anderer Ansicht, die gewiß Jeder mit uns theilen wird, sobald er durch das aufmerksame Studium dieses Buches von der Behandlungsweise Einsicht genommen hat. Der Verfasser hält mit Recht mathematische Figuren für Alle, denen die Mathematik fremd ist, für unbrauchbar und während man sich beim mündlichen Vortrage einfacher mathematischer Figuren mit Vortheil bedienen kann, indem der Zuhörer die Figur unter der Erklärung entstehen sieht, muß eine schon vollendete mathematische Figur für den in der Mathematik ganz Unbekannten in der Regel unverständlich und demjenigen, der nicht daran gewöhnt ist seinen Blick und seine Aufmerksamkeit abwechselnd zwischen Schrift und Figur zu theilen, wenigstens störend sein. Die langjährige Erfahrung des Verfassers haben ihn zu der Ueberzeugung geführt, daß letzteres die Auffassung des Gedankenganges so erschwert, daß er sich auf das Bestimmteste gegen die Aufnahme von Figuren erklären zu müssen glaubte. In einzelnen Fällen dagegen, wo eine Figur von Nutzen schien, nahm der Verfasser den Ausweg, den Leser anzuweisen, wie er sie sich selbst entwerfen könne und es zeigt sich, daß man gewöhnlich einzig und allein durch aufmerksames Lesen einer solchen Vorschrift die durch die Figur zu erläuternde Sache viel besser schon versteht, als wenn man die vollendete Figur vorlegt, so daß oft selbst bei schwacher Einbildungskraft, die Figur nach dieser Vorschrift wirklich zu entwerfen, erspart werden kann. Eben dasselbe kann von der Angabe, wie man sich einige einfache zur Versinnlichung dienende Apparate verfertigen soll, gelten, indem für Viele schon ein aufmerksames Lesen der Vorschriften zum Verständniß der Ursachen mancher Erscheinungen vollkommen hinreichen wird und der Lehrer durch solche einfache Apparate der Einbildungskraft seiner Schüler besser aufhelfen wird, als durch mathematische Figuren, die oft die einfachsten Apparate nur durch störende Verwicklung zu ersetzen vermögen.

Mehrere andere Vorzüge, welche jedoch den schon besprochenen untergeordnet sind, wodurch sich aber diese Schrift vor mancher anderen der Art auszeichnet, überlasse ich dem Auge des aufmerksamen Lesers und dem Urtheile Sachkundiger.

Diese Erläuterung des Sternenhimmels hat den Zweck, den in die Astronomie ganz Uneingeweihten mit den durch die Untersuchungen der Astronomen gewonnenen Resultaten bekannt zu machen und schließt alle Hülfswissenschaften, an denen die Meisten kein Vergnügen finden, aus. Dieser Erläuterung des Sternenhimmels schließt sich aber ein größeres Werk des Verfassers: die Beschreibung des gestirnten Himmels mit Abbildungen an, welches für diejenigen bestimmt ist, die tiefer in diese Wissenschaft eingeweiht sein wollen. Von diesem schon im Jahre 1845 erschienenen Werke wird eine neue Auflage vorbereitet. Der Zweck dieses größeren Werkes ist diejenigen, welche sich durch das Studium vorliegender Schrift einige Kenntniß von dem Himmel erworben haben, tiefer in das Wesen der Astronomie und der von ihr benutzten Hülfsmittel einzuweihen. Durch seine Abbildungen und Sternkarten ist es besonders geeignet, Liebhaber der Astronomie mit den merkwürdigsten Körpern und Erscheinungen des Himmels vertraut zu machen und sie in den Stand zu setzen, an den Thätigkeiten der Astronomen Theil zu nehmen. Im Verein mit der vorliegenden Erläuterung des Himmels entspricht es nach des Verfassers Ansicht, den Bedürfnissen und Wünschen derer, die ohne mathematische Kenntnisse sich auf fruchtbare Weise mit der Astronomie beschäftigen wollen.

Leiden, im Juli 1850.

Der Uebersetzer.

Vorwort

vom Professor Encke.

Bei einem Besuche, mit welchem Herr Professor Kaiser, Direktor der Sternwarte zu Leiden, im Jahre 1847 mich beehrte, schenkte er mir die beiden Theile seiner populären Astronomie, welche er unter dem Titel: De Sterrenhemel, door F. Kaiser Hoogleeraar te Leiden, Erste en Tweede Deel, Te Amsterdam bij C. G. Sulpke, in holländischer Sprache herausgegeben hatte. Der erste Theil, welcher auf einem besonderen Titel den Zusatz hat: verklaard door F. Kaiser, enthält die Zusammenstellung der wichtigsten Thatsachen, welche in dem ganzen Gebiete der Astronomie bis jetzt erforscht worden sind, und ihre Erklärung, so weit sie in einem solchen Werke gegeben werden kann. Von diesem Theil erschien die zweite Auflage im Jahre 1847.

Der zweite Theil mit dem Zusatze auf einem besonderen Titel: Beschreven en afgebeeld door F. Kaiser, giebt eine speciellere Beschreibung der merkwürdigsten Gegenstände am Himmel, begleitet von Abbildungen und Charten, welche bei dem ersten Theile hinzuzufügen nicht erforderlich war. Die erste Auflage desselben erschien 1845. Der Verfasser deutet in der Vorrede zum zweiten Theile das Verhältniß beider zu einander durch die Worte an: „Durch meine Erläuterung des „Sternenhimmels (den ersten Theil) habe ich gesucht so „viele Kenntnisse von dem Himmel und seinen Erschei„nungen zu verbreiten, als jeder gebildete Mensch sich „leicht erwerben kann, und meiner Meinung nach be„sitzen sollte. Die Beschreibung und Abbildung (der „zweite Theil) ist mehr für Diejenigen insbesondere „bestimmt, welche ihre freie Zeit lieber zu einem ver„trauteren Umgange mit dem gestirnten Himmel ver„wenden, als den gewöhnlichen Zeitvertreiben zu fröh„nen Neigung haben."

Wenngleich die Sprache, in welcher diese Werke geschrieben sind, mir nicht so geläufig ist, daß ich den feineren Sinn jedes einzelnen Ausdrucks immer anzugeben vermöchte, so vollständig auch das Verständniß im Ganzen ist, so zog mich doch die ganze Zusammenstellung bei der ersten Durchlesung sogleich ungemein an. Man erkennt in ihr, wie es von dem Herrn Professor Kaiser, der dem Studium der Astronomie in Holland einen bis dahin noch nicht erreichten Aufschwung gegeben hat, zu erwarten war, daß der Verfasser durch eigene Anschauung eine vollständige Kenntniß von dem sich erworben, was er behandelt, und überall sowohl in praktischer als theoretischer Hinsicht auf eigene Erfahrungen sich stützt. Zugleich geht eine gewiße Wärme durch das ganze Werk hindurch, die ein unverkennbares Zeugniß giebt von der eifrigen Zuneigung des Vortragenden zu seiner Wissenschaft, und eben deshalb vortheilhaft auf den Leser einwirkt. Endlich ist der Gang in dem ersten Theile auch darin ein origineller, daß er, ohne irgend mathematische Kenntnisse (ausgenommen solche, die jedem irgend Gebildeten schon durch das gewöhnliche Leben völlig geläufig gemacht sind) vorauszusetzen, doch keine Zeichnungen zu Hülfe ruft, um die Bewegungen zu erläutern, sondern durch Angabe der einfachsten Vorrichtungen, die Jeder sich selbst zu machen im Stande ist, dem eigenen Nachdenken die Versinnlichung, in so fern sie noch nöthig sein sollte, überläßt, und dadurch dem denkenden Leser den Reiz gewährt, selbstthätig zu der Erreichung eines völlig klaren Verständnisses mitzuwirken. Ungeachtet des geringen Umfanges des Werkes sind doch alle irgend hierher gehörige Thatsachen und Erscheinungen angegeben und erwähnt, selbst Theile, welche einer höheren Sphäre anzugehören scheinen, wie die Störungen, die der Mond erleidet, mit einiger Ausführlichkeit behandelt, Erscheinungen, welche in manchen populären Astronomien fehlen, wie z. B. die der Sternschnuppen, einer umsichtigen Beurtheilung unterworfen, und so wie die auf sicherer Grundlage beruhenden Ermittelungen mit Bestimmtheit und Genauigkeit aufgeführt sind, so fehlt auch am Schlusse nicht eine kritische Betrachtung derjenigen Annahmen, welche sich bis jetzt nicht strenge haben beweisen lassen, vielleicht nie bewiesen werden können, und die doch, namentlich die Hypothesen über die Anordnung und den Bau des Sternensystems, niemals den Reiz verlieren werden, welchen sie, besonders seit Herschel diese Fragen angeregt hat, beständig für jeden Gebildeten gehabt haben.

Diese Vorzüge sind großentheils dadurch erreicht, daß der Verfasser ohne allzu große Vorliebe für einen bestimmten Theil, mit sicherem Takte allen hier zu machenden Anforderungen dem gehörigen Maaße nach gerecht zu werden gesucht hat, und eine bis auf die neuesten Zeiten sich erstreckende Vollständigkeit, in Bezug auf die wahrhaft wichtigen Thatsachen, mit zweckmäßiger Abwägung desjenigen zu verbinden gewußt hat, was über jede hier mitzutheilen war.

Eine dem geehrten Verfasser vielleicht gelegentlich gewordene Kenntniß von dem günstigen Urtheile, das ich dann und wann über seine Arbeit zu äußern mir erlaubte, mag die Veranlassung gewesen sein, daß Herr Dr. Schlegel, welcher unter den Augen des Verfassers eine deutsche Uebersetzung zu veranstalten beabsichtigte, sich an mich wandte, um derselben einen Verleger zu verschaffen, wozu sich auf meinen Antrag Herr Reimer sogleich bereit erklärte. Er fügte nur den Wunsch hinzu, daß ich ein kleines Vorwort geben möchte.

Es konnte mir nicht zukommen hoffen zu dürfen, daß bei dem Werke eines in der astronomischen Welt so rühmlich bekannten Verfassers, meine Aeußerungen über dasselbe einen irgend erheblichen Einfluß auf seine Verbreitung haben könnte. Dennoch ergriff ich den Vorschlag des Herrn Verlegers um so lieber, als in der That, zwar nicht dem Wesen, doch der Form nach, ein kleiner Antheil an dem Werke mir zufällt.

Uebersetzungen bei Sprachen, welche so verwandt und doch so verschieden sind wie das holländische und deutsche, haben ihre eigenthümlichen Schwierigkeiten, weil häufig Ausdrücke und Wendungen, welche in der einen Sprache zulässig oder selbst edel sind, in der andern ungewöhnlich und den Sinn entstellend werden können. Diese Schwierigkeiten entgingen mir gleich anfangs nicht, und ich erlaubte mir den Herrn Uebersetzer, der, wie es mir schien, für den deutschen Ausdruck in völlig entsprechender Weise, etwas zu lange in Holland gelebt hatte, darauf aufmerksam zu machen, so wenig es auch gerathen war, dieses Nebenumstandes wegen, die Uebersetzung nicht unter den Augen des Verfassers anfertigen zu lassen. Die nöthigen Zusätze erforderten dieses unumgänglich. Herr Professor Kaiser hatte indessen dieses Umstandes wegen mir erlaubt bei dem Durchgehen des Werkes die Aenderungen im Ausdrucke, welche mir nöthig scheinen sollten, nach eigenem Gutdünken vorzunehmen. Bei den ersten Bogen hielt mich eine leicht zu erklärende Scheu ab, von dieser Erlaubniß einen so umfassenden Gebrauch zu machen, als es von dem dritten an später geschehen ist. Es sind deshalb auf den beiden ersten Bogen einige Ausdrücke und Wendungen stehen geblieben, welche etwas ungewöhnlich sein mögen. So z. B haben die Holländer einen schönen Ausdruck für die Gestirne im Allgemeinen, nämlich de lichten des hemels, welchen wir im deutschen so nicht wiedergeben können. Der Herr Uebersetzer hat dafür das im Deutschen ungewöhnliche Wort Himmelslichter genommen, und dasselbe ist auf den ersten Bogen einige Male stehen geblieben. Es wäre wohl zu wünschen, daß dieses Wort oder ein verwandtes im Deutschen eingebürgert werden könnte, denn die jetzt gangbaren: Sterne, Gestirne, Himmelskörper, drücken nicht den einfachen Umstand aus, daß diese Erscheinungen sich nur durch ihr Licht uns bemerklich machen, ohne daß über die eigentliche Natur derselben, selbst über ihre Körperlichkeit, ein direktes Urtheil uns zusteht. Dennoch habe ich in den späteren Bogen durchgehends das Wort geändert.

Ueberhaupt habe ich jeden Bogen, nach Vergleichung mit dem holländischen Texte, um keinen andern Sinn den einzelnen Sätzen beizulegen, als der Herr Verfasser beabsichtigte, von solchen Ausdrücken und Wendungen zu befreien gesucht, die im Deutschen den schönen Ausdruck des Originals hätten entstellen können, oder selbst zu einer Dunkelheit Veranlassung geben, wobei indessen allerdings die Nothwendigkeit nicht allzu viel zu ändern, mich manchmal allzu sehr beschränkte. Herr Dr. Galle hatte dann noch die Gefälligkeit, den so corrigirten Bogen ebenfalls durchzugehen, und mir seine in

Zweite Abtheilung.

Die höheren Himmelsräume.

Abschnitt XII.

Die Fixsterne im Allgemeinen.

Inhaltsverzeichniß.

Erste Abtheilung.

Die Erde und das Sonnensystem.

Abschnitt I.

Größe und Gestalt der Erde und ihre Beziehung zum Himmel.

**

Abschnitt II.

Bewegung der Erde um ihre Axe.

Abschnitt III.

Bewegung der Erde um die Sonne.

Abschnitt IV.

Die Planeten. Ihre scheinbare und ihre wahre Bewegung.

Abschnitt V.

Betrachtung des Planetensystems im Allgemeinen.

Abschnitt VI.

Betrachtung der Sonne und der Planeten im Einzelnen.

Abschnitt VII.

Der Mond und die Trabanten der übrigen Planeten.

Abschnitt VIII.

Die Kometen.

Abschnitt IX.

Die Sternschnuppen und das Zodiakallicht.

Abschnitt X.

Die Bewohner der Körper unseres Sonnensystems.

Abschnitt XI.

Die Störungen in der Bewegung der Körper unserers Sonnensystems.

Zweite Abtheilung.

Die höheren Himmelsräume.

Abschnitt XII.

Die Fixsterne im Allgemeinen.

Abschnitt XIII.

Die doppelten und mehrfachen Sterne.

Abschnitt XIV.

Die eigene Bewegung der Fixsterne.

Abschnitt XV.

Die veränderlichen Sterne.

Abschnitt XVI.

Die Nebelflecken und Sternhaufen.

Abschnitt XVII.

Die Milchstraße und der Bau des sichtbaren Weltalls.

Einleitung.

„Wer wird ergründen, was fern von uns und tief verborgen ist?“ — so fragte einst der mächtige Fürst des Alterthums, zu welchem die Königin des Südens, gelockt von dem Ruhme seiner Weisheit, aus ihres Reiches weiter Ferne kam. Damals kannte der Mensch seine eignen Kräfte noch nicht, weil er sie nicht geübt hatte, um der Natur, dem Uebersinnlichen mit Ernst und Andacht nachzuspüren. Nach und nach aber entfaltete sich durch Nachdenken sein Verstand und der Ausbreitung ihrer Kenntnisse brachten weise Gelehrte immer größere Opfer. Jedes Menschenalter trug seine Früchte, welche das folgende sich zu Nutze machen konnte — und die errungenen Kenntnisse waren gerade der gewaltigste Reiz, nach ihrer Vollendung zu streben, und vorzüglich in den jüngsten Jahrhunderten hat man die Ehre unsers Geschlechtes auch in dem Anbau der Wissenschaft gefunden. Sehr Viele schon gingen uns auf dem Wege der Wahrheit und der Erkenntniß voraus und sammelten einen unberechenbaren Wissensschatz, welcher uns als das schönste Erbtheil unsrer Väter zufiel und den wir als die Frucht eines Jahrtausende langen, rastlosen Forschens der Menschen zu ehren wissen. Wir leben in einem Jahrhundert, wo der Mensch, mehr als je zuvor, die Kraft seines Geistes entfaltete; wo neue Wissenschaften entstanden und andere, wie mit einem Zauberschlag, aus der Kindheit zum vollen Wachsthum emporreiften. So stehen wir nun auf einer Stufe der Kenntniß und der Wissenschaft, deren Höhe zu erklimmen selbst für den erhabensten Weisen des Alterthums einem Traumbilde gleich scheinen mußte. Aber trotz aller dieser Fortschritte fühlen wir uns mehr als je zu der Frage hingedrängt, welche einstens im Bewußtsein der menschlichen Ohnmacht im Geiste Salomo's aufstieg. Sicher eine merkwürdige Erscheinung! — so bedeutungsvoll für die Kenntniß unser selbst — so geeignet, uns zur Quelle alles Geschaffenen hinaufzuführen! Je weiter der Mensch in Erforschung der Natur vorwärts strebte, um so ausgedehnter erschien seinem Blick das Gebiet des für seine Wißbegierde Unzugänglichen. Jeder Fortschritt führte ihn auf neue unenthüllte Geheimnisse, deren Bestehen selbst er früher nicht einmal ahnen konnte; jede Erweiterung seiner Kenntnisse vergrößerte das unermeßliche Feld der Forschung, dessen er sich vergebens mit seinem Verstande zu bemeistern strebte. Immer heller, immer deutlicher entfaltete sich der unermeßliche Reichthum der Natur und die Unendlichkeit der Schöpfung vor seinen Augen und je mehr die Grenzen seines Wissens und Kennens sich erweiterten, desto enger schienen sie in Betracht dessen zu werden, was noch zu kennen und zu wissen übrig bleibt. Die Erforschung der Natur hat den Beweis geliefert für den Adel unsers Geistes und für dessen himmlischen Ursprung. Sie hat die Achtung vor uns selbst gehoben; sie hat uns gezeigt, welcher Entwickelung wir fähig sind; aber sie hat uns auch immer deutlicher und dringender mit dem Gefühle unsrer Nichtigkeit und unsrer Ohnmacht dem gegenüber erfüllt, der über Alles, was unserem Auge sich entfaltet, als Herr und Schöpfer gebietet. Die für das irdische Wohl des Menschen schon so gewichtigen Naturwissenschaften sind also auch die kräftigsten Hülfsmittel für seine sittliche Bildung und keinem ihrer Zweige, wie wohlthätig sie immer wirken mögen, verdanken wir mehr, als der Astronomie. Sie ist es, die dem Menschen die höchsten gesellschaftlichen Dienste erwies; sie ist es, welche das Meiste beigetragen zur Veredelung seines Geistes und seines Herzens; sie ist es, die ihm als das schönste Meisterstück seines Geistes einen lebendigen Begriff seiner menschlichen Würde gegeben und zugleich als ein Zeichen seiner beschränkten Kraft ihn vor Eitelkeit und Hochmuth bewahrt hat. Vergebens mühen wir uns ab, so manche der einfachsten Erscheinungen, welche die Natur uns täglich in größter Nähe vor unsern Augen vorüberführt, zu erklären. Sobald aber dies Bewußtsein uns unzufrieden mit uns selbst macht, so tritt die Astronomie hervor, die Versöhnung mit uns selbst vermittelnd; dann erhebt sie uns wieder durch den Gedanken an die Erscheinungen des Himmels, von denen uns vergönnt ist vollkommene Rechenschaft zu geben; dann erheitert sie uns bei dem Gedanken, wie der menschliche Geist gerade da am meisten in die Ferne und in die Tiefe zu dringen vermochte, gerade da, wo Macht und Majestät sich mit Ehrfurcht gebietender Herrlichkeit, wie nirgends sonst, offenbaren. Die Astronomie, welche den Himmel mit seinen Welten und seinen Wundern beschaut, die Wissenschaft, deren Betrachtung das ganze Gebiet sichtbarer Schöpfung umfaßt, hat sich jetzt zu einer erstaunlichen Höhe emporgeschwungen. Sie lehrte uns den Bau des unermeßlichen Himmels kennen, die Kräfte aufspüren, welche die Lichter des Firmaments regieren und die Gesetze bestimmen, denen die zahllosen Welten der Schöpfung gehorchen. Und um so mehr mögen wir ihren Besitz als unsern Ruhm verkünden, um so mehr, als sie ganz und gar dem menschlichen Geiste ihren Ursprung verdankt. — Von der einfachen Beobachtung der Himmelserscheinungen erhob sich der Mensch zu den Ursachen derselben und fand er auch gar bald in der Beschränktheit seiner Sinne und seines Denkvermögens Hindernisse, sein Geist führte ihn auf Hülfsmittel, beide zu verstärken. Die astronomischen Instrumente mannichfacher Art ließen ihn zahlreiche Erscheinungen entdecken, welche sonst seinen Sinnen für immer unbemerkbar vorübergegangen sein würden; der Schwäche seines Denkvermögens kam die Mathematik, die herrliche Frucht des menschlichen Geistes, zu Hülfe, vermittelst welcher er die Organisation des Himmels bis in seine feinsten Theile ergründete und geheime Wirkungen gewahrte, deren Spur sich weder dem bewaffneten Auge, noch den vollkommensten Instrumenten verrathen konnte. Nur die gewaltigste Kraftanstrengung und ein gemeinsamer Eifer, die Astronomie zu unterstützen und zu befördern, war im Stande, sie zu der Vollkommenheit zu erheben, in welcher wir sie jetzt sehen. Die größten Geister der Welt hat sie an sich gezogen und in ihrer Ausbildung hat der Mensch alle Kraft seines Geistes zur Schau gestellt.

Die Astronomie ist eine Wissenschaft, deren ernstes Studium viel Anstrengung und eine Menge von Vorkenntnissen fordert. Nicht nur, daß es äußerst schwierig war, zu unzweifelhaften Resultaten zu gelangen, sondern es ist selbst schon schwierig, den Untersuchungen, welche zu jenen Resultaten führten, zu folgen und sie zu verstehen. Der Unterschied zwischen den Untersuchungen und deren Resultaten ist aber sehr groß, so daß nicht selten eine gewichtige Wahrheit, einmal entdeckt, von Jedem leicht begriffen werden kann, wie viel Schwierigkeiten auch mit ihrer Entdeckung verbunden waren. Aus den mannichfachen Resultaten nun, auf welche die Astronomie führte, läßt sich ein Ganzes aufbauen, dessen Verständniß weder Vorkenntnisse noch große Anstrengung fordert; und ein Ganzes, das nichts desto weniger hinreichend ist, um einen richtigen Begriff vom Bau des Himmels und eine natürliche Erklärung zahlreicher Himmelserscheinungen zu geben, welche tagtäglich unsern Blicken sich zeigen und auf den Gang und die Verhältnisse unsers Lebens von größtem Einfluß sind. Es ist unser Wunsch, in diesem Werke unsern Lesern ein solches Ganze anzubieten und dazu haben wir die vorzüglichsten Resultate der astronomischen Studien aneinander gereiht und auf allgemein verständliche Weise vorgetragen, so daß wir bei Vermeidung aller mathematischen Bezeichnungen und Berechnungen durchaus keine bedeutenden Vorkenntnisse unserer Leser beanspruchen. Nicht möglich ist es aber, die Ergebnisse streng wissenschaftlicher Untersuchungen so vorzutragen, daß sie Jeder ohne Aufmerksamkeit und Nachdenken begreifen könnte, und darum müssen wir auch bei unsern Lesern Aufmerksamkeit und etwas Nachdenken voraussetzen, ohne welche kein wissenschaftlicher Gegenstand zum Verständniß gebracht werden kann und ohne die selbst eine wirkliche Bereicherung unsrer Kenntnisse rein unmöglich ist.

Wir gedenken keineswegs auf eine bloße Aufzählung der Endresultate uns zu beschränken; denn wir wünschen unsere Leser von der unwiderleglichen Wahrheit derselben überzeugend durchdringen und darum werden wir, soweit es sich mit den Grenzen unserer Schrift vereinigen läßt, auch den Weg verzeichnen, auf welchem man zu diesen Ergebnissen gelangte oder wenigstens gelangen kann. Oft beruhen die astronomischen Untersuchungen auf einem einfachen Grundsatz, welcher sich gar leicht auf allgemein verständliche Weise vortragen läßt. Fast immer aber stößt man bei der Anwendung dieses Grundsatzes auf sehr große Schwierigkeiten und man wähne nicht, daß die Astronomie so leicht zu ihren Wahrheiten gelangte, wie man wohl hie und da aus unseren Betrachtungen zu entnehmen sich versucht fühlen könnte. Die Schwierigkeiten überwinden zu lernen, auf die man bei jeder astronomischen Forschung stößt, muß dem überlassen bleiben, welcher sich zum Astronomen heranbilden will. Hier müssen wir uns zufrieden stellen, einigermaßen ins Licht zu setzen, wie es möglich wurde, sich einiger der wichtigsten Resultate zu bemächtigen.

Vieles schon ist in der Astronomie zu vollkommner Sicherheit gelangt, aber es giebt auch noch gar Manches, was, wie viel Wahrscheinlichkeit es auch habe, doch nicht streng bewiesen werden kann, und noch gar Vieles außerdem ist reine Vermuthung, selbst ohne einen hohen Grad von Wahrscheinlichkeit für sich zu haben. Wir werden uns hauptsächlich mit dem beschäftitigen, was als unwiderlegliche Wahrheit dasteht oder wenigstens als große Wahrscheinlichkeit gelten kann. Und sollten wir es hin und wieder für nothwendig erachten, uns in das Gebiet der Vermuthungen zu wagen, so werden wir Sorge tragen, es von dem Uebrigen genau zu sichten und Alles übergehen, was, nur das Werk unserer geschäftigen Phantasie, nicht auf wirklichen Beobachtungen beruht. Oft werden wir, um das Wesen einer Himmelserscheinung in ein deutliches Licht zu setzen, zu bildlichen Vorstellungen unsere Zuflucht nehmen müssen und manchmal eine Erscheinung des Himmels nur dadurch erklären, daß wir eine einfache Anweisung geben, wie sie mit Hülfe leicht zugänglicher Gegenstände vollkommen nachgeahmt werden kann. Wir glauben unsern Lesern dringend empfehlen zu müssen, durch Anwendung dieser einfachen Hülfsmittel, wie wir später angeben werden, ihre Auffassungskraft zu unterstützen. So werden sie sich selbst in den Stand setzen, uns überall in unseren Betrachtungen zu folgen und so wird das Studium dieses Werkes für Keinen von ihnen ganz ohne Frucht sein.

Erste Abtheilung.

Die Erde und das Sonnensystem.

Abschnitt I.

Größe und Gestalt der Erde und ihre Beziehung zum Himmel.

---

§. 1.

Die Astronomie erhielt ihr Dasein durch sorgfältige Beobachtung der Himmelserscheinungen und durch ernstes Nachdenken über die Ursachen derselben. Außer diesen Mitteln, durch welche allein sie das Dasein erhalten konnte, besaß man keine für ihre Begründung und Vervollkommnung. Wenn aber der Himmel auf immer gleiche Weise sich darstellte, so würde er uns weniger Aufforderung zur Wahrnehmung bieten. Es würde uns somit der Prüfstein fehlen, über den Werth der Lehrsätze, welche man über das Wesen der Himmelslichter aufstellen kann, zu entscheiden und für immer würden wir über den Sternenhimmel in völliger Unkenntniß bleiben. Nur die Veränderungen, welchen die Himmelslichter in ihrer Stellung oder in ihrer Erscheinung unterliegen, vermögen uns auf die Spur zu bringen, wie wir zur Erforschung ihres Wesens gelangen können. Diese Veränderungen nun bestehen fast ganz in Bewegungen, welche wir an ihnen wahrnehmen und die genaue Bestimmung derselben bildet auch den Endzweck der astronomischen Beobachtungen. Wollen wir von den Bewegungen zu ihren Ursachen aufsteigen und nun zunächst bestimmen, ob die Himmelslichter sich wirklich so, wie es uns scheint, bewegen, so müssen wir zuerst untersuchen, von welchem Gesichtspunkte aus wir die Himmelskörper betrachten und ob dieser Gesichtspunkt selbst Veränderungen unterworfen ist oder nicht. Wir sehen im täglichen Leben, daß der Anblick und die scheinbare Bewegung von Gegenständen außer uns nicht allein von ihrer wahren Natur, Gestalt, Größe und Bewegung abhängt. Bei jeder Ortsveränderung unsers eignen Körpers sehen wir Alles, was uns umringt, in einer anderen Stellung gegen einander, wenn auch die Gegenstände wirklich denselben Ort behalten; und der Anblick Alles dessen, was wir sehen, hängt von dem Gesichtspunkt ab, von welchem aus wir es beschauen. Betrachten wir einen Kreis in schräger Richtung zu unserem Auge, so werden wir ihn nicht als Kreis, sondern als ein Oval sehen; ein Quadrat kann sich je nach der Stellung zu unserm Auge als ein Viereck von allerlei unregelmäßiger Gestalt darstellen und die scheinbare Größe eines Gegenstandes wird nicht nur durch seine eigene Größe, sondern auch durch die Entfernung von unserem Auge bestimmt. Die Erklärung der Erscheinungen, welche uns der Sternenhimmel in Menge darbietet, beruht also ganz auf der Kenntniß desjenigen Körpers, welcher uns zum Wohnplatz angewiesen ist. Die Größe der Erde, ihre Gestalt und die Stellung, welche sie im Schöpfungsraume einnimmt, ihre Ruhe oder ihre Bewegung — Alles dies sind Umstände, welche auf den Anblick des Himmels und seiner Erscheinungen einen großen Einfluß ausüben müssen und somit ist die Kenntniß der Erde der erste Schritt zur Kenntniß des Himmels. Also müssen wir die Erde zum ersten Gegenstand unsrer Betrachtungen machen, obschon sie uns weniger Abwechselung, weniger Unterhaltung, als die übrigen Himmelskörper anbietet. Daher wird auch der Anfang dieses Buches gerade das meiste Nachdenken seinen Lesern abnöthigen.

§. 2.

Die Namen Himmel und Erde sind wir mit einander zu verbinden gewöhnt, als wäre zwischen beiden nur ein geringer Unterschied, welcher uns nicht abhalten dürfe, beide in gleichen Rang zu stellen. Dieser Brauch ist von den Zeiten her auf uns vererbt, wo der Mensch in kindlicher Einfalt wähnte einziger Zweck der Schöpfung zu sein; wo man sich ganz vom Schein trügen ließ und vom Himmel keine hinreichende Kenntniß besaß, um seine eigene Bedeutung begreifen zu können. Beim ersten Blicke vermögen wir in der That keinen bedeutenden Unterschied zwischen der Größe des Himmels und der Erde zu bemerken; denn die eine Hälfte des Raumes, welchen wir um uns herum überschauen können, wird vom Himmel über uns eingenommen und die andere Hälfte unter uns von der Erde. Der Standpunkt aber, von welchem aus wir unsere Erde betrachten, ist auf ihrer Oberfläche selbst gelegen und wer kann mit dem Auge bestimmen, wie weit vielleicht die unzählbaren Lichter, deren Vereinigung wir Sternenhimmel nennen, von uns entfernt sind? So lange man nicht über die Ursache der Erscheinungen vor unseren Augen nachdachte, hielt man die Erde für das, was sie einer oberflächlichen Betrachtung erscheint, für eine Scheibe nämlich oder für eine Fläche, welche ringsum von einem unendlichen Meere umgeben sei. So betrachteten sie die ältesten Dichter, Philosophen und Geschichtsforscher, indem der eine ihr eine kreisrunde, der andere eine längliche Gestalt zuschrieb. Schon sehr früh fing man an, die Erde als einen Körper zu betrachten, welcher die Gestalt einer Trommel oder eines Cylinders, eines Würfels, eines Kegels oder einer Pyramide habe. Und konnte man sich schon über die wahre Gestalt der Erde nicht vereinigen, so war man nicht weniger uneinig darüber, wie die Erde im unermeßlichen Raume ihre Stelle behaupte. Der alte Philosoph Thales, welcher im siebenten Jahrhundert vor Anfang unsrer Zeitrechnung lebte, nahm an, daß die Erde in einem unendlichen Meere schwimme; Anaximenes und Anaxagoras ließen sie auf einer von ihr zusammengepreßten Luft ruhen, und Xenophanes stellte sie als an Seilen hängend hin, welche sich ins Unendliche erstrecken. Dennoch ist nur wenig Aufmerksamkeit nöthig, um sich zu überzeugen daß keine dieser Vorstellungen richtig sein kann. Täglich sehen wir nämlich die Himmelslichter auf- und niedergehen. Zugleich erscheinen sie ebenso über der Erde wieder, wie sie sich zuvor uuter ihr verbargen und also besteht ein freier Raum unterhalb der Erde, um alle Himmelskörper, so viele Tausende ihrer auch sind, hindurch zu lassen. Daraus erhellt, daß die Erde oder das Meer nicht bis an die Sterne reichen kann. Die Erde kann auf Nichts ruhen und wir sehen mit unseren Augen, daß sie auch an Nichts hängen kann. Ganz frei schwebt sie im Raume der Schöpfung und sie muß ein Körper sein, welcher innerhalb bestimmter Grenzen eingeschlossen ist und dessen Oberfläche wir bewohnen. Dies begriffen schon die Pythagoräer, welche die Erde als eine Kugel kennen lehrten und diese Lehre ward, in weiterer Entwickelung durch den alten Philosophen Aristoteles und die Secte der Stoiker, zur allgemein herrschenden Ansicht des Alterthums. In dem Dunkel des Mittelalters zog man jedoch die älteste und ungereimteste Idee über das Wesen der Erde wieder ans Licht, bis nach Wiederbelebung der Wissenschaften aller Zweifel wohlbegründeten Wahrheiten das Feld räumte.

§. 3.

Es bedurfte keines großen Scharfsinns, um sich zu überzeugen, daß die Erde deren Oberfläche wir bewohnen, ein Körper sei, dennoch aber hat es viel Mühe gekostet, ihre Größe und Gestalt mit Genauigkeit zu bestimmen. Wir können die Erde nicht verlassen, um sie von einem Standpunkt aus zu beschauen, von dem ihre Gestalt alsbald ins Auge fallen würde, und es bleibt uns zur Bestimmung ihrer Gestalt und Größe nichts Andres übrig, als sie aus der Beschaffenheit ihrer Oberfläche zu folgern, welche wir unserer Untersuchung unterwerfen können und die als ihre natürliche Begrenzung ihre Gestalt und Größe, wie bei allen anderen Körpern, vollkommen bestimmen muß. Die Oberfläche der Erde zeigt uns viele Unebenheiten, als Berge und Thäler. Alle diese Unebenheiten aber sind im Verhältniß zu dem Raume, welchen wir auf der Erde durchmessen können, noch mehr also gegen die Erde selbst, äußerst gering. Die Oberfläche der Erde hat also eine bestimmte Gestaltung, welche da um so deutlicher hervortreten muß, wo ihre Unebenheiten kleiner sind. Man findet auch auf der Erde weite Meere und entdeckt ohne Mühe, daß nicht überall die Länder sich gleich hoch über das Meer erheben. Je weiter man aber die Küsten verfolgt, desto sicherer gewinnt man die Ueberzeugung, daß der Höhenunterschied zwischen Land und Meer gegen die Ausdehnung der Länder und Meere selbst fast überall verschwinden muß. Ueberall sieht man dies, wo man Meer und Land mit einander zu vergleichen im Stande ist, in welcher Richtung oder wie weit man auch die Küsten verfolgen mag. Dies beweist, daß die Oberfläche des Meeres im Ganzen dieselbe Gestaltung als das feste Land haben muß; weshalb man auch aus der Oberfläche des Meeres sowohl als der des festen Landes auf die eigentliche Oberfläche der Erde schließen kann. Die Meeresfläche ist nun viel ebener als das feste Land; ihre Gestaltung muß also auch viel deutlicher hervortreten und muß, wenn sie auch nur so ungefähr bekannt ist, zu einigen Folgerungen wenistens über die Gestalt der Erde führen. Daß die Fläche des Meeres nicht eben, sondern gebogen sein müsse, lehrten schon einfache Erscheinungen, welche man vom Strand aus täglich wahrnehmen kann. Vorzüglich aber dadurch verräth es sich, daß Schiffe, je mehr sie sich von uns entfernen, endlich ganz unsichtbar und von dem Meere bedeckt werden, bevor sie noch eine solche Entfernung erreicht haben, daß sie unserem Auge entgehen müßten. Wenn ein nahendes Schiff zuerst bemerkbar wird, so zeigt es sich anfangs nicht ganz, sondern nur die Spitze seines Mastes, welche über das Meer emporragt und sich einigermaßen über die scharfe Grenze zwischen Wasser und Luft, die wir Horizont zu nennen gewöhnt sind, erhebt, während das Meer den übrigen Theil des Schiffes bedeckt. Je mehr das Schiff sich uns nähert, ein desto größerer Theil des Mastes kommt uns zu Gesicht. Weiter steigt der Körper des Schiffes über den Horizont empor und bald erscheint es uns in seinem Ganzen, wobei es den Anschein gewinnt, als wenn es mit dem Horizont in Berührung wäre. Dann wird es in noch größerer Nähe theilweise auch vor dem Wasser gesehen werden, bis es endlich wenige Stunden nach seinem ersten Sichtbarwerden in unsere Nähe gekommen ist. Das Schiff ist also hinter einer gebogenen Wasserfläche hervorgetreten, gerade als ob es über eine Brücke hätte gehen müssen, um sich uns zu nähern. Wäre aber die Erde eben, so würde es sich, sobald es bemerkbar wird, in voller Ausdehnung zeigen. Diese Erscheinung fällt besonders bei Anwendung eines Fernglases so sicher und deutlich in die Augen, daß man sie durchaus keiner Sinnestäuschung zuschreiben kann und ist also auch ein vollkommner Beweis für die Krümmung der Erdoberfläche. Nach allen Richtungen hin und an allen Orten der Erde sieht man dies auf vollkommen gleiche Weise, daher auch die Krümmung der Erdoberfläche an allen Orten und nach allen Richtungen dieselbe sein muß, was nicht der Fall sein könnte, wenn die Erde nicht wenigstens so ziemlich die Gestalt einer Kugel hättte. Befindet man sich in hoher See, von wo man das feste Land nicht mehr unterscheiden kann, oder erhebt man sich so hoch über das Land, daß die nächstgelegenen Gegenstände die Aussicht nicht mehr behindern, so sieht man die scheinbaren Grenzen der Erde, die Scheidung zwischen Erde und Luft oder den sogenannten Horizont immer ohne irgend eine winkelige oder ungleiche Biegung in reiner Kreisform. Nur ein einziger Körper ist denkbar, dessen Grenzen sich von außen betrachtet immer kreisförmig darstellen und dieser Körper ist kein andrer, als die Kugel. Ferner ist bekannt, daß man sowohl zu Wasser als zu Lande weite Reisen machen kann. Als Wegweiser dienen Karten, welche die Länder und Meere der Erde und deren gegenseitige Lage mit Genauigkeit darstellen. Alle diese Karten beruhen aber auf dem Satz, daß die Erde eine Kugelgestalt habe. Hätte die Erde eine andre Gestalt, so würden diese Karten tagtäglich auf Irrwege führen, was sie aber nicht thun; also auch dieser Umstand beweist, daß die Erde wenigstens nicht bedeutend von der Gestalt einer Kugel abweichen kann. Die Wölbung der Erdoberfläche fällt nicht auf, außer wenn man wenigstens einen Theil von einigen Meilen im Umfang betrachtet; woraus folgt, daß die Erde im Verhältniß zu unsrer eignen Größe ein sehr großer Körper sein muß.

§. 4.

Vorläufig werden wir annehmen, daß unsre Erde vollkommen kugelrund sei, da in dieser Voraussetzung sich ihre wirkliche Größe auf die einfachste Weise bestimmen läßt, und zwar durch ein Hülfsmittel, welches eine etwaige kleine Abweichung von der Kugelgestalt kennen lehren muß. Die Größe einer Kugel wird von einer einzigen Größe, von der Größe ihres Durchmessers nämlich, bestimmt. Inmitten jeder Kugel ist ein Punkt gelegen, welchen man den **Mittelpunkt** nennt, und alle Linien von hier aus nach der Oberfläche der Kugel, welche man **Halbmesser** der Kugel nennt, sind gleich lang. Jede von einem Punkte der Kugelfläche durch den Mittelpunkt hin bis an den gegenüberliegenden Punkt der Fläche gezogene Linie heißt **Durchmesser**. Der Durchmesser einer Kugel ist mithin zweimal so groß, als ihr Halbmesser und alle Durchmesser derselben Kugel haben gleiche Länge. Ist nun der Halbmesser oder der Durchmesser einer Kugel gegeben, so ist dadurch die Größe der Kugel vollkommen bestimmt und leicht ist es dann, ihren Umfang, ihre Oberfläche und ihren Inhalt zu berechnen. Kennt man einmal den Umkreis einer Kugel, so läßt sich daraus wiederum ihr Halbmesser und also auch ihre Oberfläche und ihr Inhalt ableiten. Um nun die Größe einer Kugel zu bestimmen, würde es also das Beste sein, entweder ihren Durchmesser oder ihren Umkreis unmittelbar zu messen. Dies ist aber bei der Erde durchaus unausführbar, da sie in Bezug auf unsre eigne Größe ein so ungeheuer großer Körper ist. Jedoch ist zur Bestimmung der Größe eines Gegenstandes nicht durchaus nothwendig, ihn in seiner vollen Ausdehnung zu messen; hinreichend ist es die Größe eines seiner Theile zu kennen, sobald man Hülfsmittel besitzt, um bestimmen zu können, wie groß der Theil im Verhältniß zum Ganzen sein muß. Von diesem einfachen Satz wird nun auch bei Bestimmung der Größe der Erde Gebrauch gemacht. Auf ihrer Oberfläche wird ein Bogen ihres Umkreises durch unmittelbare Messung bestimmt; weiter bestimmt man, wie groß der Bogen im Verhältniß zum ganzen Umkreis ist, was durch Beobachtung der Himmelskörper geschehen kann. So lernt man den ganzen Umkreis der Erde kennen, wornach sich leicht ihr Halbmesser, ihre Oberfläche und ihr Körperinhalt berechnen läßt.

§. 5.

Um nun klar einzusehen, wie erwähnter Satz sich auf die Bestimmung der Erdgröße anwenden läßt, denke man sich zwei Orte in mäßiger Entfernung einige Stunden von einander gelegen und durch eine Fläche ohne Unebenheiten von einander getrennt. Wenn man sich nun von dem einen Orte geradaus zum anderen begiebt, so wird man nicht eine schnurgerade Linie, sondern einen Bogen beschreiben, welcher ein Theil des Umkreises der Erde ist und dessen Länge man mit einem Maaßstab oder mit einer Kette messen kann. Der Umkreis der Erde gleicht einem Kreise, der denselben Mittelpunkt wie die Erde hat und über ihre Oberfläche hinläuft. Die Größe eines Bogens im Verhältniß zum Umfang des Kreises, zu welchem er gehört, hängt nicht allein von seiner Länge, sondern auch von seiner Krümmung ab. Beschreiben wir mit einem Zirkel einen Kreis von beliebiger Größe. Der Mittelpunkt dieses Kreises wird von selbst durch die Spitze des Zirkels, um welche man die andere herumbewegt hat, angegeben; durch diesen Mittelpunkt hin kann man nun zwei Linien ziehen, welche senkrecht auf einander stehen. Diese Linien machen mit einander vier rechte Winkel und es schneiden je zwei gerade ein Viertheil vom Umfange des Kreises ab. Beschreibt man aus demselben Mittelpunkt einen kleineren Kreis, so werden die Stücke des Umfangs zwischen genannten Linien kleiner, aber auch mehr gebogen, als beim vorigen, sein und jedes ist wiederum der vierte Theil seines Kreises. Immer also entspricht ein rechter Winkel dem vierten Theile des Umfanges eines Kreises. Zieht man durch den Mittelpunkt unsers Kreises eine Linie, welche einen der rechten Winkel in zwei gleiche Theile theilt, so wird sie auch die Bogen, die zu diesem rechten Winkel gehören, in zwei Theile theilen und wir sehen, daß ein halber rechter Winkel dem achten Theil des Kreisumfangs entspricht. Auf gleiche Weise wird die Größe jedes anderen Bogens im Verhältniß zum ganzen Umfang durch den Winkel bestimmt, zu welchem er gehört, d. i. durch den Winkel, der durch zwei Linien bestimmt wird, welche aus dem Mittelpunkt dieses Bogens durch seine Endpunkte laufen. Eben so groß nun, als dieser Winkel im Verhältniß zu einem rechten ist, wird auch der gegebene Bogen im Verhältniß zum Viertheil des ganzen Umfanges sein. Denken wir uns nun aus dem Mittelpunkt der Erde zwei Linien nach den zwei Orten gezogen, zwischen denen der obige Bogen gelegen ist. Diese Linien machen mit einander einen Winkel und sobald die Größe dieses Winkels gegeben ist, kennt man auch die Größe des gemessenen Bogens im Verhältniß zum ganzen Erdumkreis. Nun kann man aber diese Linien nicht ziehen, den Mittelpunkt der Erde nicht erreichen und also auch diesen Winkel nicht unmittelbar messen; aber man kann auf der Oberfläche der Erde bestimmen, in welcher Richtung jede dieser zwei Linien verlängert werden kann; man kann aus ihrer Stellung gegen einander auf den Winkel schließen, welchen sie mit einander machen, und so trotz aller Hindernisse zum Ziele kommen.

Nehmen wir nun eine Kugel zur Hand und stecken in sie irgendwo eine Nadel so ein, daß sie genau senkrecht auf dem Theil der Kugeloberfläche steht, welcher ihre nächste Umgebung bildet, so sehen wir, was auch mathematisch sich nachweisen läßt, daß die Nadel gerade auf den Mittelpunkt der Kugel hinzeigt. Eben so wird eine Linie, welche senkrecht auf der Fläche des Bodens steht, an jedem Orte der Erde gerade auf ihren Mittelpunkt weisen und so erhalten wir die Linie, deren wir bedürfen. Wegen der Unebenheiten auf der Erdoberfläche müssen wir näher bestimmen, was man an jedem Orte von der wahren Lage des Bodens d. i. von dem Theil der Erdoberfläche, welche den Ort rings umgiebt, zu halten habe. Diese Lage wird durch jede ebene Fläche, wie z. B. der Boden eines Zimmers es ist, bezeichnet, auf welcher eine Kugel, ohne Neigung in der einen oder anderen Richtung auf ihr herumzurollen, ruhig liegen bleibt. Vollkommen dieselbe Lage hat auch die Oberfläche eines stillstehenden Wassers an dem Orte, wo wir uns befinden. Jede Fläche, z. B. eines Weges, oder einer Wiese wird also um so genauer die Lage des Bodens, wo wir uns befinden, angeben, je genauer sie mit der Oberfläche eines stillstehenden Wassers übereinstimmt. Wenn man ein Gewichtchen an einem langen Faden aufhängt, so wird der Faden anfangs hin und her schwingen; wenn er aber in Ruhe gekommen ist, einen bestimmten Stand annehmen, zu welchem er immer wieder zurückkehren wird, nachdem er aus seiner Ruhe gestört worden ist; und auch bei den feinsten Messungen wird sich immer ergeben, daß der Faden genau senkrecht auf der Oberfläche eines stillstehenden Wassers des Ortes, wo man sich befindet, steht. Der Faden eines Bleiloths steht daher immer senkrecht (lothrecht) auf der Fläche des Bodens und giebt an jedem Ort der Erde die Richtung der Linie an, welche vom Mittelpunkt der Erde nach diesem Orte geht. Wenn man also an jedem der Orte, zwischen denen man einen Bogen der Erdoberfläche gemessen hat, ein Bleiloth aufhängt, so werden die nach unten verlängerten Fäden derselben einander im Mittelpunkt der Erde begegnen. Ihr Stand gegen einander bestimmt den Winkel, den sie mit einander machen; dieser Winkel drückt aus, wie groß der gemessene Bogen im Verhältniß zum ganzen Umkreis der Erde ist und man sieht also, daß Alles auf die Bestimmung des Standes der genannten Fäden gegen einander ankommt.

Die Orte, zwischen denen man einen Bogen gemessen hat, liegen immer zu weit auseinander, um den gegenseitigen Stand der Fäden der Bleilothe durch unmittelbare Messung an Ort und Stelle selbst zu bestimmen; daher man zu den Himmelskörpern seine Zuflucht zu nehmen gezwungen ist. Wir sehen an jedem heiteren Abend Tausende von Sternen am Himmel, deren Entfernung von uns wegen ihrer Größe mit der Größe der Erde nicht verglichen werden kann. Daß diese Sterne wirklich so ungeheuer weit von uns entfernt sind, geht daraus hervor, daß wir sie auf allen Punkten der Erde vollkommen in demselben Stande gegen einander erblicken und sie überall genau dieselben Gruppen bilden sehen. Sie können uns also als feste Punkte des Himmels zur Bestimmung des gegenseitigen Standes von Linien auf der Erde dienen. Setzen wir nun den Fall, daß der Faden eines Bleilothes an einem bestimmten Ort der Erde und in einem bestimmten Augenblick nach einem bestimmten Stern gerichtet ist. Hatte nun der Faden eines Bleilothes an einer andern Stelle genau denselben Stand, d. h., war er dem Faden des anderen Bleies parallel, so würde er auch in demselben Augenblick nach demselben Punkt des Himmels und also auch nach demselben Stern gerichtet sein. Ist er aber nicht nach diesem Sterne gerichtet, so kann man bestimmen, wie weit er von dem Sterne abweicht und diese Abweichung wird seinen Stand zum Faden des anderen Bleilothes lehren. Wir sehen also, daß man zur Bestimmung des Winkels, welcher zu dem gemessenen Bogen gehört, nichts Anderes nöthig hat, als die Richtung der Bleilothe auf den Endpunkten dieses Bogens in einem und demselben Augenblicke an den Sternen zu vergleichen. Auch auf andere Weise kann man mittelst der Sterne den Winkel bestimmen, welchen die Bleilothe mit einander machen. Daraus, verbunden mit der eigentlichen Länge des Bogens der Erdoberfläche, welcher zwischen beiden Bleilothen gelegen ist, kann man dann sehr leicht den ganzen Umkreis der Erde finden. Man hat diese Arbeit wiederholt unternommen und gefunden, daß der Umkreis der Erde 20,524620 Toisen, jede zu 6 französischen Fuß, beträgt und darnach ist die Länge des französischen Meters so bestimmt, daß er möglichst genau 40 Millionen Mal im ganzen Umkreis der Erde enthalten ist. Auch die deutsche geographische Meile ist der Größe der Erde entnommen und findet sich 5400 Mal in ihrem Umkreis. Macht nun ein guter Fußgänger in einer Stunde einen Weg von $\frac{3}{4}$ deutscher Meile oder 5565 Meter, so würde man, wenn man ohne Unterbrechung um die ganze Erde herumgehen könnte, 7200 Stunden oder 300 Tage, also ungefähr 10 Monate brauchen, um den Umkreis der Erde zu durchwandern. Der Halbmesser der Erde beträgt 859 deutsche Meilen oder 6,366200 Meter.

§. 6.

Bei dem angegebenen Verfahren, die Größe der Erde zu bestimmen, wie man es in der That oft in Ausführung gebracht hat, geht man von der Voraussetzung aus, daß die Erde eine vollkommne Kugel ist, aber wie wir schon bemerkt haben, führt dieses Verfahren selbst auf die Erkenntniß der Unrichtigkeit des Satzes und auf die wahre Gestalt der Erde. Es ist eine Eigenschaft aller vollkommen kugelförmigen Körper, daß alle ihre Flächendurchschnitte vollkommene Kreise sind. Diese Kreise sind jedoch nicht alle gleich groß und sie werden größer, je nachdem die Durchschnitte dem Mittelpunkt der Kugel näher fallen. Macht man einen Durchschnitt durch den Mittelpunkt der Kugel hindurch, so wird sie in zwei Hälften von gleicher Größe und von gleicher Gestalt getheilt und der dadurch erhaltene Kreis wird der größte sein, den ein Kugeldurchschnitt geben kann, und daher nennt man solche Kreise auch größte Kreise der Kugel. Solche Kreise haben denselben Mittelpunkt, denselben Halbmesser und denselben Umkreis mit der Kugel gemein. Natürlich kann man die Durchschnitte durch den Mittelpunkt der Kugel in allerlei willkürlichen Richtungen nehmen und unzählbare größte Kreise auf der Oberfläche der Kugel erhalten, welche alle denselben Mittelpunkt und denselben Halbmesser haben werden. Hat nun die Erde keine vollkommne Kugelgestalt, so werden auch nicht alle diese Durchschnitte, welchen Punkt man auch als Mittelpunkt betrachten möge, vollkommene Kreise auf ihrer Oberfläche bilden. Ob aber diese Durchschnitte vollkommne Kreise sind oder nicht, muß sich bei dem obigen Verfahren verrathen, wenn man es an verschiedenen Theilen der Erdoberfläche in Anwendung bringt. Man bestimmte eigentlich nichts Anderes, als die Entfernung des gemessenen Bogens von seinem eigenen Mittelpunkte. Ist nun die Erde kugelförmig, dann sind alle diese Bogen, die man so gemessen, Bogen ihrer größten Kreise; dann haben diese Bogen überall dieselbe Krümmung; dann fallen alle ihre Mittelpunkte mit dem der Erde zusammen und die Entfernung von ihren Mittelpunkten ist überall dieselbe und dem Halbmesser der Erde gleich. Findet man also bei diesem Verfahren, auf welchem Theile der Erdoberfläche man es auch anwende, überall dieselbe Größe der Erde, so muß dies die Kugelgestalt vollkommen beweisen und ihre Größe ist auf die einfachste Weise bestimmt. Findet man aber, daß die gemessenen Bogen verschiedene Entfernung von ihrem Mittelpunkt haben, so muß dies als Beweis gelten, daß sie nicht gleiche Krümmung haben und daß also auch nicht alle Durchschnitte durch den Mittelpunkt der Erde hindurch vollkommne Kreise sind und die Erde keine vollkommene Kugelgestalt haben kann. Wenn man nun auf allen nur möglichen Stellen der Erdoberfläche die Länge von Bogen mißt und ihre Entfernungen vom Mittelpunkte bestimmt, so ergiebt sich die Krümmung der verschiedenen Bogen, welche den Umkreis eines Durchschnitts der Erde und den Umkreis der Erde selbst bilden. Daraus wieder kann man, jedoch nicht ohne Hülfe der höheren Mathematik, die Größe und Gestalt dieser Durchschnitte ableiten, während die Größe und Gestalt der verschiedenen Durchschnitte die der Erde selbst völlig genau ausdrücken müssen. Man hat Bogenmessungen an den entferntesten Punkten der Erdoberfläche, so in Peru, Ostindien, am Kap der guten Hoffnung und außerdem in vielen Reichen Europa's angestellt und aus der Vereinigung aller dieser Messungen geht hervor, daß die Größe der Erde, wie man sie bei der Voraussetzung ihrer vollkommnen Kugelgestalt bestimmt, kaum von der Wirklichkeit verschieden ist. Diese Messungen haben jedoch bewiesen, daß die Erde einigermaßen von der Kugelgestalt abweicht und an zwei gegenüberliegenden Theilen etwas platter als an den anderen Theilen ist. Man kann ihre Gestalt einigermaßen mit der einer Apfelsine vergleichen. Ihre Durchmesser sind, wie bei dieser Frucht, nicht alle gleich lang. Alle Durchschnitte durch den kürzesten Durchmesser hindurch haben die Gestalt von Ovalen, welche nur sehr wenig von einem Kreise abweichen und alle lothrecht auf ihren kürzesten Durchmesser fallenden Durchschnitte haben vollkommene Kreisform. Wenn man ihren längsten Durchmesser um den dreihundertsten Theil seines Werthes vermindert, so erhält man ihren kürzesten Durchmesser und den Unterschied zwischen ihrem längsten und kürzesten Durchmesser, in Theilen des ersteren ausgedrückt und also mit dem Bruch $^1/_{300}$ bezeichnet, nennt man die Abplattung der Erde. Eine solche Abplattung beträgt bei einer Kugel von zwei Fuß Durchmesser noch nicht einmal eine Linie und sie ist so gering, daß sie dem bloßen Auge bei einer genau so gestalteten Kugel nicht bemerkbar werden kann.

§. 7.

Die Oberfläche der Erde besteht zu $^8/_{11}$ aus Wasser, zu $^3/_{11}$ aus Land, worauf ungefähr 1000 Millionen Menschen wohnen, wo aber noch weit mehr würden leben können. Das Land zeigt erstaunliche Unebenheiten, hohe Berge und tiefe Thäler, und solche Unebenheiten bestehen auch auf dem Boden des Meeres. Aber wie groß immer sie gegen unsere eigne Körpergröße sein mögen, gegen die Größe der Erde selbst sind sie, wie schon gesagt, äußerst gering. Der höchste uns bekannte Gipfel ist der Dhawalagiri des Thibetanischen Himalayagebirges, welcher sich auf 8100 Meter über den Meeresspiegel erhebt. Diese Höhe beträgt nur den sechzehnhundertsten Theil des Durchmessers der Erde. Wenn man also die Erde als eine Kugel von einem Fuß Durchmesser nachbilden wollte, so würde der höchste Gipfel des Himalaya auf dieser Kugel nicht einmal $^1/_{10}$ Linie über deren Oberfläche hervorragen dürfen, eine Größe, welcher die Dicke eines Kartenblattes mehr als gleichkommt. Die größte Tiefe des Meeres hat man noch nicht mit Sicherheit bestimmen können, da diese Messungen immer Schwierigkeiten machen, sobald die Tiefe viel mehr als 700 Meter beträgt; diese Schwierigkeiten werden sogar sehr groß und gefährlich. Außerordentliche Tiefen scheinen jedoch darin eben so selten zu sein, als Berge von ungewöhnlicher Höhe. Vor wenigen Jahren hat man an zwei Stellen der Südsee ein Senkblei bis auf 7800 Meter unter die Oberfläche des Meeres hinabgelassen, ohne daß man den Grund erreichte. Obschon im Allgemeinen die Tiefe des Meeres weit unter dieser Größe bleibt, so ist doch nicht zu bestimmen, wie weit diese Größe an manchen Stellen desselben übertroffen wird. Genannte Tiefe ist die größte, bis auf welche man je ein Blei zu senken im Stande gewesen. Sie beträgt weniger als die Höhe des Dhawalagiri und also auch weniger als $1/_{1600}$ des Erddurchmessers. Wenn man obige Kugel mit einer dünnen Lage Firniß überzieht, so würde diese Lage leicht eine Tiefe erhalten, die verhältnißmäßig größer ist als die größte je gemessene Tiefe des Meeres.

§. 8.

Die ganze Oberfläche unserer Erde ist mit einer verhältnißmäßig dünnen Schicht elastischer Flüssigkeit umgeben, welche wir Atmosphäre nennen. Sie befaßt die Luft, welche wir zur Erhaltung unseres Lebens einathmen und ohne welche Pflanzen und Thiere, die Bewohner unsrer Erde, nicht würden bestehen können. Sie ruht auf der Oberfläche der Erde und die Luft, aus welcher sie besteht, ist da, wo sie mit der Erde in Berührung ist, am dichtesten und schwersten; während sie immer dünner und dünner wird, je höher sie sich von der Oberfläche der Erde erhebt. Da die Luft allmählig an Dichtigkeit abnimmt, so läßt sich nicht genau angeben, wo sie eigentlich aufhört. Für unsere Beobachtung aber ist sie schon auf einer Höhe von 12 geogr. Meilen, d. i. auf einer Höhe, welche fast $1/_{140}$ des ganzen Erddurchmessers ausmacht, verschwunden. Die Lichtstrahlen nun, welche die Sterne herabsenden, können nicht zu uns gelangen ohne die Atmosphäre zu durchdringen; da diese Strahlen in unserer Atmosphäre einer Beugung oder Brechung unterliegen, welche mit der übereinkommt, die wir wahrnehmen können, wenn das Licht durch Wasser, Glas oder durchsichtige Gegenstände hindurchgeht, so sehen wir alle Himmelslichter etwas höher stehen, als sie sich wirklich befinden. Durch die nach der Höhe der Himmelslichter veränderliche Strahlenbrechung scheinen Sonne und Mond, sobald sie sich in der Nähe des Horizontes zeigen, eine längliche Gestalt anzunehmen. Die Lufttheilchen, welche die Luft bilden, besitzen das Vermögen das auf sie strahlende Licht zurückzuwerfen und dadurch dringt das Tageslicht bis in unsre Wohnungen, wenn sie auch nicht selbst von der Sonne beschienen werden. Das von der Sonne entlehnte Licht der Atmosphäre schwächt das der Sterne so, daß diese Lichter über Tag unserem Auge unsichtbar sind. Bestände keine Atmosphäre, so würde der Grund des Himmels auch mitten am Tage völlig dunkel sein und wir würden die Sterne gleich gut bei Tag als bei Nacht wahrnehmen können. Ohne Atmosphäre würde keine Morgen-, keine Abenddämmerung bestehen, sondern beim Aufgang und Untergang der Sonne würde eine pechschwarze Nacht plötzlich mit dem hellen Tageslicht oder umgekehrt wechseln. Ohne Atmosphäre wäre kein Feuer auf der Erde denkbar, da sie ihm den zur Verbrennung unentbehrlichen Bestandtheil liefert. Ohne Atmosphäre könnten wir weder sprechen, noch hören, indem der Schall nur durch die Schwingungen der Atmosphäre erzeugt wird und diese zu unserem Ohr bringen. Der Zustand der Atmosphäre ist großen Veränderungen unterworfen, welche wichtige und für uns höchst wohlthätige Erscheinungen bewirken, die wir aber hier übergehen, da ihre Betrachtung in die Naturlehre, und nicht in die Astronomie gehört.

§. 9.

Je höher wir uns über die Oberfläche der Erde erheben, desto größer ist der Theil derselben, den wir überblicken können. Da aber der höchste Berg, welchen wir besteigen können, im Verhältniß zur Größe der Erde noch sehr unbedeutend ist, so wird dieser Theil im Verhältniß zur Erdoberfläche auch sehr unbedeutend sein und wird uns also flach erscheinen, obschon er wirklich gekrümmt ist. Steigen wir auf einen Thurm von 300 Fuß Höhe, dann können wir nur $\frac{1}{32000}$ der Erdoberfläche übersehen und nie wird uns die Krümmung eines so kleinen Theils einer Kugelfläche ins Auge fallen. Die Lage dieses kleinen von uns zu übersehenden Theils der Erdoberfläche gegen die Himmelskörper muß den Stand bestimmen, in welchem wir die Himmelslichter in Beziehung zu den uns umringenden Gegenständen wahrnehmen. Wir können uns die Lage dieses Ortes vorstellen, wenn wir uns eine ebene Fläche denken, welche an der Stelle, wo wir uns befinden, die Oberfläche der Erde berührt. Nehmen wir eine Kugel und ziehen darauf einen sehr kleinen Kreis, welcher denjenigen Theil der Erdoberfläche vorstellt, den man von einem Orte im Mittelpunkt dieses Kreises aus übersehen kann. Je kleiner dieser Kreis ist, desto weniger wird die Krümmung der Fläche, welche er einschließt, auffallen. Nehmen wir nun ein flaches Stück Kartenpapier und legen es im Mittelpunkt des Kreises auf die Kugelfläche, so wird das Papier die ebene Fläche vorstellen, welche an der Stelle, wo sich der Beobachter befindet, die Erdoberfläche berührt und wir sehen, daß diese Fläche denselben Stand hat, wie die Fläche, welche der kleine Kreis einschließt. Wir können uns nun diese ebene Fläche nach allen Seiten beliebig verlängert denken. Es läßt sich nun nachweisen, daß alle Gegenstände außerhalb der Erde, wie wenig auch unter dieser verlängerten Fläche gelegen, für den Beobachter in jenem Berührungspunkte von der Erde bedeckt werden, so daß er nur die Himmelslichter sehen wird, welche sich über dieser Fläche befinden. Es ist dies für den Beobachter genau so, als ob die Oberfläche der Erde wirklich die Gestaltung habe, wie diese ebene Fläche, bis ins Unendliche fortgesetzt. Diese Fläche theilt den unbegrenzten, uns umgebenden Raum mitten durch und thut dies überall, an allen Punkten der Erde; denn die Erde ist im Verhältniß zum Himmel unbegreiflich klein. Wir sehen also auf jedem Punkte ihrer Oberfläche die eine Hälfte des Himmels, während die andere Hälfte von der Erde bedeckt wird; die eine sichtbare Hälfte aber ist auf den verschiedenen Punkten der Erdoberfläche nicht dieselbe. Nehmen wir einen solchen kleinen Kreis auf einem anderen Punkt der Kugelfläche, so sehen wir, daß er einen anderen Stand als der vorige Kreis hat, und noch deutlicher werden wir dies sehen, wenn wir das Kartenblatt in den Mittelpunkt dieses neuen Kreises auf die Kugel legen. Vom Mittelpunkt dieses Kreises aus würde man diejenige Hälfte des Himmels sehen, die nun über der Fläche, welche das Kartenblatt in seiner jetzigen Lage vorstellt, gelegen ist und sichtbar fällt diese Hälfte nicht mit der vorigen zusammen. Von verschiedenen Punkten der Erdoberfläche wird man also in demselben Augenblick andere Theile des Himmels sich über die Erde erheben sehen und nehmen wir zwei Orte, welche einander gerade gegenüber liegen, d. h. zwei Orte, zwischen welche der Mittelpunkt der Erde fällt, dann wird gerade diejenige Hälfte des Himmels sich für den einen Ort zeigen, welche für den anderen hinter der Erde verborgen ist.

§. 10.

Die ebene Fläche, welche auf einem bestimmten Punkte mit der Erde in Berührung ist und deren Stand den von hier aus zu sehenden Theil des Himmels bestimmt, kann der wahre Horizont dieses Ortes genannt werden. Wenn wir uns auf eine Anhöhe begeben, wo unser Auge auf keine nahen Gegenstände stößt, so sehen wir Alles, was wir von der Erde überblicken können, innerhalb eines Kreises eingeschlossen, über welchem wir Nichts, als die Luft, gewahren und unter welchem wir Nichts wahrnehmen, als die Erde. Dieser Kreis, welcher der scheinbare Horizont genannt wird, hat dieselbe Lage, wie der wahre Horizont und die von ihm begrenzte Fläche kann als ein Theil desselben betrachtet werden. Wo wir uns auch hinstellen, stehen wir senkrecht auf dem Boden, also auch senkrecht auf dem Horizont. Denken wir uns von einem Punkt der Erdoberfläche eine Linie nach dem Mittelpunkt gezogen! Diese Linie können wir uns leicht anschaulich machen, wenn wir einen Stift in jene Kugel stecken, welcher gerade nach ihrem Mittelpunkte gerichtet ist. Alsdann wird diese Linie immer lothrecht auf dem Horizont des Punktes, durch welchen sie hindurchgeht, stehen und wir kehren also, wenn wir aufrecht auf dem Boden stehen, unsre Füße nach dem Mittelpunkt der Erde. Daraus geht aufs Neue hervor, daß wir auf verschiedenen Punkten der Erde mit unserem Kopfe nach verschiedenen Punkten des Himmels gerichtet stehen und also die Himmelslichter in anderen Stellungen zum Boden, worauf wir stehen, sehen müssen. Die Bewohner der Erde haben nach den verschiedenen Punkten ihrer Oberfläche, welche sie einnehmen, allerlei verschiedene Stellungen zu einander, so daß sie selbst durch den ganzen Durchmesser der Erde von einander getrennt, ihre Füße schnurgerade gegen einander gekehrt haben können, in welchem Falle sie Gegenfüßler, Antipoden genannt werden. Wenn wir diesen Gedanken mit einer Erscheinung verbinden, welche wir täglich wahrnehmen und uns dabei verkehrte Begriffe von oben und unten bilden, so wird es uns befremden können, daß keiner dieser Gegenstände in so verschiedener Stellung auf der Erde von ihr wegfalle; aber gerade dieses Fallen oder diese Neigung zum Fallen ist das, was alle Gegenstände auf der Oberfläche der Erde festhält. Außerhalb der Erde besteht Nichts, worauf die Begriffe oben und unten Bezug haben können. Alles, was nach dem Mittelpunkt der Erde gerichtet ist, ist für uns nach unten, alles, was von dem Mittelpunkt der Erde abgekehrt ist, nach oben gerichtet. Alles, was wir fallen sehen, fällt senkrecht auf den Boden, worauf wir stehen, und also nach dem Mittelpunkt der Erde d. i. nach unten. Dies gilt für jeden Punkt der Erdoberfläche und die Bewegung eines Gegenstandes, welcher für uns niederfällt, würde, wenn sie durch die Erde hin fortgesetzt werden könnte, für unsre Gegenfüßler eine Bewegung nach oben sein. Der Fall aller frei sich selbst überlassener Gegenstände ist die Folge eines Vermögens, womit die Natur alle uns bekannten Körper ausgerüstet hat und welche wir Anziehungskraft nennen, weil sie allen Körpern die Neigung ertheilt, sich einander zu nähern, wie dies der Fall sein muß, wenn sie einander wirklich anziehen. Die Anziehungskraft, welche ein Körper auf einen anderen ausübt, hängt von seiner Masse ab und vermindert sich mit der Entfernung, in welcher sie wirkt. Aus der Natur dieser Anziehungskraft kann man mathematisch beweisen, daß ein Körper von kugelförmiger Gestalt so auf außerhalb gelegene Körper wirkt, als ob sein ganzes Anziehungsvermögen in seinem Mittelpunkte vereinigt wäre und dieser Mittelpunkt allein anzöge. Nun ist unsre Erde ein kugelförmiger Körper, welcher gegen alle beweglichen Gegeständе seiner Oberfläche ganz unverhältnißmäßig groß ist. Alle diese Gegenstände werden also mit großer Kraft gegen sie hin gezogen und zwar nach dem Mittelpunkt zu, senkrecht auf den Boden, wo sie sich befinden. Werden sie frei sich selbst überlassen, so werden sie sich immer in einer nach dem Mittelpunkt der Erde gerichteten Linie bewegen, bis sie auf ein Hinderniß stoßen, wogegen sie mit einer ihrem Gewichte entsprechenden Kraft andrücken. Außerhalb der Erde giebt es zwar viele noch größere Körper, als sie ist; sie sind aber sämmtlich so ungemein weit entfernt, daß die unmittelbar auf der Oberfläche der Erde und selbst die noch weiter als die höchsten Schichten der Atmosphäre befindlichen Gegenstände doch von ihr unvergleichlich stärker, als von den anderen Himmelskörpern angezogen werden. Darum hält die Erde Alles, was auf ihrer Oberfläche sich befindet, fest und kein Gegenstand kann sie durch Anziehung anderer Himmelskörper jemals verlassen.

Die Menge des Stoffs, welche ein Körper enthält, wird durch die Anziehung, die er ausübt, bestimmt. Diese Quantität von Stoff ist seine Masse, giebt unmittelbar sein Gewicht an und verbunden mit seinem Inhalt auch seine mittlere Dichtigkeit. Man hat die Anziehung der Erde mit derjenigen verglichen, welche man große Bleikugeln ausüben sah und daraus abgeleitet, daß sie über 5½ mal (5,66 mal), schwerer sei, als sie sein würde, wenn sie aus reinem Wasser bestände. Also ist die mittlere Dichtigkeit der Erde bedeutend größer, als die der schwersten aller uns bekannten Steinarten, z. B. Spath und Diamant; wird aber darin von den gewöhnlichen Metallen übertroffen. Aus dem Inhalt der Erde läßt sich leicht berechnen, wie groß ihr Gewicht sein würde, wenn sie ganz aus Wasser bestände und da wir wissen, um wie viel mal sie schwerer ist, so können wir auch leicht ihr eigentliches Gewicht bestimmen. Das Gewicht der Erde beträgt über sechs Millionenmal hunderttausend Kilogramme.

§. 11.

Wir können nun noch ein merkwürdiges Hülfsmittel zur Bestimmung der Gestalt der Erde betrachten und dieses ist nichts Anderes, als ein Faden, an welchem ein Gewichtchen hängt. Um diesen Gegenstand mit der nöthigen Klarheit behandeln zu können, müssen wir uns in einige Einzelheiten einlassen, welche hier als am unrechten Orte erscheinen könnten, da unser Hauptgegenstand die Betrachtung des Himmels und nicht die der Erde ist; wir können aber nicht davon schweigen, da es in unmittelbarer Verbindung mit einer der vorzüglichsten Erscheinungen steht, welche uns der Himmel darbietet. Ist ein Gewichtchen so an einem Faden aufgehangen, daß es frei schwingen kann, und wird es sich selbst überlassen, so wird es den möglichst tiefsten Stand am Boden einnehmen, weil es vom Mittelpunkt der Erde angezogen wird. Ist nun das Gewichtchen in Ruhe, so wird der Faden auch nach dem Mittelpunkt der Erde gerichtet sein und senkrecht auf der Fläche des Bodens stehen.

Bringt man das Gewichtchen aus dieser Stellung, so fällt es, obschon am Faden aufgehangen und somit in seiner Bewegung behindert, wieder nach unten und sobald es seinen niedrigsten Stand wieder eingenommen hat, würde es still stehen bleiben, wenn es nicht eine Bewegung erhalten hätte, in Folge deren es auf der anderen Seite emporsteigen müßte. Diesem Steigen wird durch die Anziehungskraft der Erde nach und nach entgegengewirkt und ein Ziel gesetzt, sobald das Gewichtchen eine gewisse Höhe erreicht hat. Von da wird es durch sie wieder herabzusteigen gezwungen, bis es durch seine Bewegung an der andern Seite wieder emporsteigt. Dies geht regelmäßig fort. Das Gewichtchen macht regelmäßige Schwingungen, welche nie ein Ende nehmen würden, wenn dasselbe nicht immer in seiner Bewegung behindert würde. Beständig nämlich muß es die Luft durchschneiden und immer wird einige Kraft, wenn auch eine geringe, erfordert, um den Faden, an welchem das Gewichtchen hängt, bei jeder Schwingung umzubeugen. Eine Folge dieser Hindernisse ist, daß die Schwingungen immer kleiner werden, bis endlich das Gewichtchen ganz still steht. Einen solchen einfachen Apparat nennt man einen Pendel und die größere oder geringere Geschwindigkeit seiner Schwingungen hängt von seiner Länge und außerdem von der Anziehungskraft ab, mit welcher die Erde darauf wirkt. Wird der Pendel kürzer, so schwingt er schneller, wie man sich leicht überzeugen kann, wenn man irgendwie während des Schwingens den Pendel verkürzt. Daß die Zeit, in welcher jede Pendelschwingung vor sich geht, auch von der Kraft abhängig sein muß, womit die Erde das Gewicht des Pendels anzieht, läßt sich zwar nicht an der Erde, aber mit einem anderen Hülfsmittel ganz anschaulich machen. Wir wissen, daß ein bestimmtes Ende eines Magnetstabes das bestimmte Ende eines anderen anzieht. Legen wir nun einen Magnetstab neben eine um eine Spindel bewegliche Magnetnadel, so wird diese Nadel sich mit einer bestimmten Spitze nach den Magnetstabe kehren, indem sie eine Anziehung erfährt, welche sehr gut mit der Anziehung der Erde auf einen Pendel verglichen werden kann. Bringen wir die Nadel aus ihrer Ruhe, indem wir sie etwas um ihre Spindel drehen, so wird sie wie der Pendel erst nach einigen Schwingungen wieder zur Ruhe kommen und eine bestimmte Zeit zu jeder Schwingung brauchen, die auch von der Kraft abhängt, mit welcher der Stab das ihm zugekehrte Ende der Nadel anzieht. Schieben wir nun während der Schwingungen der Nadel den Stab ihr näher, so wird die Kraft, mit welcher der Stab die eine Spitze der Nadel anzieht, größer werden, und wir werden auch sehen, daß die Nadel ihre Schwingungen in viel kürzerer Zeit als früher vollbringt. Derselbe Fall ist nun auch mit der Erde und einem Pendel. Bei der Kugelgestalt der Erde wirkt ihre Anziehungskraft so, als ob die ganze Kraft im Mittelpunkt vereinigt sei und dieser allein anzöge. Könnte man einen Pendel plötzlich dem Mittelpunkt der Erde näher bringen, so würde er schneller schwingen nnd das Gegentheil würde stattfinden, wenn man ihn plötzlich vom Mittelpunkt wieder entfernte. In der That sieht man auch, daß ein und derselbe Pendel auf dem Gipfel eines Berges zu jeder Schwingung mehr Zeit braucht, als an dem Fuß desselben.

§. 12.

Ein Pendel, welcher so lang ist, daß er in jeder Sekunde eine Schwingung macht, heißt ein Sekundenpendel. Setzen wir den Fall, daß ein solcher Pendel von dem Orte, wo er gemacht ist, nach einem anderen Punkte der Erdoberfläche gebracht wird! Befindet man sich nun gerade wieder auf demselben Abstand vom Mittelpunkt der Erde, so wird der Pendel dieselbe Anziehung erfahren; und da seine Länge nicht verändert ist, so muß er jede Schwingung wieder in Zeit einer Sekunde vollbringen. Befände man sich näher am Mittelpunkt der Erde, so würde die Anziehung größer sein und der Pendel würde weniger als eine Sekunde zu jeder Schwingung brauchen. Wollte man aber, daß jede Schwingung gerade wieder in Zeit einer Sekunde ausgeführt werde, so müßte man den Pendel etwas verlängern. Der Sekundenpendel würde um so kürzer werden, je weiter man sich vom Mittelpunkte entfernte. Findet man überall dieselbe Länge für den Sekundenpendel, so ist man auch überall gleich weit vom Mittelpunkt der Erde entfernt und ihre Gestalt ist eine vollkommne Kugel. Findet man aber das Gegentheil, so kann die Erde auch nicht vollkommen kugelförmig sein. Es wird dann ihre Anziehungskraft auch nicht mehr vollkommen so wirken, als ob ihr ganzes Anziehungsvermögen in ihrem Mittelpunkt vereinigt wäre. Der Faden eines Bleilothes wird zwar überall genau senkrecht auf der Fläche des Bodens und auf dem Spiegel eines ruhenden Wassers stehen, nicht überall jedoch vollkommen genau auf den Mittelpunkt der Erde zeigen und die beobachteten Längen des Sekundenpendels werden auch nicht unmittelbar die Maaße seiner Entfernungen vom Mittelpunkt der Erde sein. Durch die höhere Mathematik lassen sich jedoch die Verhältnisse der Entfernungen des Pendels vom Mittelpunkt der Erde bei den verschiedenen Beobachtungen bestimmen und aus der Zusammenstellung dieser verhältnißmäßigen Entfernungen muß sich natürlich die richtige Gestalt der Erde ergeben.

Abschnitt II.

Bewegung der Erde um ihre Axe.

§. 13.

Das obige Verfahren zur Bestimmung der Gestalt der Erde, welches zu diesem Endzwecke schon sehr oft in Anwendung gebracht wurde, beruht auf rein mathematischer Theorie. Dies galt aber auch von der unmittelbaren Messung eines Bogens der Erdoberfläche und wir sollten also erwarten, daß beide Methoden zu denselben Resultaten führen mußten. Dennoch ist dies nicht der Fall. Der Pendel lehrt eine viel größere Abplattung der Erde, als die unmittelbaren Messungen, und der Unterschied ist so groß, daß er durchaus nicht auf Rechnung der Ungenauigkeit der Beobachtungen kommen kann. Es muß also eine Ursache sein, welche diesen Unterschied bewirkt und wäre diese Ursache nicht sonst schon bekannt gewesen, so hätte der Pendel sie sicher verrathen müssen. Sie liegt einzig und allein darin, daß die Erde sich binnen 24 Stunden um eine Axe dreht, welche durch die Punkte hindurch geht, wo die Erde abgeplattet ist und also mit dem kürzesten Durchmesser zusammenfällt. Diese Bewegung der Erde muß nothwendig einen Einfluß auf die Länge des Sekundenpendels ausüben. Bringt man diesen Einfluß in Rechnung, so sind beide Bestimmungen im schönsten Einklang.

§. 14.

Wie wunderbar es scheint, daß eine Axendrehung der Erde die Länge eines Pendels, welcher auf ihrer Oberfläche in jeder Stunde eine Schwingung macht, abändern muß, so können wir uns doch leicht von dieser Wahrheit überzeugen, wenn wir einer einfachen Erscheinung gedenken, welche Jeder von uns schon öfters beobachtet haben wird. Wenn wir einen Stein an einen Faden binden und mit dem Faden in der Hand den Stein gewaltsam in einem Kreise schleudern, so fühlen wir an dem Stein eine Neigung, sich weiter von unserer Hand zu entfernen, als es der Länge des Fadens zufolge geschehen kann. Der Faden wird gespannt und um so stärker, je schneller wir den Stein schwingen und wenn er nicht fest genug ist, so wird er zerreißen und der Stein mit Kraft davonfliegen. Die von der Hand dem Steine mitgetheilte Bewegung besteht in einer Reihenfolge kleiner Stöße und sie giebt dem Stein eine Neigung, immer in derselben Richtung fortzugehen, und sich somit von der Hand, um welche als seinen Mittelpunkt er sich bewegt, zu entfernen; er kann aber dieser Neigung nicht folgen, wenn nur der Faden, den Stein zu halten, fest genug ist. Diese Neigung nennt man Centrifugalkraft; sie muß sich immer regen, sobald ein Körper gezwungen wird, sich um einen bestimmten Punkt zu bewegen. Diese Neigung besteht also bei der Umdrehung der Erde auch in größerem oder geringerem Grade bei den Gegenständen ihrer Oberfläche und wäre nicht Etwas vorhanden, was die Gegenstände an die Erde fesselt, so würden sie in Folge der Centrifugalkraft sich ebenso von der Erde entfernen, wie kleine Körper, welche man auf ein liegendes schnell herum gedrehtes Rad wirft, alsbald mit großer Schnelligkeit davon wegfliegen. Ein Gegenstand auf der Erdoberfläche erfährt also, wenn die Erde sich umdreht, gleichzeitig zwei ganz entgegengesetzte Wirkungen, nämlich die der Anziehungskraft, welche dem Körper eine Neigung ertheilt, sich dem Mittelpunkt zu nähern, und die der Centrifugalkraft, wodurch sich der Gegenstand vom Mittelpunkt zu entfernen strebt; der letzteren muß erstre nothwendig entgegenwirken und sie vermindern. Die Centrifugalkraft wächst mit der zunehmenden Geschwindigkeit der Drehung der Erde und daher ist diese Kraft und somit auch die Verminderung der Anziehungskraft, welche sie bewirkt, für verschiedene Punkte der Erdoberfläche verschieden. Die Axendrehung der Erde kann man sich vorstellen, wenn man einen Stift durch den Mittelpunkt einer Kugel steckt, und um diesen Stift die Kugel herumdrehen läßt. Dieser Stift stellt die Axe der Erde vor, welche durch die zwei Punkte ihrer abgeplatteten Gestalt geht, welche man mit dem Namen Pole bezeichnet. Bei der Axendrehung der Erde unterliegen natürlich diese Pole keiner Bewegung. Ein Punkt in der Nähe einer der Pole wird dabei einen kleinen Kreis beschreiben. Ein weiter entfernter Punkt wird einen größeren Kreis machen und ein von beiden Poleu gleich weit entfernter Punkt muß den möglichst größten Kreis beschreiben. Da nun diese Punkte den ganzen Umfang ihres Kreises genau in derselben Zeit, in der Zeit nämlich, in welcher die Erde eine Umdrehung macht, durchlaufen, so muß sich der eine viel schneller bewegen, als der andere. An dem einen Punkte wird also der Anziehungskraft mehr, als an dem anderen, durch die Centrifugalkraft entgegengewirkt und Abbruch gethan. Wenn also die Erde eine Umdrehung macht, so muß die Anziehungskraft auf verschiedenen Punkten ihrer Oberfläche verschieden sein, selbst wenn sie vollkommen kugelförmig wäre. Die Länge des Secundenpendels hängt ganz von der Wirkung der Anziehungskraft ab und wird also nicht allein von der Form, sondern auch von der Bewegung der Erde abgeändert. Ihre Bestimmung konnte daher die wahre Gestalt der Erde lehren, und bewies auch zugleich mit vollkommner Sicherheit, daß dieser Körper sich in 24 Stunden um eine Axe dreht, welche durch die Punkte ihrer Abplattung hindurchgeht.

§. 15.

Der Umstand, daß die Erdaxe durch die Punkte ihrer Abplattung hindurch geht, läßt uns vermuthen, daß zwischen ihrer Bewegung und ihrer Abplattung eine Beziehung besteht und in der That ist letztere nichts als die Folge von ersterer. Man kann sich davon überzeugen, indem man die Endpunkte einer langen und dünnen Taschenuhrfeder mit einander vereinigt und ihr eine Kreisform giebt. Hängt man sie nun an einem Faden auf, um welchen man sie alsdann schnell herumdrehen läßt, so wird sie während dieser Bewegung ihre Kreisform verlieren und an zwei Punkten abgeplattet werden; da nämlich, wo sie umgedreht wird und am gegenüberliegenden Punkt, um welchen sie sich zugleich mitbewegt. Diese Gestaltveränderung ist eine Folge davon, daß die

Theile der Feder, je weiter sie von diesen Punkten entfernt sind, einen desto größeren Kreis beschreiben und mit desto größerer Schnelligkeit sich bewegen, wodurch sie eine größere Centrifugalkraft erhalten und sich stärker als die übrigen von der Linie, um welche die Feder bewegt wird, zu entfernen streben. Aus ähnlichem Grunde mußte auch die Erde eine abgeplattete Form annehmen und man würde mit Hülfe der höheren Mathematik diese Gestaltung aus der Größe der Erde und der Schnelligkeit ihrer Umdrehung genau berechnen können, wenn außerdem bekannt wäre, wie der Stoff in ihrem Innern vertheilt ist, wovon die Gestaltung, welche sie bei ihrer Umdrehung annehmen mußte, mit abhängig ist. Ist die Abplattung der Erde auf anderem Wege bestimmt, so kann man daraus, mit Berücksichtigung ihrer Größe und der Schnelligkeit ihrer Umdrehung, wieder gewichtige Schlüsse darauf machen, wie der Stoff in ihrem Inneren vertheilt sein muß. Diese Resultate können aber nur vermittelst der höheren Mathematik erreicht werden. Wir können hier also nicht entwickeln, wie man zu diesen Ergebnissen kam und müssen uns auf bloße Erwähnung derselben beschränken. Wäre der Stoff vollkommen gleichmäßig über das Innere der Erde vertheilt, d. h., hätten gleich große Stücke der Erde, ohne Unterschied welche man wählen möge, immer gleiches Gewicht, so würde ihre Abplattung viel größer sein, als sie wirklich ist; und noch viel größer würde sie sein, wenn die Erde, wie man früher wohl meinte, inwendig hohl wäre. Aus der Abplattung der Erde läßt sich vollkommen beweisen, daß sie, weit entfernt inwendig hohl zu sein, aus Stoffen besteht, welche an Dichtigkeit oder, wenn man will, an Gewicht zunehmen, je näher sie dem Mittelpunkt der Erde kommen. Die Substanzen, welche den Mittelpunkt der Erde einnehmen, sind fast viermal schwerer oder dichter als die, welche unmittelbar unter ihrer Oberfläche gelegen sind. Die Substanzen, welche wir unter der Oberfläche der Erde noch erreichen können, haben eine mittlere

Dichtigkeit, welche der des Bergkrystalls, des Marmors und Granits gleichkommt. Da diejenigen Stoffe, welche dem Mittelpunkte nahe liegen, mehr als viermal so dicht oder schwer sind, so müssen sie die Metalle als Zinn, Eisen, Kupfer und Silber an Dichtigkeit übertreffen, während sie darin nur von Gold, Platina und Quecksilber übertroffen werden und in dieser Hinsicht dem gegossenen Blei sehr nahe kommen. Die Natur dieser Substanzen werden wir natürlich nie bestimmen können; dennoch verdient es alle Aufmerksamkeit, daß Beobachtung und Berechnung uns zur Kenntniß der Dichtigkeit derjenigen Stoffe führen konnte, welche in der Nähe des für Menschen unerreichbaren Mittelpunkts der Erde sich befinden. Weit genauer jedoch kennen wir die mittlere Dichtigkeit und die Masse oder das Gewicht der ganzen Erde.

§. 16.

Durch die Bewegung der Erde um ihre Axe werden im Horizonte jedes Ortes bestimmte Richtungen angegeben, deren Kenntniß nicht nur in der Astronomie, sondern oft auch im täglichen Leben uns zu Statten kommt. Die Erdaxe geht immer durch dieselben Punkte ihrer Oberfläche und demnach ist auch die Lage ihrer Pole auf ihrer Oberfläche unveränderlich. Die Richtung, in welcher man fortgehen müßte, um auf dem kürzesten Wege den Nordpol zu erreichen, nennt man Norden und die entgegengesetzte Richtung nach dem Südpol heißt Süden. Diese Richtung nach Norden und nach Süden, kann durch eine und dieselbe Linie im Horizonte dargestellt werden. Eine zweite Linie im Horizont, welche senkrecht auf der ersteren steht, deutet einerseits Osten an, andrerseits Westen, so daß man Osten zu seiner rechten Hand hat, wenn das Gesicht nach Norden gekehrt ist. Es ist natürlich, daß die Richtung, nach welcher sich die Erde um ihre Axe dreht, senkrecht auf der nach Norden und

Süden stehen muß und also entweder von Osten nach Westen oder von Westen nach Osten gehen muß. Das Sekundenpendel giebt uns über die Richtung der Umdrehung der Erde ganz und gar keinen Aufschluß, sie kann aber unabhängig von der scheinbaren Bewegung der Himmelskörper aus einer einfachen Erscheinung, welche zugleich ein neuer Beweis für die Umdrehung der Erde ist, geschlossen werden. Die Spitze eines Thurms ist etwas weiter vom Mittelpunkt der Erde entfernt, als sein Fuß; daher muß jener bei der Umdrehung der Erde einen etwas größeren Kreis beschreiben und sich etwas schneller bewegen. Läßt man nun eine Kugel von der Spitze des Thurmes fallen, so hat sie die durch die Umdrehung der Erde der Spitze mitgetheilte Seitenbewegung, welche größer ist, als die Seitenbewegung des Fußes und daher wird sie den Boden in einiger Entfernung vom Fuße erreichen und zwar in einem Punkte, welcher in Bezug zum Fuß in derjenigen Richtung gelegen ist, nach der die Erde sich dreht. Diese Abweichung giebt sich genau so zu erkennen, wie sie bei der Umdrehung der Erde sein muß und sie beweist, daß die Umdrehung der Erde in der Richtung von Westen nach Osten stattfindet.

§. 17.

Die Bewegung der Erde um ihre Axe führt uns zur Betrachtung einer wichtigen Erscheinung des Himmels, welche sich tagtäglich unserer Beobachtung aufdrängt, nämlich des Auf- und des Unterganges der Sonne, des Mondes und andrer Himmelslichter. Täglich sehen wir Sonne und Mond sich über die Erde erheben und nachdem sie in einer gegen den Boden schrägen Richtung hingezogen sind, steigen sie wieder unter die Erde hinunter, als ob sie binnen 24 Stunden die Erde umkreisten. Dieselbe Erscheinung nehmen wir des Nachts an den Sternen wahr. Die Sterne bilden mit einander Gruppen, welche immer dieselbe Form und dasselbe Aussehen haben, die man aber von Stunde zu Stunde einen anderen Stand zu unsrer Umgebung einnehmen sieht. Auf der einen Seite des Himmels tauchen beständig neue Himmelslichter über die Erde empor, steigen immer höher und auf der anderen Seite des Himmels sehen wir die Himmelslichter beständig niedertauchen und sich unter die Erde verbergen. Nach Tagesfrist sehen wir die Sterne ihren Stand zum Boden, auf welchem wir stehen, wieder einnehmen und der ganze Himmel scheint sich binnen 24 Stunden um die Erde zu drehen. Die Bewegung der Erde um ihre Axe, wie sie mit dem Pendel sich nachweisen läßt, muß gerade eine solche scheinbare Drehung des Himmels mit allen ihren Einzelheiten bewirken, wovon wir uns leicht überzeugen können, wenn wir uns die Erde wieder als eine Kugel, welche um eine Spindel oder Axe gedreht werden kann, vorstellen. Nehmen wir auf der Oberfläche dieser Kugel einen Punkt, welcher einen beliebigen Ort der Erde vorstellt, und legen wir in diesem Punkte ein Kartenblatt auf die Kugel, so wird dieses einen Theil des Horizontes des Ortes vorstellen. Bei einer Umdrehung der Kugel um ihre Axe sehen wir nun den Horizont beständig seine Lage verändern, so daß verschiedene Sterne hinter einander über dem Horizont zum Vorschein kommen müssen. Wenn wir einen Faden an dem Punkte der Kugel, welchen wir als Bild eines Ortes auf der Erdoberfläche gewählt haben, befestigen und diesen Faden beständig nach einem von demselben entfernten Gegenstand, der einen Stern darstelle, gerichtet halten, so sehen wir bei Umdrehung der Kugel, welchen Stand derselbe zum Horizont nach und nach einnehmen muß. Wir können auf dem Kartenblatt, welches den Horizont des Ortes vorstellt, zwei Linien lothrecht auf einander ziehen, von denen eine die Richtung nach Norden und Süden, die andere die Richtung nach Osten und Westen andeutet. Es ist nun einleuchtend, daß bei einer Umdrehung der

Erde von Westen nach Osten der Himmel sich scheinbar in der Richtung von Osten nach Westen drehen muß. An der östlichen Seite des Horizontes müssen die Sterne aufgehen, im Westen müssen sie untergehen und wenn sie sich gerade in der Richtung von Norden oder Süden befinden, so müssen sie ihren höchsten und niedrigsten Stand über dem Horizonte haben. Wollen wir den Weg, welchen die Sterne täglich zurückzulegen scheinen, mit Genauigkeit bestimmen, so müssen wir uns erst überzeugen, daß am Himmel ein Punkt besteht, welcher trotz der Bewegung der Erde immer in demselben Stande zum Horizonte verharren muß. Denken wir uns die Umdrehungsaxe der Erde beiderseits bis ins Unendliche verlängert, dann wird sie den Himmel an zwei gegenüberliegenden Punkten treffen, welche man die Pole des Himmels nennt. Einer dieser Punkte liegt über dem Horizonte und wir würden ihn sehen, wenn gerade in der Verlängerung der Erdaxe ein Stern läge. Stecken wir nun an dem bezeichneten Punkte der Kugel einen Stift der Axe parallel hinein, so wird der Stift die Richtung bezeichnen, in welcher man von diesem Orte den Himmelspol sehen würde. Wir müssen uns nämlich den Himmel als unendlich groß und dessen Pol als unendlich entfernt in Vergleich mit der Größe der Erde vorstellen und alsdann sind alle Linien, welche in derselben Richtung oder parallel fortgehen auf denselben, Punkt des Himmels gerichtet. Wenn man nun die Kugel dreht, so wird der Stift seinen Stand zum Kartenblatt, welches den Horizont vorstellt, nicht verändern und da er der Umdrehungsaxe parallel bleibt, so wird er auch immer auf den Pol des Himmels zeigen. Immer also bewahrt der Himmelspol, trotz der Umdrehung der Erde, denselben Stand gegen den Boden und die uns umgebenden Gegenstände; jeder Gegenstand aber oder jeder Himmelskörper außerhalb des Poles muß scheinbar seinen Ort verändern. Nun kann die Drehung der Erde keine wesentliche Veränderung in dem gegenseitigen Stand der festen Punkte des

Himmels verursachen und also auch nicht die Entfernung abändern, in welcher ein Himmelskörper vom Himmelspole sich zu befinden scheint. Jeder Himmelskörper außerhalb des Poles muß sich also dermaßen zu bewegen scheinen, daß er dieselbe Entfernung vom Himmelspole bewahrt; er muß sich also in einem Kreis um diesen Punkt herumzubewegen scheinen. Alle Himmelskörper also müssen Kreisbewegungen zu machen scheinen, welche denselben Punkt des Himmels, den Pol nämlich, zum gemeinschaftlichen Mittelpunkt haben. Diese Erscheinung, aus welcher alle anderen Erscheinungen der täglichen Bewegung des Himmels abgeleitet werden können, ist nun vollkommen so, wie wir sie wirklich wahrnehmen. Die scheinbare tägliche Umdrehung des Himmels ist also reine Täuschung, welche aus der Umdrehung der Erde um ihre Axe entsteht. Der Grund aber, warum wir diese Umdrehung nicht fühlen, liegt in der vollkommenen Regelmäßigkeit, mit welcher sie vor sich geht, und darin, daß Alles, was uns umgiebt, diese Bewegung theilt.

§. 18.

Wir haben gesehen, daß für denselben Ort der Erde der Pol des Himmels immer denselben Stand zum Horizont bewahrt, aber es ist klar, daß er sich an verschiedenen Orten der Erde in verschiedenem Stande zum Horizont zeigen muß. Da nun alle Himmelskörper sich in Kreisen um ihn herumzubewegen scheinen, so muß die tägliche Bewegung des Himmels an verschiedenen Theilen der Erde einen verschiedenen Anblick gewähren. Wenn man sich auf der Erde von einem Pole entfernt, so wird man sich dem andern nähern und auf dem Wege von dem einen Pol nach dem anderen muß man auf einen Punkt treffen, wo man gleichweit von beiden Polen eutfernt ist. Solche Punkte, wie sie auf der Oberfläche der Erde mitten zwischen beiden Polen liegen, erreicht man, in welcher Richtung man von einem der Pole ausgehen möge. Sie liegen alle in dem

Umfang eines größten Kreises der Erde, welcher auf ihrer Umdrehungsaxe senkrecht steht und dieser Kreis heißt Aequator, Gleicher, Linie. Er theilt die Erde in zwei Hälften, deren eine die nördliche, die andere die südliche Halbkugel genannt wird; der Pol der nördlichen Halbkugel heißt Nordpol, während der andre den Namen Südpol trägt. Legen wir nun unser Kartenblatt, welches den Horizont eines Ortes vorstellt, auf einen der Pole der Kugel, so sehen wir, daß daselbst die der Erdaxe parallele Linie senkrecht auf dem Horizonte steht. Der Pol des Himmels fällt also daselbst mit dem sogenannten Zenith oder Scheitelpunkt zusammen, welcher von dem Faden eines Bleiloths angegeben wird. Die Himmelskörper werden in ihren regelmäßigen Kreisen um diesen Scheitelpunkt immer gleich hoch über dem Horizont bleiben und trotz ihres beständigen Kreisens nicht aufgehen und nicht untergehen. Da man gleichzeitig nie mehr als die Hälfte des Himmels über dem Horizonte sehen kann und an den Polen der Erde die Himmelskörper weder auf- noch untergehen, so kommt hier auch von der einen Hälfte des Himmels nie etwas zu Gesicht. Legt man das Kartenblatt an einem Punkte des Aequators auf die Kugel, so sieht man, daß die der Erdaxe parallele Linie mit dem Horizonte zusammenfällt und daß daselbst beide Himmelspole im Horizont gelegen sind. Die Kreise, welche die Himmelskörper täglich beschreiben, müssen dort senkrecht auf dem Horizonte stehen und werden alle vom Horizonte in zwei gleiche Theile getheilt; während sich für einen Ort unter dem Aequator der ganze Himmel nach und nach zeigen muß. Wenn man das Kartenblatt auf einen Punkt der Kugel zwischen Aequator und einem der Pole legt, so bemerkt man, daß daselbst der Himmelspol einen schrägen Stand zum Horizont annimmt. Auf der nördlichen Halbkugel wird sich der Nordpol, auf der südlichen Halbkugel der Südpol über den Horizont erheben und die von den Himmelskörpern täglich beschriebenen Kreise stehen schräg zum Horizont. Einige

Sterne werden hier regelmäßig aufgehen und untergehen. Andere, welche bei ihrer täglichen Bewegung den Horizont nicht erreichen können, werden nie untergehen und noch andere werden eben darum nicht aufgehen. Man erblickt nach einander mehr als die Hälfte, nie aber den ganzen Himmel. Es hängt also nur von der Entfernung eines bestimmten Ortes der Erde von einem der Pole ab, wie sich hier der bewegende Himmel darstellen wird. Von diesen drei verschiedenen Zuständen des sich bewegenden Himmels, welche man die parallele, gerade und schiefe Sphäre zu nennen gewöhnt ist, kann man sich eine deutliche Vorstellung machen, wenn man eine Kugel und ein Kartenblatt nimmt und die Richtungen, in denen sich die Himmelskörper zeigen können, mit einem Faden bezeichnet, welchen man am Kartenblatte im Berührungspunkte der Kugel befestigt.

Abschnitt III.

Bewegung der Erde um die Sonne.

---

§. 19.

Was die Ursache der Umdrehung der Erde auch sein möge, so macht sie es, wenn auch nicht mathematisch gewiß, doch wenigstens höchst wahrscheinlich, daß die Erde außerdem eine Fortbewegung im Raume haben müsse. Schlagende Beweise für solche Bewegung der Erde müssen wir hauptsächlich in den Erscheinungen des Himmels suchen und es gehört keine außergewöhnliche Aufmerksamkeit dazu, um derselben auf die Spur zu kommen. — Die hellsten Sterne, welche den nächtlichen Himmel schmücken, bilden mit einander ins Auge fallende Gruppen, welche leicht von einander zu unterscheiden sind. Wenn wir eine solche bestimmte Gruppe zu bestimmter Abendstunde und in bestimmtem Stande zu unserer Umgebung beobachten, so werden wir sie einige Wochen später zu derselben Stunde des Abends umsonst auf demselben Punkt des Himmels suchen. Wir zählen die Stunden des Tags und der Nacht nach dem Stande der Sonne zum Horizonte und kehrt dieselbe Stunde des Tages oder der Nacht zurück, so ist auch die Sonne in dieselbe Stellung zum Horizont zurückgekehrt. Wir sehen aber zu verschiedenen Zeiten des Jahres die Sterne anders zum Horizonte stehen, und daraus geht hervor, daß die Sonne ihren Stand, welchen sie am Himmel gegen die Sterne einnimmt, verändern muß. Sieht man zu bestimmter Zeit kurz nach Untergang der Sonne einen Stern aufgehen, so wird dieser Stern nach Verlauf eines Monates gleich lange nach Sonnenuntergang schon eine ansehnliche Höhe über dem Horizont erreicht haben und es hat sich also die Sonne dem Sterne genähert. Die Annäherung der Sonne an Sterne, welche sich auf ihrer linken oder Ostseite zeigen, geht regelmäßig fort und nach Verlauf eines Jahres ist die Sonne wiederum in dieselbe Stellung zu den Sternen zurückgekehrt. Die Sonne kreist also in Jahresfrist über den ganzen Sternenhimmel und zwar regelmäßig von Westen nach Osten hin. Daß sie dabei ihre Entfernung von der Erde nicht viel verändern kann, geht daraus hervor, daß sie uns immer beinahe gleich groß erscheint. Die Sonne scheint uns also eine jährliche Bahn um die Erde zu vollenden, deren Gestalt von einem Kreise wenig abweicht.

§. 20.

Die scheinbare Bewegung der Sonne am Himmel beweist noch keineswegs, daß sie wirklich jährlich um die Erde kreisen muß. Nehmen wir, um uns davon zu überzeugen, einen Gegenstand vor uns, welchen wir in bestimmter Richtung, z. B. von der rechten nach der linken Hand, etwas fortbewegen, so wird es uns scheinen, als ob er sich in Beziehung zu den entfernteren Gegenständen von rechts nach links bewegt habe; auf vollkommen gleiche Weise wird sich aber der Gegenstand zu bewegen scheinen, wenn wir ihn ruhen, unser Auge aber etwas von links nach rechts gehen lassen. Die scheinbare Bewegung der Sonne kann also auch aus einer wirklichen Bewegung der Erde hervorgehen; und daß letzteres in der That der Fall ist, wird uns schon durch die Drehung der Erde um ihre Axe wahrscheinlich. Eine Kreisbewegung der Erde um die Sonne muß für uns in der That den Schein geben, als ob dieser Himmelskörper beständig mit anderen Punkten des Himmels zusammenfalle und einen regelmäßigen Weg rings um den ganzen Himmel zurücklege, wenn er auch unverrückt denselben Punkt im Raume einnimmt.

§. 21.

Man hat schon seit langer Zeit eingesehen, daß sich die Bewegung, welche wir an der Sonne wahrzunehmen glauben, ebenso gut aus einer Bewegung der Erde, als aus einer Bewegung der Sonne ableiten ließe, eine falsche Auslegung der heiligen Schriften aber erklärte die Bewegung der Erde als im Widerspruch mit ihnen und es entstand über den Stillstand oder die Beweglichkeit der Erde vor wenigen Jahrhunderten ein so erbitterter und so heftiger Kampf, als gäbe es für den Menschen nichts Wichtigeres, als dessen Entscheidung. Dieser Streit hat jedoch schon lange aufgehört, da wir Erscheinungen kennen, welche nicht nur die Bewegungen der Erde, sondern außerdem noch beweisen, daß sie wirklich eine jährliche Bahn rings um die Sonne beschreibt. Diese Erscheinungen bestehen in zahlreichen Unregelmäßigkeiten, welche man in der Bewegung einiger anderer Himmelskörper wahrnimmt und für welche man ohne die Bewegung der Erde um die Sonne nur ungereimte Erklärungen aufstellen kann; — außerdem aber in einer äußerst merkwürdigen Ortsveränderung, welche alle Himmelskörper ohne Unterschied theilen. Alle Himmelskörper beschreiben am Himmel kleine ovale Bahnen, welche zwar zu klein sind, um von unserem unbewaffneten Auge wahrgenommen werden zu können, die sich aber mittelst der gegenwärtigen feinen astronomischen Instrumente mit großer Genauigkeit bestimmen lassen. Jeder Himmelskörper durchläuft diese seine Bahn grade in der Zeit eines Jahres und alle diese kleinen Bahnen haben, wo auch die Himmelskörper stehen mögen, dieselbe Länge, während ihre Breite nur von dem Stand der Himmelskörper zu dem Wege, den die Sonne jährlich am Himmel zurückzulegen scheint, abhängt. Aus diesen Eigenthümlichkeiten schon geht hervor, daß diese Erscheinung in enger Beziehung zu der Bewegung der Erde um die Sonne stehen muß. Man nennt es Abirrung des Lichtes oder Aberration, und dafür fand der berühmte Astronom Bradley, welcher sie entdeckte, auch zugleich die vollkommene Erklärung. Schon Jahre zuvor hatte man entdeckt, daß das Licht, welches die Himmelskörper uns zusenden, nicht in einem Augenblicke zu uns gelangt, sondern eine bestimmte, obschon sehr kurze Zeit bedarf, um den erforderlichen Raum zu durchlaufen, welcher die Himmelskörper von uns trennt. In einer einzigen Secunde Zeit legt das Licht den überraschend großen Weg von 41,520 geographischen Meilen zurück. Die Bewegung oder Fortpflanzung des Lichtes kann, wenn die Erde als der Gesichtspunkt, von welchem aus wir die Himmelskörper betrachten, in Ruhe ist, keine scheinbare Ortsveränderung der stillstehenden Himmelskörper bewirken; wenn aber die Erde mit einer Geschwindigkeit sich bewegt, welche mit der des Lichtes verglichen werden kann, so müssen alle Himmelskörper auf einem anderen Orte sich zeigen, als wo sie sich wirklich befinden. Der Unterschied zwischen dem scheinbaren und wahren Orte hängt ganz von dem Verhältnisse zwischen der Geschwindigkeit des Lichtes und der Erde ab, während die Verschiebung der Himmelskörper gerade nach derselben Richtung hin geschehen muß, in welcher sich die Erde bewegt. Ginge nun die Erde immer in derselben Richtung und mit derselben Geschwindigkeit fort, so würde die Verschiebung, welche jeder Himmelskörper erleidet, immer dieselbe bleiben und würde sich nicht durch eine scheinbare Bewegung der Himmelskörper verrathen. Bei der Wanderung der Erde um die Sonne muß jedoch die Richtung, in welcher sie fortgeht, einer immerwährenden Veränderung unterliegen und die scheinbare Verschiebung der Sterne auch immerwährend ihre Richtung wechseln, daher muß der Stern sich in einer kleinen Bahn zu bewegen scheinen, wie es auch wirklich beobachtet wird.

§. 22.

Die Erscheinung der Aberration kann man in ihren Einzelheiten ziemlich vollständig erklären, ohne dazu der Mathematik zu bedürfen, indem man sich eines einfachen Apparats bedient, den man jedoch bei mündlicher Mittheilung besser als bei schriftlicher in Anwendung bringen kann. Wichtig ist es indessen, daß unser Leser eine einigermaßen deutliche Einsicht bekomme, wie die Bewegung der Erde im Verein mit der des Lichtes eine scheinbare Ortsveränderung der Himmelskörper bewirken muß, und daher werden wir uns bemühen, so gut als möglich, es hier zu erläutern. Die Himmelskörper senden Lichtstrahlen auf uns herab, wodurch sie uns sichtbar werden; und ist ein Himmelskörper sehr weit von uns entfernt, so laufen die Strahlen, welche unser Auge von dem Himmelskörper empfängt, in gleicher Richtung oder parallel neben einander. Der Ort, wo wir den Himmelskörper sehen, wird nicht von dem Orte bestimmt, wo er sich wirklich befindet, sondern durch die Richtung, in welcher seine Lichtstrahlen unser Auge treffen, abgesehen davon, wie die Richtung dieser Lichtstrahlen auf ihrem Wege bis zu uns abgeändert wird. Wollen wir uns davon überzeugen, so nehmen wir ein leeres Becken vor uns, legen ein Stück

Geld hinein und stellen das Auge so, daß das Stück Geld vom Rande der Schüssel gerade so weit bedeckt wird, daß wir es nicht sehen. Füllen wir nun, ohne das Auge von dem oben angegebenen Stand zu verrücken, das Becken mit Wasser, so wird das Geldstück alsbald nicht mehr von dessen Rande bedeckt erscheinen und wir werden dasselbe also auf einem Orte sehen, wo es sich nicht befindet. Von dem Geldstücke gehen nach allen Richtungen Lichtstrahlen aus. So lange das Becken leer war, konnten diese Strahlen das Auge nicht erreichen; denn sie wurden vom Rande des Beckens aufgefangen. So wie aber das Gefäß mit Wasser gefüllt war, mußten die Strahlen erst durch das Wasser und dann durch die Luft gehen, um zu unserem Auge zu gelangen. Bei diesem Uebergang vom Wasser in die Luft wurden die Strahlen gebrochen und ihre Richtung verändert, wodurch sie nun zu unserem Auge gelangen konnten, während sie vorher dasselbe nicht erreichten. Wir sehen nun das Geldstück in der Richtung, worin unser Auge seine Strahlen empfängt, obschon es sich in dieser Richtung nicht befindet. Dasselbe gilt von der Brechung der Lichtstrahlen in unsrer Atmosphäre, von der wir schon gesprochen haben (§ 8) und welche auf gleiche Weise bewirkt, daß wir die Himmelskörper etwas höher sehen, als sie wirklich stehen. Wenn man einen Gegenstand durch ein Fernrohr sehen will, so muß man das Instrument so stellen, daß die Lichtstrahlen des Gegenstandes genau mitten durch das Fernrohr hinlaufen und die Richtung, worin man den Gegenstand sieht, wird von der Richtung des Fernrohres bestimmt. Diese wird aber von der Richtung, in welcher sich der Gegenstand wirklich befindet, verschieden sein, wenn man aus diesem oder jenem Grunde genöthigt ist, das Rohr den Lichtstrahlen nicht parallel zu stellen, um sie genau mitten durch das Rohr gehen zu lassen.

Nun kann man die von den Himmelskörpern uns zugesendeten Lichtstrahlen sehr gut mit den Strahlen von Regentropfen, wie wir sie so oft wahrnehmen, vergleichen; sie fallen parallel neben einander, bei stiller Witterung senkrecht und bei Wind in schräger Richtung auf den Boden. Nehmen wir statt des Fernrohrs einen hohlen Cylinder mit einem Boden und stellen ihn so, daß jeder Tropfen eines bestimmten Strahles gerade durch seine Mitte hin fällt! Steht der Cylinder still, so muß man ihn natürlich parallel der Richtung der Strahlen stellen; denn dann wird jeder Tropfen, welcher die Mitte der Oeffnung des Cylinders traf, auch gerade mitten durch seinen Boden gehen. Wird der Cylinder jedoch in dieser Stellung, z. B. auf einem Wagen, in Bewegung gesetzt, so werden die Tropfen nicht mehr genau durch seine Mitte gehen. Wenn ein Regentropfen den Cylinder inmitten der Oeffnung erreicht, so braucht er noch eine gewisse Zeit, um den Boden zu erreichen. In dieser Zeit aber hat die Mitte des Bodens sich vom Platze bewegt, so daß nunmehr der Tropfen auch nicht auf die Mitte niederfallen wird, wenn der Cylinder gerade dieselbe Richtung hat als die, worin der Tropfen niederfiel. Nach der Richtung hin, in welcher man fortgeht, wird die Mitte des Bodens dem Regentropfen etwas voraus sein, somit muß man, um den Tropfen auf die Mitte des Bodens niederfallen und ihn also gerade mitten durch den Cylinder gehen zu lassen, den Boden gegen die Oeffnung etwas rückwärts bringen, so daß der Cylinder nach der Seite hingeneigt ist, wohin man sich bewegt.

Wenn wir nun einen Himmelskörper mit einem Fernrohr betrachten, so muß, abgesehen von der Lichtbrechung in der Atmosphäre, das Rohr, wenn es in Ruhe ist, gerade auf den Himmelskörper gerichtet werden. Wenn sich dagegen das Rohr sammt der Erde und zwar mit einer so großen Geschwindigkeit fortbewegt, daß letztere mit der Geschwindigkeit der von den Himmelskörpern auf uns herabströmenden Lichttheilchen — welche Lichttheilchen hier die Stelle der obigen Regentropfen vertreten — verglichen werden kann, so wird das Fernrohr nicht vollkommen auf das Gestirn gerichtet sein, wenn es sein Licht gerade mitten durch das Rohr sendet, und also durch das Fernrohr zu sehen ist. Das Rohr wird sich alsdann nach der Richtung, in welcher sich die Erde bewegt, neigen müssen und das Gestirn wird nicht an dem Punkte, wo es sich befindet, gesehen werden, sondern an einem anderen Punkte, welcher hinsichtlich seines wahren Ortes in der Richtung liegt, nach welcher sich die Erde bewegt. Ob man nun den Himmelskörper mit einem Fernrohr oder mit unbewaffnetem Auge, welches letztere auch nichts Anderes als ein Fernrohr ist, besieht, macht durchaus keinen Unterschied. Wir haben nur das Fernrohr und den Cylinder zu Hilfe genommen, um den Gegenstand deutlicher erkennen zu können. Die Größe des Unterschiedes zwischen dem scheinbaren und wirklichen Ort des Himmelskörpers läßt sich aus der Bewegung des Lichtes im Verein mit der der Erde leicht berechnen und ist von Nichts weiter abhängig. Die Richtung von dem wahren zum scheinbaren Orte des Himmelskörpers stimmt immer mit der Bewegung der Erde überein, so daß sie immer parallel der Ebene, in welcher die Bahn der Erde liegt, sein muß. Da die Erde jedes Jahr die Sonne umkreist, so muß die Richtung ihrer Bewegung sich beständig verändern und zugleich nach Jahresfrist wieder dieselbe sein. Daher muß auch die Richtung von dem wahren festen Orte des Gestirns zu seinem scheinbaren Orte beständig dieselbe Veränderung erleiden. Der Stern muß also um seinen wirklichen Ort herum eine kleine Bahn zu beschreiben und innerhalb eines Jahres auf den Ausgangspunkt zurückzukehren scheinen. Diese Bahnen sind bei allen Sternen gleich groß, überall aber müssen sie der Ebene parallel sein, in welcher die Bahn der Erde gelegen ist; daher werden sie nicht überall denselben Stand zu unserm Auge haben. Steht ein Stern gerade senkrecht mitten über der Erdbahn, so sehen wir jene Bahn nicht verkürzet, sondern als einen Kreis. Bei jedem andern Stande des Sternes wird dieser Kreis eine schiefe Richtung zu unserm Auge annehmen; wir sehen ihn dann verkürzt und seine Breite nimmt um so mehr ab, je schräger die Richtung, in welcher wir ihn sehen, zu der Ebene der Erdbahn ist. Steht der Stern gerade in der verlängerten Ebene der Erdbahn, so sehen wir den Kreis von der Seite, seine Breite verschwindet und der Stern wird in einer kurzen, geraden Linie hin und her zu gehen scheinen. Genau so, wie bei der bekannten Fortpflanzung des Lichtes und der Bewegung der Erde um die Sonne diese Bahnen sein müssen, werden sie auch bei allen Sternen wahrgenommen. Sie sind uns also ebenso viele rein mathematische Beweise für die Kreisbewegung der Erde um die Sonne, für welche somit ebenso viele Sterne sprechen, als deren am Firmamente glänzen.

§. 23.

Die Bahn, welche die Erde jährlich um die Sonne beschreibt, ist flach oder, mit anderen Worten, liegt in einer ebenen Fläche ohne Biegungen nach oben oder nach unten. Diese Ebene, in welcher die Bahn gelegen ist, hat einen bestimmten Stand zu den Sternen, welcher durch den scheinbaren Weg der Sonne am Himmel angedeutet wird. Während die Erde innerhalb eines Jahres um die Sonne kreist, dreht sie sich regelmäßig binnen 24 Stunden um ihre Axe, ohne daß die eine Bewegung die andere stört. Die Axe, um welche sich die Erde dreht, bewahrt bis auf eine sehr geringe, später zu berührende Abweichung denselben Stand, d. h. sie schreitet bei der Bewegung der Erde um die Sonne sich selbst parallel fort und bleibt nach denselben Punkten des Himmels gerichtet, und diese Umdrehungsaxe steht schräg gegen die Ebene, in welcher sich die Erde um die Sonne bewegt.

Die zwei beschriebenen Bewegungen der Erde um die Sonne sind die Ursachen der für uns wichtigsten Himmelserscheinungen.

Sie geben uns den wohlthätigen Wechsel zwischen Tag und Nacht und die nicht weniger wohlthuende Abwechselung der Jahreszeiten. Wir kennen die gewaltige Veränderung, welche diese letzteren in der Natur hervorrufen. Welche Wirkung sie aber auch hervorbringen mögen, so war doch ein sehr einfaches Mittel hinreichend, um dies ins Werk zu stellen. Der Wechsel der Jahreszeiten hat nur eine einzige entfernte Ursache und diese ist der so eben genannte schräge Stand der Umdrehungsaxe der Erde.

§. 24.

Die nächste Ursache der Abwechselung der Jahreszeiten muß natürlich in der Sonne, welcher Himmelskörper uns mit Licht und Wärme versorgt, gesucht werden und bestimmter noch in den verschiedenen Umständen, unter welchen derselbe Ort der Erde zu verschiedenen Zeiten des Jahres von der Sonne erleuchtet und erwärmt wird. Die von einem Feuer entlehnte Wärme eines Gegenstandes hängt von den Umständen ab, unter welchen er dem Feuer ausgesetzt ist. Hält man eine Seite des Gegenstandes so vor das Feuer, daß die Strahlen fast senkrecht darauf fallen, so wird er mehr erwärmt werden, als wenn diese Strahlen sehr schräg einfallen und der Gegenstand wird um so wärmer werden, je länger hinter einander er dem Feuer ausgesetzt wird. Nun wissen wir, daß die Sonne im Sommer den Boden unseres Wohnortes anhaltender und zugleich unter günstigeren Umständen erwärmt als im Winter. Im Sommer sind die Tage länger als die Nächte, im Winter übertrifft die Nacht den Tag. Im Sommer sehen wir die Sonnenstrahlen beinahe senkrecht auf den Boden schießen, im Winter sehen wir sie selbst um Mittag ihre Strahlen in sehr schräger Richtung über den Boden hinsenden. Dieser Unterschied ist also die nächste Ursache des Wechsels der Jahreszeiten. Es bleibt uns somit nur noch übrig zu zeigen, daß dies durch den schrägen Stand der Umdrehungsaxe der Erde bewirkt werden muß, so daß sich diese als die entferntere Ursache des genannten Wechsels ergiebt.

§. 25.

Die Wirkungen des schiefen Standes der Umdrehungsaxe der Erde kann man sich am besten versinnlichen, wenn man eine Kugel und ein Licht vor sich nimmt. Die Beschreibung der Art und Weise, wie man diese wenigen Hülfsmittel zu diesem Zwecke verwenden kann, wird ein deutlicheres Bild von den erwähnten Wirkungen geben, als dies durch Zeichnungen oder Figuren geschehen kann. Die Kugel soll die Erde, das Licht die Sonne vorstellen. Durch die Kugel steckt man einen Stift, um welchen sie sich umdrehen läßt. Dieser Stift stellt die Umdrehungsaxe der Erde vor und die zwei Punkte, an denen er durch die Oberfläche der Kugel geht, die beiden Pole. Wir können nun auf der Oberfläche der Kugel einen Kreis ziehen, dessen Umfang überall gleichweit mitten zwischen beiden Polen liegt und der daher den Aequator vorstellen wird. Nehmen wir nun auf unsrer Kugel einen Punkt, welcher zwischen den Aequator und den Nordpol fällt, so wird er einen auf der nördlichen Erdhälfte gelegenen Ort vorstellen. Ziehen wir durch diesen Punkt auf die Oberfläche der Kugel einen Kreis, welcher den Nordpol zum Mittelpunkt hat, so wird der Ort bei der Umwälzung der Erde binnen 24 Stunden den Umfang dieses Kreises durchlaufen. Die so zubereitete Kugel stelle man neben das Licht auf eine ebene Tafel vor sich und zwar so, daß beide ungefähr auf gleiche Höhe zu stehen kommen und die nördliche Halkugel nach oben sieht. Die Fläche des Tisches stellt die Ebene vor, in welcher sich die Erde jährlich um die Sonne bewegt und die Umdrehungsaxe der Kugel muß also schräg auf die Ebene gerichtet werden. Neigen wir anfangs die Axe der Kugel nach dem Lichte hin. Das Licht wird die eine Hälfte der Kugel bestrahlen, während die andere im Schatten liegt, und die Grenze zwischen Licht und Schatten steht senkrecht auf der Tischfläche, läuft aber nicht durch die Pole. Drehen wir die Kugel um ihre Axe, so sehen wir, wie der von uns gewählte Punkt einem regelmäßigen Wechsel von Tag und Nacht unterliegt; zugleich aber sehen wir, daß bei diesem Stand Tag und Nacht nicht von gleicher Länge sind. Die Bahn, welche der Ort täglich durchlaufen muß, wird durch den Kreis, welcher den Uebergang von Licht in Dunkel bildet, in zwei ungleiche Theile getheilt. Der größte Theil fällt in die Lichtseite, der kleinste auf die Schattenseite und der Ort wird bei dem regelmäßigen Fortschreiten auf seiner Bahn länger in der erleuchteten als in der dunkeln Erdhälfte verweilen, d. h. der Tag wird für diesen Ort länger sein als die Nacht. Kommt der Ort gerade in die Mitte des Bogens, welcher in die Lichtseite fällt, so wird die Hälfte seines Tages verstrichen sein. Er hat alsdann Mittag und wir sehen, daß die Lichtstrahlen nunmehr ungefähr senkrecht auf diesen Theil der Oberfläche, wo der Ort sich befindet, fallen. Hätten wir einen Ort auf der südlichen Halbkugel bezeichnet, so würde gerade das Gegentheil stattfinden. Die Nächte werden bei diesem Stand der Kugel auf der südlichen Halbkugel länger währen als die Tage und selbst um Mittag werden daselbst die Strahlen des Lichtes sehr schräg an der Oberfläche des Bodens hinstreichen. Es kann dabei Niemandes Auge entgehen, daß die in der Nähe des Nordpols gelegenen Orte bei der Drehung der Kugel immer in ihrer beleuchteten Hälfte bleiben, so daß für diese Orte die Sonne gar nicht untergeht, während die Umgebung des Südpols aus der dunkeln Halbkugel gar nicht herauskommt, weshalb hier die Sonne gar nicht aufgehen wird. Bei diesem Stand wird also unser Apparat für Orte auf der nördlichen Halbkugel Winter vorstellen. Setzen wir nun den Fall, daß ein halbes Jahr verstreicht, so wird die Erde einen Halbkreis um die Sonne beschrieben haben und auf einen gegenüberliegenden Punkt ihrer Bahn vorgerückt sein. Wollen wir nun mit dem veränderten Stand der Erde unsere Kugel in Einklang bringen, so muß sie auf die andere Seite des Lichtes gebracht werden, ohne daß wir vergessen, daß die Axe der Erde sich selbst parallel bleibt. Die Axe der Kugel muß also den früheren Stand zum Himmel wieder einnehmen oder nach demselben Punkt in der Ferne gerichtet bleiben; nun wird die Axe nicht mehr nach dem Lichte zugeneigt, sondern im Gegentheil von demselben abgewendet sein. Der Kreis, welchen der auf der nördlichen Halbkugel gelegene Ort täglich beschreibt, wird nun durch die Grenze zwischen Licht und Dunkel wieder in zwei ungleiche Bogen abgetheilt, deren größter aber nun in die Nachtseite und deren kleinster in die Lichtseite fällt, so daß der Ort nun länger Nacht als Tag haben wird. Wenden wir den Ort dem Lichte zu, so daß dieses die Sonne im Mittag vorstellt, so sehen wir die Strahlen des Lichtes sehr schräg über den Theil der Kugeloberfläche, wo sich der Ort befindet, hinstreichen. Für einen auf der südlichen Hälfte der Kugel gelegenen Ort gilt nun wieder gerade das Gegentheil. In der Nähe des Nordpols geht die Sonne gar nicht auf, in der Nähe des Südpols geht sie gar nicht unter. Der Apparat giebt uns also ein Bild des Winters auf der nördlichen und des Sommers auf der südlichen Halbkugel. Bringt man die Kugel auf ihrer Bahn gerade mitten zwischen die beiden genannten Standpunkte, so sehen wir die Grenze zwischen Licht und Schatten durch die Pole laufen und es werden nun durch diese Grenze alle von den Orten täglich beschriebenen Kreise genau in zwei gleiche Bogen abgetheilt. Es sind also Tag und Nacht auf der ganzen Erde gleichlang und die Kugel giebt ein Bild von der Erde zu Anfang des Frühlings oder des Herbstes.

Stellt man die Axe der Kugel senkrecht auf die Tafel, so sieht man, daß die Grenze zwischen Licht und Schatten immer durch die Pole läuft und die von den Orten täglich beschriebenen Kreise werden alle, ohne Unterschied, wohin man die Kugel stellt, durch diese Grenze mitten durchgetheilt. Wenn also die Erdaxe senkrecht auf der Ebene ihrer Bahn um die Sonne stände, so würden Tag und Nacht auf der ganzen Erde von gleicher Länge sein; und jeder Ort der Erde würde immer auf gleiche Weise von der Sonne erleuchtet und erwärmt werden, so daß alsdann durchaus kein Wechsel von Jahreszeiten bestehen würde.

§. 26.

Die doppelte Bewegung der Erde um ihre Axe und um die Sonne, in welcher diese und noch andere wichtige Erscheinungen ihre Erklärung finden, ist erst seit einem Jahrhundert außer allen Zweifel gesetzt worden. Als man die Erscheinungen, welche uns heute zu streng mathematischen Beweisen der doppelten Bewegung der Erde dienen, nicht kannte, war man über die Bewegung oder den Stillstand der Erde sehr uneinig und endlich ward es zu einem solchen Streitpunkte, daß man es nicht mehr mit Gründen und Beweisen entscheiden zu wollen schien. In der alten Welt äußerten alle Philosophen ihre besonderen Ansichten über die Werke der Natur, auch wenn sie dieselben kaum eines näheren Blickes gewürdigt hatten. So vererbten uns die Alten eine große Menge von Vermuthungen, Meinungen und Gedanken über einige Himmelserscheinungen, alle aber haben fast einstimmig der Erde einen vollkommnen Stillstand zugeschrieben. Man hielt nämlich die Erde, welche wir jetzt als ein winziges Stäubchen im Weltall kennen, für den eigentlichen Zweck der Schöpfung und betrachtete Sonne, Mond und Sterne als eine für die Erde geschaffene und ihr ganz unterworfene Zugabe. Daher meinte man, daß die Erde auf einem unwandelbaren Sitze ruhen müsse, und wollte lieber das ganze Sternenheer täglich eine Wanderung um die Erde, als diese eine Drehung um ihre Axe machen lassen, ohne sich über die handgreiflichen Ungereimtheiten zu beunruhigen, in welche man bei dieser Voraussetzung nothwendig verfällt. Auch haben die größten Weisen des Alterthums, als Thales, Aristoteles, Euclides, Archimedes u. s. w.

das völlige Stillstehen der Erde gepredigt, während einige wenige Andere, als Hicetas, Heraclides und Aristarchus, welche der Erde wenigstens eine Drehung um eine Axe zuschrieben, keinen Beifall finden konnten. Die Bewegung der Erde um die Sonne kam nur sehr wenigen der alten Philosophen in den Sinn. Unrichtiger Weise schreibt man gewöhnlich den Pythagoräern einen klareren Begriff von der Bewegung der Erde um die Sonne zu; aber die Bewegung, welche sie der Erde zuschrieben, war eine ganz andere. Sie hielten das Weltall für ein beseeltes Wesen, worin sich alle Theile um den Hauptsitz der Seele, welche sie sich als ein Feuer in der Mitte des Himmels vorstellten, bewegen müßten, und von dieser Bewegung war die Sonne eben so wenig als die Erde ausgeschlossen. Der Erste, der den Satz aufstellte, daß die Erde eine doppelte Bewegung, eine Umdrehung um ihre Axe und eine Wanderung um die Sonne macht, scheint Aristarchus gewesen zu sein, welcher ungefähr 300 Jahre vor unserer Zeitrechnung lebte, und ihm folgte 1½ Jahrhundert später Seleucus, der übrigens mit seiner Ansicht ganz vereinzelt blieb. Im Mittelalter fühlte man am wenigsten das Bedürfniß, der Wahrheit in ihrem verborgenen Verstecke nachzuspüren und der blinde Eifer für den Stillstand der Erde verdoppelte sich nur, indem man die alte Idee vom hohen Rang, den sie in der Schöpfung einnehmeu sollte, mit der auf Nichts beruhenden Meinung vereinigte, daß die Bewegung der Erde mit einigen Stellen der heiligen Schrift im Widerspruche sei. Erst im Jahre 1543 unsrer Zeitrechnung trat ein Mann, welcher sich über alle Vorurtheile zu erheben wußte, mit deutlichen und unwiderleglichen Gründen für die doppelte Bewegung der Erde hervor, Copernicus nämlich, der dadurch sich ein unvergängliches Denkmal errichtet hat. Copernicus mußte bei seiner Unbekanntschaft mit den Eigenschaften des Pendels und den Erscheinungen der Aberration zu anderen Erscheinungen seine

Zuflucht nehmen, um die Bewegung der Erde zu beweisen; dennoch mußte seine klare Begründung die hartnäckigsten Vertheidiger des Stillstands der Erde zum Nachdenken bringen. Die Verblendung war jedoch so groß, daß man noch ein Jahrhundert später einen der ausgezeichnetsten Männer, welche je gelebt haben, Galilei nämlich, auf heftige Weise verfolgte, weil er die Ansicht des Copernicus öffentlich zu vertheidigen wagte. Die von Copernicus für die Bewegung der Erde angeführten Gründe lagen in den Bewegungen, welche wir bei anderen Himmelskörpern wahrnehmen, die mit der Erde viel Uebereinstimmung haben und nach denselben Gesetzen ihren Lauf verfolgen. Durch diese Gesetze wird auch die wahre Natur der Bewegung der Erde um die Sonne bestimmt, wovon wir noch sprechen müssen. Zu ihrer genaueren Darstellung werden wir nunmehr zu der allgemeinen Betrachtung der genannten Himmelskörper übergehen.

Abschnitt IV.

Die Planeten, ihre scheinbare und ihre wahre Bewegung.

§. 27.

Wir haben die Bewegungen, welche die Himmelskörper wegen der doppelten Bewegung der Erde um ihre Axe und um die Sonne scheinbar machen müssen, kennen gelernt und haben schon bemerkt, daß die Sterne immer dieselben Gruppen mit einander bilden und für sich selbst durchaus keiner Bewegung unterworfen zu sein scheinen. Betrachten wir jedoch den Himmel aufmerksam, so sehen wir einige sehr wenige Himmelskörper von dieser allgemeinen gegenseitigen Unbeweglichkeit eine Ausnahme machen. Dann und wann erblicken wir am Himmel einen Stern, der an Licht und Größe alle andern

Sterne bedeutend übertrifft und sich außerdem durch ein sanftes Licht sehr merklich vor den anderen auszeichnet. Wenn wir einige Tage und Wochen nach einander auf seinen Stand zu den Sternen seiner Umgebung merken, so werden wir an diesem Stande eine fortwährende Veränderung entdecken. Bald sieht man diesen Stern seinen Ort am Himmel langsam verändern, dann scheint er wieder still zu stehen, darauf kehrt er auf seiner Bahn um, um dann einen weiten Weg am Sternenhimmel zurückzulegen und überhaupt scheint er sich auf die unregelmäßigste Weise in einer Schlangenbahn durch das Sternenheer hindurch zu winden. Nicht nur bei diesem, durch sein Licht so ausgezeichneten Stern, sondern auch noch bei einigen anderen kann man diese Erscheinung beobachten und man hat diese beweglichen Himmelskörper schon frühe von den übrigen unterschieden, indem man letztere Fixsterne und erstere Planeten oder Wandelsterne genannt hat.

§. 28.

Es ist einleuchtend, daß die Planeten und die Fixsterne in vieler Hinsicht von einander verschieden sind und wäre uns auch die Bewegung der Erde um die Sonne ganz unbekannt, so würde schon der scheinbare Stillstand der Fixsterne uns sehr wahrscheinlich machen, daß sie viel weiter als die Planeten von uns entfernt sind. Sehen wir die Planeten eine Bewegung machen, so können wir auch vermuthen, daß die Fixsterne in Bewegung sind; werden wir keine an ihnen gewahr, so kann dies nur daher kommen, daß die Fixsterne so unbegreiflich fern von uns sind. Da wir nun mit Sicherheit wissen, daß die Erde um die Sonne kreist, so ist an der ungeheuren Entfernung der Fixsterne durchaus nicht zu zweifeln. Wären sie nämlich nicht so fern von uns, so würde schon die Bewegung der Erde an und für sich selbst eine merkliche Ortsveränderung der Fixsterne unter einander bedingen; gerade so, wie alle Gegenstände, welche man aus einem veränderlichen Gesichtspunkt betrachtet, scheinbar ihre Stellung gegen einander verändern. Je weiter aber die Gegenstände von uns entfernt sind, um so weniger wird uns dies in die Augen springen. Führt uns nun der gegenseitige Stillstand der Firsterne zu dem Schlusse, daß sie sehr weit von uns entfernt sein müssen, so können wir aus den bedeutenden Bewegungen der Planeten entnehmen, daß sie im Verhältniß zu den Firsternen uns nahe sind. Wie nahe wir nun auch diese Körper glauben, so werden wir doch niemals ihre so äußerst unregelmäßige, scheinbare Bewegung aus den bekannten Bewegungen der Erde allein erklären können und bei nur geringer Aufmerksamkeit muß man sich schon überzeugen, daß diese Körper selbst ihre Stelle im Schöpfungsraume wechseln. Schon im frühen Alterthum hat man dieses aus der scheinbaren Bewegung der Planeten gefolgert. So lange man aber die Bewegung der Erde nicht kannte, oder trotz aller Gründe dafür nicht anzunehmen wagte oder anerkennen wollte, mühte man sich ab, die scheinbare unregelmäßige Bewegung der Planeten am Himmel nur aus ihrer wahren Bewegung zu erklären; gerade als wenn wir diese Körper immer aus demselben Standpunkte betrachteten, in welchem Falle ihre Bewegung in der That ebenso unregelmäßig sein müßte, als sie uns erscheint. Man glaubte, daß jeder Planet sich gleichzeitig in einer Menge verschiedener Bahnen um die stillstehende Erde bewege und schrieb so dem Weltall eine sonderbare und sehr verwickelte Einrichtung zu, welche außerdem noch ganz unzureichend war, die bei der Bewegung der Planeten wahrzunehmenden Erscheinungen zu erklären. Nimmt man die Bewegung der Erde um die Sonne an, für welche man später die schon aufgeführten Beweise am Himmel fand, so lassen sich die Erscheinungen, welche uns die Planeten in ihren Bewegungen darbieten, aus der allereinfachsten Einrichtung des Weltalls erklären. Dann braucht man den Planeten durchaus keine andere Bewegung zuzuschreiben, als die, welcher auch unsre Erde unterworfen ist. Die scheinbare Bewegung der Planeten liefert den vollkommenen Beweis, daß diese Körper, gerade wie die Erde, Kreisbahnen von größerem oder geringerem Umfange um die Sonne beschreiben, so daß der eine Planet seine Bahn innerhalb der Bahn der Erde, der andere außerhalb hat und sie, von der Sonne aus gesehen, alle in gleicher Richtung von rechts nach links und also von Westen nach Osten fortschreiten, wobei sie sich um so langsamer bewegen, je weiter sie von der Sonne entfernt sind. Die Erde ist also nichts Anderes, als einer der Planeten und bildet mit diesen Körpern und der Sonne eine eigne Gruppe von Körpern, ein System, welches ganz für sich selbst steht und von den Fixsternen unermeßlich weit entfernt ist. In dieser Gruppe, welcher man den Namen Planeten- oder Sonnensystem gegeben hat, ist die Sonne der einzige leuchtende Körper, während die Planeten an und für sich dunkle Kugeln sind, welche, außer dem von der Sonne erborgten Lichte, kein Licht besitzen.

§. 29.

Um das Planetensystem und die scheinbare Bewegung der Körper, welche es zusammensetzen, anschaulich vorzustellen, hat man einen Apparat ausgedacht, den man Planetarium nennt. In einem solchen Planetarium werden die Sonne und die Planeten durch kleine Kugeln vorgestellt; durch Räderwerk kann man diese Kugeln so um die Sonnenkugel herumbewegen, daß ihre verhältnißmäßige Geschwindigkeit jener der Planeten entspricht. Wenn man nun auf die Richtung achtet, in welcher bei dieser Bewegung eine der Planetenkugeln von der Erdkugel aus erscheint — was man leicht sehen kann, wenn man über beide Kugeln hin einen Stift legt — so sieht man wie der Planet sich für uns Erdbewohner zu bewegen scheinen muß. Kann nun auch ein Planetarium von der scheinbaren Bewegung der Planeten eine bildliche Vorstellung geben, so ist es doch auf der anderen Seite ein schädliches Mittel, indem es über den eigentlichen Bau des Planetensystems falsche Begriffe nährt. Daß die scheinbar unregelmäßige Bewegung der Planeten eine natürliche Folge von der Einrichtung des ganzen Systems ist, wie wir dies beschrieben haben, davon kann man sich auch bei einfacher Auseinandersetzung überzeugen.

§. 30.

Denken wir uns einen der inneren Planeten d. h. einen Planeten, dessen Bahn innerhalb der Erdbahn eingeschlossen ist, so sind wir immer weiter als dieser Planet von der Sonne entfernt. Läuft dieser Planet für einen Beobachter auf der Sonne immer in gleicher Richtung von rechts nach links, so wird er sich für uns, die wir seine Bahn von außen betrachten, nicht immer in derselben Richtung bewegen. Wenn er sich jenseits der Sonne befindet und die Sonne also zwischen ihm und uns steht, so wird er sich für uns auch von rechts nach links zu bewegen scheinen; kommt er diesseits der Sonne, nämlich zwischen der Sonne und uns, so ist die Richtung seiner Bewegung für uns anders als für die Sonne und er wird sich von links nach rechts zu bewegen scheinen. Man kann dies deutlich sehen, wenn wir nur einen oder den anderen Gegenstand auf einem Tische vor uns einen kleinen Kreis um einen andern Gegenstand beschreiben lassen. Nun stehen wir zwar mit unsrer Erde nicht still, aber bewegen uns doch bedeutend langsamer als ein Planet, dessen Bahn innerhalb der Erdbahn eingeschlossen ist: auch ändert die Bewegung der Erde die Perioden, in welchen der Planet die Richtung seiner Bewegung zu wechseln scheint, aber nicht den Wechsel selbst. Davon können wir uns wieder überzeugen, wenn wir das Auge langsam verrücken, während wir den einen Gegenstand um den anderen herumlaufen lassen. Wenn ein Planet seine Bahn innerhalb der Erdbahn hat, so muß er uns wechselnd vor- und rückwärts zu gehen scheinen. Er kann sich für uns von der Sonne nicht weiter entfernen als bis auf einen bestimmten Abstand, welcher durch die Größe seiner Bahn im Verhältniß zur Erde bestimmt wird und er kann sich nie der Sonne gegenüber zeigen. Hat er sich für unser Auge so weit als möglich von der Sonne entfernt, so scheint der Planet auf seinem Wege umzukehren, an der Sonne vorbeizugehen und sich an der anderen Seite bis auf den vorigen Abstand von ihr zu entfernen. Später kehrt er zum zweiten Male zurück und wird sich zugleich ziemlich eben so lange in der einen wie in der anderen Richtung bewegen, welcher Wechsel regelmäßig fortgeht.

§. 31.

Wenn ein Planet seine Bahn außerhalb der Erdbahn hat, so wird er ein äußerer Planet genannt und dann ist seine scheinbare Bewegung verwickelter. Hätten wir unser Auge in der Sonne, so würden alle Planeten regelmäßig von rechts nach links fortschreiten, und könnten wir uns außerhalb des ganzen Planetensystems stellen, so würden wir alle Planeten, gerade so wie jetzt nur die inneren, bald in der einen, bald in der anderen Richtung in regelmäßigem Wechsel sich bewegen sehen. Versetzt man das Auge irgendwohin innerhalb der Bahn eines Planeten, nur nicht in den Mittelpunkt, so muß er uns noch immer in derselben Richtung von rechts nach links fortzugehen scheinen, wenn unser Auge ruht; dies wird aber aufhören, wenn wir uns selbst und zwar mit größerer Geschwindigkeit als der Planet fortbewegen. Denken wir uns die Erde nebst einem Planeten, welcher seine Bahn um die Sonne außerhalb der Erdbahn beschreibt, so daß er immer in größerer Entfernung von der Sonne als die Erde bleiben muß, und stellen wir uns diese Körper an zwei entgegengesetzten Seiten der Sonne stehend vor oder mit anderen Worten so, daß die Sonne gerade zwischen diesen Körpern zu liegen kommt. Sie bewegen sich nun beide, wie immer von der Sonne aus gesehen, in derselben Richtung; gerade darum aber bei einem solchen Stande für einen entfernten oder festen Punkt des Himmels in entgegengesetzten Richtungen. Wenn einer dieser zwei Körper still stände, so würden wir, wie schon gezeigt, bei dieser gegenseitigen Stellung den anderen in der Richtung fortschreiten sehen, in welcher er sich wirklich bewegt, von rechts nach links nämlich und hieraus können wir leicht entnehmen, was für uns die vereinigte Wirkung der Bewegung beider Körper sein muß. Stände die Erde still, so würden wir den Planeten in seiner wirklichen Bewegung von rechts nach links fortschreiten sehen; und stände der Planet still, so würde er nach Obigem die Erde nichts desto weniger von rechts nach links fortgehen sehen und diese Bewegung der Erde würde dem Planeten für uns eine scheinbare Bewegung in derselben Richtung mittheilen. Letzteres wird uns völlig deutlich sein, wenn wir uns den Planeten und die Erde durch zwei Personen vergegenwärtigen, welche einander das Gesicht zuwenden, und von denen der eine stillstehen bleibt, während er den anderen sich in einer bestimmten Richtung, z. B. von rechts nach links, bewegen sieht. Die zweite Person sieht alsdann, daß der erste bei seiner Bewegung nicht mit denselben Gegenständen der Ferne zusammenfällt, sondern seine Stellung zu diesen Gegenständen gerade in derselben Richtung verändert. Die Bewegung der Erde und die des Planeten verursachen also jede für sich selbst, daß der Planet von rechts nach links fortzuschreiten scheinen muß und durch die Vereinigung beider muß sich also der Planet auch in dieser Richtung zu bewegen scheinen und zwar mit einer viel größeren Geschwindigkeit, als dies der Fall sein würde, wenn die Erde still stände.

Denken wir uns nun die Erde und den Planeten an derselben Seite der Sonne gelegen, so daß die Sonne nicht zwischen beiden, sondern die Erde zwischen der Sonne und dem Planeten steht! Der Planet wird, da er immer weiter als die Erde von der Sonne entfernt ist, nie zwischen Sonne und Erde kommen können. Beide Körper bewegen sich nun bezüglich ferner Punkte am Himmel in derselben Richtung. Stände der Planet still, so würde er die Erde von links nach rechts fortschreiten sehen, ebenso, wie es die Erde bei einem inneren Planeten sehen würde, wenn dieser zwischen ihr und der Sonne stände. In derselben Richtung würde der Planet sich also auch für uns zu bewegen, somit eine rückgängige Bewegung zu machen scheinen. Stände nur die Erde still, so würden wir den Planeten von rechts nach links sich bewegen sehen, mit geringerer Geschwindigkeit aber, weil der Planet sich langsamer als die Erde bewegt. Wegen der Bewegung der Erde scheint der Planet rückgängig und wegen seiner eigenen Bewegung geht er vorwärts; ersteres übertrifft aber letzteres und daher muß der Planet in dieser Stellung im Allgemeinen rückgängig, d. h. von links nach rechts sich zu bewegen scheinen. Wenn man die Stellung und die Bewegung der Planeten, wie hier beschrieben, durch beliebige Gegenstände nachbildet, so wird man dies Alles vollkommen deutlich einsehen.

§. 32.

Wir können noch eine bildliche Vorstellung von der veränderlichen Richtung, in welcher die Planeten sich scheinbar bewegen, erlangen, wenn wir uns zwei Wagen denken, in deren einem wir sitzen. Wenn Jemand sich zwischen zwei Wagen befindet und, mit dem Gesicht abwechselnd nach jedem dieser Wagen gewendet, den einen sowohl als den anderen von rechts nach links fortschreiten sieht, so werden sie sich wirklich in entgegengesetzten Richtungen bewegen. Nun haben wir den Fall, wo die Sonne sich zwischen einem Planeten und der Erde befindet. Sitzen wir in dem einen Wagen, so sehen wir den anderen mit beschleunigter Geschwindigkeit in der Richtung, worin er sich wirklich bewegt, fortgehen. Denken wir uns unsre Wagen auf einigen Abstand in gleicher Richtung neben einander sich bewegend, während der Wagen, in dem wir sitzen, schneller als der andere fortgeht. Dieser Fall stimmt mit demjenigen überein, wo die Erde und ein Planet, dessen Bahn außerhalb der Erdbahn gelegen ist, an einer und derselben Seite der Sonne und fast in gleicher Linie mit ihr sich befinden. Indem wir nun schneller, als der andere Wagen, fortgehen, so wird dieser eine rückgängige Bewegung zu machen scheinen, wie auch der Planet in diesem Falle rückwärts zu gehen scheint.

Auch die äußeren Planeten müssen sich je nach der Stellung, welche sie zur Sonne und zur Erde einnehmen, bald in dieser, bald in jener Richtung zu bewegen scheinen, und die Perioden, in welchen dieser Wechsel stattfindet, sind von der verhältnißmäßigen Größe ihrer Bahnen und den Zeiten, in welchen sie dieselben durchlaufen, abhängig. Bei dem Uebergang der Bewegung von der einen Richtung in die andere bewegt sich immer der Planet scheinbar sehr langsan, so daß er uns einige Zeit auf demselben Punkt am Himmel zu verharren scheint. Im Allgemeinen ist auch die Geschwindigkeit der scheinbaren Bewegung der Planeten den größten Veränderungen unterworfen.

§. 33.

Es giebt noch einen anderen Umstand, der auf die Unregelmäßigkeit in der scheinbaren Bewegung der Planeten einen bedeutenden Einfluß ausübt. Wenn wir auf einer Tafel oder auf einem Papier aus demselben Mittelpunkte Kreise von derselben verhältnißmäßigen Größe, wie die Bahnen der Planeten beschreiben, so werden wir dadurch diese Bahnen keineswegs in ihrer natürlichen Lage gegen einander dargestellt haben. Die Bahnen liegen alsdann in einer und derselben Ebene, nämlich in der des Papiers oder der Tafel, auf welcher sie gezogen sind. Die Bahnen der Planeten fallen aber nicht gemeinschaftlich in dieselbe Ebene. Beschreiben wir auf einer Tafel einen Kreis als Bild der Erdbahn, so wird die Bahn eines anderen Planeten in einer etwas schrägen Stellung gegen die Fläche der Tafel dargestellt werden müssen; und da alle diese Bahnen durch die Sonne laufen und beinahe kreisförmig sind, so wird die eine Hälfte über, die andere Hälfte unter die Fläche der Tafel fallen. Die Sonne muß einen geraden Weg am Himmel zurückzulegen scheinen, weil die Erdbahn flach ist, die Planeten aber können sich aus genannten Gründen nicht immer auf dem Wege der Sonne zeigen. Außer der schon erwähnten unregelmäßigen Bewegung scheinen sie in Beziehung zu dem geraden Wege, welchen die Sonne am Himmel macht, zu steigen und zu fallen. Bald werden sie höher, bald tiefer stehen und da sie sich nicht um die Erde bewegen, so können sie uns im Allgemeinen keinen geraden Weg am Himmel zurückzulegen scheinen oder mit anderen Worten, ihr scheinbarer Weg am Himmel kann nicht wie bei der Sonne ein gerader uns umgebender Gürtel ohne Biegungen oder Unregelmäßigkeiten sein. Beim Uebergang ihrer Bewegung von der einen Richtung zur andern scheinen sie daher am Himmel Schlängelungen von allerlei unregelmäßiger Gestalt zu beschreiben.

§. 34.

Die Bewegung der Erde und der übrigen Planeten um die Sonne erklärt die großen in der Bewegung der Planeten auffallenden Unregelmäßigkeiten hinreichend. Es bleiben jedoch noch kleine Unregelmäßigkeiten übrig, für deren Erklärung man zur wahren Natur der Bewegung der Planeten, welche wir noch nicht besprochen haben, seine Zuflucht nehmen muß. Daß die Erde wenigstens sich nicht in einem vollkommenen Kreise, welcher die Sonne zum Mittelpunkt hat, bewegen kann, geht schon daraus hervor, daß die Sonne sich zu verschiedenen Zeiten des

Jahres nicht in derselben scheinbaren Größe zeigt, wie man leicht entdeckt, wenn man den scheinbaren Durchmesser der Sonne mißt. Daß die Erde sich nicht immer mit derselben Geschwindigkeit bewegt, ergiebt sich daraus, daß Frühling und Sommer gegen vier Tage länger dauern, als Herbst und Winter, während doch die Sonne in jeder der vier Jahreszeiten genau ein Viertheil des ganzen Umkreises des Himmels zu durchwandern scheint. Die scheinbare Bewegung der Sonne rührt nur von der wirklichen Bewegung der Erde um sie her, weshalb letztere das eine Viertheil ihrer Bahn in mehr oder weniger Zeit als das andere zurücklegt. Die wahre Natur der Bewegung der Planeten wurde zu Anfang des siebzehnten Jahrhunderts von dem berühmten Astronomen Keppler aus den Beobachtungen dieser Körper abgeleitet. Keppler entdeckte, daß alle Planeten ohne Unterschied drei Gesetzen gehorchen, durch welche ihre Bewegung vollkommen bestimmt wird, und denen man später den Namen Keppler'sche Gesetze gegeben hat. Das erste Gesetz Kepplers bestimmt die Natur der Planetenbahnen. Das zweite bestimmt die Weise, wie jeder Planet die Geschwindigkeit seiner Bewegung in den verschiedenen Abschnitten seiner Bahn verändert. Das dritte bestimmt die Weise, wie die Geschwindigkeit der verschiedenen Planeten auf ihrer Bahn von ihrer Entfernung von der Sonne abhängt. Den Hauptinhalt dieser drei Gesetze werden wir näher betrachten.

§. 35.

Die Planeten beschreiben keine Kreise um die Sonne, sondern eine Art von Oval, welche man Ellipsen nennt. Von einer solchen Ellipse kann man sich ein Bild machen, wenn man zwei Stifte in eine Tafel schlägt und um die Stifte einen Faden legt, welcher an beiden Enden zusammengebunden ist. Wenn man nun diesen Faden mit der Spitze eines Bleistiftes oder einem Stück Kreide spannt, so daß er ein Dreieck macht, von welchem die in die Tafel geschlagenen Stifte zwei und die Spitze des Bleistiftes den dritten Winkelpunkt ausmachen, so kann man letzteren an dem immer gespannten Faden rund um die zwei Stifte herumführen, wodurch man eine Figur von länglicher Gestalt bekommen wird. Ein solches Oval heißt Ellipse und die zwei Punkte, um welche der Faden liegt, sind die Brennpunkte dieser Ellipse. Je näher an einander man diese Punkte nimmt, desto mehr wird sich die Ellipse der runden Form eines Kreises nähern und sie wird endlich ganz in einen Kreis übergehen, wenn man diese Punkte zusammenfallen läßt und also statt zwei nur einen nimmt. Bei den Ellipsen, welche die Planeten um die Sonne beschreiben, liegt die Sonne nicht im Mittelpunkt, sondern in einem der Brennpunkte und die Ellipsen weichen nur wenig von Kreisen ab. Der Planet befindet sich immer auf dem Umfange seiner Ellipse, d. h. in der krummen Linie selbst, welche die Ellipse bestimmt und dieser Umfang ist, wie man sieht, nicht überall gleich weit von einem dieser Brennpunkte entfernt, so daß die Planeten ihren Abstand von der Sonne einigermaßen ändern müssen. So ist der Abstand der Erde von der Sonne, welcher im Mittel etwa 21 Millionen geographische Meilen beträgt, zu der einen Zeit 700,000 Meilen größer, als zur anderen. Diese Bewegung der Planeten in einer Ellipse, deren einen Brennpunkt die Sonne einnimmt, ist der Inhalt des ersten Keppler-schen Gesetzes.

Das zweite Gesetz Keppler's lehrt uns, wie die Geschwindigkeit jedes Planeten sich mit der Entfernung, in welcher er sich in den verschiedenen Theilen seiner Bahn von der Sonne befindet, ändert. Diesem Gesetze zufolge wird ein Planet auf verschiedenen Abschnitten seiner Bahn in gleichen Zeiten keine gleich langen Bogen durchlaufen, sondern die Größe dieser Bogen wird auf eine merkwürdige Weise bestimmt. Bei jedem Bogen können wir uns zwei Linien denken, deren jede durch einen seiner Endpunkte und den Brennpunkt der Ellipse läuft; diese Linien werden mit dem Bogen ein dreieckiges Stück, einen sogenannten Sector von der ganzen Bahn abschneiden. Hat man nun zwei Bogen, welche der Planet in gleich großen Zeiten, z. B. in einem Monat, durchwandert, so werden die Bogen nicht gleich lang, genannte Stücke der ganzen Bahn aber, welche zu jedem dieser Bogen gehören, von gleichem Inhalt sein. Je näher der Planet der Sonne kommt, desto kürzer ist dieses Stück; und da es immer denselben Inhalt hat, in welchem Theile seiner Bahn auch der Planet sein möge, so muß es um so breiter sein, je kürzer es ist. Da nun sichtbar die Länge des Bogens selbst mit der Breite des Stückes zunimmt, so muß der Bogen, welchen der Planet in bestimmter Zeit durchläuft, um so größer sein, je mehr er sich auf seiner Bahn der Sonne nähert. Je näher ein Planet der Sonne kommt, um so schneller schreitet er also fort und wieder langsamer, wenn er sich auf seiner elliptischen Bahn von der Sonne entfernt. So legt unsere Erde, wenn sie der Sonne am nächsten ist, in einer Stunde 15,100 geographische Meilen zurück; wenn sie sich aber auf ihrer Bahn am weitesten von der Sonne entfernt hat, so wird sie nicht mehr als 14,600 Meilen in einer Stunde machen und ihre Bewegung binnen einer Stunde beträgt also zu einer Zeit des Jahres 500 Meilen weniger, als zur anderen.

Keppler's drittes Gesetz bezieht sich nicht auf die Bewegung eines Planeten an und für sich selbst, sondern auf die Bewegung der verschiedenen Planeten gegen einander. Dies bezeichnet ein merkwürdiges Verhältniß zwischen den Entfernungen der verschiedenen Planeten von der Sonne und den Zeiten, welche sie zur Vollendung ihrer Bahn um diesen Körper brauchen. Man kann die Umlaufszeiten von zwei Planeten in demselben Maße, z. B. in Jahren, ausdrücken; wenn man nun jede dieser Umlaufszeiten mit sich selbst multiplicirt und die Produkte durch einander dividirt, so erhält man eine gewisse Zahl; dieselbe Zahl wird man nun auch erhalten, wenn man jeden der Abstände dieser Planeten von der Sonne zweimal hinter einander mit sich selbst multiplicirt und dann auch diese Produkte mit einander dividirt. Aus diesem Verhältnisse ergiebt sich, daß man bei bekanntem Abstand eines Planeten von der Sonne und dessen bekannter Umlaufszeit, die Umlaufszeit eines anderen Planeten leicht berechnen kann, wenn sein Abstand von der Sonne gegeben ist; und umgekehrt seinen Abstand, wenn seine Umlaufszeit gegeben ist. Weiter ergiebt sich aus diesem Verhältnisse, daß die verschiedenen Planeten sich um so langsamer bewegen, je ferner sie von der Sonne sind. So ist z. B. einer der Planeten 20 mal weiter als die Erde von der Sonne entfernt, und man findet sowohl durch das dritte Gesetz Keppler's, als durch die unmittelbaren Beobachtungen, daß er über 4 mal langsamer als die Erde auf seiner Bahn fortschreitet. Je weiter die Planeten von der Sonne entfernt sind, um so größere Bahnen müssen sie um sie beschreiben, und da sie außerdem um so langsamer gehen, so müssen sie auch viel größere Zeitabschnitte brauchen, um ihre ganze Bahn zu durchlaufen. So läuft der erwähnte Planet erst in 84 Jahren um die Sonne, während unsre Erde dazu nur ein Jahr braucht.

§. 36.

Keppler's Gesetze, welche die Bahnen und die Bewegung der Planeten bestimmen, gelten für alle diese Körper ohne Unterschied, so daß eine gemeinschaftliche Ursache bestehen muß, welche diese Körper zwingt, sich so und nicht anders zu bewegen. Diese Ursache hat man nun in der allen Naturkörpern innewohnenden Eigenschaft gefunden, welche wir schon (§. 10.) unter dem Namen der Anziehungskraft kennen lernten. Auch die Sonne, dieser ungeheure Körper, welcher alle Planeten unsers Systems zusammen sehr bedeutend und unsere Erde allein beinahe anderthalb Millionen mal an Größe übertrifft, ist mit dieser Anziehungskraft ausgerüstet, und dadurch wird die Bewegung der Planeten um sie bewirkt und geregelt. Jeder Planet zieht die Sonne an, mit viel größerer Kraft aber wird er von der Sonne angezogen und würden die Wirkungen der Anziehungskraft durch nichts abgeändert oder bestritten, so müßten beide Körper in einer geraden Linie sich einander nähern. Der Planet würde sich mit der größten und die Sonne mit der geringsten Geschwindigkeit bewegen und bald würden beide Körper auf einander stürzen. Der Zustand des Planetensystems und die Bewegung der Körper, welche dasselbe bilden, beweisen uns also, daß früher noch eine andere Kraft auf die Planeten gewirkt haben muß. Welche Kraft es auch gewesen sein möge, ihre Wirkung ist genau so, als ob sie in einem augenblicklichen Stoß bestanden hätte. Durch die Wirkung einer solchen Kraft muß, wenn die Kraft plötzlich aufgehoben wird, ein Planet nach einer allgemeinen Eigenschaft der Körper, welche man Trägheit nennt, in der Richtung und mit der Geschwindigkeit fortgehen, die er zuletzt hatte, bis er von einer anderen Kraft in dieser Bewegung behindert oder aufgehalten wird. Folgten die Planeten nur dieser Bewegung, so würden sie sich beständig und regelmäßig in gerader Linie von der Sonne entfernen; darin werden sie aber durch die beständige Anziehung der Sonne behindert. Neben der durch die Anziehung der Sonne bewirkten Bewegung dauert die durch den ursprünglichen Stoß verursachte fort. Durch erstere allein würde der Planet mit immer zunehmender Geschwindigkeit auf die Sonne zugehen; durch die zweite allein würde er sich mit immer gleicher Geschwindigkeit von der Sonne entfernen, und es ist eine Aufgabe der reinen Mathematik, zu bestimmen, welches die Wirkung dieser vereinigten Bewegungen sein muß. Newton hat zuerst diese Aufgabe gelöst und das Ergebniß war, daß die Planeten bei einer solchen Anziehungskraft, wie die Sonne auf sie ausübt, sich gerade so bewegen müssen, wie uns dies Keppler's Gesetze lehren, so daß diese Gesetze nur die Ausflüsse der ursprünglichen Kräfte sind, mit welchen die Natur die Körper des Planetensystems ausrüstete.

Aus Keppler's Gesetzen kann man wiederum auf das Bestehen und die Natur der Kraft schließen, durch welche die Sonne auf die Planeten wirkt. So kann man aus dem zweiten Gesetz Keppler's mathematisch beweisen, daß die Planeten von einer Kraft getrieben werden, welche in der Sonne ihren Sitz hat und die Natur dieser Kraft wird durch die beiden anderen Gesetze vollkommen bestimmt. So beweist man aus dem ersten Gesetz Keppler's, daß die Kraft, mit welcher die Sonne auf den Planeten einwirt, eine anziehende Kraft ist, deren Wirkung abnimmt, je nachdem die Planeten von der Sonne weiter entfernt sind, jedoch nicht in demselben Verhältniß. Ist die Entfernung zweimal kleiner, so ist die Anziehung zweimal zwei, d. h. viermal größer. Ist die Entfernung dreimal kleiner, so ist die Anziehung dreimal drei, d. h. neunmal größer u. s. w. Aus Keppler's drittem Gesetz läßt sich mathematisch beweisen, daß die Sonne auf den Stoff der verschiedenen Planeten mit gleicher Kraft wirkt, so daß die Anziehung der Sonne auf die verschiedenen Planeten nur von deren Entfernung von ihr abhängig ist.

§. 37.

Aus der gegenseitigen Anziehung, mit welcher die Sonne und ein Planet auf einander wirken, kann man den Beweis führen, daß beide Körper, die Sonne sowohl als der Planet, um ihren gemeinschaftlichen Schwerpunkt eine Ellipse beschreiben müssen. Will man sich einen deutlichen Begriff davon machen, was wir hier mit dem Ausdruck gemeinschaftlicher Schwerpunkt bezeichnen, so denke man sich zwei Kugeln durch ein sehr dünnes, aber doch unbiegsames, Stäbchen mit einander verbunden. Haben beide Kugeln gleiches Gewicht, so wird der ganze Apparat im Gleichgewicht sein, wenn man ihn gerade in der Mitte des Stabes aufhängt. Sind aber die Kugeln von ungleichem Gewicht, so wird man ihn, um das Gleichgewicht herzustellen, nicht in der Mitte, sondern an einem der schwereren Kugel näher gelegenen Punkte des Stabes aufhängen müssen.

Es muß dabei dieser Aufhängepunkt der größeren soviel mal näher als der kleineren Kugel kommen, wieviel mal die erstere mehr Gewicht als die letztere hat. Der Punkt nun, wo man die Kugeln, wenn sie durch einen Stab mit einander verbunden wären, aufhängen müßte, um sie im Gleichgewichte zu sehen, heißt ihr gemeinschaftlicher Schwerpunkt. Bei der Sonne und einem Planeten fällt dieser Punkt der Sonne sehr nahe und selbst noch innerhalb ihrer Oberfläche, weil sie ein um soviel schwererer Körper ist; und sowohl die Sonne, als der Planet muß um diesen Punkt eine Ellipse beschreiben. Diese zwei Ellipsen haben dieselbe Gestalt, sind aber an Umfang eben so sehr verschieden, als die Entfernungen des gemeinschaftlichen Schwerpunktes vom Mittelpunkt beider Körper. Was die gegenseitige Bewegung beider Körper anlangt, so macht es keinen Unterschied, wenn man die Bewegung der Sonne auf den Planeten überträgt und erstere als stillstehend betrachtet, so daß man alsdann zu der Bahn des Planeten die Größe der von der Sonne beschriebenen kleinen Ellipse hinzufügt. In der That aber muß die Sonne eine kleine Ellipse beschreiben, weil der Planet ebenso wenig als sie ohne Anziehungskraft ist. Zu der Zeit also, als man sich so heftig herumstritt, ob die Sonne oder die Erde stillstehe, war auf keiner Seite das Recht.

§. 38.

Die Bewegung der Planeten um die Sonne, wie sie nach der allgemeinen Anziehungskraft, welche diese Körper auf einander ausüben, sein muß, ist vollkommen hinreichend, um die bei ihren Bewegungen wahrzunehmenden Erscheinungen in allen ihren Einzelheiten zu erklären. In früheren Jahrhunderten, als man die Erde noch stillstehen ließ und sie an einem einzigen Punkte der Schöpfung festgebannt glaubte, dennoch aber nach einer Erklärung für die scheinbar unregelmäßige Bewegung der Planeten suchte, schrieb man dem Planetensystem verschiedene Einrichtungen zu, von denen keine der Wahrheit einigermaßen nahe kam. Die Kenntniß dieser alten Ansichten über den Bau des Planetensystems wird uns also nichts nutzen können, unsre Begriffe vom Himmel aufzuklären; zum Theil aber haben sie wenigstens eine solche Berühmtheit erlangt, daß sie hier nicht ganz mit Stillschweigen übergangen werden können. Von dem Unterschied zwischen leuchtenden und an und für sich selbst dunkeln Himmelskörpern, wie zwischen Sonne und den Planeten, hatten die Alten durchaus keinen Begriff. Der alte Philosoph Eudorus, im vierten Jahrhundert vor unsrer Zeitrechnung, scheint der Erste gewesen zu sein, welcher über den Bau des Planetensystems so weit nachdachte, um wenigstens zu einigen, wenn auch unrichtigen, Schlüssen zu kommen. Ihm zufolge nahm die Erde unbeweglich die Mitte des ganzen Systems ein, Sonne und Planeten bewegten sich um sie in Bahnen verschiedener Größe; um aber über die scheinbar unregelmäßige Bewegung der Planeten wenigstens einigen Aufschluß zu geben, mußte er jeden Planet in einem sonderbaren System von Bahnen um die Erde kreisen lassen, so daß er sich auf verschiedenen Bahnen gleichzeitig bewegte. Obschon dieses System keineswegs mit der Natur in Einklang war, erforderte seine Erfindung doch viel Scharfsinn und wohl war es des Eifers werth, mit welchem mehrere Philosophen, so Polemarchus, Aristoteles und Apollonius u. s. w., es zu vervollkommnen strebten. Es ward von Ptolemäus, dem berühmten Astronomen des zweiten Jahrhunderts unsrer Zeitrechnung, angenommen, weiter entwickelt und ausführlich beschrieben; daher trägt es bis heute den Namen des Ptolemäischen Systems. Einige Philosophen des Alterthums scheinen eine bessere Idee von der Einrichtung des Planetensystems gehabt zu haben; sie fanden aber keine Nachfolger und obschon Einige deutlich einsahen, daß man die scheinbare

Bewegung der inneren Planeten nicht erklären könne, ohne diesen Körpern eine wirkliche Bewegung um die Sonne zuzuschreiben, blieb das System des Ptolemäus bis auf Copernicus unverändert allgemein anerkannt. Copernicus zuerst bewies mit vollkommenster Klarheit die Unmöglichkeit, beim Stillstehen der Erde die Bewegung der Planeten zu erklären und entwickelte aus den damals vorliegenden genaueren Beobachtungen die Nothwendigkeit desjenigen Systems, welches wir nun als das einzig wahre kennen lernten, des sogenannten Copernicanischen Systems nämlich, nach welchem alle Planeten mit Einschluß unsrer Erde in verschieden großen Bahnen um die Sonne kreisen. Tycho Brahé, der große Astronom der zweiten Hälfte des sechszehnten Jahrhunderts, fühlte das Ungereimte des Ptolemäischen Systems, scheint aber aus Furcht vor den Verfolgungen, denen sich die Bekenner des Copernicanischen Systems aussetzten, nicht gewagt zu haben, sich öffentlich dafür zu erklären. Wenigstens wählte er einen Mittelweg, um zu einem Systeme zu kommen, welches seinen Namen trägt, eines solchen Namens aber unwürdig ist. Nach seinem Systeme laufen alle Planeten mit einziger Ausnahme der Erde um die Sonne, während dieser Körper nebst dem ganzen System von ihn umkreisenden Planeten jährlich eine Bahn um die stillstehende Erde beschreibt. Dieses System ist ebenso wenig wie das Ptolemäische zur Erklärung der Bewegung der Planeten zureichend und gewiß würde es schon längst der Vergessenheit anheimgefallen sein, wäre Tycho nicht ein ausgezeichneter Mann gewesen, dessen Beobachtungen die Grundlage zu den wichtigsten Entdeckungen wurden. Keppler, nur wenige Jahre jünger als Tycho und durchdrungen von der Ueberzeugung, daß das Copernicanische System das einzig wahre sein müsse, hat dieses weiter ausgebildet, indem er bestimmte, wie die Planeten ihre Bahn um die Sonne beschreiben, worüber uns Copernicus nur eine bei den Alten gefundene Vermuthung vererbt hatte. Keppler wurde durch Tycho's Beobachtungen, welche alle früheren an Genauigkeit weit übertrafen, zu dieser Untersuchung in Stand gesetzt und nach einer vieljährigen Arbeit kam er auf die Gesetze, welche die Bewegung der Planeten bestimmen und die seinen Namen verewigen. Anfangs legte man Keppler's Gesetzen geringen Werth bei, später aber ergab sich, daß sie die Keime der größten Entdeckung, welche je in der Astronomie gemacht wurde, enthielten. Newton kam zu Ende des siebzehnten Jahrhunderts auf die allgemeine Anziehungskraft, welche zwischen allen Körpern des Himmels und der Erde herrscht und damit war der Schlüssel zu den verwickeltsten Erscheinungen in der Bewegung der Himmelskörper gefunden. Die allgemeine Anziehungskraft ist der Urgrund der Gesetze, nach denen sich die Körper unsres Sonnensystems bewegen und als man später gewahr wurde, daß die Planeten nicht vollkommen den Gesetzen Keppler's gehorchen, als man mit der Vervollkommnung der Beobachtung eine größere Menge früher unbekannter Abweichungen und Unregelmäßigkeiten in der Bewegung der Planeten auffand, zeigte sie sich jedesmal als die natürliche Ursache dieser Abweichungen und Unregelmäßigkeiten. Die Anziehungskraft ist eine allgemeine Eigenschaft des Stoffs; sie herrscht in allen Stofftheilchen, welche die Körper bilden und herrscht also auch in jedem Planeten. Die Planeten werden also nicht allein von der Sonne, sondern auch von einander angezogen. Zwar bestimmt vorzüglich die Sonne durch ihr Uebergewicht die Bahn der Planeten, doch zwingen die Planeten einander durch ihre gegenseitige Anziehung etwas von demjenigen Wege abzuweichen, welchen die Wirkung der Sonne allein ihnen vorzeichnen würde. Die Wirkung, welche die Körper unsers Sonnensystems durch ihre Anziehung auf einander ausüben, verursacht eine Menge höchst merkwürdiger Erscheinungen in ihrer Bewegung, welche, da sie großentheils in kleinen Abweichungen von sehr einfachen Gesetzen bestehen, den allgemeinen Namen der Störungen erhalten haben. Wir werden der Betrachtung dieser Störungen einen eigenen Abschnitt widmen, müssen aber vorher unser Sonnensystem, die Körper, welche dasselbe zusammensetzen, mehr im Einzelnen kennen lernen.

Abschnitt V.

Betrachtung des Planetensystems im Allgemeinen.

§. 39.

Das Planeten- oder Sonnensystem umfaßt eine große Menge von Körpern, welche alle der Oberleitung der Sonne unterworfen sind und mit ihr einen Staat bilden, in welchem die Fürstin alle ihre Unterthanen zum Gehorsam zu zwingen weiß, ihren Thron aber eingenommen hat, nicht um zu herrschen, sondern um zu beschirmen und wohlzuthun. Tausende von Körpern niederen Ranges, die über Nichts zu gebieten haben, werden von der Sonne in ihrem Staat beherrscht; andere, etwas höheren Ranges nehmen untergeordnete Aemter ein und sind wieder anderen Körpern unterthan, welche an Rang unmittelbar auf die Sonne folgen und ihre Befehle unmittelbar von ihr empfangen. Diese letzteren sind die Planeten, welche nebst der Sonne die Hauptkörper des Systems ausmachen, deren vorzüglichste Bewegungen wir schon erwähnt haben und deren nähere Betrachtung uns nun vor Allem beschäftigen muß. Die Zahl der Planeten ist gering, so daß wir jetzt deren nicht mehr als neunzehn zählen. Da ihre Bahnen um die Sonne wenig von Kreisen abweichen, so muß jeder immer auf beinahe gleichem Abstand von der

Sonne entfernt bleiben; zwischen den Entfernungen der verschiedenen Planeten von der Sonne aber besteht ein sehr bedeutender Unterschied. Sie sind nach heidnischen Göttern benannt, und sind nach ihrer Entfernung von der Sonne folgende: Mercurius, Venus, Erde, Mars, Flora, Vesta, Metis, Iris, Hebe, Parthenope, Asträa, Juno, Ceres, Pallas, Hygieia, Jupiter, Saturnus, Uranus und Neptunus. Die Planeten Mercurius, Venus, Mars, Jupiter und Saturnus kannte man schon im frühesten Alterthum. Später fand man, daß auch unsre Erde unter die Zahl der Planeten gehört und daß sie ihre Bahn zwischen der der Venus und des Mars hat. Uranus wurde erst am 13. März des Jahres 1781 und zwar vom älteren Herschel entdeckt. Man hatte ihn bereits früher gesehen und beobachtet, aber für einen Fixstern gehalten, weil man seine langsame Bewegung nicht bemerkte und er sich auch durch die Teleskope der früheren Zeit nicht von den Fixsternen unterscheiden ließ. Die zwölf übrigen Planeten wurden erst in diesem Jahrhundert und die meisten von ihnen vor wenigen Jahren, ja Monaten entdeckt. Ceres entdeckte am 1. Januar 1801 Piazzi zu Palermo, Pallas am 28. März 1802 Olbers in Bremen, Juno den 1. September 1804 Harding in Göttingen, Vesta den 29. März 1807 wieder Olbers, Asträa den 8. December 1845 Hencke zu Driesen, Hebe den 1. Juli 1847 Hencke, Iris den 13. August 1847 Hind in London, Flora den 18. October 1847 Hind, Metis den 25. April 1848 Graham auf dem Schloß Markree in der Grafschaft Sligo in Irland, Hygieia den 12. April 1849 de Gasparis in Neapel und Parthenope derselbe am 11. Mai 1850. Die letzteren elf Planeten sind alle im Verhältniß zu den vorigen sehr klein und befinden sich alle in nicht sehr verschiedener Entfernung von der Sonne, sodaß sie denselben Rang im Planetensysteme bekleiden. Einige dieser kleinen Planeten unterscheiden sich auch dadurch, daß ihre

Bahnen sehr bedeutend vom Kreise abweichen und viel größere Winkel als die übrigen Planeten mit der Ebene machen, in welcher die Bahn der Erde gelegen ist. Der Planet Neptunus muß eher als eine Entdeckung des neunzehnten Jahrhunderts als die einer einzelnen Person gelten; denn sie war durch große wissenschaftliche Arbeiten vorbereitet und wurde von anderen sehr begünstigt. Schon vor vielen Jahren hatte man durch eine Unregelmäßigkeit in der Bewegung des Planeten Uranus die Ueberzeugung gewonnen, daß noch ein Planet bestehen müsse, welcher sich außerhalb der Bahn desselben um die Sonne bewege. Sein Bestehen aber vollkommen zu beweisen und den Punkt am Himmel zu bestimmen, wo er sich sicher finden lassen würde, erforderte eine mühvolle Untersuchung. Diese ist von den beiden verdienvollen Gelehrten, Adams zu Cambridge und Leverrier zu Paris, unabhängig von einander und von theilweise verschiedenen Beobachtungen aus ausgeführt worden. Beide lieferten für das Bestehen des Planeten den vollkommenen Beweis und sie stimmten auch über den Punkt am Himmel, wo er zu suchen sei und wo er in der That auch bald gefunden wurde, ganz überein. Adams vollendete seine Arbeit zuerst, Leverrier machte aber die seinige bekannt, weshalb auch er als eigentlicher Entdecker des Planeten gilt. Die Franzosen wollten durchsetzen, daß dieser Planet nach seinem Entdecker genannt würde, obschon dies gänzlich von dem früheren Brauche abwich und Viele für besser hielten, ihm den Namen Neptunus oder Janus zu geben, deren ersteren er endlich auch erhalten hat. Den Planeten selbst hat an den bezeichneten Punkte zuerst Challis zu Cambridge am 24. August 1846 gesehen. Galle zu Berlin sah ihn am 23. September 1846, machte aber seine Entdeckung früher bekannt und hat daher auch die meiste Ehre davongetragen. Es hat sich gezeigt, daß auch dieser Planet in früherer Zeit, nämlich im Jahre 1795 von Lalande und nachher in den Jahren 1845 und 1846 von Lamont, gesehen und beobachtet, aber für einen Fixstern gehalten worden ist. Wir werden darüber, wie dieser Planet entdeckt worden, nähere Erklärung geben, wenn wir zu den Störungen kommen, welche die Planeten in ihrer Bahn erfahren.

§. 40.

Zwischen der Größe der Planeten und ihrer Entfernung von der Sonne besteht ein so großer Unterschied, daß man sie nicht nach gleichem Maaßstab und also auch nicht in gehörigem Verhältniß zu einander in einer Zeichnung darstellen kann. Im Allgemeinen ist es auch unmöglich, durch ein Planetarium eine richtige Darstellung vom ganzen Systeme zu geben. Den besten Begriff von den Verhältnissen der verschiedenen Theile des Planetensystems kann man sich verschaffen, wenn man die Entfernungen der Planeten von der Sonne mit einem Maaß von bekannter Größe vergleicht und die Größe der Planeten im gehörigen Verhältniß zu den Entfernungen durch Gegenstände bezeichnet, welche wir im gewöhnlichen Leben oft vor uns sehen. Nach dem Beispiele des jüngeren Herschel werden wir das Planetensystem auf diese Weise anschaulich machen. Wenn wir die Sonne durch eine Kugel von zwei Fuß Durchmesser darstellen, so würde der der Sonne nächste Planet, Mercurius nämlich, durch einen Körper von der Größe eines Senfkorns vorgestellt werden müssen, und dieses Körperchen würde auf einen Abstand von 82 Fuß eine Bahn um die Sonnenkugel zu beschreiben haben. Venus und Erde würden an Größe einem Pfefferkorn gleichkommen müssen, wobei erstere auf einen Abstand von 142, und die andere auf einen Abstand von 215 Fuß sich befindet. Mars würde einem Hirsekorn gleich ausfallen und sich in einem Abstand von 327 Fuß bewegen. Die elf kleinen Planeten Flora, Vesta, Metis, Iris, Hebe, Parthenope, Asträa, Juno, Ceres, Pallas und Hygieia dürften nicht größer, als die feinsten Sandkörnchen sein und würden sich auf Abständen von 470 — 670 Fuß befinden. Jupiter würde so groß sein müssen als eine mittelmäßige Apfelsine und auf 1100 Fuß Entfernung; Saturnus wie eine kleine Apfelsine und auf 2000 Fuß Entfernung und Neptunus wie eine Aprikose auf eine Entfernung von 7100 Fuß. Wenn man also einige Planeten durch die feinsten Sandkörner vorstellt, so würde man für eine genaue Nachbildung der Natur die Bahn des Neptunus durch einen Kreis vorstellen müssen, dessen Durchmesser 14000 Fuß übersteigt. Die gewöhnlichen Planetarien können also von dem Verhältniß zwischen den Theilen des Planetensystems nur verkehrte Begriffe geben. Um sich nun noch einigermaßen die eigentlichen Verhältnisse des Planetensystems vorstellen zu können, bedenke man, daß eine vierundzwanzigpfündige Kanonenkugel, welche mit derselben Geschwindigkeit, mit der sie die Mündung des Geschützes verläßt, fortgeht, in einer Minute den Weg von 4 geogr. Meilen zurücklegt und dennoch 10 Jahre brauchen würde, um den Abstand von der Erde zur Sonne, und nicht weniger als 664 Jahre, um den Durchmesser der Bahn des Planeten Neptunus zu durchlaufen. Um sich eine vollkommne Idee vom Planetensysteme machen zu können, muß man außer obigem noch die Zeiten kennen, in welchen die verschiedenen Planeten ihre Bahn um die Sonne vollenden. Mercurius braucht dazu 88 Tage, Venus 225 Tage, die Erde ein Jahr, Mars ein Jahr und 322 Tage, Flora 3 Jahre 98 Tage, Vesta 3 Jahre 229 Tage, Metis 3 Jahre 251 Tage, Iris 3 Jahre 251 Tage, Hebe 3 Jahre 284 Tage, Parthenope 3 Jahre 296 Tage oder 3 Jahre 10 Monate, Asträa 4 Jahre 50 Tage, Juno 4 Jahre 133 Tage, Ceres 4 Jahre 221 Tage, Pallas 4 Jahre 225 Tage, Hygiea 5 Jahre 188 Tage, Jupiter 11 Jahre und 315 Tage, Saturnus 29 Jahre und 166 Tage, Uranus 84 Jahre und 7 Tage und Neptunus 164 Jahre 226 Tage.

§. 41.

Zwischen den Zahlen, welche die Entfernungen der Planeten von der Sonne ausdrücken, findet eine ungefähre Reihenfolge statt, welche man benutzen kann, um die Verhältnisse zwischen diesen Entfernungen sich leicht einzuprägen. Diese Reihenfolge führt den Namen das Gesetz von Titius oder auch wohl das Gesetz von Bode, obschon Keiner von beiden sie entdeckt hat. Könnte es wirklich als ein Gesetz gelten, so müßte seine Ursache in der Art und Weise gefunden werden können, wie das Planetensystem seinen Ursprung nahm, worüber wir jedoch für immer wohl in Ungewißheit bleiben werden. Diese Reihenfolge besteht darin: wenn wir die folgenden Zahlen in eine Reihe schreiben:

0, 3, 6, 12, 24, 48, 96, 192

und zu jeder dieser Zahlen die Zahl 4 hinzuzählen; so erhalten wir:

4, 7, 10, 16, 28, 52, 100, 196,

welche Zahlen das Verhältniß zwischen den Abständen, in welchen die verschiedenen Planeten, von Merkur bis zum Uranus, von der Sonne entfernt sind, ziemlich genau ausdrücken. Die Art und Weise, wie die Zahlen der ersten Reihe zusammengesetzt sind, ist leicht einzusehen. Man schreibt erst 0, dann 3, und weiter ist jede folgende Zahl das Doppelte der unmittelbar vorausgehenden. Nach der zweiten Reihe, welche aus der ersten durch Addition von 4 bei jeder Zahl entstanden ist, wird man, den Abstand der Erde durch 10 Theile irgend eines Maßes ausgedrückt, den Abstand Mercur's durch 4, den von Mars durch 16 ausdrücken müssen und so fort bei allen anderen Planeten. Die Entfernungen der elf kleinen Planeten, welche wenig von einander verschieden sind, können alle durch 28 ausgedrückt werden. — Man kannte dieses Gesetz lange, bevor die elf kleinen Planeten entdeckt waren und bemerkte also im Planetensystem zwischen Mars und Jupiter eine Lücke, wo man schon lange das Bestehen eines noch unentdeckten Planeten vermuthete. An der Stelle, welche dieser Planet einnehmen mußte, hat man in diesem Jahrhundert nicht einen, sondern elf Planeten entdeckt und es ist merkwürdig, daß gerade diese elf Planeten so viel kleiner, als die übrigen sind. Während die übrigen Planeten ganz genau dem Gesetz von Titius Folge leisten, verräth der neue Planet Neptunus eine sehr große Abweichung. Den Beobachtungen gemäß muß die Entfernung dieses Planeten von der Sonne durch die Zahl 301 ausgedrückt werden, während sie nach dem Gesetz von Titius 386 sein sollte. Das Gesetz von Titius, obschon es den Namen eines Gesetzes nicht verdient, hat doch zur Entdeckung dieses neuen Planeten das Seinige beigetragen.

§. 42.

Weit entfernt zu behaupten, daß alle Planeten unsers Sonnensystems bereits entdeckt seien, hält man es nicht für unwahrscheinlich, daß noch einige wenige unentdeckt sind. Es kann noch ein oder mehrere Planeten sich innerhalb der Bahn des Mercurius um die Sonne bewegen. Der Planet Mercurius erscheint uns, weil seine Bahn um so viel kleiner ist als die Erdbahn, immer in der Nähe der Sonne und daher ist er auch mit unbewaffnetem Auge sehr schwierig aufzufinden, so daß selbst der große Astronom Copernicus, wie man erzählt, noch auf seinem Sterbebette bedauerte, daß alle seine Bemühungen, diesen Planet zu Gesicht zu bekommen, mißlungen seien. Wir können mit unseren heutigen Instrumenten den Planeten Mercurius ohne Schwierigkeit am vollen Tage sehen, aber wir kennen auch den Punkt am Himmel, wo wir ihn suchen müssen, sehr genau. Ein Planet in noch größerer Nähe der Sonne als Mercurius muß viel schwieriger zu entdecken sein und wenn er ja da wäre, wird er uns lange entgehen können. Dem erwähnten Gesetz von Titius zufolge würde es unwahrscheinlich sein, daß zwischen den Bahnen des Mercurius und des Mars noch ein Planet uns unbekannt sein sollte; in dem Bezirke des Planetensystems aber, wo sich die eilf kleineren Planeten bewegen, können sich leicht noch andere befinden. Zwischen den Bahnen des Jupiter und Neptunus bestehen wahrscheinlich keine unbekannten Planeten, doch ist es noch lange nicht bewiesen, daß Neptunus der äußerste Planet unsres Systems sein müsse. Mehr als zweitausend Jahre lang hielt man Saturnus für den äußersten Planeten des Systems und mit der Entdeckung des Uranus glaubten Viele in ihm den Endpunkt unseres Systems sehen zu müssen. Uranus führte auf die Entdeckung des Planeten Neptunus, bevor er noch durch eines Menschen Auge beobachtet worden war, und vielleicht wird Neptunus einst auf gleiche Weise zu der Entdeckung eines neuen, außerhalb seiner Bahn befindlichen Planeten Anlaß geben. Der Planet Neptunus, obgleich beinahe zweimal weiter als Uranus von der Sonne entfernt, läßt sich schon durch ein Taschenfernrohr sehr gut unterscheiden und besteht noch ein Planet von seiner Größe und zweimal so weit als er von der Sonne entfernt, so muß dieser durch die mittlern Fernröhre der gegenwärtigen Zeit noch sehr gut zu erkennen sein. Es giebt durchaus keine Gründe, warum ein solcher Planet nicht auch auf andre Weise entdeckt werden könnte oder warum in noch größerer Entfernung von der Sonne keine Planeten bestehen und beobachtet werden könnten.

§. 43.

Außer den Planeten enthält unser Planetensystem noch viele andre Körper, von denen wir später einzeln und mit der nöthigen Ausführlichkeit handeln werden, von den Trabanten oder Monden der Planeten nämlich und den Kometen. Die Trabanten, Monde oder Satelliten sind kleinere Körper, welche einige Planeten umkreisen und mit diesen eigenthümliche Systeme bilden, die in vieler Hinsicht mit dem Planetensystem selbst übereinstimmen. Sie sind aber von kleinerem Umfang und ihr

Hauptkörper hat kein eignes Licht, sondern erborgt dasselbe von anderswo her, von der Sonne nämlich. Auch unsre Erde hat einen solchen Trabanten oder Satelliten, den Mond nämlich, welcher unsre Erde umkreist und sie zugleich auf ihrer jährlichen Wanderung um die Sonne begleitet. Wegen seiner Nähe erscheint er uns viel größer, als die Sterne und die Planeten, obgleich er zu den kleinsten Körpern gehört, welche wir am Himmel kennen. Jupiter hat vier solcher Satelliten, Saturnus acht, bei Uranus meint man sechs und bei Neptunus zwei entdeckt zu haben; bei den übrigen Planeten hat man keine Satelliten gefunden. Die Kometen, deren Zahl die der Planeten und Satelliten weit hinter sich läßt, sind nach ihrem Stoffe, ihrem Aussehen, ihrer Gestalt, der Lage ihrer Bahnen und in der Richtung ihrer Bewegung von diesen Körpern ganz und gar verschieden; dennoch aber machen alle Körper des Sonnensystems zusammen nur ein Ganzes aus, indem sie, durch die allgemeine Anziehungskraft an einander gekettet, gegenseitig auf einander wirken und alle in Bahnen um die Sonne, als den Hauptkörper des Systemes, kreisen.

§. 44.

Die Bahn der Erde und der Planeten und die Bewegung dieser Körper im allgemeinen sind jetzt so genau bestimmt, daß man auf Jahrhunderte hinaus mit wunderbarer Genauigkeit berechnen kann, welchen Punkt des Raumes zu einer gegebenen Zeit jeder Planet einnehmen wird und an welchem Punkte des Himmels er sich uns Erdbewohnern wird zeigen müssen. Aus diesen Standorten lassen sich ferner alle Erscheinungen ableiten, welche von der Bewegung dieser Planeten abhängig sind. In so fern die Planeten und ihre Trabanten für unsere stärksten Fernröhre als Scheiben von merklichem Durchmesser erscheinen können, ist auch aus ihrer scheinbaren Größe in Verbindung mit ihren Abständen von der Erde ihre wahre Größe genau bestimmt worden. Merkwürdiger aber, als dies Alles ist, daß wir selbst über den Stoff, woraus die verschiedenen Körper unsers Sonnensystems bestehen, nicht ganz im Dunklen geblieben sind. Selbst mit sehr großer Genauigkeit hat man das Gewicht vieler dieser Körper oder mit anderen Worten die Quantität Stoff, welche sie enthalten, d. h. ihre Masse zu bestimmen gewußt. Und zwar kam man durch die Störungen, welche die Körper des Sonnensystems in ihrer Bewegung auf einander bewirken und welche auch von ihrem Gewicht oder ihrer Masse abhängen, zu dieser Kenntniß. Bei den Planeten mit Trabanten läßt sich diese Masse aus der Geschwindigkeit, mit welcher sie diese Körper um sich herum führen, ganz genau finden. Die Weise, wie dies geschehen kann, werden wir näher entwickeln, wenn wir einzeln von den Trabanten der Planeten sprechen werden; für jetzt sei uns die bloße Angabe der Resultate genug. Die Sonne, welche die Erde 1,404,665 mal an Größe übertrifft, befaßt 359,551 mal mehr Stoff als sie, so daß die Sonne 359,551 mal so viel als die Erde wiegt. Mercurius, welcher 17 mal kleiner als die Erde ist, wiegt 14 mal weniger. Venus kommt in Größe und Masse der Erde fast gleich. Mars ist ungefähr 7 mal kleiner als die Erde und wiegt 8 mal weniger. Jupiter 1400 mal größer als die Erde, ist nur 343 mal schwerer. Saturnus ist 830 mal größer als die Erde und übertrifft sie nur 103 mal an Gewicht oder Masse. Uranus wiegt die Erde 14 mal auf, obschon er 44 mal größer ist und Neptunus, welcher die Erde ungefähr 118 mal an Größe übertrifft, übertrifft sie 19 mal an Masse.

§. 45.

Es verdient alle Aufmerksamkeit, daß zwischen der Größe der Planeten und ihrem verhältnißmäßigen Gewicht ein so großer Unterschied besteht. Saturnus z. B. ist 830 mal größer als die Erde und wiegt nur 103 mal mehr und daraus schon geht deutlich hervor, daß Saturn im Allgemeinen aus einem Stoffe besteht, welcher 8 mal leichter ist als der Stoff, woraus die Erde zusammengesetzt ist. Wären die Planeten an Dichtigkeit des Stoffes der Erde gleich, so würden sie natürlich dieselbe genau soviel an Gewicht als an Umfang übertreffen. Aus dem Verhältniß nun, welches wir zwischen ihrer Größe und ihrem Gewichte entdecken, können wir im Allgemeinen die Dichtigkeit des Stoffes, aus welchem die verschiedenen Körper unsres Planetensystemes bestehen, bestimmen und sie mit Substanzen vergleichen, welche wir in unserem Bereiche haben. So ergiebt sich, daß die Sonne im ganzen aus einem Stoff besteht, der nur um Weniges dichter ist als Wasser und welcher an Dichtigkeit dem Glaubersalz oder arabischem Gummi gleichkommt, während er etwas schwerer ist als Amerikanisches Ebenholz und etwas leichter als Steinkohlen. Mercurius besteht im Allgemeinen aus einem schwereren Stoffe, welcher etwas weniger dicht als Zink ist. Der Stoff, aus welchem Venus, die Erde und Mars bestehen, ist etwas leichter, als der Stoff des Mercurius und kann an Dichtigkeit mit Hammerschlag verglichen werden. Die vier Planeten Mercurius, Venus, die Erde und Mars kommen an Dichtigkeit einander sehr nahe und sind sämmtlich bedeutend schwerer, als sie sein würden, wenn sie ganz aus dem schwersten unserer Gesteine beständen. Die Planeten, deren Bahn außerhalb der Bahnen der elf kleineren gelegen ist, zeichnen sich durch besondere Leichtigkeit ihres Stoffes aus. Jupiter hat beinahe dieselbe Dichtigkeit wie die Sonne; Uranus und Neptunus haben eine etwas größere Dichtigkeit, welche die von Steinkohlen etwas übertrifft und fast mit der von Zucker übereinstimmt; der Stoff aber, woraus Saturnus besteht, ist über zweimal leichter als der der Sonne und kann nur mit unseren weicheren Holzarten, am besten mit trocknem Nußbaumholz, verglichen werden. Die Masse der elf kleineren Planeten ist sicherlich sehr gering, übrigens aber wie ihre Dichtigkeit so gut als ganz unbekannt.

§. 46.

Wir haben gesehen, daß Körper von Kugelgestalt außerhalb gelegene Gegenstände so anziehen, als ob ihre ganze Masse im Mittelpunkt vereinigt wäre und dieser Mittelpunkt allein anzöge (§. 10). Nun kennen wir das Gesetz, demzufolge die Anziehung mit der Entfernung abnimmt, außerdem auch die Masse und Größe der Sonne und der meisten Planeten; und so können wir berechnen, mit welcher Kraft diese Körper Gegenstände auf ihrer Oberfläche anziehen. Von dieser Kraft hängt wiederum die Kraft ab, womit ein auf der Oberfläche eines Planeten ruhender Gegenstand drückt und diese Kraft ist derjenigen gleich, welche man anwenden muß, um den Gegenstand aufzuheben. Wir finden, daß die Anziehung auf den meisten Körpern unsers Sonnensystems von derjenigen sehr verschieden ist, welche die Gegenstände auf der Erdoberfläche erfahren. Daher wird man auf den verschiedenen Planeten eine an Stärke ganz verschiedene Kraft anwenden müssen, um denselben Gegenstand oder dieselbe Last vom Boden aufzuheben oder zu tragen. Daraus werden wir später auf nicht unwichtige Folgerungen über die Bewohnbarkeit der Körper unsres Sonnensystems gelangen. Die Geschwindigkeit, womit sich selbst überlassene Körper auf den Boden niederfallen, ebenso die Länge des Sekundenpendels hängen ganz von der Größe der Anziehung auf der Oberfläche der Sonne oder der Planeten ab, so daß wir auch diese durch Berechnung zu bestimmen im Stande sind. So findet man, daß die Anziehungskraft auf der Oberfläche der Sonne 28 mal größer als auf der Erde ist. Um eine und dieselbe Last aufzuheben, wird also auf der Sonne eine 28 mal größere Muskelkraft erforderlich sein, als auf der Erde. Ein Körper durchläuft bei uns in der ersten Secunde seines Falles einen Raum von 15 Fuß, auf der Sonne dagegen einen Raum von 428 Fuß. Der Secundenpendel ist bei uns über 3 Fuß lang, auf der Oberfläche der Sonne dagegen würde er eine Länge von 86 Fuß haben müssen.

§. 47.

Der Anblick der Planeten für das unbewaffnete Auge ist von dem der Fixsterne verschieden und zwar nicht allein wegen der besonderen Helligkeit einiger Planeten, sondern auch durch ihr ruhigeres und stätigeres Licht. Das Zittern, welches wir in der Regel bei den Fixsternen wahrnehmen, sehen wir bei den Planeten nicht; die Ursache dieses Zitterns aber liegt in unsrer Atmosphäre und keineswegs in den Himmelskörpern. Die Luft unsrer Atmosphäre wird an verschiedenen Stellen nicht gleich stark erwärmt und mit der Stunde des Tages verändert sich die Wärme, welche die Luft dem Boden entlehnt. Daraus entsteht ein beständiges Schwanken zwischen Ausdehnung und Verdichtung der Luft, was unregelmäßige Luftströmungen veranlaßt. Davon kann man sich ein Bild machen, wenn man nach entfernten Gegenständen über einem Kohlenfeuer oder einer stark erwärmten Ofenröhre hinweg sieht. Ein gleiches Zittern und Flimmern, wie man bei diesen Gegenständen gewahr wird, verursachen die Luftströmungen auch bei den Himmelskörpern. Sie treten für das unbewaffnete Auge bei denjenigen Himmelskörpern sehr stark hervor, welche wie die Fixsterne nur einen untheilbar kleinen Punkt am Himmel einnehmen, indem sie sich durch eine scheinbar schnell wechselnde Helligkeit der Sterne verrathen. Wenn aber die Gestirne, wie einige der Planeten, einen gewissen Raum am Himmel einnehmen, so verschwindet das Flimmern für das unbewaffnete Auge. Die dadurch bedingten Wellen in der Luft sind sehr klein, so daß sie innerhalb des kleinen Raumes, welchen ein Planet am Himmel einnimmt, in großer Zahl auftreten; unterliegt nun in Folge dieser Wellen der eine Punkt des Planeten einer Lichtabnahme, so wird der andere in demselben Augenblicke an Licht zunehmen und dieser flimmernde Lichtwechsel in verschiedenen Theilen des Planeten verschmilzt so, daß das Licht des Planeten im Ganzen einen gleichmäßigen Eindruck auf unser Auge macht und also kein Flimmern verräth. Die

Planeten Venus, Mars und Jupiter, welche sich so sehr vor den Firsternen durch Helligkeit auszeichnen, sind auch bei der geringsten Uebung sehr leicht von diesen zu unterscheiden. Der außergewöhnliche Glanz der Venus entsteht aus der Nähe der Sonne und der Erde und erlaubt uns, sie mit unbewaffnetem Auge am hellen Tage am Himmel zu sehen, wenn sie sich in ihrer größten scheinbaren Entfernung von der Sonne befindet. Jupiter kommt der Venus in Glanz sehr nahe. Mars erkennt man an seinem eigenthümlichen rothen Feuer. Wenn er uns am nächsten gekommen, so ist er fast so hell als Jupiter; seine Helligkeit ist aber sehr veränderlich, da er zu einer Zeit achtmal weiter als zur anderen von uns entfernt ist. Saturnus zeigt sich als ein heller Stern, ohne sich jedoch vor den übrigen hellen Sternen auszuzeichnen; sein ruhigeres Licht aber läßt ihn sogleich von diesen unterscheiden. Merkurius bleibt immer so dicht bei der Sonne, daß er nie im Dunkeln über dem Horizont erscheinen kann. Hin und wieder läßt er sich jedoch kurz vor Aufgang oder kurz nach Untergang der Sonne mit Anstrengung als ein matter Stern mit unbewaffnetem Auge entdecken. Uranus ist für das schärfste Auge kaum zu erkennen und dasselbe gilt unter gewissen Umständen von Ceres und Vesta; die übrigen Planeten sind für das unbewaffnete Auge, wie scharf es auch sein mag, völlig unsichtbar. Mittelst der großen Fernröhre unsrer Zeit lassen sich alle diese Planeten leicht auffinden und die hellsten Planeten sind diesen Instrumenten selbst mitten am Tage zugänglich.

§. 48.

Durch gute Teleskope betrachtet zeigen die Planeten und Firsterne weit mehr Verschiedenheiten, als es für das unbewaffnete Auge scheint. Für letzteres stellen sich Planeten und Firsterne als strahlende Pünktchen dar oder eigentlich als mehr oder weniger helle Nägelchen ohne scharfe Begrenzung. Die Unvollkommenheiten des Auges aber sind auf das Aussehen dieser Himmelskörper von großem Einfluß. Wie wir später sehen werden, sind die Fixsterne so ungemein weit von uns entfernt, daß sie für uns nur untheilbar kleine Pünktchen am Himmel einnehmen können, selbst wenn sie unsre Sonne bedeutend an Größe überträfen. Sehen wir sie nun als kleine unbegrenzte Tupfen, so liegt dies nur in der Natur des Auges, welches für solche untheilbar kleine Lichtpunkte immer kleine nicht scharf umschriebene Tupfen sehen muß, indem ein Lichtstrahl, welcher einen bestimmten Punkt der sogenannten Netzhaut im Innern unsres Auges trifft, auch die umliegenden Punkte betheiligt. Beim Gebrauch eines guten Fernrohrs wird diese nachtheilige Wirkung für das Auge weniger schädlich und wirklich sieht man durch ein gutes Fernrohr, welches die Gegenstände mehrere hundertmal im Durchmesser vergrößert, einen hellen Fixstern kleiner als mit unbewaffnetem Auge. Ein Fixstern kann sich jedoch auch dem vollkommensten Fernrohre nicht als untheilbar kleiner Punkt darstellen; denn das Licht, welches auf das vordere Glas des Instrumentes fällt, unterliegt an den Rändern dieses Glases einer gewissen Biegung, welche das Aussehen von Lichtpunkten, die man mit dem Fernrohr betrachtet, abändern muß und deren Einfluß sich durch die höhere Mathematik berechnen läßt. So findet man, daß ein untheilbar kleiner Punkt auch für das vollkommenste Fernrohr das Aussehen einer kleinen runden Scheibe bekommt, welche von einigen hellen mit der Entfernung von der Scheibe immer matter werdenden Ringen umgeben ist. Die scheinbare Größe dieses Scheibchens und der Ringe ist um so kleiner, je größer die Oeffnung des Fernrohrs, d. h. der Durchmesser seines vordersten Glases ist und wirklich zeigt es sich so, wie es sich zeigen muß, wenn die Sterne nur untheilbar kleine Punkte am Himmel einnehmen. Die Größe, in welcher man die Fixsterne mit einem Fernrohr oder mit bloßem Auge sieht, ist also nur Schein; mit den Planeten aber verhält sich dies ganz anders. Die Planeten, mit Ausnahme der elf kleinen, erscheinen in guten Fernröhren als scharf umschriebene Scheiben, deren Größe nicht, wie bei den Fixsternen, in demselben Maße zunimmt, wie die Oeffnung des Fernrohrs kleiner wird, und welche das Scheibchen, unter dem ein Stern erscheint, bedeutend an Größe übertreffen. Die Planeten zeigen uns also einen sehr merklichen Durchmesser und der Grund, daß sie soviel größer als die Fixsterne erscheinen, liegt nur in ihrer größeren Nähe. Der Anblick eines Planeten in einem guten Fernrohr kann damit verglichen werden, wie sich der Mond dem unbewaffneten Auge darstellt. Wir sehen auf dem Monde mit bloßem Auge allerlei Flecken und Ungleichheiten, und Aehnliches sieht man durch Fernröhre auch auf der Oberfläche einiger Planeten. Die Beobachtung dieser Ungleichheiten hat Untersuchungen über die Natur der verschiedenen Körper unsres Planetensystems veranlaßt, welche einige interessante Resultate geliefert haben, die wir nun kennen lernen müssen. Nach dieser unserer allgemeinen Betrachtung des Planetensystems werden wir nun die hauptsächlichsten Eigenthümlichkeiten, welche über die wahre Natur jedes seiner Theile bekannt geworden sind, in der Kürze mittheilen. Von der Sonne ausgehend werden wir jeden der Planeten besonders betrachten und zwar in der Ordnung, die nach ihrer Stellung im System sich als die natürlichste ergiebt.

Abschnitt VI.

Betrachtung der Sonne und der Planeten im Einzelnen.

---

§. 49.

Die Sonne, der große Körper, welcher die Mitte des Planetensystems einnimmt, um zahlreiche Weltkugeln so an sich gebunden zu halten, daß sie mit ihrem Licht und ihrer Wärme beständig auf sie einwirken kann, war der großen Wohlthaten wegen, welche sie dem Menschengeschlecht beweist, schon bei den heidnischen Völkern des frühesten Alterthums der Gegenstand der Anbetung und wir betrachten sie mit Recht jetzt noch als wichtiger für uns, als alle anderen Himmelskörper zusammen. Diese ewig gleich gütige Quelle von Licht und Wärme hat für uns noch viel Räthselhaftes, obschon bereits die alten Philosophen ihr Wesen zu erklären sich abmühten. Diese alten Philosophen kamen beinahe alle darin überein, daß sie der Sonne selbst den Besitz der Wärme und des Lichtes, welche beide sie uns mittheilt, zuschrieben, wiewohl Einige, wie Philolaus und Empedokles, sie als eine krystallene Scheibe betrachteten, welche das Licht des im Weltall befindlichen Feuers oder auch das Licht anderer Himmelskörper, die wir nicht sehen können, auf uns zurückwirft. Anaxagoras, Democritus und Metrodorus hielten die Sonne für einen glühenden Stein. Thales, Epicurus und Andere hielten sie für eine erdartige Substanz in glühendem Zustande und Aristoteles, welcher den den Himmelskörpern beigelegten Werth immer etwas zu verringern suchte, betrachtete sie als einen kalten Körper, welcher nur durch seine schnelle Bewegung die ihn umgebende Himmelsluft in Brand stecke. Für die Erhaltung des Sonnenkörpers wurden nicht selten die Dämpfe der Erde zu Hülfe gerufen. Anfangs hielt man die Sonne für eine platte Scheibe, später, als man die Erde als eine Kugel zu betrachten anfing, schrieb man auch der Sonne diese Gestalt zu.

Im Mittelalter gab man sich ebenso wenig Mühe, die Natur der Sonne, als die anderer Werke der Schöpfung zu untersuchen und wollte im Allgemeinen nur ungern etwas annehmen, was vom alten Philosophen Aristoteles nicht ausdrücklich gut geheißen worden war. Man betrachtete die Sonne als über alles Irdische erhaben, als etwas Heiliges oder Himmlisches, welches unseren Augen immer gleich makellos erscheinen müsse. Als man aber später wirkliche Ungleichheiten im Sonnenlichte entdeckte, scheute man sich, diese Entdeckung öffentlich bekannt zu machen. Es scheint, daß selbst die Alten hin und wieder dunkle Flecken auf der Sonnenscheibe wahrgenommen haben, und es giebt wirkliche Beweise, daß man solche im Mittelalter in der That gesehen hat; jedoch konnte man vor Erfindung der Fernröhre darüber kaum etwas entscheiden. Erst im Jahre 1611 erschien eine Schrift über die Flecken, welche man in der Sonne gesehen hatte, und zwar von dem Holländer Joh. Fabricius und um diese Zeit wurden sie auch von andern Astronomen beobachtet. Die große Schwierigkeit, die Sonne ihres blendenden Lichtes wegen zu betrachten, wurde erst später durch die Anwendung von mit Rauch angelassenen oder gefärbten Gläsern, welche nur einen Theil des Sonnenlichtes durchlassen und durch die man die Sonne ohne Nachtheil für das Auge beobachten kann, überwunden. Durch ein gutes Fernrohr mit einem solchen gefärbten Glase sieht man oft in der Sonne eine große Menge verschiedener Ungleichheiten, welche man erst am Ende des vorigen Jahrhunderts mit der gehörigen Sorgfalt zu beobachten anfing, und worüber wir das Hauptsächlichste mittheilen werden.

§. 50.

Selten sieht man durch ein gutes Fernrohr die Sonnenscheibe vollkommen gleichförmig, vielmehr ist sie mit unzählbaren, sehr feinen hellgrauen Pünktchen überzogen, die man nur durch die besten Instrumente unterscheiden kann und welche der Sonne das Ansehen eines matt geschliffenen Glases geben. Hin und wieder sieht man diese feinen grauen Pünktchen mit anderen auffallend hellen feinen Pünktchen und Streifen durchwoben und dann gleicht die Sonne einigermaßen einem fein gesprenkelten Marmor. Unweit der Ränder der Sonnenscheibe, nie jedoch am Rande selbst oder inmitten der Sonne, erblickt man oft große

Stellen von noch viel stärkerem Lichte, als die übrigen Theile der Sonne; bald erscheinen sie wie unregelmäßige Klumpen, bald wieder wie Adern und im Allgemeinen werden sie Fackeln genannt. Mehr in der Mitte der Sonnenscheibe sieht man oft eine andre Art von Fackeln von weniger starkem Lichte und von einer Gestalt, die man recht passend mit Narben vergleichen kann, daher man sie auch gewöhnlich Narben nennt. Oft sieht man auf der Sonnenscheibe mehr oder weniger dunkele, vereinzelt stehende Tupfen von verschiedener Ausdehnung. Vorzüglich merkwürdig jedoch sind die Gegenstände auf der Sonnenoberfläche, welche man ganz besonders Sonnenflecken genannt hat. Sie stellen sich als scharf umschriebene pechschwarze Flecken von unregelmäßiger Gestalt dar, gewöhnlich mit zahlreichen Spitzen versehen und von einem grauen breiten Rand umgeben, welcher gegen das eigentliche Sonnenlicht scharf absticht. Der graue Rand zeigt zahlreiche Ungleichheiten und gewöhnlich zahlreiche unregelmäßige Streifen, welche alle ungefähr auf die Mitte des schwarzen Kernflecks gerichtet sind, so daß der Flecken, im Ganzen betrachtet, einigermaßen mit dem menschlichen Auge verglichen werden kann, in welchem wir auch einen schwarzen Fleck von einem solchen Rande, nur aber von viel regelmäßigerer Gestalt, umgeben sehen. Oft sieht man auf der Sonne auch einen grauen Fleck ohne schwarzen Kern in der Mitte und auch nicht selten einen ausgebreiteten hellgrauen Fleck, welcher zahlreiche kleine dunklere Flecken einschließt. Alle Gegenstände, welche man auf der Oberfläche der Sonne wahrnimmt, unterliegen einer beständigen Veränderung in Licht, Größe, Gestalt und Lage. Oft erscheinen sie ganz unerwartet auf der Sonne, um bald nach einigen Veränderungen wieder zu verschwinden; während andere einige Wochen lang, nie aber vollkommen gleich, sich zeigen. Alle Ungleichheiten, welche man in der Sonne sieht, haben mit einander gemein, daß sie sich regelmäßig auf deren Scheibe von links nach rechts bewegen. Zu zwei Zeiten des Jahres und zwar am 8. Juni und am 9. December sieht man alle diese Flecken in geraden und parallelen Linien über die Sonnenscheibe wandern; zu andern Zeiten beschreiben sie auf der Sonnenscheibe halbe Ovale, welche in dem Halbjahr vom 9. December bis zum 8. Juni ihre concave Seite, und während des anderen Halbjahrs, vom 8. Juni bis zum 9. December, ihre convexe Seite nach oben kehren. Die Flecken am linken Rande der Sonne brauchen zwölf Tage, um den rechten Rand zu erreichen und durch diese Bewegung unterliegen die Unregelmäßigkeiten derselben merkwürdigen Veränderungen in ihrem äußeren Ansehen. Die Fackeln gehen, je näher sie der Mitte der Sonne kommen, in sogenannte Narben über. Die Sonnenflecken werden immer schmäler, je näher sie den Rändern der Sonne kommen und merkwürdigerweise ändert der schwarze Kernfleck seinen Stand zu dem grauen ihn umgebenden Rande. Zeigt sich der Kernfleck inmitten des grauen Randes, wenn der ganze Flecken in der Mitte der Sonnenscheibe steht, so wird er bei Annäherung des Fleckens an den Sonnenrand nicht mehr in der Mitte seines grauen Randes zu sehen sein, sondern immer dem Mittelpunkt der Sonnenscheibe näher. Merkwürdig ist es auch, daß alle Flecken, sobald sie dem Sonnenrande sehr nahe kommen, für unser Auge ganz verschwinden.

§. 51.

Aus diesen Erscheinungen können wir sogleich mit vollkommener Sicherheit einige nicht unwichtige Folgerungen ziehen und zwar vor Allem diese, daß alle diese Flecken sich auf der Oberfläche der Sonne befinden, daß sie selbst eine Kugelgestalt hat und sich um eine Axe bewegt, welche etwas schräg zur Erdbahn steht, während die Drehung in derselben Richtung, wie die Planeten um die Sonne kreisen, stattfindet. Stellen wir der Deutlichkeit halber eine Kugel so in die Mitte einer runden Tafel, daß sie sich um einen Stift oder eine Axe, welche schräg zur

Tischfläche steht, umdrehen läßt! Diese Kugel stellt die Sonne vor und unser Kopf, welchen wir am Rande der Tafel fortbewegen können, die Erde. Machen wir nun auf der Kugel einige Flecken, so sehen wir, wie diese bei der Axendrehung der Kugel um so länglicher werden, je näher sie dem Rande der Kugel kommen, weil sie alsdann in schräger Richtung gesehen werden. Bringen wir unser Auge an die Seite der Tafel, nach welcher die Axe der Kugel geneigt ist, so sehen wir, daß alle Flecken halbe Ovale über die Oberfläche der Kugel beschreiben, welche sämmtlich ihre concave Seite nach oben kehren. Bringen wir unser Auge an die gegenüberliegende Seite des Tisches, so finden wir die convexe Seite der halben Ovale nach oben gekehrt und wir sehen sie ganz in gerade Linien übergehen, wenn wir unser Auge in jeden der zwei Punkte am Tischrande bringen, welche mitten zwischen den beiden vorigen Gesichtspunkten liegen. Die Gestaltung des Weges, welchen die Flecken auf der Sonnenscheibe uns zurückzulegen scheinen, hängt also von dem Orte ab, den die Erde auf ihrer Bahn einnimmt; somit sehen wir die Kugelgestalt der Sonne und ihre Bewegung um eine schiefe Axe vollkommen bewiesen. Zugleich wird uns daraus offenbar, daß die Flecken, welche wir auf ihr sehen, ihr wirklich angehören und auf ihrer Oberfläche befindlich sind. Man hat den Stand der Umdrehungsaxe der Sonne bestimmt und auch gefunden, daß sie jede Axendrehung in 25 Tagen und 4 Stunden vollbringt. Bei diesen Untersuchungen hat sich auch deutlich herausgestellt, daß die Sonnenflecken nicht nur ihre Größe und Gestalt, sondern auch ihren Ort auf der Oberfläche der Sonne selbst verändern und also außer ihrer scheinbaren auch eine langsame wahre Bewegung haben.

Bei der gewöhnlich kurzen Zeit der Sichtbarkeit der Flecken war es bis heute noch nicht möglich, durch deren Ortsveränderung die Zeit, innerhalb welcher die Sonne sich umwälzt, genau zu bestimmen.

§. 52.

Die Ortsveränderung des schwarzen Kerns zu seinem grauen Rande, wenn der ganze Flecken von der Mitte der Sonne nach den Rändern wandert, beweist uns, daß dieser Kern tiefer oder dem Mittelpunkte der Sonne näher liegen muß, als die Außenseite seines grauen Randes. Wir können uns dies sogleich verdeutlichen, wenn wir nur in unsere oben gebrauchte Kugel ein kleines spitz zulaufendes Loch machen und dieses Loch nicht aus dem Auge verlieren, während wir die Kugel um ihre Axe drehen. Diese Flecken sind also wirklich Vertiefungen in der Sonne, welche uns Zeugen von den außerordentlich gewaltigen Vorgängen auf ihrer Oberfläche sind. Zuweilen sind die Flecken so groß, daß sie sich schon durch ein einfaches gefärbtes Glas ohne Fernrohr unterscheiden lassen, und bilden dann eine Vertiefung von so großem Umfange, daß sie mehrere Körper von der Größe unserer Erde aufnehmen könnten, während sie innerhalb weniger Tage zum Vorschein kommen und wieder verschwinden. Die Flecken der Sonne liefern uns den vollkommensten Beweis, daß sie nicht bis in ihr Inneres ein Feuerklumpen sein kann, sondern daß sie vielmehr ein dunkler Körper, umgeben von einem Lichtmeere sein muß, welches sich seiner zahlreichen Ungleichheiten wegen weder mit unseren tropfbaren Flüssigkeiten, noch mit unseren Luftarten vergleichen läßt. Dieses Lichtmeer muß noch von einer etwas undurchsichtigen Atmosphäre umgeben sein; denn ohne diese Voraussetzung würden wir vergeblich zu erklären streben, warum alle Sonnenflecke am Rande der Sonne unsichtbar werden, und auch warum die Ränder selbst sich nie vollkommen scharf umschrieben zeigen. Mehr können wir nicht über die Natur der Sonne mit vollkommner Sicherheit bestimmen.

§. 53.

Um das Wesen der Sonnenflecken zu erklären, stellte der Astronom Lalande zu Ende des vorigen Jahrhunderts die Ansicht auf, daß die Sonne ein dunkler Körper mit sehr hohen Bergen und einer glühenden Atmosphäre sei, welche einer Hebung und Senkung unterliege. Senkte sich die Atmosphäre bis unter die Spitze eines Berges nieder, so mußte dieser über die Atmosphäre emporragen und uns als schwarzer Fleck erscheinen. Man braucht aber nur einmal mittelst eines guten Fernrohrs einen Sonnenflecken gesehen zu haben, um sich von der Unzulänglichkeit dieser Erklärung zu überzeugen. Auch würden auf diese Weise die schwarzen Sonnenflecken Höhen und keine Tiefen, wie uns die Beobachtungen lehren, sein und die zahlreichen anderen Ungleichheiten, welche man auf der Sonne sieht, sowohl als die Veränderungen, welche sie erleiden, bleiben gänzlich ohne Erklärung. Der ältere Herschel gründete auf seine zahlreichen Beobachtungen eine ganz andere Ansicht. Daß der eigentliche Körper der Sonne eine dunkle Kugel ist, kann ohne Bedenken angenommen werden. Herschel meinte, daß dieser Körper von zwei Atmosphären umgeben sei, einer inneren nämlich mit mattem Licht, so wie man es an den Rändern der großen Flecken wahrnimmt und einer äußeren, welche auf der vorigen ruht und das eigentliche Lichtmeer der Sonne bildet. Wenn nun durch diese oder jene Ursache in diese Atmosphären eine trichterförmige Oeffnung kommt, wie dies durch vulkanische Wirkungen geschehen könnte, so fällt unser Blick durch diese Oeffnung auf den dunklen Körper der Sonne. Dies muß den Anblick eines schwarzen Fleckens mit einem grauen Rande geben, und zugleich lassen sich daraus auch die Veränderungen erklären, welche die Flecken erleiden. Jedoch das Aussehen des grauen Randes in einem guten Fernrohr widerspricht der Voraussetzung, daß er aus einer Flüssigkeit bestehen sollte; er giebt sich vielmehr als ein fester Körper zu erkennen. Auch das sogenannte Lichtmeer läßt sich schwerlich als Flüssigkeit ansehen. Die schwarzen Flecken sind gewöhnlich von sehr auffälligen Fackeln umgeben, gerade als wenn beim Entstehen einer Oeffnung in der Hülle der Sonne der leuchtende Stoff auf die Seite geschoben und im Umkreis der Oeffnung aufgehäuft würde. Die Beobachtungen führen uns überhaupt auf einen innigen Zusammenhang zwischen Fackeln und Flecken, so daß erstere oft die Vorboten von letzteren sind. Kann man aus diesen Beobachtungen irgend Etwas über die Natur der Lichthülle der Sonne folgern, so ist es dies, daß sie mit keiner uns bekannten Substanz verglichen werden kann. Der Ursprung dieser Flecken muß auch mit der Umdrehung der Sonne genau zusammenhängen, indem wir sie nur in einem Gürtel auf der Oberfläche der Sonne sehen, wo bei der Axendrehung die schnellste Bewegung stattfindet, nie aber in der Nähe der Sonnenpole. Der ältere Herschel versuchte die Höhe seiner um die Sonne vermutheten Atmosphären durch die Ortsveränderung des Kerns der Sonnenflecken zu seinem grauen Rande zu bestimmen. Später aber bemerkte man, daß diese Ortsveränderung bei den verschiedenen Flecken bedeutende Verschiedenheit zeigt, so daß sie nicht alle gleiche Tiefe haben. Auch die kleinen grauen Flecken scheinen kleinere Vertiefungen zu sein. Die Fackeln sind mit solchen Vertiefungen überzogen, welche uns um so schmäler erscheinen, je näher sie dem Sonnenrande kommen; so daß sie alsdann dem helleren Lichte der Fackeln für unser Auge weniger Abbruch thun. Dies ist der muthmaßliche Grund, warum man die Fackeln an den Rändern der Sonnenscheibe heller sieht, als in ihrer Mitte. Man glaubt, in der Anzahl Flecken, welche man in jedem der jüngstverflossenen Jahre auf der Sonne bemerkte, einen regelmäßigen Gang zu bemerken, ohne daß man jedoch dafür eine Erklärung zu geben weiß. Ueber die Natur der Sonne hat uns vorzüglich Herschel der Aeltere nach seinen zahlreichen Beobachtungen manche Vermuthung mitgetheilt, deren Besprechung uns hier jedoch zu weit führen würde; und wir glauben sie desto eher mit Stillschweigen übergehen zu können, da ihnen kein hoher Grad von Wahrscheinlichkeit zugesprochen werden kann.

§. 54.

Man hat darüber gestritten, ob der Sonne die Wärme, welche sie uns giebt, an und für sich selbst eigen sei und dieselbe von ihr unmittelbar auf uns herabströme, oder ob die Sonne zwar ein leuchtender, aber kalter Körper sei, welcher nur die in den Gegenständen unsrer Erde in einem gebundenen oder verborgenen Zustande schlummernde Wärme durch seine Lichtstrahlen belebe. Erstere Ansicht hat einen sehr hohen Grad von Wahrscheinlichkeit für sich; denn die Sonnenstrahlen besitzen Eigenschaften, welche man nur von Strahlen erwarten kann, die von einem Körper ausgehen, welcher in dem Zustand einer unsere heftigsten Feuer weit übertreffenden Erhitzung sich befindet. Man sollte daher auch vermuthen können, daß die Wärme, welche wir von der Sonne entlehnen, mit ihren Flecken sich veränderlich zeige. Und ist die Sonne ein wirkliches Feuer, welches durch ihre Flecken verringert wird, so müßten ihre Flecken auch eine Verminderung der Wärme zur Folge haben. Sicher aber ist die Sonne nicht mit den uns bekannten Feuern zu vergleichen und wir vermögen nicht, im Voraus zu bestimmen, ob das Vorhandensein von Flecken ihre Wirkung erhöhen oder verringern, ob es die Wärme der Erde vermehren oder vermindern muß. Daß derselbe Fleck die Wärme des einen Landes erhöhen, die des anderen verringern sollte, wie Einige wollen, dem glauben wir gänzlich widersprechen zu müssen. Zuweilen vermag man selbst mit einem Fernrohr keinen dieser schwarzen Flecken auf der Sonne wahrzunehmen. Zu anderen Zeiten sah man wieder so große Flecken, daß sie sich ohne Fernrohr mit einem einfachen gefärbten Glas erkennen ließen, und ein andermal fand man einen bedeutenden Theil der Sonnenoberfläche mit kleinen Flecken überzogen. Trotz alles dieses Wechsels haben uns die Beobachtungen nichts Sicheres über den Einfluß der Sonnenflecken auf die Wärme der Erde gelehrt. Zwar hat man es in den letzten Jahren nicht an Untersuchungen in dieser Hinsicht fehlen lassen und man glaubte auch zu Resultaten gekommen zu sein, welche aber nicht immer mit einander übereinstimmten. Man meinte sogar aus dem Wechsel der Wärme, wie ihn unsere Beobachtungen angeben, die Zeit bestimmen zu können, binnen welcher die Sonne sich um ihre Axe dreht. Es läßt sich aber soviel gegen die Untersuchungen und vermeintlichen Resultate vorbringen, daß wir die Entscheidung dieses streitigen Punktes nur von der Zeit erwarten können.

§. 55.

Wir verlassen nun die Sonne, um ihre beiden nächsten Planeten, Mercurius und Venus nämlich, welche man innere Planeten nennt, weil ihre Bahnen innerhalb der Erdbahn liegen, zu betrachten. Wir haben schon gesehen, daß sich diese Planeten für uns immer in der Nähe der Sonne zeigen müssen, weshalb sie nie mitten in der Nacht, sondern nur Morgens und Abends zum Vorschein kommen können. Sehen wir einen dieser Planeten rechts von der Sonne, so wird er bei der täglichen Scheinbewegung der Gestirne von links nach rechts vor der Sonne untergehen und sich also des Abends nicht zeigen; aber er wird dann auch vor der Sonne aufgehen und also mit dem Morgen am Himmel erscheinen. In diesem Falle wird der Planet Morgenstern genannt. Zeigt sich der Planet links von der Sonne, so wird er nach der Sonne auf- und untergehen. Man kann ihn alsdann nur am Abend sehen und er heißt der Abendstern. Im engeren Sinne nennt man Morgen- und Abendstern den Planeten Venus, welche an ihrem sehr hellen Lichte von allen anderen Himmelskörpern leicht zu unterscheiden ist, während Merkurius sich selbst unter den günstigsten Umständen durch das unbewaffnete Auge schwer auffinden läßt. Im frühesten Alterthume hielt man Morgen- und Abendstern für zwei verschiedene Gestirne und es war in der That eine wichtige Entdeckung, daß sie ein und dasselbe Gestirn seien, welches sich bald an der einen, bald an der anderen Seite der Sonne befinde. Diese Entdeckung verdankt man dem alten Philosophen Parmenides oder dem Pythagoras, welcher im sechsten Jahrhundert vor Anfang unserer Zeitrechnung lebte. Jetzt, wo wir den Bau des Planetensystems genau kennen, muß uns die Sache sehr einfach scheinen, in der alten Welt war dies jedoch keineswegs der Fall.

§. 56.

Die Planeten Mercurius und Venus bieten dem Beobachter durch ein gutes Fernrohr die merkwürdige Erscheinung dar, daß sie sich unter allen den abwechselnden Lichtgestalten oder Phasen zeigen, die wir beim Monde wahrnehmen. Diese Phasen sind in der Kugelgestalt, welche die Planeten Mercurius und Venus mit allen anderen Planeten gemein haben, ferner in dem Umstande, daß die Planeten an sich selbst dunkle Körper sind und in den verschiedenen Stellungen, welche gerade die Planeten Mercurius und Venus zur Sonne und zur Erde einnehmen können, begründet. Die eine Hälfte des Planeten ist der Sonne zugekehrt, die andere von ihr abgewendet. Da nun der Planet nur von ihr sein Licht empfängt, so muß die erstere Hälfte erleuchtet sein, während die andere im Schatten liegt. Bei jeder Stellung des Planeten ist auch eine seiner Hälften der Erde zugewendet, welche natürlich nur dann die erleuchtete Seite sein kann, wenn Sonne und Erde vom Planeten aus in gleicher Richtung zu sehen sind. Ist dies nicht der Fall, so wird auch ein kleinerer oder größerer Theil der dunklen Halbkugel des Planeten uns zugekehrt seien und bei der Bewegung der Planeten um die Sonne muß die Größe des sichtbaren Theils seiner beleuchteten Halbkugel allem möglichen Wechsel unterliegen. Wir können uns dies ganz anschaulich machen, wenn wir mittelst einer kleinen Kugel und eines Lichtes die Bewegung eines der inneren Planeten um die Sonne nachahmen. Das Licht stellt die Sonne vor, die Kugel den Planeten und unser Auge einen Ort auf der Erde. Läßt man nun die Kugel zwischen dem Lichte und unserem Auge hindurch einen Kreis um das Licht beschreiben, so sieht man sämmtliche Phasen. Kommt die Kugel zwischen unser Auge und das Licht, so ist ihre ganze erleuchtete Hälfte von uns abgewendet und wir sehen nichts von dieser Halbkugel, wie bei dem Neumond. Steht die Kugel zur Seite des Lichtes, so erblicken wir die Hälfte der erleuchteten und die Hälfte der dunklen Halbkugel, wie bei den Vierteln des Mondes u. s. w. Die Entfernung dieser Planeten von uns kann sich natürlich um den ganzen Durchmesser ihrer Bahnen verändern. Je näher sie uns sind, desto größer kommen sie uns vor, einen desto kleineren Theil ihrer erleuchteten Seite kehren sie uns aber auch zugleich zu. So geschieht es, daß ihr Licht im Ganzen für das bloße Auge wenig Veränderungen zeigt. In ihrem größten Glanze erscheinen sie, wenn sie ungefähr auf ihre größte, scheinbare Entfernung von der Sonne gekommen sind.

§. 57.

Dieser Wechsel von Lichtgestalten, welchem die Planeten Mercurius und Venus unterliegen, läßt sich schon durch ein mittelmäßiges Fernrohr wahrnehmen; Flecken und Ungleichheiten aber, wie man sie auf einigen anderen Planeten so deutlich sieht, kann man auf diesen kaum auffinden. Noch vor wenigen Jahren haben verschiedene Astronomen mit den größten Fernröhren unsrer Zeit sich vergebens bemüht, um Flecken auf der Venus zu entdecken und nur unter dem reinen Himmel von Rom mochte es gelingen. Auch auf der Sternwarte zu Leiden hat man dann und wann unstreitig Flecken auf den Planeten Mercurius und Venus beobachtet; sie waren aber verwaschen und matt und wurden keiner genaueren Untersuchung unterworfen. Wenn diese Planeten sich in der Form eines Sichelmondes zeigen, so sieht man das eine der Hörner, d. h. eine der Spitzen, in welche die

Sichel ausläuft, regelmäßig seine Gestalt verändern. Es läßt sich dies nur daraus erklären, daß beide Planeten an diesen Stellen hohe Berge haben, welche bei der Axendrehung dieser Körper immer anders von der Sonne bestrahlt werden und welche, obschon wir sie nicht erkennen können, durch die Veränderung ihrer Schatten das Aussehen dieser Hörner auf bestimmte Weise abändern. Diese Erscheinung kann man schon durch Fernröhre von geringerer Kraft wahrnehmen und man hat zu deren Erklärung nicht nöthig, höhere Berge, als wir sie auf der Erde haben, vorauszusetzen. Die sorgfältige Beobachtung dieser Himmelskörper hat ergeben, daß Mercurius in 24 und Venus in 23 ½ Stunde sich um ihre Axe bewegen. Wie aber diese Axen zu den Bahnen ihrer Planeten stehen, hat man noch nicht mit der gewünschten Genauigkeit bestimmen können.

§. 58.

Den Uebergang von der Tag= zur Nachtseite auf dem Planeten Mercurius und Venus sieht man vermittelst eines guten Fernrohrs nicht als eine scharfe Linie, sondern als einen Gürtel, auf welchem das Licht dieser Planeten allmählich verschwimmt und sich in die Nachtseite verliert. Dieses verschwimmende Licht kann nichts Anderes, als Morgen= und Abenddämmerung dieser Planeten sein, wie sie stattfinden muß, wenn sie von Atmosphären umgeben sind. Aus der Breite dieses Dämmerlichtes hat man geschlossen, daß beide Planeten Atmosphären haben müssen, welche an Dichtigkeit von der Atmosphäre der Erde nicht viel verschieden sind. Frühere Beobachter glaubten einmal, daß die ganze Nachtseite des Planeten Venus mit einem matten Dämmerlicht überzogen sei und man hat daraus den etwas voreiligen Schluß gewagt, daß Venus ein sehr schwaches Eigenlicht haben müsse. Da man jedoch mittelst der vollkommenen Fernröhre späterer Zeit diese Erscheinung nie wieder zu Gesicht bekam, so muß sie gänzlich in Zweifel gezogen werden.

Die inneren Planeten sind außerdem noch dadurch merkwürdig, daß sie — der Sonne immer näher als die Erde — zwischen Sonne und Erde hindurchgehen können, wobei sie sich auf der Sonnenscheibe als pechschwarze runde Flecken zeigen, welche viel dunkler als die Kerne der Sonnenflecken sind. Weil aber die Bahnen dieser Planeten mit der Bahn der Erde nicht in derselben Ebene liegen, so können diese Erscheinungen nur selten sich ereignen. Die Vorübergänge des Merkurius vor der Sonnenscheibe geschehen im Durchschnitt 13 mal in einem Jahrhundert, die der Venus nur 16 mal in tausend Jahren. Der nächste Vorübergang des Merkurius wird am 11. November 1861 stattfinden und der nächste Vorübergang der Venus den 8. December 1874. Wenn Venus vor die Sonnenscheibe tritt, so läßt sie sich schon ohne Fernrohr durch ein bloßes gefärbtes oder mit Rauch angelassenes Glas sehr gut als ein Flecken unterscheiden. Den Merkur kann man aber bei einer solchen Gelegenheit nur mittelst eines guten Fernrohrs sehen. Die Vorübergänge der Venus sind vortreffliche Mittel, um die Entfernung der Erde von der Sonne zu bestimmen und man hat dazu die letzten Vorübergänge vom Jahre 1761 und 1769 mit dem besten Erfolge benutzt.

§. 59.

Wir müssen nun zur Betrachtung der äußeren Planeten übergehen, welche uns, da sie sich außerhalb der Erdbahn um die Sonne bewegen, auf allerlei Entfernungen von der Sonne erscheinen können. Auch können sie sich der Sonne gerade gegenüber stellen, indem die Erde zwischen der Sonne und einem dieser Planeten zu stehen kommt, was mit den inneren Planeten nicht möglich ist. In diesem Falle sagt man von dem Planeten, er ist in Gegenschein oder Opposition zu der Sonne; und kommt die Sonne zwischen dem Planeten und der Erde zu stehen, was auch mit den inneren Planeten der Fall sein kann, so sagt man, der Planet ist in Conjunction oder Zusammenkunft mit der Sonne. Die Entfernung eines äußeren Planeten von der Erde kann sich natürlich um den ganzen Durchmesser der Erdbahn verändern und es ist klar, daß der Planet uns am nächsten ist, wenn er sich in Opposition zu der Sonne befindet und er am weitesten von uns entfernt sein wird, wenn er in Conjunction mit der Sonne ist. Die Bahnen der Erde und der Planeten sind nicht kreisförmig, sondern etwas länglich und ihre längsten Durchmesser sind von verschiedener Lage, so daß die Umkreise dieser Bahnen nicht überall gleich weit von einander entfernt sind. Daraus folgt, daß die Entfernungen eines Planeten von uns, wenn er zu verschiedenen Zeiten in Opposition zu der Sonne steht, noch bedeutend verschieden sein können.

Aus den verschiedenen Stellungen, welche die äußeren Planeten in Bezug auf die Sonne für uns einnehmen können, ist leicht zu ersehen, daß sie sich uns nicht wie die inneren Planeten in allerlei abwechselnden Lichtgestalten zeigen können, daß aber dennoch ihre erleuchtete Halbkugel uns nicht immer ganz zugekehrt ist. Auch von der dunklen Hälfte kann uns ein größerer oder kleinerer Theil zugewendet sein, und was dadurch an der scheinbar runden Form des Planeten fehlen kann, hängt ganz von der verhältnißmäßigen Größe seiner Bahn zu der Erdbahn ab. Wir können uns davon leicht überzeugen, wenn wir wieder unsre Kugel mit dem Lichte zu Hülfe nehmen, jetzt aber die Kugel um das Licht eine Bahn beschreiben lassen, innerhalb welcher unser Kopf sich befindet. Beim Planeten Mars kann diese Lichtgestalt bei Anwendung eines guten Fernrohrs sehr stark hervortreten; bei den übrigen Planeten aber ist sie so gering, daß man sie bei den entferntesten selbst durch genaue Messungen nicht zu entdecken vermag.

§. 60.

Der Planet Mars, der erste der äußeren Planeten, ist nicht nur wegen seines rothen Lichtes, sondern auch wegen der starken

Veränderungen in scheinbarer Größe und Helligkeit merkwürdig, welche mit der so sehr veränderlichen Entfernung von der Erde zusammen hängen, indem er bei der einen Opposition zu der Sonne sogar zweimal weiter als bei der anderen sein kann und im Allgemeinen seine Entfernung zu einer Zeit achtmal größer als zur anderen ist. Alle zwei Jahre kommt der Planet Mars in Opposition zu der Sonne, zeigt sich aber dabei nur einmal binnen 15 Jahren in seiner größten Nähe. Da es nun ganz und gar von der Entfernung abhängig sein muß, wie gut wir einen Planeten mit unseren Fernröhren zu sehen vermögen, so ist die Gelegenheit nur selten sehr günstig, um ihre Natur zu beobachten. Man gewahrt schon durch mittelmäßige Fernröhre auf diesem Planeten eine Menge dunkler Flecken, welche Herschel der Aeltere vor einem halben Jahrhundert zu einem besonderen Gegenstande seiner Untersuchung machte, die jedoch vorzugsweise in den letzten Jahren von den verdienstvollen Astronomen Beer und Mädler sehr eifrig beobachtet wurden. Diese Flecken machen eine regelmäßige Wanderung über seine Scheibe wie die Sonnenflecken auch, und aus dieser Ortsveränderung hat man geschlossen, daß sich der Planet Mars in 24 Stunden 37 Minuten um eine Axe dreht, deren schiefe Stellung fast mit der Erdaxe übereinstimmt. Daher herrscht auf diesem Planeten derselbe Wechsel von Tag und Nacht und von Jahreszeiten wie bei uns; nur mit dem Unterschiede, daß wegen seiner größeren Umlaufszeit die Jahreszeiten von längerer Dauer sind, als auf der Erde.

Die dunkeln Flecken, welche man auf dem Planeten Mars sieht, sind von allerlei unregelmäßiger Gestalt und der eine ist viel dunkler als der andere. Jedoch können wir sie nur dann in ihrer wahren Gestalt sehen, wenn sie sich in der Mitte der Scheibe des Planeten befinden, während sie wie die Sonnenflecken am Rande des Planeten verkürzt und verunstaltet scheinen müssen. Durch die Bewegung des Planeten um seine Axe werden sich uns nun bald diese, bald jene Flecken in der Mitte der Scheibe zeigen und da auch seine Umdrehungsaxe ihre Stellung zu unserem Auge verändert, so werden die Flecken, welche zu einer Zeit in der Mitte auftreten, zu einer anderen Zeit bei der Umdrehung des Planeten an seinen Rändern hinstreichen. Davon ist die Folge, daß der Planet immer einen anderen Anblick gewährt. Berücksichtigt man jedoch die veränderliche Stellung des Planeten zu unserem Auge, so ergiebt sich, daß die Flecken selbst auf dem Planeten ihre Lage und Gestalt beibehalten. Die Astronomen Beer und Mädler haben wenigstens während ihrer zehnjährigen Beobachtungen durchaus keine wesentliche Veränderung in den Flecken finden können. Wie wir später sehen werden, ist es fast gewiß, daß die Meere unsrer Erde auch als solche Flecken erscheinen würden, wenn man sie aus einer eben so großen Entfernung betrachtete. Jedoch berechtigt uns dies nicht zu der Behauptung, daß die dunkelen Flecken des Planeten Mars Meere seien, eine wie große Uebereinstimmung auch sonst zwischen diesem Planeten und der Erde bestehen möge. Beer und Mädler haben aus ihren vereinigten Beobachtungen auf die wahre Gestalt der auf Mars gesehenen Flecken und auch auf ihre Lage geschlossen und darnach zwei Zeichnungen entworfen, welche die auf beiden Halbkugeln des Planeten beobachteten Flecken in ihrer verhältnißmäßigen Größe und Lage darstellen. Diese Zeichnungen werden später benutzt werden können, um über die gänzliche Unveränderlichkeit oder Veränderlichkeit dieser Flecken ein richtiges Urtheil zu erhalten, wodurch man vielleicht der Erkenntniß ihres eigentlichen Wesens etwas näher kommen wird.

§. 61.

Der Planet Mars bleibt immer in so weiter Entfernung von uns, daß wir Berge auf seiner Oberfläche mittelst unserer Fernröhre nicht würden unterscheiden können und wären sie auch viel höher, als die höchsten Berge der Erde. Er bietet uns jedoch andere höchst merkwürdige Erscheinungen, besonders in seinen sogenannten Schneegürteln, Schneefeldern oder Schneeflecken dar. Dies sind zwei scharf begrenzte, hellweiße, kreisförmige Flecken, deren jeder einen Pol des Planeten zum Mittelpunkt hat und welche sehr stark gegen das anderwärts röthliche Licht des Planeten abstechen. Die Größe dieser Schneeflecken macht einen regelmäßigen Wechsel durch und es ist jetzt genau bewiesen, daß jeder Fleck seine größte Ausbreitung hat, wenn an dem Pole, wo er sich befindet, Winter herrscht und seine kleinste Ausdehnung in der Sommerwärme. Sie müssen also wirklich große Schnee- und Eisfelder sein, welche mit nahendem Winter sich ausbreiten und im Sommer theilweise wieder zusammenschmelzen. Ob der Schnee oder das Eis auf dem Planeten Mars mit dem der Erde übereinkommt, läßt sich durchaus nicht bestimmen; der Zusammenhang aber der Größe dieser Flecken mit den Jahreszeiten auf dem Mars ist außer allem Zweifel. Es ist sehr wahrscheinlich, daß auch unsre Erde von einem anderen Planeten aus solche veränderliche Flecken zeigen würde. Besonders ist diese Erscheinung an dem Südpole des Mars ganz genau beobachtet worden, da der Planet während der letzten Jahre seinen Nordpol von der Erde abgekehrt hat. Höchst merkwürdig ist es auch, daß jeder dieser dunkelen Flecken, wenn wir sie bei der Axendrehung dieses Planeten nach dem Rande rücken sehen, immer undeutlicher wird und endlich verschwindet, bevor er sich noch auf der von uns abgekehrten Seite des Planeten befinden kann. Ueberhaupt kann man dicht am Rande des Planeten keine Flecken mehr unterscheiden, was sich nur daraus erklären läßt, daß der Planet wie die Erde von einer nicht völlig durchsichtigen Atmosphäre umgeben ist.

§. 62.

Wir kommen zu dem größten Planeten unsres Sonnensystems, zu Jupiter nämlich. Dieser Planet stellt sich in einem guten Fernrohre als eine Scheibe von ansehnlicher Größe dar, auf welcher man zahlreiche Flecken von ganz anderem Aussehen als auf Mars erblickt. Gewöhnlich sieht man auf der Scheibe des Jupiter zwei unregelmäßige, dunkle, fast parallele Streifen, deren einer etwas über, der andere ein wenig unter der Mitte des Planeten sichtbar ist, so daß ein hellerer Streif zwischen beiden die Mitte des Planeten bezeichnet. In der Nähe dieser Streifen sieht man oft noch andere, viel mattere; noch weiter von der Mitte des Planeten entfernt findet man solche Streifen nicht oder selten, statt ihrer aber einen hellgrauen Fleck, welcher an den Rändern des Planeten am dunkelsten ist. Die Größe, Zahl, Gestalt und Lage genannter Streifen unterliegen einer beständigen, langsamen Veränderung. Oft treten einzelne Theile besonders hervor, welche, wie die Sonnenflecken regelmäßig über die Scheibe des Planeten wandern. Daraus hat man gefunden, daß sich Jupiter in 9 Stunden 55 Minuten um eine Axe dreht. Die große Geschwindigkeit dieser Bewegung ist um so merkwürdiger, als er 1400 mal größer als die Erde ist. Natürlich mußte bei der Größe des Planeten diese Geschwindigkeit eine viel stärkere Abplattung als die der Erde bewirken. Bei der Erde beträgt die Abplattung nur $1/_{300}$ ihres größten Durchmessers (§. 6.), bei Jupiter dagegen $1/_{14}$, so daß sie mit einem guten Fernrohr sogleich ins Auge fällt. Auch würde sie der Berechnung nach noch bedeutender sein, wenn der Stoff des Planeten überall gleich dicht wäre. Gerade wie bei der Erde (§. 15) liegt in der Abplattung des Jupiters der Beweis, daß dieser Planet inwendig nicht hohl sein kann, sondern daß im Gegentheil sein Stoff nach dem Mittelpunkte hin gleichmäßig an Dichtigkeit zunimmt.

§. 63.

Die veränderlichen dunklen Streifen, welche einen großen Theil der Oberfläche des Planeten Jupiter überziehen, laufen immer seinem Aequator parallel und beweisen wenigstens, wie bedeutend Jupiter von der Erde und vom Planeten Mars verschieden ist. Von Tag zu Tag sieht man die Streifen anders und nie kehren sie vollkommen zu derselben Gestalt zurück. Es ist so ziemlich gewiß, daß sie uns den eigentlichen Körper des Planeten verbergen und daß sie nichts weiter sind, als eine Art dicker Wolken, welche sich träge in einer den Jupiter umhüllenden Atmosphäre fortbewegen. Nur auf diese Weise läßt sich die beständige Veränderung dieser Flecken erklären und ihre langstreifige Form ist dann eine nothwendige Folge der Geschwindigkeit der Umwälzung des Planeten. Dieser Planet ist weit von der Sonne entfernt und wird daher von ihr nur wenig Wärme empfangen. Vielleicht dient die dicke Atmosphäre dazu, die Wärme auf seiner Oberfläche zu halten, wenigstens kann sie dabei von Nutzen sein. Der Umstand, daß man dicht am Rande des Planeten die Streifen nicht mehr unterscheiden kann, deutet wie bei Mars darauf hin, daß das Ganze noch mit einer anderen Atmosphäre umgeben sein muß, welche sich mit der Atmosphäre der Erde vergleichen läßt. Die Axe, um welche sich der Planet Jupiter dreht, steht fast senkrecht auf der Ebene seiner Bahn, so daß auf diesem Planeten, bei außerordentlich schnellem Wechsel von Tag und Nacht, ein eigentlicher Wechsel von Jahreszeiten nicht besteht.

§. 64.

Der Planet Saturn ist einer der merkwürdigsten Gegenstände, welche der Himmel unsrer Betrachtung darbietet. Er zeigt sich uns nicht als eine einfache runde oder etwas längliche Scheibe, wie Mars und Jupiter, und auch nicht unter den abwechselnden Lichtgestalten des Mercurs und der Venus, sondern unter einer sonderbaren veränderlichen Form, welche noch lange nach Erfindung der Fernröhre für ganz räthselhaft gelten mußte. Der Holländer Christian Huygens ermög-

körper mit seinem erhabenen Geiste und mit seinen vortrefflichen Instrumenten die vollkommene Erklärung dieser merkwürdigen Erscheinung und zwar durch die Entdeckung, daß Saturn wie die anderen Planeten auch ein kugelförmiger Körper, außerdem aber von einem dünnen und flachen Ringe umgeben sei, welcher ringsum vom Körper des Planeten getrennt ist und mit ihm einen gemeinschaftlichen Mittelpunkt hat. Dieser Ring hat Kreisform, steht aber zur Ebene der Erdbahn etwas schräg, wodurch es geschieht, daß wir ihn immer in der Verkürzung und daher auch als Oval sehen. Bei der Bewegung des Planeten um die Sonne geht der Ring sich selbst parallel fort und kann also in eine Stellung kommen, bei der seine Verlängerung gerade durch die Erde geht. Wir sehen dann gerade die Kante des Ringes oder seine Dicke. Er ist aber so dünn, daß er dann selbst durch ein sehr gutes Fernrohr durchaus nicht gesehen werden kann und der Planet muß also in diesem Falle als runde Scheibe erscheinen. Dies währt nur kurze Zeit. Durch die Ortsveränderung des Planeten und der Erde wird der Ring uns nach und nach breiter vorkommen; seine innere Breite kann uns aber nie so groß als der Durchmesser des Planeten erscheinen, so daß auch niemals der ganze Ring um den Planeten ringsherum zu sehen ist, sondern immer ein Theil des Ringes vom Planeten und ein Theil des Planeten vom Ringe bedeckt wird. Natürlich kann nur die eine Seite des flachen Ringes von der Sonne erleuchtet werden und nicht immer ist diese erleuchtete Seite uns zugekehrt. Wir können uns die Fläche dieses Ringes ins Unbestimmte verlängert und fortgesetzt denken und wenn diese verlängerte Fläche zwischen der Sonne und der Erde hindurchgeht, so wird die eine Seite nach der Sonne, die andere, die nicht erleuchtete also, der Erde zugekehrt sein, so daß wir auch dann den Ring nicht sehen können. Wegen der bedeutenden Entfernung des Saturnus aber wird auch dies nur kurze Zeit dauern. Der äußere Durchmesser des Ringes ist 2 ¼ mal und sein innerer

$1\frac{1}{2}$ mal größer, als der des Planeten selbst. Will man sich von dem veränderlichen Aussehen des Saturnus und seines Ringes ein Bild machen, so kann man sich dazu eines Lichtes und einer Kugel bedienen, welche man den obigen Maßen entsprechend mit einem dünnen und platten Ring umgeben hat, dessen Mittelpunkt mit dem der Kugel zusammen fällt. Stellt man nun die Kugel neben das Licht so auf die Tafel, daß der Ring schräg zur Tafelfläche zu liegen kommt und fängt man den Schatten der Kugel nebst dem Ringe mit einem Schirm auf, so hat man ein Bild, wie sich Saturn nebst seinem Ringe unserem Auge darstellt. Die Veränderung seiner Erscheinung kann man sehen, wenn man die Kugel einen Kreis um das Licht beschreiben läßt, vorausgesetzt, daß dabei der Ring sich selbst parallel bleibe d. h. in Bezug auf sehr ferne Gegenstände seine ursprüngliche Stellung bewahre. Eigentlich giebt dieser Schatten die verschiedenen Formen, unter welchen man den Planeten von der Sonne aus sehen würde, jedoch muß er mit wenig Unterschied von der Erde aus sich ebenso darstellen, weil die Erde im Verhältniß zu dem Planeten der Sonne sehr nahe steht.

§. 65.

Durch ein gutes Fernrohr unsrer Zeit sieht man den Ring des Saturnus so deutlich, daß man ihn, selbst in gänzlicher Unbekanntschaft mit Huygens Erklärung, alsbald für einen Ring halten würde. Man sieht auch auf dem Ringe den Schlagschatten des Saturnus und auf Saturnus den Schlagschatten des Ringes sehr deutlich. Diese Schatten müssen ihre Form verändern, je nachdem der Planet seine Stellung zur Sonne und zur Erde ändert. Da Saturn in 30 Jahren seine Bahn um die Sonne zurücklegt, so wird der Ring uns ungefähr funfzehn Jahre lang die eine Seite zukehren und dann wieder funfzehn Jahre lang die andere. Mit einem sehr guten Fernrohr sieht man über den ganzen Ring hin einen scharf begrenzten pechschwarzen Streifen, welcher den Ring, seinem Umkreise parallel, in zwei Ringe abtheilt, die mit einander und beinahe auch mit dem Planeten selbst einen gemeinschaftlichen Mittelpunkt haben. Oefters hat man wiederum jeden dieser zwei Ringe auf dieselbe Weise, nur durch viel feinere Streifen, in viele Ringe abgetheilt gesehen. Jedoch scheint diese feinere Eintheilung Veränderungen unterworfen, da sie nicht immer zu sehen ist und ihre größere oder geringere Deutlichkeit nicht allein von der größeren oder geringeren Reinheit der Luft abzuhängen scheint. Besonders deutlich hat sich öfters diese Untereintheilung auf dem äußeren Ringe gezeigt und wenn sie sich auch hier nicht unterscheiden läßt, so erscheint der äußere Ring doch immer viel matter als der innere. Bei dem inneren Ringe ist der innere Rand immer weit matter, als der Außenrand. Die Kugelgestalt des Saturnus tritt in einem guten Fernrohr viel deutlicher hervor, als dies bei den anderen Planeten, welche mehr das Aussehen flacher Scheiben haben, der Fall ist. Auf der Oberfläche des Planeten erblickt man immer einen oder mehrere breite dunkle Gürtel, die mit den veränderlichen Streifen des Jupiter große Aehnlichkeit zu haben scheinen. In diesen Gürteln gewahrt man hin und wieder veränderliche Ungleichheiten, durch deren regelmäßige Ortsveränderung sich die Zeit bestimmen läßt, in welcher sich der Planet Saturn um seine Axe dreht. Obschon dieser Planet 830 mal größer ist als die Erde, so braucht er doch zu seiner Umwälzung nur 10½ Stunden. Diese schnelle Bewegung hat eine noch stärkere und auffälligere Abplattung als bei Jupiter zur Folge; sie beträgt $\frac{1}{10}$ des Durchmessers des Saturnus. Daraus kann man wie bei der Erde und bei Jupiter den Schluß ziehen, daß der Stoff des Planeten nach dem Mittelpunkt hin an Dichtigkeit zunimmt. Man hat gefunden, daß der Ring sich beinahe in derselben Zeit wie der Planet um seine Axe dreht und da er senkrecht auf dieser Axe steht, bleibt er bei seiner Umdrehung in derselben Stellung. Die Umdrehungsaxe des Planeten Saturn hat eine schiefe Richtung zur Ebene seiner Bahn, so daß ein Wechsel von Jahreszeiten auf diesem Planeten stattfindet. Man bemerkt auf demselben keine eigentlichen Schneeflecken, wie auf dem Mars der Fall ist, dennoch hat man gefunden, daß die Gegenden rings um die Pole des Saturnus einen Wechsel an Licht haben, welcher von seinem Wechsel der Jahreszeiten abhängig ist. Der Pol nämlich, wo Winter herrscht, erscheint immer in hellerem Lichte als der andere.

§. 66.

Der Ring des Saturns muß für einen Beobachter auf der Oberfläche dieses Planeten die sonderbarsten Erscheinungen bedingen, welche man bei der jetzigen genauen Kenntniß seiner Stellung und Masse bis in sehr kleine Einzelnheiten bestimmen kann. Um nicht in zu große Ausführlichkeit zu verfallen, werden wir davon, wie der Ring von der Oberfläche des Planeten aus erscheinen muß, nur das Hauptsächlichste erwähnen. In der Nähe der Pole des Planeten kann man vom Ringe nichts sehen, weil er hier vom Planeten selbst verdeckt wird. Unter dem Aequator des Planeten sieht man den Ring von seinem inneren Rande als einen Gürtel am Himmel, welcher über den Kopf des Beobachters hinläuft. An anderen Stellen der Oberfläche des Planeten stellt sich der Ring als ein breiter Bogen am Himmel dar, welcher für denselben Ort immer denselben Stand zum Horizont einnimmt und welcher während 15 unserer Jahre, Tag und Nacht hindurch, von der Sonne erleuchtet wird und dann wieder funfzehn Erdjahre dunkel bleibt. Dabei kann er sich bei Nacht nur durch die Sterne, welche er bedeckt, verrathen. Der Schatten, welchen Saturn auf seinen Ring werfen muß, ist für einen Ort auf seiner Oberfläche bei Tage nicht zu sehen; denn dann ist der Ort der Sonne zugewendet, während der Schatten immer von der Sonne abgewendet sein muß. Bei

Nacht muß dieser Schatten sichtbar werden und am ganzen Bogen hinzulaufen scheinen. Immer muß der Ring einen Theil der Oberfläche des Planeten mit seinem Schatten decken und für die hier gelegenen Orte ist die Sonne hinter dem Ringe verborgen. So kann es kommen, daß auf diesem Planeten einzelne Orte zehn unsrer Jahre hindurch gänzlich des Sonnenlichtes beraubt werden und dies geschieht auch an diesen Orten in dem langen Winter, wo sie der Sonnenstrahlen am meisten bedürfen. Der Ring des Saturns kann also schwerlich, wie frühere Astronomen meinten, dazu dienen, das wenige Licht aufzufangen, welches dieser Planet wegen seiner weiten Entfernung von der Sonne empfängt. Aber auch der Planet selbst muß einem Beobachter vom Ringe aus ein sehr befremdendes Schauspiel gewähren, wovon man sich leicht einen Begriff wird machen können.

§. 67.

Der Planet Uranus stellt sich auch durch das beste Fernrohr als ein fast kreisförmiges Scheibchen dar, auf welchem man bis heute keine Ungleichheiten zu entdecken vermochte. Daher war es auch nicht möglich die Zeit seiner Umdrehung zu bestimmen. Diese Bewegung muß aber nach der sehr starken Abplattung an seinen Polen, wie man entdeckt zu haben glaubt, sehr geschwind sein. Dieser Abplattung gemäß muß die Umdrehungsaxe dieses Planeten der Ebene seiner Bahn fast parallel verlaufen, sodaß jeder Ort seiner Oberfläche den möglich stärksten Wechsel der Jahreszeiten erfahren würde. Auch wird an seinen Polen die Sonne bald gar nicht aufgehen und bald wieder in den Scheitelpunkt sich erheben. Wir können uns den starken Wechsel der Umstände, unter welchen die verschiedenen Orte auf der Oberfläche dieses Planeten zu verschiedenen Zeiten von der Sonne beleuchtet werden müssen, leicht vergegenwärtigen, wenn wir dazu den einfachen Apparat zur Hand nehmen, welcher uns schon zur Versinnlichung des Wechsels der Jahreszeiten auf der Erde diente (§. 25). Jetzt müssen wir aber die Umdrehungsaxe der Oberfläche des Tisches, über welchem wir die Kugel ihren Kreis um das Licht beschreiben lassen, parallel stellen und Sorge tragen, daß bei der Bewegung der Kugel die Axe immer nach denselben Gegenständen in der Ferne gerichtet sei.

Der neu entdeckte Planet Neptun zeigt sich bei günstigem Wetter und durch ein Fernrohr von großer Kraft als ein einfarbiges Scheibchen und zwar kleiner als Uranus und auch schwächer von Licht. Durch ein kleineres Fernrohr läßt er sich von den zahlreichen kleinen Firsternen nicht unterscheiden. Man hat noch keine Abplattung bei diesem Planeten bemerken können und weiß von seiner möglichen Bewegung um eine Axe noch gar nichts.

§. 68.

Wir haben bei der Aufzählung der durch gute Teleskope beobachteten Eigenthümlichkeiten der Planeten die elf zwischen den Bahnen des Mars und des Jupiter befindlichen kleinen Planeten absichtlich mit Stillschweigen übergangen. Diese Planeten sind so klein, daß sie selbst in den größten Fernröhren nur als Pünktchen erscheinen. Sieht man sie aber als kleine Scheiben, so kommt dies großentheils auf Rechnung der Eigenschaften des Lichtes, denen zufolge untheilbar kleine helle Punkte selbst in den besten Fernröhren sich als kleine Scheiben darstellen müssen (§. 48). Das Messen kleiner Gegenstände am Himmel wird um so mühsamer, je kleiner die Gegenstände selbst werden. Daher haben auch die größten Bemühungen, die Durchmesser genannter Planeten zu bestimmen, noch nicht zu dem gewünschten Ziele geführt. Nach der Bestimmung von Lamont zu München würde der Durchmesser von Pallas nicht größer sein, als 145 geogr. Meilen und dieser Planet, welcher noch der größte von den elf kleinen zu sein scheint, würde also von unsrer Erde 1700 mal an Größe übertroffen werden. Unter sehr günstigen Umständen bestimmte Mädler 1847 den Durchmesser der Vesta auf 66 Meilen. Diese Bestimmungen verdienen vor allen andern das meiste Zutrauen, sind jedoch nicht über alle Bedenken erhaben und nehmen höchst wahrscheinlich den Durchmesser dieser Planeten noch zu groß an. Ueber die Bewegung dieser Planeten um ihre Axen und über ihre Natur im Allgemeinen konnten uns bis auf den heutigen Tag die Beobachtungen noch kein Licht geben.

§. 69.

Wir haben schon wiederholt Gelegenheit gehabt, zu bemerken, wie sehr die Planeten von einander verschieden sind; wir müssen aber noch einer unterscheidenden Eigenthümlichkeit gedenken, welche zu merkwürdig ist, um übergangen zu werden.

Die Helligkeit, in welcher sich uns die Planeten zeigen, muß von ihrer Entfernung von der Sonne, ihrer Entfernung von der Erde und von ihrer Größe abhängen; außerdem aber noch von der größeren oder geringeren Fähigkeit des Stoffes, aus welchem die Oberfläche des Planeten besteht, das Licht der Sonne zurückzuwerfen. Wir wissen, daß diese Fähigkeit bei verschiedenen Substanzen nicht gleich ist und daß z. B. ein Stück Kreide und ein Stück Schiefer, wenn beide dem Sonnenlicht ausgesetzt sind, verschiedene Helligkeit annehmen. Nun kann man durch Berechnung nachweisen, daß die Helligkeit der verschiedenen Planeten ganz anders ist, als sie sein würde, wenn die Planeten gleiche Fähigkeit besäßen, das Sonnenlicht zurückzuwerfen oder mit anderen Worten, wenn ihre Oberflächen gleich weiß wären. Der Planet Mars würde uns wegen der Nähe der Sonne und der Erde trotz seiner geringeren Größe viel heller, als Jupiter, erscheinen müssen. Nun ist aber im Gegentheil Jupiter weit heller; daher muß die Oberfläche von Jupiter weit weißer, als die des Mars sein. Wie die Berechnung zeigt, müssen Saturnus und Uranus noch weißer sein, als Jupiter, und vielleicht so weiß, wie Kreide. Venus verdankt ihre Helligkeit nicht ihrer eigenen Weiße, sondern nur der großen Nähe der Sonne und der Erde. Daß ein großer Unterschied zwischen den Substanzen, welche die Oberfläche der verschiedenen Planeten bilden, bestehen muß, deuten außerdem die eigenthümlichen Färbungen an, unter denen sie unserem unbewaffneten Auge erscheinen. Venus zeigt ein sehr helles, weißes Licht; Mars dagegen ist sehr stark roth gefärbt. Jupiter ist auffallend gelb; Saturn ist mit einer röthlichen Farbennuance überzogen, und der für's bloße Auge kaum oder gar nicht sichtbare Uranus erscheint in dem Fernrohre in mattweißem Licht.

Abschnitt VII.

Der Mond und die Trabanten der übrigen Planeten.

§. 70.

Wir müssen nun zur genaueren Betrachtung der Trabanten oder Satelliten der Planeten übergehen und werden uns zuvörderst mit dem Monde, dem treuen Begleiter der Erde, beschäftigen, indem er unter allen Trabanten der Sonne am nächsten ist und seine Wichtigkeit für uns ihn weit über alle anderen Trabanten erhebt. Er erhellt unsre dunklen Nächte, dient dem Seefahrer als Leitstern durch unbekannte Gewässer, er regelt unsre Zeitrechnung, bewirkt die wohlthätige Ebbe und Fluth unserer Meere, er ist vorzugsweise für uns geschaffen und wir haben zahlreiche Ursachen, ihn als unseren Wohlthäter zu betrachten.

Wenn wir den Mond einige Stunden und Tage hinter einander mit Aufmerksamkeit beobachten, so werden wir leicht entdecken, daß er nicht nur an der täglichen Bewegung der übrigen Himmelskörper Theil nimmt, sondern daß er außerdem mit einer verhältnißmäßig ziemlich großen Geschwindigkeit von Augenblick zu Augenblick seinen Stand zu den Sternen ändert. Er wandert beständig mit ziemlich gleichmäßigem Schritte von rechts nach links fort und nachdem er den ganzen Himmel umkreist hat, kommt er binnen 27 Tagen und 8 Stunden zu demselben Sterne zurück. Diese Bewegung läßt sich aus keiner Sinnestäuschung erklären, sondern sie ist dem Monde selbst eigen, welcher in genannter Zeit eine Bahn um die Erde beschreibt, und zwar eine solche, die von der Gestalt eines Kreises nicht sehr viel abweichen kann, da der Mond für unser Auge keiner merklichen Veränderung seiner Größe unterliegt.

Die Bahn des Mondes um die Erde ist von derselben Beschaffenheit, wie die der Planeten um die Sonne. Die Bahn ist eine Ellipse, deren einen Brennpunkt die Erde einnimmt und auf welcher der Mond den Gesetzen Keppler's Gehorsam leisten muß. Die mittlere Entfernung des Mondes mißt 30 mal den Durchmesser der Erde oder genauer 51,803 Meilen. Da nun die Bahn des Mondes von der Kreisform merklich abweicht, so ist diese Entfernung sehr veränderlich. Sein größter Abstand ist 54,644 Meilen und sein kleinster 48,961 Meilen. Der Mond ist uns 400 mal näher, als die Sonne, und wird, während seiner Bewegung um die Erde, von dieser auf ihrer jährlichen Reise um die Sonne mitgenommen, so daß die ganze Bahn selbst, in welcher sich der Mond bewegt, jährlich rings um die Sonne herumführt. Die Bahn des Mondes um die Erde fällt, in Rücksicht ihrer Lage, nicht ganz mit der der Erde um die Sonne zusammen, sondern hat zu dieser einen schrägen Stand, gerade so wie eine wenig geöffnete Thür einen etwas schrägen Stand zur Fläche der Wand hat, an welcher sie befestigt ist. Durch die

Anziehung der anderen Körper des Planetensystems erleidet die Bahn des Mondes um die Erde bedeutende Abänderungen, welche hauptsächlich die Sonne bewirkt, und von denen wir später besonders handeln werden.

§. 71.

Der Mond ist 50 mal kleiner als die Erde und 88 mal leichter. Der Stoff, woraus er besteht, ist also fast zweimal leichter als der Stoff der Erde und ist dreimal so dicht als Wasser. Die Anziehung, welche der Mond auf die Gegenstände seiner Oberfläche ausübt, ist beinahe siebenmal geringer als die Wirkung, welche die Gegenstände auf der Erdoberfläche erfahren; daher eine Kraft, mit welcher man auf der Erde ein Gewicht von 15 Pfunden aufheben kann, hinreichend sein würde, um auf dem Monde 100 Pfund aufzuheben. Das Secundenpendel würde auf dem Monde 7 mal kürzer als auf der Erde sein müssen und um auf der Mondoberfläche einen Körper 66 Ellen hoch zu werfen, würde man keine größere Kraft nöthig haben, als um denselben Körper auf der Erde 10 Ellen hoch zu bringen. Trotz seiner kleineren Masse übt der Mond wegen seiner Nähe eine bedeutende Störung auf die Bewegung der Erde aus. Aus demselben Grunde wirkt er mit seiner Anziehungskraft unter allen Himmelskörpern am stärksten auf diejenigen Körper, welche auf der Oberfläche der Erde ruhen. Diese Anziehung zieht die wichtige Erscheinung der Ebbe und Fluth nach sich, welche, wie bekannt, in einem beständigen Steigen und Fallen der großen Gewässer der Erde besteht. Um uns ein genaues Bild zu machen, wie diese Anziehung eine solche gewaltige Bewegung des Meeres verursacht, müssen wir uns erinnern, daß die Anziehung, welche ein Körper auf einen anderen Körper ausübt, auch von dem Abstand der beiden Körper von einander abhängig ist (§. 10. und 36.). Ist dieser Abstand größer, so ist die Anziehung geringer; ist der Abstand kleiner, so ist die Anziehung stärker und da die verschiedenen Theile der Erdoberfläche nicht alle gleich weit von dem Monde entfernt sind, so werden sie auch von ihm nicht dieselbe Anziehung erfahren. Der Mond zieht die ganze Erde an sich, wie auch er wiederum von der Erde angezogen wird und der Grund, warum beide Körper nicht auf einander stürzen, liegt in dem Umstand, daß die Wirkungen dieser gegenseitigen Anziehung von der ursprünglichen Bewegung beider Körper geschwächt und abgeändert werden. Durch diese ursprüngliche Bewegung würden beide Körper sich beständig von einander entfernen und durch die Anziehungskraft müssen sie einander immer näher kommen; auf diese Weise nun werden sie fast in gleicher Entfernung von einander gehalten (§. 36.). In der That muß sich also die Erde dem Monde mehr nähern, als dies der Fall sein würde, wenn sie von diesem Körper nicht angezogen würde. Obschon nun die festen Theile der Erde wegen ihrer verschiedenen Entfernungen ungleichmäßig vom Monde angezogen werden, so müssen sie sich doch wegen ihres festen Zusammenhanges alle gleichmäßig dem Monde nähern. Diese ungleiche Anziehung aber kann die Gestalt der Erde ebenso wenig abändern, als ein Stück Eisen unter der Anziehung eines Magneten seine Gestalt verändert. Dies würde der Fall nicht sein, wenn die Erde aus einer sehr weichen oder flüssigen Substanz bestände, deren Theile selbst der geringsten Kraft weichen. Wenn die Erde z. B. ganz aus Wasser bestände, so müßte sie durch die Anziehung des Mondes länglich werden und sich mit ihrem längsten Durchmesser nach dem Monde richten. Bestände unsere kugelförmige Erde ganz aus Wasser, so würde, ebenso wie es jetzt auch der Fall ist, ihr Mittelpunkt vom Monde angezogen werden und sich dem Monde nähern. Die an der Mondseite gelegenen, dem Monde also näheren Theile ihrer Oberfläche werden immer einer stärkeren Anziehung ausgesetzt sein und wenn sie nun nicht mit den Theilen am Mittelpunkt der Erde fest zusammenhängen, so würden sie sich wirklich mehr als diese dem Monde nähern. Der

Raum zwischen der Oberfläche und dem Mittelpunkt der Erde würde daselbst größer werden und das Wasser sich also nach dem Monde hin aufhäufen. Aber auch auf der gerade vom Monde abgewendeten Seite müßte sich das Wasser anhäufen, indem die von dem Monde abgewendeten Theile der Erdoberfläche weniger stark als ihr Mittelpunkt vom Monde angezogen werden. Sie müssen sich also weniger als der Mittelpunkt dem Monde nähern oder, wenn man will, in Bezug auf den Mittelpunkt zurückbleiben; daher auch in dieser Richtung der Raum zwischen der Oberfläche und dem Mittelpunkt größer wird. Bestände die Erde ganz aus Wasser, so würde sie also eine längliche Gestalt annehmen und sich mit ihrem längsten Durchmesser nach dem Monde wenden. Nun besteht die Erde aber nicht ganz aus Wasser und die verschiedene Kraft, mit welcher die Anziehung des Mondes auf ihre festen Theile wirkt, kann dieselben nicht aus ihrer gegenseitigen Lage bringen oder die Gestalt des festen Erdkörpers verändern. Die Meere der Erde jedoch bestehen aus einer Flüssigkeit, deren Theile leicht beweglich und leicht trennbar sind, so daß diese der Anziehung des Mondes gar sehr nachgeben können. Das Meer muß sich also auf zwei Punkten der Erde anhäufen; auf dem Punkte nämlich, welcher dem Monde zugekehrt ist und auf dem gegenüberliegenden, vom Monde abgewendeten Punkte. Die Erde wird nun bei der Bewegung um ihre Axe immer andere Theile ihrer Oberfläche dem Monde zukehren und die zwei bezeichneten Anhäufungspunkte des Wassers müssen also binnen 24 Stunden um die ganze Erde herumwandern und an den verschiedenen Küsten zweimal täglich einen regelmäßigen Wechsel von hohem und niedrigem Wasser bewirken. Zwischen den Theilen des Wassers besteht aber inniger Zusammenhang, so daß immer einige Kraft erforderlich ist, um sie von einander zu trennen und sie zu bewegen und deshalb können die Wassertheile der Wirkung des Mondes nur träge folgen und müssen immer etwas zurückbleiben. Außerdem erfährt das Wasser durch die Unregelmäßigkeit der Küsten, an welchen es sich hinbewegt, durch die Engen, durch welche es oft hindurchströmen muß und durch die Kraft, mit welcher es an den festen Theilen der Erde anhängt, eine große Behinderung in seiner Bewegung. Die Folge aller dieser Hindernisse ist, daß die erwähnten Wasserberge nicht mehr genau nach dem Monde gerichtet sind und daß die Stunde des höchsten Wasserstandes nicht mit der Stunde zusammenfällt, wo der Mond seinen höchsten Stand über oder seinen tiefsten Stand unter dem Horizonte erreicht hat. Jedoch läßt sich diese Stunde durch Beobachtung und Berechnung mit hinreichender Genauigkeit vorausbestimmen. — Auch durch die Sonne wird eine solche Ebbe und Fluth bewirkt, welche aber wegen der Entfernung dieses Körpers in geringerem Grade zum Vorschein kommt. Die Ebbe und Fluth des Mondes entsteht jedoch nicht durch die Anziehung, welche der Mond im Ganzen auf die Erde äußert, sondern nur durch den Unterschied zwischen den Kräften, mit welchen er die verschiedenen Theile der Erde anzieht. Obschon die von der Sonne im Ganzen auf die Erde ausgeübte Anziehung weit größer als die des Mondes ist, so ist doch bei ihr wegen ihrer großen Entfernung der gedachte Unterschied, welcher hier einzig und allein in Betracht kommt, weit kleiner. Die von der Sonne bewirkte Ebbe und Fluth beträgt daher nur zwei Fünftel der von dem Monde hervorgebrachten Wirkung. Natürlicher Weise hängt der Einfluß der vereinigten Wirkung der Sonne und des Mondes auf die Gewässer der Erde von dem gegenseitigen Stande dieser Körper ab. Wirken sie in gleicher Richtung auf die Erde, so werden die von beiden verursachten Ebben und Fluthen zusammenschmelzen und das Wasser wird am meisten fallen und steigen. Ist die Wirkung der Sonne lothrecht auf die Richtung, in welcher der Mond wirkt, gerichtet, so wird der eine Körper Fluth verursachen, während der andere Ebbe bewirkt. Die Sonne wird alsdann der Wirkung des Mondes entgegentreten und sie vermindern und das Wasser wird alsdann am wenigsten steigen und fallen. Die Fluthhöhe und die Zeit des höchsten Wasserstandes hängen ferner auch von dem Stande des Mondes auf seiner Bahn ab, weil damit seine Entfernung von der Erde und somit auch die Wirkung, welche er auf die Erde äußert, verändert wird. — Im gewöhnlichen Leben schreibt man zumeist dem Monde einen sehr starken Einfluß auf unsere Witterung zu, jedoch ohne allen Grund. Man hat sich schon vor langer Zeit mit der Untersuchung abgemüht, ob der Mond einigen Einfluß auf unsere Atmosphäre habe, kam aber bei dem Mangel an zahlreichen und genauen Beobachtungen zu unentscheidenden oder widerstreitenden Resultaten. In der neueren Zeit hat man diese Untersuchungen auf bessere Grundlagen hin wieder aufgenommen und es ergab sich, daß der Stand des Mondes wirklich einigen, obschon sehr geringen Einfluß auf den Stand des Barometers und Thermometers ausübt, welcher sich aber durch diese Instrumente kaum verräth und für unser Gefühl durchaus unbemerkbar ist. Auch wirkt der Mond einigermaßen auf die Heiterkeit des Himmels und sogar auf den Stand unsrer Magnetnadeln, ohne daß sich diese Wirkungen aus seiner Anziehungskraft oder aus dem von ihm zurückgeworfenen Sonnenlichte erklären lassen.

§. 72.

Unter den Erscheinungen, welche uns der Mond darbietet, fallen seine abwechselnden Lichtgestalten oder Phasen am meisten in die Augen. Sie sind wie bei den inneren Planeten daraus zu erklären, daß die Sonne nur die eine Hälfte des kugelförmigen Mondes erleuchtet, von welcher ein verschieden großer Theil der Erde zugewendet sein kann. Wir können uns diese Phasen durch ein Licht und eine Kugel auf dieselbe Weise, wie wir dies bei den inneren Planeten thaten (§. 56.), anschaulich machen. Jetzt müssen wir jedoch die Kugel nicht um das Licht, sondern um unsern Kopf einen Kreis beschreiben lassen.

Das Licht bezeichnet die Sonne, unser Kopf die Erde und die Kugel den Mond. Befindet der Mond sich zwischen Sonne und Erde, so wird die erleuchtete Halbkugel des Mondes ganz von der Erde abgewendet sein. Wir werden ihn also nicht sehen, außer wenn er genau zwischen Sonne und Erde stände, wo er die Sonne ganz oder theilweise bedecken und eine Sonnenfinsterniß verursachen würde. In diesem Zustande nennt man den Mond Neumond. Steht der Mond der Sonne gegenüber und die Erde also zwischen Sonne und Mond, so ist die ganze erleuchtete Halbkugel des Mondes der Erde zugewendet, und er erscheint uns als eine runde Scheibe, wenn er nämlich nicht der Sonne vollkommen gegenübersteht, wobei er in den Schatten der Erde fallen und eine Verfinsterung erleiden würde. Bei diesem Stande heißt er Vollmond. Befindet sich der Mond links von der Sonne, mitten zwischen den beiden erwähnten Standorten, so wird die Hälfte der beleuchteten und die Hälfte der düsteren Halbkugel des Mondes nach der Erde gerichtet sein. Es ist für uns alsdann die rechte Mondhälfte erleuchtet, während die andere Hälfte dunkel ist und in diesem Zustand heißt er das erste Viertel. Nimmt der Mond denselben Stand auf der rechten Seite ein, so muß er wieder zur Hälfte erleuchtet und zur Hälfte dunkel sein, nur daß die erleuchtete Hälfte an der linken Seite liegt. Der Mond ist dann in seinem letzten Viertel. Immer ist der beleuchtete Theil des Mondes an der Sonnenseite gelegen. Die Spitzen, in welche der beleuchtete Theil des Mondes ausläuft, wenn er sich kurz vor oder kurz nach dem Neumond in sichelförmiger Gestalt zeigt, nennt man gewöhnlich seine Hörner. Eine durch die Hörner gehende Linie muß immer auf derjenigen Linie senkrecht stehen, welche man sich vom Monde nach der Sonne gezogen denken kann, so daß der Stand dieser Hörner ganz und gar vom Stande der Sonne über oder unter dem Horizonte bestimmt wird. Von dem Neumond zum Vollmond wird der erleuchtete Theil des Mondes beständig größer, so daß der Mond im Zunehmen ist; von dem Vollmond zum Neumond muß das Gegentheil stattfinden, er muß auf dieselbe Weise abnehmen. Sieht man den erleuchteten Rand des Mondes an seiner rechten Seite, so ist er im Zunehmen; dagegen nimmt der Mond ab, wenn sein erleuchteter Rand links erscheint. Die Anzahl von Tagen, welche seit dem letzten Neumond verlaufen sind, nennt man zumeist das Alter des Mondes. Der Zeitraum zwischen dem einen Neumond und dem folgenden ist nicht derselbe als derjenige, innerhalb dessen der Mond seinen Lauf um die Erde vollendet; denn die Mondphasen hängen von dem Orte ab, welchen er am Himmel für unser Auge im Verhältniß zur Sonne einnimmt. Die Sonne ist aber für uns kein fester Punkt am Himmel, indem sie wegen der Bewegung der Erde den ganzen Himmel jährlich zu durchkreisen scheint. Wenn der Mond zu demselben Stern zurückgekehrt ist, hat die Sonne sich inzwischen in derselben Richtung wie der Mond am Himmel fortbewegt und es wird noch eine gewisse Zeit währen, ehe der Mond die Sonne erreicht. Die Zeit, innerhalb welcher der Mond zu demselben Sterne zurückkehrt, ist diejenige, binnen welcher er wirklich seine Bahn um die Erde vollendet und heißt seine siderische oder periodische Umlaufszeit. Die Zeit aber, welcher er bedarf, um zur Sonne zurückzukehren und innerhalb welcher er auch zugleich zu derselben Lichtgestalt zurückkehrt, nennt man seine synodische Umlaufszeit und diese beträgt 29 Tage und 13 Stunden. Den Unterschied zwischen dem siderischen und synodischen Umlauf des Mondes können wir uns durch die Zeiger eines Uhrwerks leicht vorstellen. Um zwölf Uhr fallen beide Zeiger auf die Zwölf des Zifferblattes zusammen; nach Verlauf einer Stunde ist der große Zeiger zu derselben Ziffer zurückgekehrt und hat eine ganze Umdrehung um den Mittelpunkt des Zifferblattes gemacht; unterdessen ist der kleine Zeiger mit einer geringeren Geschwindigkeit in derselben Richtung fortgeschritten und es müssen noch über fünf Minuten verstreichen, bevor der große Zeiger aufs Neue mit dem kleinen zusammenfällt.

§. 73.

Dieselben wechselnden Lichtgestalten, welche der Mond uns darbietet, muß auch die Erde, vom Monde aus gesehen, zeigen; die Phasen der Erde aber sind immer gerade das Gegentheil der Mondphasen. Haben wir z. B. Neumond, so ist die Erde für den Mond voll u. s. w. Die Oberfläche der Erde ist 13½ mal größer als die des Mondes und daher muß die Erde vom Monde aus als eine 13½ mal größere Scheibe als für uns der Mond erscheinen. Giebt nun schon der Vollmond ein so bedeutendes Licht auf der Erde, so muß die Vollerde ein noch viel stärkeres Licht auf den Mond werfen. Daraus läßt sich eine merkwürdige Erscheinung erklären, welche wir monatlich am Monde beobachten können. Kurz vor und kurz nach Neumond, wo wir den Mond als eine Sichel sehen, erscheint uns auch der uns zugewendete Theil seiner Nachtseite in einem matten Schimmer, welchen man das *aschgraue Licht* des Mondes nennt und früher durchaus nicht zu erklären wußte. Dieses Licht verdankt der Mond nur der Erde, welche alsdann vom Monde aus gesehen beinahe voll ist. Je nachdem der erleuchtete Theil des Mondes für uns zunimmt, nimmt der erleuchtete Theil der Erde vom Monde aus gesehen ab und es besteht somit ein doppelter Grund, warum das aschgraue Licht mit nahendem Vollmond matter wird. Mit einem Fernrohr kann man dieses Licht bei den Mondvierteln noch sehr gut erkennen. Man hat bemerkt, daß das aschgraue Licht des Mondes auch bei derselben Phase heller ist, je nachdem die Erde einen größeren Theil ihres festen Landes dem Monde zukehrt und daraus geht hervor, daß das Meer dem Monde weniger Licht als das feste Land giebt und sich also von dort aus als dunkle Stellen zeigen muß. (§ 60.)

§. 74.

Andere auf den Mond bezügliche, auffallende Erscheinungen sind Sonnen- und Mondfinsternisse, deren wir schon kurz gedachten. Die Sonnenfinsternisse treten ein, wenn der Mond sich gerade zwischen Sonne und Erde befindet, so daß er für uns die Sonne ganz oder theilweise bedeckt. Die Mondfinsternisse finden statt, wenn die Erde gerade zwischen Sonne und Mond zu stehen kommt, wobei die Sonnenstrahlen nicht auf den Mond fallen können, weil er alsdann im Schatten der Erde liegt. Daraus wird klar, daß Sonnenfinsternisse nur bei Neumond und Mondfinsternisse nur bei Vollmond stattfinden können. Die Erde bewegt sich in einer bestimmten Ebene um die Sonne und die Lage dieser Ebene wird von dem Wege, welchen die Sonne jährlich am Himmel zurücklegt, bezeichnet. Dieser Weg ist ein gerader Gürtel, welcher uns von allen Seiten umgiebt und von welchem wir uns einen Begriff machen können, wenn wir das Auge in die Mitte eines großen Reifens bringen. Einen solchen geraden Weg oder Gürtel muß auch der Mond am Himmel zurückzulegen scheinen, da er sich um die Erde und in einer ebenen Fläche bewegt. Fielen die Laufbahnen der Erde und des Mondes in eine und dieselbe Ebene zusammen, so würde der Mond für unser Auge denselben Weg als die Sonne am Himmel machen, d. h. er würde durch eben dieselben Sterne hinlaufen, was aber nicht der Fall ist. Wollen wir uns die gegenseitige Richtung der Wege, welche die Sonne und der Mond am Himmel zurücklegen, deutlich vorstellen, so nehmen wir zwei Reifen von gleicher Größe und passen sie so ineinander, daß sie schräg gegen einander stehen und beinahe zusammenfallen. Diese Reifen haben nun denselben Mittelpunkt und bringen wir das Auge in diesen Mittelpunkt, so haben wir ein Bild, wie die Wege der Sonne und des Mondes am Himmel zu einander gestellt sind. Die Reifen kommen nun an zwei gegenüber liegenden Punkten zusammen. Außerhalb dieser Punkte weichen sie von einander ab und die größte Abweichung fällt an die zwei Stellen der Reifen, welche mitten zwischen den genannten Stellen gelegen sind. Ebenso ist es mit den Wegen, welche Sonne und Mond am Himmel zurückzulegen scheinen. Auch diese schneiden einander an zwei entgegengesetzten Punkten des Himmels, welche man Knoten der Mondbahn nennt, im Uebrigen weichen sie auseinander. Bei jedem Neumond gehen Sonne und Mond für unser Auge aneinander vorüber; jedoch muß das Zusammentreffen bald an dem einen, bald an dem anderen Punkt der Mondbahn stattfinden. Wenn es auf eine zu große Entfernung von einem der Knoten, auf einem Theile der Bahn, wo sie schon bedeutend auseinander weichen, geschieht, so werden Sonne und Mond auch in einigem Abstand von einander bleiben und der Mond wird bei seiner Bewegung am Himmel an der Sonne vorübergehen, ohne sie bedecken zu können. Findet dagegen der Neumond und also das Zusammentreffen der Sonne und des Mondes gerade dann statt, wenn der Mond sich in oder sehr nahe einem der Knoten seiner Bahn befindet, so werden diese zwei Körper dieselbe Stelle am Himmel einnehmen; der Mond wird die Sonne ganz oder theilweise bedecken und es wird eine Sonnenfinsterniß eintreten. Der Schatten der Erde, d. h. der Raum hinter der Erde, zu welchem die Sonnenstrahlen wegen der Erde nicht durchdringen können, fällt natürlich mit der Sonne und der Erde in eine und dieselbe gerade Linie. Dieser Schatten ist also für unser Auge immer nach einem Punkt des Himmels gerichtet, welcher der Sonne in gerader Linie gegenüber liegt. Der Schatten der Erde muß also für uns am Himmel denselben Weg wie die Sonne verfolgen und der Mond kann bei seiner Bewegung am Himmel nicht durch diesen Schatten hindurchgehen, wenn er sich nicht, während er voll ist und also der Sonne gegenüber steht, zugleich in einem der Knoten seiner Bahn oder in der Nähe befindet. Geht er durch diesen Schatten hin, so wird ihm das Sonnenlicht entzogen und es erfolgt eine Mondfinsterniß. Ist der Mond, wenn er voll ist, auf eine ziemliche Entfernung von beiden Knoten seiner Bahn gekommen, so wird er unter oder über dem Schatten der Erde hindurchgehen und wir werden keine Mondfinsterniß haben können.

§. 75.

Aus dem Angeführten läßt sich leicht folgern, daß bei jedem Umlaufe des Mondes um die Erde, d. h. in jedem Monat eine Sonnen- und eine Mondfinsterniß stattfinden würde, wenn die Bahn des Mondes und der Erde in eine und dieselbe Ebene zusammenfiele. Da aber dies nicht der Fall ist, so treten diese Finsternisse nur selten ein. Die Knoten der Mondbahn bleiben am Himmel nicht an demselben Punkte stehen, sondern ziehen sich durch die Wirkung der Sonne auf den Mond in etwa 19 Jahren rings um den ganzen Himmel herum. Die Knoten der Mondbahn, der Mond selbst und die Sonne haben daher ganz verschiedene Zeiträume nöthig, um den Himmel zu umkreisen und nur dann, wenn diese drei einander gleichzeitig begegnen, kann eine Sonnenfinsterniß stattfinden; dies der Grund, warum diese Erscheinungen nicht so häufig sind. Dasselbe gilt auch für die Mondfinsternisse, weil der Erdschatten der Bewegung der Sonne genau folgen muß. Kennt man die Zeiten, innerhalb welcher die Sonne, der Mond und seine Bahnknoten den Himmel durchlaufen, so kann man daraus die Zeiträume berechnen, nach deren Verlauf sie wieder zusammenfallen müssen; nach diesen Zeiträumen werden die Finsternisse auf die vorige Weise zurückkehren. Solche Zeiträume erkannten die Alten weniger aus Berechnungen, als aus der Beobachtung der Finsternisse und diese wurden dann benutzt, um kommende Finsternisse vorherzusagen. Jetzt hat man nicht mehr nöthig, zu solchen Perioden, welche wegen der Störungen, die der Mond und die Erde in ihrer Bewegung erfahren, sich nicht gleich bleiben und also auch zu keiner genauen Vorausbestimmung dienen können, seine Zuflucht zu nehmen.

Wir kennen jetzt die Bewegungen des Mondes und der Erde mit solcher Genauigkeit, daß es wenig Mühe kostet, daraus eine Finsterniß auf beliebig lange Zeit voraus in allen ihren Eigenthümlichkeiten zu berechnen.

§. 76.

Eine Sonnenfinsterniß ist auf verschiedenen Orten der Erde nicht auf gleiche Weise und in demselben Augenblicke zu sehen, ja es kann selbst für den einen Ort der Erde die Sonne ganz vom Monde bedeckt werden, während sie für einen anderen Ort vom Monde ganz frei ist. Diese Verschiedenheit ist eine Folge davon, daß der Mond uns 400 mal näher ist als der Sonne und er daher von verschiedenen Orten der Erdoberfläche aus, mehr als die Sonne, mit verschiedenen Punkten am Himmel übereinzukommen scheinen muß. Betrachten wir mit dem einen Auge den Finger auf kurze Entfernung von uns, so wird er einen entfernteren Gegenstand decken; in demselben Stand bedeckt er aber diesen Gegenstand nicht, wenn man ihn mit dem anderen Auge beschaut und ebenso muß eine Sonnenfinsterniß von dem Ort der Erde, wo man sie betrachtet, abhängig sein. Der Mond ist viel kleiner als die Sonne, uns aber auch viel näher und die verhältnißmäßige Größe und Entfernung dieser zwei Körper bewirkt, daß sie uns ungefähr gleich groß erscheinen. Weil aber Sonne und Mond in ihrer elliptischen Bahn bald größer, bald kleiner erscheinen, so wird für unser Auge der Mond bald die Sonne an Größe übertreffen, bald von dieser übertroffen werden. Im ersteren Falle kann er die Sonne ganz bedecken und eine sogenannte totale Sonnenfinsterniß bewirken. Im zweiten Falle kann er die Sonne nicht ganz bedecken, selbst wenn sein Mittelpunkt gerade über den der Sonne hingeht. Und dann wird von der Sonne, selbst wenn die Finsterniß ihre größte Ausdehnung erreicht hat, noch ein Saum übrig bleiben, der den Mond rings umgiebt. Eine solche Sonnenfinsterniß heißt eine ringförmige. Bleiben die Mittelpunkte beider Himmelskörper zu weit von einander, um eine der genannten Erscheinungen zu bedingen, so hat man eine theilweise oder partiale Finsterniß.

Die Sonne kann nicht länger als fünf oder sechs Minuten total oder ringförmig verfinstert bleiben. Bei einer großen Finsterniß nimmt die Wärme und das Licht des Tages merklich ab, aber selbst bei einer totalen Sonnenfinsterniß wird es nicht ganz dunkel, so daß sich bei einer solchen Erscheinung nur die hellsten Sterne für das unbewaffnete Auge zeigen. Dieses Dämmerlicht entsteht durch einen schönen hellen und strahlenden Lichtring, welchen man um den Mond sieht, sobald er die Sonne ganz bedeckt, und welcher höchst wahrscheinlich nichts Anderes ist als die äußerste Atmosphäre der Sonne (§. 52.), deren Theile in der Nähe der Sonne viel von ihrem Lichte zurückwerfen müssen und welche man wegen des starken Sonnenlichtes nicht unterscheiden kann, wenn sie nicht von dem Monde bedeckt wird. Auch hat man bei totalen Sonnenfinsternissen auf drei oder vier Stellen purpurfarbene Lichtflecken über den Rand des Mondes hervorragen sehen, welche noch ganz unerklärt sind. Diese Erscheinungen hat man vorzüglich bei der Sonnenfinsterniß vom 8. Juli 1842, welche an vielen Orten Europa's total war, sehr deutlich und mit besonderer Sorgfalt beobachtet.

§. 77.

Bei einer Mondfinsterniß fällt dieser Körper ganz oder theilweise in den Schatten der Erde, während die Sonnenfinsternisse nichts Anderes sind, als eine Unterbrechung der Lichtstrahlen der Sonne durch einen Körper zwischen ihr und der Erde. Betreffen die Mondfinsternisse den Mond selbst, so müssen sie überall in demselben Augenblicke und auf dieselbe Weise gesehen werden. Der kleinere Mond kann sich ganz in den Schatten der Erde hineintauchen und selbst 1½ Stunde lang total verfinstert bleiben. Der Mond kann unserem Auge nie mehr als einen kleinen Theil des Erdschattens zeigen. Der Rand dieses Schattens ist nie scharf begrenzt, dennoch aber zeigt er sich immer sehr deutlich als einen Kreisbogen und schon seit langer Zeit hat man daraus geschlossen, daß die Erde eine Kugelgestalt haben müsse. Bei einer Mondfinsterniß sieht man seinen verfinsterten Theil nicht ganz verschwinden und selbst dann, wenn er ganz in den Erdschatten gehüllt ist, scheint er noch mit schwachem kupferfarbigem Lichte durch. Dieses Licht rührt wahrscheinlich von einem hellen Saume her, welchen man bei dieser Gelegenheit vom Monde aus rings um die Erde sieht, demjenigen ähnlich, welchen wir bei totalen Sonnenfinsternissen um den Mond sehen; dabei ist gewiß, daß die Atmosphäre unsrer Erde durch ihr Lichtbrechungsvermögen auf dieses Licht großen Einfluß ausübt. Man sagt, daß der Mond einmal bei totaler Finsterniß ganz verschwand; überhaupt sieht man ihn bei jeder totalen Finsterniß anders, als früher, was sich aus dem veränderlichen Zustande unsrer Atmosphäre erklären ließe.

§. 78.

Um das Wesen der Sonnen- und Mondfinsternisse recht zu begreifen, muß man sich ein richtiges Bild von dem Schatten machen, welchen ein leuchtender kugelförmiger Körper wie die Sonne hinter einem kleineren und dunklen Körper wie Erde und Mond wirft. Zu diesem Zwecke beschreibe man auf ein Stück Papier einen Kreis und daneben auf einen nicht zu großen Abstand einen kleineren. Der größere Kreis mag die Sonne und der kleinere den Mond oder die Erde vorstellen. Nun kann man eine Linie ziehen, welche beide Kreise oben und somit an derselben Seite berührt und ebenso eine zweite Linie, welche beide Kreise unten berührt. Verlängert man nun beide Linien gehörig, so werden sie hinter dem Kreise, welcher den Mond vorstellt, einander begegnen oder sich schneiden und der Raum hinter diesem Kreise zwischen den beiden Linien stellt den Schatten vor, welchen die Sonne hinter die Erde oder den Mond wirft. Auf gleiche Weise können wir uns rings um die ganze Sonne und um den Mond oder die Erde Linien denken, welche diese zwei Körper an einer und derselben Seite berühren. Diese Linien werden sich in demselben Punkte begegnen, welcher uns durch den Punkt angewiesen wird, wo die zwei Linien auf dem Papier zusammenkommen und sie werden hinter dem Monde auf der Erde einen Raum abgrenzen, welcher die Form eines zugespitzten Kegels hat. Für jeden Punkt innerhalb dieses Kegels wird die Sonne ganz und gar vom Monde oder von der Erde bedeckt und daher nennt man ihn den Schattenkegel dieser Körper. Aus unseren Kreisen mit den zwei Linien ergiebt sich leicht, daß die Länge des Schattenkegels von der verhältnißmäßigen Größe und Entfernung der Körper, durch die er hervorgebracht wird, abhängig ist. Wir können nun in unserer Zeichnung noch zwei Linien ziehen, deren jede unsere Kreise wiederum, nur aber an zwei entgegengesetzten Seiten, den einen nämlich oben und den anderen unten, berührt. Diese Linien werden in einem Punkte zwischen beiden Kreisen einander schneiden und werden an der anderen Seite des den Mond oder die Erde vorstellenden Kreises mehr und mehr auseinander laufen. Solche Linien können wir uns nun ebenfalls rings um die ganze Sonne und den Mond oder die Erde vorstellen. Alle werden sie durch den genannten Punkt gehen und hinter dem Monde oder der Erde einen Kegel bilden, dessen Spitze in genanntem Punkte gelegen ist und welcher hinter dem Monde oder der Erde immer weiter wird. Für jeden innerhalb dieses Kegels, aber außerhalb des eigentlichen Schattenkegels befindlichen Punkt wird die Sonne theilweise vom Monde oder der Erde bedeckt und daher heißt er auch Halbschattenkegel. Für jeden Punkt außerhalb des Halbschattenkegels wird die Sonne von dem Monde oder der

Erde ganz und gar nicht bedeckt. Die Länge des Schattenkegels des Mondes wechselt von 49376 bis 51083 geographische Meilen und ist also bald kürzer, bald länger, als die Entfernung des Mondes von der Erde. Die Spitze dieses Schattenkegels kann bei der einen Sonnenfinsterniß die Erde erreichen und bei der anderen nicht und wenn sie die Erde nicht erreichen kann, so kann die Sonnenfinsterniß auch nicht total sein. Findet eine totale Sonnenfinsterniß statt, so wird der eigentliche Schattenkegel und auch ein Theil des Halbschattenkegels auf die Erde fallen. Diejenigen Orte auf der Erde, welche im Schattenkegel liegen, sehen die Sonne total, diejenigen, welche im Halbschattenkegel gelegen sind, sehen sie partial und diejenigen, welche außerhalb des Halbschattenkegels liegen, sehen sie gar nicht verfinstert. Daraus ersieht man, wie verschieden eine und dieselbe Sonnenfinsterniß sich in demselben Augenblicke auf verschiedenen Orten der Erde darstellen muß. Der Schattenkegel der Erde hat eine Länge, die zwischen 182408 und 188640 geographische Meilen wechselt; somit ist er über dreimal größer als die Entfernung der Erde von dem Monde. Für die Entfernung des Mondes hat der Schattenkegel der Erde noch eine Breite, welche fast dreimal größer als der Durchmesser des Mondes ist, weshalb er so oft und so langdauernd total verfinstert werden kann. Kommt der Mond nur in den Halbschattenkegel der Erde, so erfährt er nur eine so geringe Lichtverminderung, daß wir es nicht bemerken. Nach Anleitung der empfohlenen Zeichnung kann man leicht um zwei Kugeln Fäden spannen, welche beide Schattenkegel vollkommen vergegenwärtigen. Um die zwei Schatten selbst zu sehen, kann man eine Metallplatte mit einer runden Oeffnung einer flachen Flamme, welche groß genug ist, um die ganze Oeffnung mit ihrem Lichte zu erfüllen, möglichst nahe bringen. So erhält man ein Licht von runder Gestalt, wodurch man die Sonne darstellen kann. Wenn man nun den durch dieses runde Licht bewirkten Schatten einer Kugel von kleinerem Durchmesser auf einem beweglichen Papierschirme auffängt, so lassen sich beide Schattenkegel deutlich unterscheiden.

§. 79.

Wir haben schon bei Gelegenheit bemerkt, daß die Sonne und der Mond uns beinahe gleich groß erscheinen, und wollen hier noch Einiges über die scheinbare Größe dieser Körper angeben, um zugleich einem verkehrten Begriffe davon, wie man ihn bei Vielen findet, entgegen zu treten. Man hört oft die scheinbare Größe der Sonne und vorzüglich die des Mondes mit Gegenständen des täglichen Lebens vergleichen. Der Eine meint, den Mond so groß, wie einen Teller, der Andere so groß, als eine Untertasse zu sehen, aber man vergißt gewöhnlich, daß auch diese Gegenstände uns größer oder kleiner vorkommen müssen, je näher sie bei uns oder je ferner sie von uns sind. Daher müßte man bei solchem Vergleiche hinzufügen, auf welche Entfernung diese Gegenstände sich befinden müssen, um uns ebenso groß als Sonne und Mond zu erscheinen. Daß man sich bei Abschätzung der scheinbaren Größe der Sonne und des Mondes in der Regel sehr täuscht, erhellt schon daraus, daß man einen gewöhnlichen Teller auf eine Entfernung von 120 Fuß bringen müßte, damit er der scheinbaren Größe der Sonne und des Mondes entspräche. Wenn man den ganzen Umkreis des Himmels in 720 gleiche Theile theilt, so wird jeder dieser Theile ungefähr so groß sein, als der scheinbare Durchmesser des Mondes und dieser Körper sowohl als die Sonne erscheint unserem Auge so klein, daß man ihn mit der Dicke einer Federspule, wenn man sie in einer Armslänge vom Auge entfernt vorhält, ganz und gar decken kann. Die Sonne und der Mond sehen um so größer aus, je näher sie dem Horizonte stehen; es ist dies aber reine Sinnestäuschung, wovon man sich überzeugen kann, wenn man die scheinbaren Durchmesser dieser Himmelskörper mißt. Diese Täuschung entsteht großentheils daraus, daß wir Sonne und Mond bei sehr niedrigem Stande am Himmel nur mit sehr entfernten Gegenständen der Erde vergleichen, welche uns deswegen kleiner erscheinen, als ähnliche Gegenstände unsrer Nähe, was durch die Dünste am Horizont, welche das Licht der Sonne und des Mondes bedeutend vermindern, sehr begünstigt wird. Wenn die Sonne oder der Mond sehr niedrig am Horizonte stehen, scheinen sie ihre runde Form zu verlieren. Sie werden alsdann länglich und ihr längster Durchmesser stellt sich dem Horizonte parallel. Diese Erscheinung, welche man bei heiterem Wetter, besonders bei Sonnenauf- und Sonnenuntergang mit großer Deutlichkeit sehen kann, rührt von der Brechung der Lichtstrahlen in unsrer Atmosphäre her, wodurch wir alle Himmelskörper höher sehen, als sie sich wirklich befinden (§. 8). Die sogenannte Strahlenbrechung ist unmittelbar am Horizont sehr bedeutend, nimmt aber sehr schnell ab, wenn das Gestirn nur einige Höhe über dem Horizont erreicht hat. Wenn die Sonne und der Mond sehr tief am Horizonte stehen, wird also ihr unterer Rand bedeutend mehr als ihr oberer durch die Lichtbrechung höher zu stehen kommen, wovon die Folge ist, daß der senkrecht auf dem Horizonte stehende Durchmesser kleiner erscheint, als er wirklich ist, und beide Körper werden dabei eine längliche Gestalt zeigen.

§. 80.

Beobachtet man den Mond selbst mit unbewaffnetem Auge einigermaßen aufmerksam, so entdeckt man leicht, daß seine Oberfläche keinen gleichmäßigen Anblick gewährt. Man sieht auf ihr helle und dunkle Flecken, welche sich sehr gut unterscheiden und erkennen lassen, und so oft man den Mond betrachtet, sieht man dieselben Flecken an denselben Stellen der Mondscheibe, so daß dieser Körper für uns außer seinen Phasen beständig gleiches Aussehen hat. Es folgt hieraus, daß der Mond immer genau eine und dieselbe Seite seiner Oberfläche der Erde zukehrt, und es wird uns nicht schwer fallen, aus dieser Eigenthümlichkeit zu schließen, daß sich der Mond genau in derselben Zeit, in welcher er seine Bahn um die Erde vollendet, um eine Axe herumdreht. Es ist klar, daß der Mond sich nicht umdrehen wird, wenn er immer dieselbe Seite nach demselben festen Punkt des Himmels kehrt und daß er sich wohl um eine Axe bewegen wird, wenn eine und dieselbe Seite seiner Oberfläche sich nach einander nach verschiedenen Punkten des ganzen Umkreises des Himmels richtet. Bei der Bewegung des Mondes um die Erde muß die Erde vom Monde aus gesehen beständig mit anderen Punkten am Himmel übereinzustimmen scheinen und die Erde muß daselbst den ganzen Himmel scheinbar durchwandern, gerade so wie dies bei uns mit der Sonne der Fall ist. Nun wendet der Mond auf jedem Punkte seiner Bahn dieselbe Seite seiner Oberfläche der Erde zu, die Erde aber bedeckt für ihn nach einander alle Punkte des Umkreises des Himmels. Folglich muß auch er dieselbe Seite seiner Oberfläche nach einander nach allen Gegenden des Himmels kehren und sich wirklich um eine Axe drehen und zwar in derselben Zeit, binnen welcher er die Erde den ganzen Himmel umkreisen sieht, d. h. in der Zeit, innerhalb welcher er selbst seine Bahn um die Erde vollendet. Die Untersuchungen haben gelehrt, daß die Umdrehungsaxe des Mondes zwar beinahe, aber doch nicht vollkommen senkrecht auf der Ebene seiner Bahn steht. Durch die höhere Mathematik kann man nachweisen, daß sich der Mond trotz der Störungen, denen er unterworfen ist, und trotz der ungleichmäßigen Geschwindigkeit, womit er sich um die Erde bewegt, immer genau mit derselben Geschwindigkeit um seine Axe drehen muß, was durch die Beobachtungen vollkommen bestätigt wird. Daraus geht hervor, daß uns der Mond auch nicht immer dieselbe Seite seiner Oberfläche zuwenden kann. Der Fleck, welchen man jetzt gerade in der Mitte der Mondscheibe sieht, wird zu anderer Zeit nach oben oder unten, nach rechts oder links hin stehen. Diese Ortsveränderung der Flecken auf der Mondscheibe, welche man zwar mit den bloßen Auge schwerlich bemerken kann, die aber in einem Fernrohr sehr stark zum Vorschein kommt, trägt den Namen Libration, Wanken des Mondes.

§. 81.

Wir werden uns von der Libration des Mondes eine hinreichende Vorstellung machen können, wenn wir unsere, zur Versinnlichung des Wechsels der Jahreszeiten (§. 25.) oben schon gebrauchte Kugel zur Hand nehmen. Diese Kugel darf nun nicht die Erde, sondern muß den Mond vorstellen; die Axe, um welche sie sich drehen läßt, stellt nun die Umdrehungsaxe des Mondes dar; die Punkte, wo diese Axe durch die Oberfläche der Kugel läuft, gelten als ihre Pole und der Kreis auf der Kugel, dessen Umfang überall gleichweit von beiden Polen entfernt ist, als ihr Aequator. Die Axe sowohl als der Aequator des Mondes laufen immer durch dieselben Gegenstände auf ihrer Oberfläche hin. Stellen wir nun die Kugel auf einen Tisch, dessen Blatt die Ebene bezeichnet, in welcher die Bahn des Mondes liegt und lassen wir die Kugel über der Tischfläche eine Bahn um irgend einen Gegenstand, welcher die Erde vorstellt, beschreiben. Die Axe der Kugel muß etwas schräg zur Tafelfläche gestellt werden und bei der Bewegung der Kugel um den Gegenstand ihre anfängliche Stellung behalten. Lassen wir nun zuerst die Axe der Kugel nach dem Gegenstande sich hinneigen, so wird uns der obere Pol des Mondes, den wir als Nordpol betrachten wollen, zugewendet und der andere Pol von uns abgewendet sein. Der Mond erscheint uns als eine Scheibe und auf dieser Scheibe wird nun der Nordpol sichtbar sein, während der Südpol hinter dem Körper des Mondes selbst verborgen ist. Es ist ersichtlich, daß bei dieser Stellung der Aequator des Mondes sich als ein halbes Oval, mit seiner concaven Seite nach oben zeigt und unter dem scheinbaren Mittelpunkt der Mondscheibe hingehen muß. Bringen wir die

Kugel an die entgegengesetzte Seite des Gegenstandes, während ihre Axe in der vorigen Stellung verbleibt, so wird diese Axe vom Gegenstand weggeneigt sein. Bei einem solchen Stande des Mondes muß der Südpol auf seiner sichtbaren Hälfte zum Vorschein kommen und der Nordpol unsichtbar sein, wobei der Aequator des Mondes unter einem halben Oval, mit seiner converen Seite nach oben, sich zeigt und über dem scheinbaren Mittelpunkt der Mondscheibe liegt. Bringen wir die Kugel gerade mitten zwischen die zwei genannten Standpunkte, so sehen wir, daß die Pole des Mondes in diesen neuen Stellungen gerade in den Rand der sichtbaren Scheibe fallen und daß sein Aequator als eine gerade Linie erscheint, welche genau durch ihren scheinbaren Mittelpunkt hindurchläuft. Die Gegenstände auf der Oberfläche des Mondes, welche zu einer Zeit gerade im Mittelpunkte der Scheibe erscheinen, werden zu anderen Zeiten etwas über oder unter dem Mittelpunkt sich zeigen. Und also werden wegen der nicht lothrechten Stellung der Umdrehungsaxe des Mondes die Gegenstände seiner Oberfläche im Allgemeinen für uns den Anschein gewinnen, als ob sie in Bezug auf den Weg, welchen der Mond für unser Auge am Himmel macht, steigen und sinken und dieses Steigen und Sinken heißt die Libration des Mondes in der Breite.

Die Flecken auf dem Monde unterliegen ebenfalls einer Ortsveränderung nach den Seiten hin, welche man Libration in der Länge nennt und welche darin ihren Grund hat, daß der Mond sich mit gleichmäßiger Geschwindigkeit um seine Axe bewegt, während er in seiner Bahn um die Erde mit ungleichmäßiger Geschwindigkeit fortschreitet, obschon beide Bewegungen in ganz derselben Zeit ausgeführt werden. Denken wir uns nun, daß wir unser Auge in den Mittelpunkt des Mondes bringen und durch den Mond hindurch auf die Erde sehen könnten. Auf der Oberfläche des Mondes wird ein einzelner Punkt oder Gegenstand sein müssen, welcher von hier aus betrachtet mit der

Erde zusammenfällt und es ist klar, daß gerade dieser Gegenstand von der Erde aus gesehen die Mitte der Mondscheibe einnehmen wird. Aus diesem Mittelpunkte des Mondes würde man nun bei der Bewegung des Mondes um seine Axe den Gegenstand und durch die Bewegung des Mondes um die Erde die Erde am Himmel ringsherum laufen sehen. Die scheinbare Bewegung der Erde vom Monde aus ist vollkommen so, wie wir den Mond von der Erde aus sich bewegen sehen und also unregelmäßig, während der vom Mittelpunkte des Mondes aus gesehene Gegenstand eben so regelmäßig wandert, als der Mond sich um seine Axe bewegt. Fallen also einmal, vom Mittelpunkte des Mondes aus, der Gegenstand und die Erde zusammen, so werden sie bald wegen ihrer unregelmäßigen Bewegungen nicht mehr zusammenfallen, sondern ein anderer Punkt der Mondoberfläche wird dieses thun. Dieser neue Punkt wird nun von der Erde aus die Mitte der Mondscheibe einnehmen und der Gegenstand, welcher sich früher in der Mitte zeigte, ist aus derselben herausgegangen. Also müssen alle Flecken auf der Mondscheibe für unser Auge nach den Seiten hin wandern und diese Ortsveränderung ist eine vollkommne Abspiegelung der Unregelmäßigkeit, mit welcher der Mond sich am Himmel bewegt. Da der Gegenstand und die Erde vom Mittelpunkt des Mondes aus genau in derselben Zeit ihren ganzen Weg rings um den Himmel zurücklegen, so müssen sie nach einem ganzen Umlauf des Mondes um die Erde wieder zusammentreffen und somit muß uns auch nach jedem ganzen Umlaufe des Mondes wieder derselbe Gegenstand mitten auf seiner Scheibe erscheinen. Es ist klar, daß diese Libration in der Länge die Flecken auf dem Monde in derselben Richtung fortschiebt, in welcher wir den Mond sich bewegen sehen und daß die Libration in der Breite sowohl als in der Länge nach jedem Umlaufe des Mondes um die Erde so ziemlich in ihrer früheren Größe wiederkehren muß.

An verschiedenen Orten der Erdoberfläche sieht man den Mond aus etwas verschiedenen Gesichtspunkten und man erblickt also auch nicht überall genau dieselbe Halbkugel von ihm. Der Gesichtspunkt, aus welchem wir den Mond von einem bestimmten Ort der Erde beschauen, ändert sich auch mit der Umdrehung der Erde, so daß auch dadurch eine scheinbare Ortsveränderung der Mondflekken entstehen muß, welche man parallaktische Libration nennt.

Der Umstand, daß der Mond uns immer dieselbe Seite seiner Oberfläche zuzukehren strebt, beweist, daß der fortwährend nach der Erde gerichtete Durchmesser etwas länger als der andere sein muß. Ein Unterschied von 1000 Fuß ist jedoch schon hinreichend, um diese beständige Neigung des Mondes zu bewirken und es ist leicht möglich, daß der Mond nicht immer dieselbe Seite der Erde zugekehrt hat. Wenn der Mond kein vollkommen kugelförmiger Körper von überall gleicher Dichtigkeit ist, so kann er sich auch nicht mit vollkommen gleichmäßiger Geschwindigkeit um seine Axe bewegen und die Verschiebung seiner Flecken, welche eine Folge kleiner Störungen in seiner Umdrehung sein würde, trägt den Namen: physische Libration, im Gegensatz zu der oben beschriebenen scheinbaren Verschiebung der Mondflecken, welche seine optische Libration heißt. Es war schon seit langer Zeit bekannt, daß die physische Libration des Mondes nur äußerst gering sein könnte, unlängst aber hat eine strenge in Königsberg angestellte Untersuchung ergeben, daß sie selbst für die feinsten Instrumente unsrer Zeit unmerklich ist.

Da der Mond uns wegen der Libration nicht immer genau eine und dieselbe Halbkugel zuwendet, so werden nicht immer dieselben Theile seiner Oberfläche für uns sichtbar oder unsichtbar bleiben. Im Ganzen bleibt 3/7 von der Mondoberfläche immer für uns sichtbar und 3/7 kommen uns nie zu Gesicht. Der siebente noch übrige Theil, welcher immer nahe an den scheinbaren Rändern des Mondes gelegen ist, wird abwechselnd bald sichtbar, bald unsichtbar sein.

§. 82.

Da die Mondaxe fast senkrecht auf der Bahn des Mondes und noch genauer senkrecht auf derjenigen Bahn steht, welche er jährlich mit der Erde um die Sonne macht, so kann der Mond keine merkliche Abwechselung von Jahreszeiten haben. Seine Tage und Nächte sind überall und immer fast von gleicher Länge und dauern je 14 Tage. An den Mondpolen läuft die Sonne regelmäßig den Horizont entlang, kann nur sehr wenig unter den Horizont hinabsteigen und bleibt für Punkte in der Gegend der Pole, welche sich sehr hoch über seine Oberfläche erheben, für immer sichtbar. In der That giebt es an den Polen des Mondes hohe Berge, deren Gipfel ein ewigwährendes Sonnenlicht genießen, was auf der Erde nicht geschehen kann. Auf demjenigen Theile der Mondoberfläche, welcher uns immer zugewendet ist, sieht man die Erde 13½ mal größer, als die Mondscheibe uns erscheint. Und zwar behält diese Scheibe der Erde fast immer denselben Stand am Himmel, da sie sich für einen bestimmten Punkt der Mondoberfläche nur soviel, als die Libration des Mondes für uns beträgt, verschieben kann. Die Phasen der Erde müssen auf dem Monde sehr auffallend sein. Der Unterschied zwischen dem festen Lande und den Meeren der Erde würde für Augen, wie die unsrigen sind, auf dem Monde gewiß sehr merklich sein und wir würden also auf dem Monde die Bewegung der Erde um ihre Axe sehr gut mit unbewaffnetem Auge wahrnehmen. Unsre Erde muß also für den Mond als der vollkommenste Zeitmesser am Himmel gelten; auf dem von uns stets abgewendeten Theile des Mondes aber bleibt sie für immer unsichtbar. Für die an den Rändern sichtbaren Orte des Mondes wird wegen der Libration nur dann und wann die Erde über den Horizont emporsteigen. Uebrigens aber sind die langen Nächte auf der von uns abgewendeten Seite des Mondes ganz dunkel. Man kann die Erscheinungen des Himmels, wie sie sich auf den verschiedenen Theilen der Mondoberfläche darstellen müssen, mit Genauigkeit bestimmen; jedoch können wir uns nicht in solche Einzelnheiten einlassen, ohne unsre Grenzen zu überschreiten.

§. 83.

Die Beschaffenheit des Mondes kennen wir genauer, als die der andern Himmelskörper, indem er uns von allen bei weitem der nächste ist. Welche große Verschiedenheit übrigens zwischen den verschiedenen Körpern des Planetensystems bestehen muß, wird durch den großen Unterschied zwischen der Erde und diesem ihr so sehr nahen Körper, mit welchem sie so innig verbunden ist, bewiesen. Wir sahen schon, daß der Wechsel der Jahreszeiten, diese reiche Quelle sich ewig verjüngender Freuden für uns, dem Monde fehle; ferner bemerken wir, wie Tag und Nacht auf dem Monde ganz anders abwechseln als auf der Erde. Auffallender aber kann der Unterschied zwischen diesen beiden Körpern nicht hervortreten, als wenn wir bedenken, daß Luft und Wasser, diese für alle organischen Wesen unserer Erde so unentbehrlichen Elemente, dem Monde fehlen. Ob der Mond eine Atmosphäre habe oder nicht, darüber hat man schon viel gestritten und einige behaupteten die Wirkung dieser Atmosphäre, selbst nachdem ihre Unmöglichkeit völlig bewiesen war, mit eigenen Augen gesehen zu haben. Daher scheint es uns nicht unwichtig, die Gründe anzuführen, auf welchen dieser Beweis beruht. Bei seiner Bewegung am Himmel wird der Mond dann und wann einen Stern bedecken und die Beobachtung dieser Erscheinungen, welche sich mit bewaffnetem Auge höchst genau machen läßt, ist für die Astronomie äußerst wichtig. Man kennt die Bewegung des Mondes am Himmel und auch seine scheinbare Größe, so daß man sehr genau berechnen kann, wie lange der Stern hinter der Mondscheibe verborgen bleiben wird. Hat der Mond eine Atmosphäre, obschon wir sie mit unsern

Fernröhren nicht bemerken, so muß sie diesen Zeitraum auf gewisse Weise abändern; denn das am Mondrande hinstreichende Licht des Sternes würde in seiner Atmosphäre gebrochen werden, wodurch der Stern uns noch einige Zeit sichtbar bleiben müßte, nachdem er wirklich schon hinter den Mond getreten ist, und wodurch er uns wieder zu Gesicht kommen würde, bevor er wirklich wieder hinter dem Mond hervorgetreten ist. Der Stern würde also kürzere Zeit hinter dem Monde zu verweilen scheinen, als nach der Größe und der Bewegung dieses Körpers es nöthig sein würde. Der Unterschied zwischen Beobachtung und Berechnung kann also über die Anwesenheit einer Mondatmosphäre entscheiden. Dieser Unterschied ist aber unmerklich, obgleich er sich schon bemerklich machen würde, wenn der Mond eine 1000 mal dünnere Atmosphäre besäße, als unsere Erde. Wenn also der Mond eine Atmosphäre hat, so müßte sie aus einer dünneren oder leichteren Gasart bestehen als die, wozu wir mittelst der stärksten Luftpumpen die Luft unserer Atmosphäre verdünnen können. Eine solche Atmosphäre würde in jeder Hinsicht unbemerkbar sein und sicher ist, daß der Mond wenigstens keine von größerer Dichtigkeit besitzt. Auch ist auf dem Monde keine Spur einer Dämmerung zu bemerken, wie sie auf dem Mercur und der Venus beobachtet wird und wir sehen überall auf seiner Oberfläche, sowohl an seinen Rändern als in seiner Mitte, die Gegenstände gleich deutlich. Wo keine Luft dem Verdampfen des Wassers entgegentritt, muß es verfliegen und als solches zu bestehen aufhören; daher der Mond auch der Flüssigkeit beraubt sein muß, wie man denn auch durch die vollkommensten Fernröhre keine Spur von Wasser auf dem Monde entdecken kann. Ohne Luft kann kein Feuer bestehen, somit kann es auf dem Monde kein Feuer geben, das dem Feuer auf der Erde ähnlich wäre, und ebenso fehlt die Möglichkeit zu hören und zu sprechen, weil kein Schall erzeugt werden kann.

§. 84.

Daß der Mond in guten Fernröhren uns merkwürdige Erscheinungen darbieten muß, läßt sich schon aus seiner großen Nähe schließen. Während die Sonne unserem bloßen Auge nur als eine einfarbige Scheibe erscheint und die anderen Himmelskörper sich als strahlende Punkte darstellen, entdecken wir am Monde schon mit unbewaffnetem Auge sehr zahlreiche Flecken und Ungleichheiten. In einem Fernrohr verschwindet das Eintönige, welches mit Ausnahme seiner Lichtgestalten der Anblick des Mondes zu haben scheint, und bei verschiedenen Phasen gewährt er einen so ganz anderen Anblick, daß man kaum glauben möchte, denselben Gegenstand zu sehen. Ueber der ganzen Mondoberfläche sind verschiedene eigenthümliche Farbenschattirungen verbreitet; die ganze Fläche ist mit gewaltigen Höhen und Tiefen bedeckt, von denen bei der einen Phase diese, bei der anderen jene am stärksten hervortreten. Bei dem Vollmond fällt das Licht der Sonne auf diejenigen Theile des Mondes, welche für uns inmitten seiner Scheibe liegen, senkrecht, so daß daselbst keine Schatten fallen. Mehr an den Rändern des Mondes fällt das Sonnenlicht zwar schräg auf die Oberfläche, so daß die Gegenstände hier Schatten geben müssen, man kann aber leicht nachweisen, daß bei Vollmond alle Gegenstände seiner Oberfläche für uns ihren eigenen Schatten bedecken. Zu dieser Zeit werden wir also auf dem Monde ganz und gar keine Schatten sehen können und es würde uns das einzige Mittel fehlen, Höhen und Tiefen auf dem Monde mit Sicherheit zu erkennen. Die eigenthümlichen Farbennuancen dagegen treten bei Vollmond am stärksten hervor, indem sie dann durch keinen Schatten geschwächt werden und der Mond sich im hellsten Lichte zeigt. Bei den Mondvierteln geht die Sonne für die von uns inmitten seiner Scheibe gesehenen Orte auf oder unter. Die Sonnenstrahlen streifen daselbst sehr schräg über die Mondfläche hin und die Gegenstände machen sich durch lange Schlagschatten kenntlich. Wenn man den Mond in einer solchen Lichtgestalt selbst nur durch ein mittleres Fernrohr betrachtet, so sieht man auf den ersten Blick, daß der Boden sehr uneben ist. Man sieht gewaltige Höhen und Tiefen, d. h. entsetzliche Berge und Thäler, und wo diese fehlen, erblickt man auf seiner Oberfläche zahllose kleinere Unebenheiten. Bei diesen Phasen aber fallen die eigenthümlichen Farbentöne seiner einzelnen Theile viel weniger auf. Die großen grauen Flecken, welche man schon mit bloßem Auge auf dem Monde sieht, sah man früher für Meere an; daß sie dies aber durchaus nicht sein können, geht daraus hervor, daß sie uns in einem guten Fernrohr nicht eine einzige glatte oder ebene Stelle zeigen. Wie wir schon gesagt haben, entdeckte man nirgends auf dem Monde eine Spur von Flüssigkeit und also auch nicht in den sogenannten Meeren. Die verschiedenen Farbentöne, welche wir auf dem Monde sehen, können nur durch die verschiedene Beschaffenheit des Bodens der Mondoberfläche bewirkt werden.

§. 85.

Die Höhe der Berge auf dem Monde läßt sich mit sehr großer Genauigkeit bestimmen. Will man sich einen Begriff machen, wie dies möglich ist, so bedenke man nur, daß jeder erhabene Gegenstand, wie ein Thurm oder ein Berg, hinter sich einen Schatten wirft, dessen Länge von der Höhe dieses Thurmes oder Berges und außerdem vom Stande oder von der Höhe der Sonne abhängt. Auch schon durch ein kleines Fernrohr sehen wir, daß die Länge der Schatten der Mondberge mit der veränderlichen Richtung, in welcher sie von der Sonne beschienen werden, fortwährend wechselt und in einem großen Fernrohr kann die Veränderung schon nach wenigen Minuten deutlich in's Auge fallen. Nun können wir die scheinbare Länge des Schattens eines Mondberges durch unmittelbare Messung bestimmen und daraus in Verbindung mit dem Stande dieses Schattens zu unserm Auge und der Entfernung des Mondes die wirkliche Länge dieses Schattens berechnen. Ebenso kann man durch Berechnung bestimmen, wie hoch die Sonne für einen bestimmten Ort des Mondes und zu einer bestimmten Zeit stehen muß und ferner kostet es wenig Mühe, aus der Höhe der Sonne und der wahren Länge des Schattens die Berghöhe zu berechnen. Im Ganzen sind die Berge auf dem Monde höher als auf der Erde, obschon er so viel kleiner ist. Die Form der Mondberge weicht von der Form der Erdberge bedeutend ab. Hat man auch die verschiedenen Arten der Mondberge mit Namen bezeichnet, welche theilweise Erdbergen entlehnt sind, so will man dadurch keineswegs eine Aehnlichkeit mit den Bergen der Erde andeuten. Die meisten Mondberge lassen sich mehr oder weniger deutlich auf eine Grundform zurückführen, welche man als einen kreisrunden Wall beschreiben kann, der eine tiefe und unregelmäßige und meist gewölbte Fläche einschließt. Je nachdem die Mondgebirge dieser Grundform mehr oder weniger entsprechen, werden sie in Wallebenen, Ringgebirge, Krater und Gruben unterschieden. Wir werden zuerst diese Bergformen betrachten.

§. 86.

Die Wallebenen sind die größten und unregelmäßigsten dieser Gebirgsformen. Es sind ausgedehnte Flächen, von einem unregelmäßigen Rand, Damm oder Wall umgeben, welcher nicht selten hie und da unterbrochen wird und oft nicht unbedeutend von der Kreisform abweicht. Die innere Fläche ist bei einigen derselben sehr platt und eben, bei den bei weitem meisten jedoch sehr unregelmäßig mit Höhen und Tiefen von den verschiedensten unregelmäßigen Formen bedeckt. Zumeist findet man auf dieser Fläche bedeutende Abhänge und in der Mitte einen oder mehrere unregelmäßige Berge. Die Wallebenen haben eine Länge von 10 — 30 geogr. Meilen. Man findet auf dem

Monde ganze Ketten solcher Bergformen und drei der vorzüglichsten dieser Ketten laufen einander parallel weit über die südliche Halbkugel des Mondes hin. Diese Wallebenen scheinen die ältesten Bergformen des Mondes zu sein, indem es sichtbar ist, daß einige durch andere Bildungen ihre ursprüngliche Gestalt verloren haben, so daß man sie nur bei einer günstigen Mondphase als ein zusammenhängendes Ganze erkennen kann. Von solchen Wallebenen haben wir auf der Erde kaum eine Andeutung, noch weniger aber können wir den sogenannten Ringgebirgen, deren wir wenigstens tausend auf dem Monde erblicken, eine unsrer Bergformen an die Seite setzen. Die Ringgebirge sind kleiner als die Wallebenen und viel regelmäßiger, so daß sie zuweilen nicht die geringste Abweichung von der Kreisform verrathen. Ihre Durchmesser betragen 2 — 10 Meilen und inmitten der tiefen von dem regelmäßigen Walle eingeschlossenen Fläche erhebt sich gewöhnlich ein steiler Berg, der sogenannte Centralberg. Die Wälle oder Dämme, welche die Ränder der sogenannten Ringgebirge des Mondes bilden, sind gewöhnlich von erstaunlicher Höhe und steigen bei einigen derselben, vorzüglich an der inneren Seite, höher als 12000 Fuß. Die innerhalb dieses Walles gelegene Fäche ist sehr selten eben, sondern gewöhnlich gewölbt, mit der concaven Seite nach oben gekehrt, wobei dann der tiefste Theil des Ringgebirges in der Mitte liegt. Bei einigen sehr wenigen Ringgebirgen ist die innere Fläche, anstatt concav, convex und dann ist die größte Tiefe am inneren Rande des Walles gelegen. Der Centralberg ist oft von höchst unregelmäßiger Gestalt und erreicht selten die Höhe des Walles, indem sein Fuß gewöhnlich viel tiefer liegt, als der den Wall umgebende Boden. Diejenigen Mondberge, welche den Namen Krater führen, sind noch kleiner und unregelmäßiger als die Ringgebirge, nichts desto weniger aber unvergleichlich größer und ganz anders beschaffen, als die Krater einiger Berge der Erde. Mit einem mittelmäßigen

Fernrohr kann man gegen 20,000 solche Krater auf dem Monde zählen. Es sind sämmtlich ungeheure Tiefen von einem gleichmäßigen Kreiswall umgeben, während der Boden der Vertiefung gewöhnlich concav ist und in der Mitte oft noch einen steilen Centralberg zeigt. Die sogenannten Gruben des Mondes sind ebenfalls sehr zahlreich und ähnliche Bildungen wie die Krater, jedoch ohne daß man bei ihnen einen Wall auffinden kann. Natürlich können die kreisförmigen Berge auf dem Monde uns nur dann als Kreise erscheinen, wenn wir sie in der Mitte des Mondes sehen. Je näher sie sich den Mondrändern zeigen, desto länglicher werden sie von Aussehen.

§. 87.

Außer den so eben beschriebenen kreisförmigen Gebirgen findet man auf dem Monde noch sehr viele von ganz anderen Gestalten, welche mit Erdbergen einigermaßen verglichen werden können, dennoch aber in äußerer Form immer sehr bedeutend verschieden sind. Aus Allem geht hervor, daß die Mondberge ihre Form ganz anderen Wirkungen als die Berge der Erde verdanken müssen. Hie und da, viel seltener aber als auf der Erde, sind die Mondberge zu Bergketten an einander gereiht, deren Form aber von den Bergketten der Erde bedeutend abweicht. Ueberall sind sie gewaltig steil, hängen weniger zusammen und nirgends verzweigen sie sich wie auf der Erde mit langen und scharfen Rücken. Auf einigen Orten des Mondes erhebt sich der Boden sanft ansteigend zu bedeutenden Höhen, welche ein sogenanntes Bergland bedeckt mit unzähligen Hügeln von allerlei unregelmäßigen, kaum zu entwirrenden Gestalten bilden. An der einen, der höchsten Seite nämlich, wird dieses Bergland gewöhnlich von einem hohen Bergrücken mit steilen Bergen der mannichfachsten Formen begrenzt. Dieser Bergrücken springt mit einem Male ungeheuer steil in eine tiefe und sehr flache Ebene über, auf welcher er sich oft bis zu einer Höhe von ungefähr 20,000 Fuß erhebt. Wenn die Sonne sich seitwärts vom Berglande befindet, so kann der Bergrücken sehr lange Schlagschatten über die Fläche, welche er begrenzt, werfen und dadurch kommen uns die zugespitzten Gipfel seiner Berge mit großer Deutlichkeit zu Gesicht. Kommt ein solcher Bergrücken oder eine hohe Bergkette auf dem Monde an die Grenze zwischen Licht und Dunkel, so daß die Sonne an dieser Stelle auf- oder untergeht, so sieht man die Gipfel dieser Berge im hellen Sonnenlicht, während ihr Fuß noch ganz im Schatten liegt. Daraus entstehen hellere Lichtpunkte auf der Nachtseite des Mondes, welche von der beleuchteten Seite zuweilen bedeutend weit entfernt sind. Betrachtet man die Lichtpunkte, wenn die Sonne da, wo sie sich befinden, aufgeht, so sieht man sie von Stunde zu Stunde größer werden und an Zahl zunehmen; man sieht, wie die Lichtseite diesen Punkten sich immer mehr nähert, bis der ganze Berg zum Vorschein kommt, welcher alsdann einen sehr langen Schlagschatten hinter sich wirft. Mitten auf der uns zugewendeten Seite des Mondes befinden sich einige sehr hohe Bergketten. Bei den Mondvierteln wird die Sonne daselbst auf- oder untergehen und alsdann sind die hervorspringenden Lichtpunkte, die bereits erleuchteten Berggipfel nämlich, deren Fuß noch im Schatten liegt, so bedeutend, daß sie sich schon dem bloßen Auge sehr deutlich als eine Unregelmäßigkeit in der Grenze zwischen Licht und Finsterniß auf dem Monde verrathen.

§. 88.

Man findet auf dem Monde häufiger als auf der Erde einzeln stehende Berge ohne allen Zusammenhang mit einander oder mit anderen Bergen. Sie sind sämtlich sehr steil und stehen oft in langen, unregelmäßigen Reihen auf einer sehr flachen Ebene zerstreut. Einige Landschaften des Mondes sind mit solchen vereinzelt stehenden Bergen gleichsam besäet und hie und da ordnen sie sich in einen Kreis, so daß sie einen Bergkranz bilden, welcher aber von den Ringgebirgen ganz verschieden ist, den Bergkränzen der Erde jedoch einigermaßen ähnelt.

Die großen grauen Mondflecken, welche man früher unrichtigerweise für Meere ansah, bilden Landschaften, welche im Allgemeinen zwar viel ebener sind als die übrigen Theile des Mondes, dennoch aber zahllose kleine Unebenheiten und vorzüglich Erhebungen des Bodens zeigen, welche sich nur bei schräger Sonnenbeleuchtung verrathen. Besonders in den grauen Flecken findet man noch eine andere Art von Bergbildungen, welche in langen, schmalen und regelmäßigen Anhöhen von gewöhnlich sehr geringer Krümmung bestehen. Diese Höhen lassen sich nach ihrer Form mit den Adern vergleichen, wie man sie z. B. auf der menschlichen Hand sieht und daher heißen sie auch Bergadern. Sind sie sehr breit, so tragen sie den Namen Landrücken. Man begegnet ihnen auch am Fuße hoher Bergketten, mit denen sie parallel laufen. Man sieht sie nur dann, wenn die Sonnenstrahlen sehr schräg auf die Fläche fallen, wo sie sich finden und bei Vollmond sind sie gewöhnlich unsichtbar.

§. 89.

Außer den Bergen und Thälern findet man auf dem Monde noch andere und zwar ganz räthselhafte Bildungen, welche sich in keiner Hinsicht mit einem Naturgegenstande unsrer Erde vergleichen lassen. Es sind dies die Rillen und die Lichtstreifen. Die Rillen sind schmale Vertiefungen, welche in gerader Linie oder in einiger Krümmung durch Ebenen, Berg und Thal hinlaufen. Bei Vollmond gewähren sie den Anblick feiner Lichtstreifen und bei Beleuchtung durch schräg auffallendes Sonnenlicht den Anblick dunkler Streifen. Mit wenigen Ausnahmen sind sie selbst durch ein gutes Fernrohr nur schwer zu unterscheiden. Am besten lassen sie sich mit den Furchen, welche ein

Wagen auf einem Sandwege macht, oder auch mit Rissen und Sprüngen auf einem trockenen Thonwege vergleichen. Die Rillen müssen sich später als die Krater gebildet haben, da ihr Lauf durch die Krater oft abgeändert wird. Sie können weder Flüsse, noch Straßen, noch Kanäle sein; denn sie sind in der Regel mehrere Tausend Fuß breit, ohne Schlängelungen und ihre gewöhnlich gleich hoch gelegenen Endpunkte laufen weder auf Berge noch auf andere bemerkliche Punkte aus. Man hat jetzt ungefähr hundert solche Rillen beobachtet, wahrscheinlich aber bestehen ihrer noch viel mehr.

Die Lichtstreifen findet man auf dem Monde hie und da vereinzelt, gewöhnlich aber bilden sie ein System von breiten, unregelmäßigen Streifen, welche in Menge von großen Ringgebirgen ausstrahlen und zuweilen selbst 4 geogr. Meilen breit sind. Sie laufen über Berge, Thäler und Ebenen ohne Veränderung ihrer Richtung, Gestalt und Färbung hin. Bei Vollmond, wo sie am deutlichsten hervortreten, machen sie durch ihr helles Licht Alles, worüber sie hinlaufen, unsichtbar. Je schräger die Sonnenstrahlen auf den Boden, wo sie sich befinden, auffallen, desto undeutlicher werden sie. Daraus ergiebt sich, daß sie weder Höhen, noch Tiefen sind; denn sonst müßte das Gegentheil geschehen. Sie können also auch keine Lavaströme sein, wofür man sie in früherer Zeit hielt. Ein verdienstvoller Astronom meint, daß sie durch Strömungen heißer Gasarten unter der Oberfläche des Mondes hin entstanden sein könnten, welche von einem bestimmten Punkte ausstrahlend den Boden, unter welchem sie hingingen, durch Verglasung oder Verkalkung oder sonstwie in einen Zustand versetzten, daß er viel mehr Licht als andere Stellen der Mondoberfläche zurückwirft. Mit dieser Voraussetzung läßt sich jedoch das Aussehen dieser Streifen nicht recht in Einklang bringen. Betrachtet man die größten und hellsten mit einem sehr guten Fernrohr, so sieht man, daß sie aus einer zahllosen Menge äußerst feiner übereinander hinlaufender Streifen bestehen, welche den Anblick gewähren, als ob man die eine Lage durch die andere hindurch sehen könnte. Sehr selten sind sie an ihren Seiten scharf begrenzt. Man kann sie mit denjenigen Wolken vergleichen, welche hin und wieder an dem sonst heiteren Himmel besonders im Sommer erscheinen und als lange Streifen auftreten, die aus feinen und durchsichtigen, unregelmäßigen Streifen zusammengesetzt sind.

§. 90.

Schon die Weisen des frühen Alterthums haben den Mond einer besonderen Aufmerksamkeit gewürdigt, so daß Anaxagoras selbst eine Abbildung entwarf, ohne daß ihm natürlich ein Fernrohr zu Diensten stand. Erst nach Erfindung dieser Instrumente konnte man wirklich Berge und Thäler auf dem Monde unterscheiden und im Jahre 1647 gab der Astronom Hevelius die erste Mondbeschreibung in einem dicken Folianten mit sehr zahlreichen, aber auch sehr rohen Abbildungen des Mondes, sowie er ihn durch die unvollkommenen Fernröhre der damaligen Zeit zu sehen im Stande war, oder zu sehen vermeinte. Lange Zeit verging, ehe man die Beschaffenheit des Mondes eifrig zu untersuchen begann, und das erste große Werk über den Mond nach der Zeit des Hevelius gab 1791 und 1802 der berühmte Schröter zu Lilienthal heraus. Dieses Werk umfaßt eine große Menge von stückweise und ohne festen Plan entworfenen Abbildungen von Bergen und Thälern des Mondes. Obschon Schröter ein Spiegelteleskop von 27 Fuß Länge gebrauchte, kann dennoch die Genauigkeit seiner Abbildungen und die Richtigkeit seiner Folgerungen keineswegs gerühmt werden. Später gab Gruithuisen zu München viele, theilweise sehr schlechte Abbildungen von einigen Theilen des Mondes, worin er Spuren von Mondbewohnern zu entdecken wähnte, welche aber außer ihm Niemand darin finden konnte. Im Jahre 1824 unternahm Lohrmann zu Dresden eine planmäßige Untersuchung der sichtbaren Mondhälfte, seine Arbeit aber, bei welcher er zahlreiche Karten zu geben beabsichtigte, wurde durch seinen Tod unterbrochen. Alle früheren Bemühungen sind jedoch durch die von den beiden Astronomen Beer und Mädler vor wenig Jahren beendigte, verdienstliche Arbeit aufgewogen worden. Diese Astronomen haben die Lage der vorzüglichsten Gegenstände auf dem Monde durch Messung und Berechnung sehr genau bestimmt und ebenso uns mit der Höhe zahlreicher Berge und der Tiefe zahlreicher Thäler des Mondes bekannt gemacht. Sie haben uns außerdem mit einer großen topographischen Karte beschenkt, auf welcher die auf dem Monde zu entdeckenden Gegenstände nach ihrer gegenseitigen Lage und Größe, nach ihrer Höhe oder Tiefe, nach ihrem größeren oder geringeren Licht treu dargestellt sind. Man kann behaupten, daß wir jetzt durch ihre Bemühungen die uns zugewendete Halbkugel des Mondes im Ganzen genauer kennen, als die Oberfläche unserer eigenen Erde. Sie haben dieser Arbeit acht Jahre geopfert und das Resultat ihrer Untersuchungen in einem großen Bande beschrieben. Während der Dauer ihrer mit solcher Genauigkeit angestellten Beobachtungen haben sie weder von Veränderungen auf dem Monde, noch von einer Dämmerung, von Nordlicht und anderen Erscheinungen, wie frühere Beobachter vormals sie auf dem Monde wahrzunehmen glaubten, eine Spur entdecken können. Die Schlagschatten der Berge sahen sie immer völlig dunkel, was wiederum den Beweis liefert, daß der Mond ohne Atmosphäre sein muß; denn sonst würden sie ebenso wenig als auf der Erde völlig dunkel sein können. Von Wolken, die andere weniger vorurtheilsfreie Beobachter zu sehen glaubten, haben sie nie etwas gespürt. Auch hat sich bei ihren planmäßigen Untersuchungen von den sonderbaren Veränderungen, welche Gruithuisen zu München vor einigen Jahren auf dem Monde entdeckt zu haben und als Beweise für das Dasein von Mondbewohnern betrachten zu müssen glaubte, nichts bestätigt. Diese vermeintlichen Entdekungen haben jedoch weniger Aufsehen gemacht, als die vor einigen Jahren ganz Europa durchwandernde Flugschrift, welcher zufolge Herschel, der Jüngere, die Mondbewohner selbst gesehen haben sollte. Auch ohne unsre Versicherung würde jeder leicht begreifen, daß diese Flugschrift nur eineBöswilligkeit war, um den Mann, welchem Wissenschaft und Bildung so ungemein viel verdanken, in ein lächerliches Licht zu setzen, einen Mann, der über solche Thorheiten so hoch erhaben ist, daß er sie keiner Widerlegung würdigte.

§. 91.

Bevor wir vom Monde Abschied nehmen, müssen wir noch bemerken, daß man die hervorstechendsten Gegenstände seiner Oberfläche durch besondere Namen von einander unterschieden hat. Dieser Brauch ist sehr alt; denn aus Plutarch ergiebt sich, daß schon die Astronomen des frühen Alterthums denjenigen Flecken, welche sie mit unbewaffnetem Auge im Monde sahen, besondre Namen gegeben haben, welche man jedoch nicht beibehalten hat. Hevelius nannte die Gegenstände auf dem Monde nach Meeren, Ländern und Orten der Erde, was jedoch keinen Beifall fand und bald traten die Namen von Heiligen an ihre Stelle. Nicht lange darnach wurden die Namen der Heiligen mit denen von verdienstvollen Astronomen früherer und späterer Zeit vertauscht, welche seit dieser Zeit geblieben sind. Die großen grauen Flecken, welche man schon mit bloßem Auge sieht, tragen noch immer die Namen von Meeren, wofür man sie früher halten zu müssen glaubte, und so hat man noch das Meer der Helligkeit und das Meer der Stürme u. s. w., und auch einige Berge werden noch mit den von Hevelius ihnen beigelegten Namen bezeichnet. Die Menge der nach Astronomen benannten Gegenstände auf dem Monde ist immer gewachsen, so daß jetzt fast 400 Berge und Thäler des Mondes die Namen von Astronomen tragen. Früher pflegte man großen Astronomen erst nach ihrem Tode ein Plätzchen auf dem Monde einzuräumen, später aber hat man sich nicht so streng an diesen Brauch gebunden, so daß besonders durch Beer und Mädler mehrere der jetztlebenden Astronomen dem Monde sowohl als der Erde angehören.

§. 92.

Wir müssen nun die Monde oder Trabanten der übrigen Planeten betrachten. Wie schon erwähnt, haben Merkur und Venus keine Trabanten und auch Mars, welcher sonst so viel Aehnlichkeit mit unserer Erde hat, genießt nicht den gleichen Vorzug, einen Mond zu haben. Die elf kleineren Planeten, welche unser Mond sogar bedeutend an Größe übertrifft, würden keine Trabanten von einiger Größe beherrschen können und durchwandern, so viel wir wissen, den Raum unseres Planetensystems ohne Begleiter. Jupiter, Saturn und Uranus dagegen sind reichlich mit Trabanten versehen und vielleicht ist dies auch der Fall mit dem neuentdeckten Planeten Neptunus, bei welchem bis heute nur mit großer Schwierigkeit sich zwei auffinden ließen. Jupiter hat vier Trabanten, welche in Größe von unserem Monde nicht viel verschieden sind; denn der kleinste ist beinahe ebenso groß und der größte übertrifft ihn nur 4 ½ mal. Im Verhältniß zum Planeten selbst sind diese Trabanten jedoch viel kleiner als der Mond im Verhältniß zur Erde, indem der größte von jenen noch 15600 mal kleiner als der Hauptplanet ist. Diese Trabanten sind hell genug, um bereits mit einem sehr kleinen Fernrohr deutlich gesehen zu werden, wie sie auch von Galilei, dem ersten Astronomen, welcher ein Fernrohr nach dem Himmel richtete, entdeckt wurden. In größeren Fernröhren sieht man sie als kleine Scheiben, deren Durchmesser gemessen werden können und hat auf ihnen Flecken von ansehnlicher Größe zu bemerken geglaubt, welche man jedoch nur schwer zu Gesicht bekommen kann. Auffallender sind die regelmäßigen Lichtabwechselungen der Jupitersmonde, welche sich nur aus einer Bewegung um bestimmte Axen erklären lassen, so daß sie uns bald eine mehr beleuchtete, bald eine weniger beleuchtete Fläche zuwenden. Aus diesem Wechsel hat man gefolgert, daß die Trabanten des Jupiters, wie unser Mond, ihrem Hauptplaneten immer dieselbe Seite zuwenden. In ihrer Bewegung um Jupiter folgen diese Trabanten den Gesetzen Keppler's, und man hat die Quantität des Stoffs, welchen jeder dieser Körper enthält, d. h. ihre Massen durch die Störungen, welche sie auf einander ausüben, bestimmen können. Der dem Planeten nächste Trabant, weshalb er auch der erste heißt, vollendet seine Bahn um den Planeten innerhalb 1 Tag und 18 Stunden; der zweite in 3 Tagen und 13 Stunden; der dritte binnen 7 Tagen und 4 Stunden; der vierte in 16 Tagen und 17 Stunden. Ihre Entfernungen vom Mittelpunkt des Planeten betragen in obiger Reihenfolge 3, 5, 7½ und 13½ mal den Durchmesser des Planeten selbst. Ihre schnelle Bewegung verursacht, daß sie von Tag zu Tag und selbst von Stunde zu Stunde für uns Erdbewohner ihren gegenseitigen Stand sehr merklich verändern. Ihre Bahnen haben fast dieselbe Lage wie die Erdbahn, so daß wir diese Bahnen beinahe von der Seite und als sehr schmale von einer geraden Linie wenig verschiedene Ovale sehen, in denen die Trabanten uns hin und zurückzulaufen scheinen. Wir sehen sie daher fast immer in eine und dieselbe gerade Linie gereiht, bald alle an einer einzigen Seite, bald zu beiden Seiten des Planeten vertheilt. Von Zeit zu Zeit gehen sie an der Scheibe des Planeten vorüber und können alsdann selbst mit einem nicht sehr großen Fernrohre deutlich wahrgenommen werden. Deutlicher aber und schöner zeigt sich ihr Schatten auf dem Planeten, wenn sie zwischen ihm und der Sonne zu stehen kommen und somit eine Sonnenfinsterniß für den Planeten verursachen. Kommen sie in den Schatten des Planeten, so werden sie selbst verfinstert, was für uns ganz gut zu beobachten ist. Auf den Trabanten selbst findet alsdann eine Sonnenfinsterniß statt, die fast immer total ist und stundenlang total bleiben kann, indem der Planet seine Trabanten so bedeutend an Größe übertrifft. Während unser Mond jährlich nur ein Paar Finsternisse erfahren und bewirken kann, sieht Jupiter während eines einmaligen Umlaufs um die Sonne seine Trabanten mehr als viertausendmal sich verfinstern, sowie diese Trabanten in derselben Zeit ungefähr gleich viele Sonnenfinsternisse auf dem Jupiter verursachen. Diese große Menge von Finsternissen ist eine Folge der Größe des Planeten im Verhältniß zu seinen Trabanten, eine Folge der kurzen Umlaufszeiten der letzteren und eine Folge des Umstandes, daß ihre Bahnen beinahe in die Ebene des Hauptplaneten fallen. Die drei inneren Trabanten müssen bei jedem Umlaufe durch den Schattenkegel des Jupiters hindurchgehen und nur der vierte geht hin und wieder an diesem Schattenkegel vorüber, ohne ihn zu durchkreuzen. Die Erscheinungen, welche die Trabanten des Jupiters durch ihre Bewegungen verursachen, gehören zu den prächtigsten, welche uns der Himmel darbietet. Ihre Beobachtung erfordert kein großes Fernrohr und war der Astronomie früher von sehr großem Nutzen.

Die Finsternisse, welche die Trabanten Jupiters erleiden und bewirken, beweisen, daß sie sowohl als ihr Hauptplanet ihr Licht nur von der Sonne entlehnen. Bei den Planeten Merkur, Venus und Mars liegen Beweise dafür in ihren abwechselnden Lichtgestalten, welche Jupiter nicht mehr zeigen kann und bei Saturn in dem Schlagschatten, welchen der Ring auf ihn und er selbst auf den Ring wirft.

§. 93.

Die Trabanten des Jupiters haben im Jahre 1675 Römer, der damals gerade in Paris war, auf die Entdeckung geführt, daß das Licht mit einer bestimmten und meßbaren Geschwindigkeit durch den Schöpfungsraum sich fortpflanzt. Als man noch keine geeigneten Instrumente besaß, um die Stellungen des Jupiter zu seinen Trabanten durch Messung zu bestimmen, konnte man die Bewegung dieser Trabanten nicht besser als aus den Finsternissen, denen sie ausgesetzt sind, berechnen. Bei jeder Finsterniß wird ein Trabant zu seinem früheren Stande in Bezug auf die Sonne und den Hauptplaneten zurückkehren, so daß die Beobachtung dieser Erscheinungen zur Bestimmung der Umlaufszeit der Trabanten und ihres jedesmaligen Standes auf ihrer Bahn dienen konnte. Zur Zeit Römer's hatte man wirklich schon eine große Anzahl Beobachtungen zu diesem Zwecke benutzt und da sie in allerlei Stellungen des Planeten zur Erde stattfanden, so mußte bei einem mittleren Abstande ein Einfluß der veränderlichen Entfernung des Planeten von der Erde verschwinden, selbst wenn diese Entfernung auf jede Finsterniß einen bestimmten Einfluß ausüben sollte. So kam man zu Tafeln für die Bewegung der Trabanten des Jupiters, durch welche man ihre Finsternisse voraus bestimmen konnte. Diese Erscheinungen trafen aber fast immer früher oder später ein und der Unterschied zwischen Beobachtung und Berechnung hing einzig und allein von dem jedesmaligen Abstande zwischen Jupiter und Erde ab. Die Entfernung des Planeten von der Erde kann um soviel sich ändern, als der ganze Durchmesser der Erdbahn beträgt und der mittlere Abstand des Planeten von der Erde ist derselbe, wie sein mittlerer Abstand von der Sonne. Wenn nun der Planet über den mittleren Abstand von der Erde entfernt war, so kamen die Finsternisse immer zu spät und war sein Abstand dagegen kleiner als der mittlere, so kamen sie immer zu früh. Diese Erscheinung findet nur darin ihre Erklärung, daß das von den Himmelskörpern uns zugesendete Licht nicht in einem Augenblicke bis zu uns gelangt, sondern eine bestimmte Zeit gebraucht, um den Raum bis zu uns zu durchlaufen. Die Sonne wirft ihr Licht auf die Trabanten Jupiters. Dieses Licht wird von hier auch auf uns zurückgeworfen und so nur kommen uns diese Trabanten zu Gesicht. In dem Augenblicke, wo einer dieser Monde verfinstert wird, hört er auf, seine Lichtstrahlen abzusenden, wir sehen ihn aber noch durch das Licht, welches er vorher absendete; und erst dann wird er für uns unsichtbar, wenn die letzten Strahlen, welche er vor seiner Finsterniß absendete, unser Auge erreicht haben. Wir sehen also eine solche Finsterniß immer gerade um so viel zu spät, als das Licht Zeit gebraucht, um den Raum vom Trabanten bis zu uns zu durchmessen und dieser Zeitraum ist ebenso veränderlich als die Entfernung des Trabanten von uns. Die Berechnung der Finsternisse aus einer großen Menge anderer bei allen möglichen Abständen des Planeten von der Erde beobachteten Finsternisse mußte natürlich Resultate liefern, welche nur für die mittlere Entfernung des Planeten von der Erde Geltung haben konnten. Durch die Berechnung fand man also jede Finsterniß um soviel zu spät, als das Licht Zeit bedarf, um die mittlere Entfernung des Planeten bis zur Erde zu durchlaufen. Und man sah sie genau soviel zu spät, wenn der Planet wirklich in dieser Entfernung von uns war; so daß in diesem Falle Beobachtung und Berechnung mit einander stimmten Wenn nun der Planet immer in gleicher Entfernung von der Erde bliebe, so würde auf diese Weise zwischen Beobachtung und Berechnung immer Einklang bestanden haben und man hätte die Finsternisse immer später gesehen, als sie wirklich eintraten, ohne den Unterschied irgendwie zu merken. Da aber nun die Entfernung des Planeten von der Erde veränderlich ist, so mußte in der Regel bei jeder bestimmten Finsterniß eine Abweichung zwischen Beobachtung und Berechnung auffallen. War der Planet weiter von der Erde entfernt, als der mittlere Abstand beträgt, so mußte es auch länger als bei dem mittleren Abstande dauern, ehe die Finsterniß zu Gesicht kam, und sie erschien also später, als die Berechnung angab. War der Planet näher bei der Erde, als sein mittlerer Abstand beträgt, so mußte das Gegentheil geschehen und die

Finsterniß zu früh eintreten. Römer's Erklärung ist für alle Einzelnheiten der Erscheinung völlig ausreichend und wurde auch durch alle späteren Untersuchungen bestätigt. Vergleicht man die bei verschiedenen Entfernungen des Planeten beobachteten Finsternisse der Trabanten des Jupiter mit einander, so läßt sich ohne Schwierigkeit die Zeit bestimmen, welche das Licht nöthig hat, um einen bestimmten Raum zu durchlaufen. Denselben Zweck kann man auch durch die Aberration der Fixsterne erreichen und zwischen den aus so ganz verschiedenen Erscheinungen gefolgerten Resultaten nun besteht eine so schöne Uebereinstimmung, als sich nur erwarten ließ. Das Licht durchläuft den Weltraum, von welchem Himmelskörper es auch kommen möge und welche Entfernung es zu durchlaufen habe, überall mit gleicher Geschwindigkeit. Nach den besten und neuesten Bestimmungen legt es den mittleren Abstand der Sonne von der Erde in 8 Minuten und 18 Secunden zurück. Die Zeit, welche von dem Augenblicke einer Finsterniß eines Trabanten des Jupiters bis zu dem Augenblicke, wo uns diese Finsterniß zu Gesicht kommt, verstreicht, schwankt also zwischen 35 bis 51 Minuten.

§. 94.

Die Trabanten der Planeten Saturn und Uranus sind für uns von geringerem Interesse als die des Jupiters, weil die meisten derselben sich durch gewöhnliche Fernröhre nicht unterscheiden lassen. Bei Saturn hat man acht Trabanten entdeckt; sie sind aber viel kleiner und zugleich viel entfernter von uns als die Trabanten des Jupiters, so daß sie kaum zu Gesicht kommen. Einer der Trabanten des Saturns, welchen Huygens entdeckte, zeichnet sich vor den anderen durch seine Größe bedeutend aus und läßt sich schon mit einem mittelmäßigen Fernrohr leicht unterscheiden. Die übrigen aber fordern ein stärkeres Fernrohr, während die zwei dem Planeten nächsten nur durch die allergrößten Instrumente und dann nur noch unter bestimmten

Umständen zu bemerken sind. Die Bahnen dieser Trabanten fallen beinahe in die verlängerte Ebene des Saturnsringes und machen demnach einen bedeutend großen Winkel mit der Ebene der Erdbahn, so daß wir diese Trabanten nicht in einer geraden Linie, wie bei Jupiter fast immer, an einander gereiht sehen. Sie müssen, wie die Trabanten Jupiters, Finsternisse erleiden und verursachen, doch benimmt die Schwierigkeit, diese Erscheinungen wahrzunehmen, ihnen fast allen Werth.

Bei Uranus meinte Herschel der Aeltere sechs Trabanten entdeckt zu haben, sie sind aber so außerordentlich matt und so schwierig wahrzunehmen, daß die späteren Astronomen mit den besten Hülfsmitteln nicht im Stande waren, mehr als drei davon wiederzufinden. Jedoch liegen Gründe vor, an der Wahrheit von Herschel's Entdeckung nicht zu zweifeln. Es ist sehr merkwürdig, daß die Bahnen der Trabanten des Uranus einen Stand haben, welcher ganz und gar von der allgemeinen Regel abweicht. Während die Bahnen der übrigen Planetentrabanten keine großen Winkel mit der Ebene der Erdbahn machen, stehen die Bahnen der Uranustrabanten fast senkrecht auf dieser Ebene und daraus folgt, daß die Richtung, in welcher die Uranustrabanten sich bewegen, füglich nicht mit der verglichen werden kann, in welcher die Planeten und die übrigen Trabanten fortschreiten. Man kann nicht sagen, daß sie sich bestimmt von Westen nach Osten oder von Osten nach Westen bewegen; ebenso wenig, als man die Bewegung eines Körpers, welcher fast senkrecht auf den Boden fällt, als eine Bewegung nach dieser oder jener Gegend des Horizontes bestimmen kann. Ueber die Trabanten des Saturns und Uranus muß noch bemerkt werden, daß sie, wie bei Jupiter, von ihren Hauptplaneten mehrere tausendmal an Größe übertroffen werden. Die Erde ist der einzige Planet, welcher an Größe so wenig von seinem Trabanten verschieden ist.

§. 95.

Man hat über den Zweck der Trabanten der übrigen Planeten viel hin und her gestritten und wir würden darüber nicht so ganz unwissend sein, wenn wir die Dienste, welche uns unser Mond erzeigt, ohne Aenderung auf die übrigen Planeten übertragen dürften. Dies verbietet aber der große Unterschied, welchen wir zwischen unserer Erde und den übrigen Planeten bemerken. Räthselhaft ist es, warum der eine Planet von mehreren Trabanten umgeben ist, während der andere keinen einzigen besitzt und wollen wir uns mit der ungereimten Erklärung begnügen, daß die entfernteren Planeten dieser großen Anzahl von Trabanten bedürfen, um für das wegen ihrer großen Entfernung karge Sonnenlicht eine Entschädigung zu haben, so steht uns die Frage entgegen, warum der Planet Mars, welcher weiter als die Erde von der Sonne entfernt ist und übrigens soviel Uebereinstimmung mit ihr zeigt, keinen Trabanten hat. Wir können die Rolle nicht genau bezeichnen, welche die Trabanten der übrigen Planeten bei diesen Körpern spielen und müssen uns mit den wichtigen Diensten, welche sie uns erwiesen haben, begnügen. Ihnen nämlich haben wir die richtige Kenntniß der Massen der größten Planeten des Systems, welche wir zur Bestimmung der Bewegung der übrigen Planeten durchaus nöthig haben, zu danken. Wie die Sonne durch ihre Anziehungskraft den Lauf der Planeten lenkt, so lenken die Planeten den Lauf ihrer Trabanten, indem sie mit ihrer Anziehung auf diese Körper wirken, und man kann beweisen, daß die Geschwindigkeit, mit der ein Körper unsres Planetensystems einen anderen kleinen Körper um sich herumführt, nur von seiner Entfernung von diesem Körper und von seiner Masse abhängig ist. Die Geschwindigkeit, mit der die Erde bei ihrer Entfernung von der Sonne in ihrer Bahn fortschreitet, hängt also gänzlich von der Masse der Sonne ab. Bestimmt man die Geschwindigkeit, mit welcher ein Planet einen Trabanten auf eine bestimmte Entfernung von sich in Bewegung setzt, so kann man durch Keppler's drittes Gesetz daraus berechnen, welche Geschwindigkeit dieser Trabant haben würde, wenn er so weit vom Planeten entfernt wäre, als der Abstand der Erde von der Sonne beträgt. So erhält man eine gegenseitige Vergleichung der Anziehungskräfte, womit die Sonne und der Planet auf Körper wirken, welche gleich weit von beiden entfernt sind. Das Verhältniß zwischen diesen Kräften ist dasselbe, wie das zwischen der Masse beider Körper. Es bestimmt also, wie viel Stoff die verschiedenen Planeten im Verhältniß zur Sonne und auch zu einander enthalten; was dann verbunden mit ihrer Größe die verhältnißmäßige Dichtigkeit ihres Stoffes kennen lehrt. Die Masse der Planeten, welche keine Trabanten besitzen, kann man nur aus den Störungen folgern, welche sie auf die Bewegung anderer Körper des Sonnensystems ausüben und sie ist daher nicht so ganz genau zu bestimmen. Glücklicherweise sind diejenigen Planeten, deren störender Einfluß sehr groß ist, mit Trabanten ausgerüstet und diese hat man zum großen Vortheil der Wissenschaft vorzüglich in neuester Zeit eifrig benutzt, um ihre Massen genau zu bestimmen.

§. 96.

Wir haben früher (§. 41.) gesehen, daß die Planeten nicht willkürlich im Sonnensystem zerstreut zu sein scheinen, sondern daß sie nach einem bestimmten Verhältniß ihren Ort im Systeme empfangen zu haben scheinen. Durch einfache Zusammenstellung der Zahlen 4, 3 und 2 erhält man andere Zahlen, welche das Verhältniß zwischen den Entfernungen der verschiedenen Planeten von der Sonne so ziemlich ausdrücken. Genauer findet man dieses Verhältniß, wenn man die ebenso zusammengestellten Zahlen in ihrem Werthe so abändert, daß man sie durch einen kleinen Bruch vermehrt oder vermindert; in keinem Falle läßt sich aber die Entfernung des neuentdeckten Planeten Neptun dadurch ausdrücken. Schon zu Ende des vorigen Jahrhunderts hat man sich bemüht, ein ähnliches Verhältniß, wie es das sogenannte Gesetz von Titius ausdrückt, auch zwischen den Entfernungen der Trabanten von ihren Hauptplaneten aufzufinden. Auch in diesem Jahrhundert hat man diese Untersuchung wiederholt und durch dieselbe Zusammenstellung anderer Zahlen als 4, 3 und 2 kam man wirklich auf Zahlen, welche die Entfernungen der Trabanten von ihren Hauptplaneten ziemlich genau darstellen. Diese Zusammenstellung ließ bei Saturn einen Trabanten vermuthen, der auch kürzlich entdeckt wurde, jedoch machte sich daselbst auch ohne das Gesetz von Titius eine Lücke im Trabantensysteme des Saturns deutlich bemerkbar. Das wirkliche Bestehen eines solchen Gesetzes, wie das, welches den Namen von Titius trägt, ist sowohl beim Planetensysteme als bei den einzelnen Trabantensystemen noch so unsicher, daß es gewagt sein würde, sich daraus den geringsten Schluß über den Ursprung des Sonnensystems zu erlauben.

Abschnitt VIII.

Die Kometen.

§. 97.

Wir haben nun 41 Körper in unserem Planetensystem, die Sonne nämlich, 19 Planeten und 21 Trabanten kennen gelernt; wollten wir diese aber als die ganze Bevölkerung unseres Systems betrachten, so würden wir uns sehr täuschen. Noch Tausende und vielleicht Hunderttausende anderer Körper durchkreuzen den Raum unsres Planetensystems. Noch ein anderes Heer von Himmelskörpern ist wie die Planeten der Macht der Sonne unterworfen und muß als das eigentliche Volk des großen Staates gelten, welchen die Sonne und die Planeten mit ihren Monden als Fürstin und als die Reichsgroßen regieren. Von Planetensystem kann man eigentlich nur dann sprechen, wenn man nur die Sonne mit den Planeten und ihren Monden meint; auf die ganze Vereinigung aller Körper des Sonnengebietes, deren Bewegung durch ihre Anziehung gelenkt und geregelt wird, paßt besser der allgemeinere Name Sonnensystem. Bei weitem die meisten Mitglieder dieses Systems, welche wir bis jetzt nur dem Namen nach kennen lernten, sind merkwürdige Himmelskörper, welche seit Jahrtausenden das menschliche Geschlecht mit Angst und Schreck erfüllten und deren Erscheinung selbst heutigen Tages noch im Allgemeinen mit geheimer Furcht betrachtet wird. Es sind die sogenannten Kometen, welche früher durch ihr geheimnißvolles Wesen, durch ihren sonderbaren Anblick und durch ihre scheinbar unregelmäßige Bewegung die allgemeine Aufmerksamkeit vor den anderen Himmelskörpern auf sich gezogen haben und mit denen wir uns jetzt beschäftigen werden.

§. 98.

Die Kometen oder Haarsterne zeigen sich als leichte oder wolkenähnliche Flecken und oft mit einem langen Schweife von gleicher Natur. Gewöhnlich erscheinen sie unerwartet am Himmel, legen einen scheinbar sehr unregelmäßigen Weg zwischen den Sternen hindurch zurück, um nach einigen Wochen oder Monaten wieder zu verschwinden. Einige Kometen gewähren den Anblick matter Wolkenstreifen, welche man leicht übersehen könnte; andere und zwar die meisten bleiben für's bloße Auge ganz unsichtbar; noch andere aber treten mit einem glänzenden Lichte und unter einer für die große Menge schauererregenden Gestalt am Himmel auf. Schon bei den ältesten Schriftstellern findet man Kometen erwähnt und sowohl wegen ihres Anblicks, als wegen ihres unerwarteten Auftretens und Verschwindens haben sie schon sehr früh, wenn auch keine Untersuchungen, so doch Ansichten über Zweck und Wesen hervorgerufen. Der Philosoph Aristoteles, dessen Wort ein Paar Jahrtausende lang mehr galt, als der gesunde Verstand, und welcher der Meinung war, daß ihm nichts in der Natur unbegreiflich sein könnte, stellte die Ansicht auf, daß die Kometen nur Lufterscheinungen, welche in der Atmosphäre ihren Ursprung haben, sogenannte Meteore in unserer Atmosphäre seien, die wie die Höfe um Sonne und Mond und wie die Irrlichter zufällig entständen und verschwänden. Obschon er gar keinen Grund beibrachte, dieser seiner Ansicht einige Wahrscheinlichkeit zu verleihen, wurde sie doch allgemein blindlings angenommen. Zuletzt legte man so großen Werth darauf, daß noch am Ende des 17. Jahrhunderts in vielen Ländern Europa's kein Professor in sein Amt zugelassen wurde, bis er öffentlich und feierlich ein Zeugniß abgelegt hatte, außer mit den übrigen Grundsätzen des Aristoteles vorzüglich auch mit dieser seiner Idee über die Kometen gänzlich einverstanden zu sein.

§. 99.

Die Ansicht des Aristoteles über die Kometen würde gewiß nicht soviel Aufsehen gemacht haben, wenn sie nicht mit der vom Aberglauben des Alterthums und des Mittelalters den Kometen zugeschriebenen Bedeutung im Einklange gewesen wäre. Ohne eigentliche Gründe hat man Jahrtausende lang die Kometen als Vorboten und Anzeichen fast alles Unglücks, welches über die menschliche Gesellschaft hereinbrach, betrachtet. Da nun die Erde ebenso reich an Wechselfällen, als der Himmel an Kometen ist, so hielt es nicht schwer, bei jedem Kometen ein Unglück ausfindig zu machen, welches ihn begleitete und somit auf seine Rechnung gebracht werden konnte. Jedoch mußte man sich gestehen, daß die Kometen zuweilen auch von guten Ereignissen begleitet wurden oder ihnen vorausgingen. Vorzüglich nachdem ein von dem Polnischen Edelmann Stanislaus de Lubienitz geschriebenes Werk 1666 unter dem Titel Theatrum Cometicum zu Amsterdam erschienen war, konnte man dies nicht mehr läugnen. In einem der zwei dicken Folianten, welche dieses Werk bilden, wurden alle Kometenerscheinungen und alle Ereignisse, soviel man ihrer nur in Chroniken findet, aufgezählt und so erhielt man für jeden Kometen ebensoviel gute als schlechte Ereignisse. Daraus zog Lubienitz den Schluß, daß man die Erscheinung eines Kometen als ganz gleichgültig betrachten könne. Daß er jedoch nicht frei war von der Meinung, daß diese Ereignisse wirklich durch Kometen herbeigeführt wurden, worüber er sich nie ausdrücklich erklärt, scheint aus dem Titel seines Werkes hervorzugehen. Auf der einen Seite sieht man nämlich einen Kometen mit einem Regenbogen und einer Hand, welche einen Palmzweig trägt, nebst der Aufschrift bona bonis (Gutes für Gute) und auf der anderen Seite einen Blitzstrahl nebst einer Hand mit einer Geißelruthe unter der Aufschrift mala malis (Böses für Böse). Das Werk von Lubienitz hat daher auch die Ansichten über die Kometen nicht verbessert, wie man aus dem Hasse sieht, welchen sich Balthasar Bekker zuzog, als er kurz nachher den Kometen allen Einfluß auf die Erde und das Loos ihrer Bewohner absprach. Man hörte nicht eher auf, die Kometen als böse Zeichen zu betrachten, bis die Astronomie diese Ideen als Ungereimtheiten an den Pranger stellte, indem sie das eigentliche Wesen dieser Körper aufhellte.

§. 100.

Es würde nicht schwer gewesen sein zu untersuchen, ob die Kometen zu den Erscheinungen in unsrer Atmosphäre gehören oder nicht; man glaubte aber seiner Sache so sicher zu sein, daß man jede Untersuchung für überflüssig hielt. Tycho und

Keppler bewiesen zuerst, daß wenigstens zwei zu Ende des 16. und zu Beginn des 17. Jahrhunderts erschienene Kometen viel weiter als der Mond von uns entfernt seien. Zu dieser Bestimmung war nichts nöthig, als zu untersuchen, ob die Umwälzung der Erde, wodurch wir die Himmelskörper immer aus anderen Gesichtspunkten zu sehen bekommen, in dem Stande des Kometen am Himmel eine Veränderung bewirke oder nicht. Die scheinbare Ortsveränderung mußte kleiner sein, je weiter der Himmelskörper von uns entfernt war. Beim Monde war sie sehr merklich, bei den genannten Kometen aber ganz unmerklich; folglich mußten sie viel weiter als der Mond von uns entfernt sein. Damals hielt man noch Alles unterhalb des Mondes, d. h. Alles, was näher bei uns ist als der Mond, für vergänglich, was höher war, für himmlisch und unvergänglich und so wurden die Kometen von Tycho und Keppler aus der Erniedrigung gerettet, in welcher sie Jahrhunderte lang unverdient geschmachtet hatten.

§. 101.

Die Kenntniß der Kometen begann erst dann eine ansehnliche Höhe zu erreichen, als der unsterbliche Newton auf die Idee gekommen war, daß die Kometen ebenso gut als die anderen Körper des Sonnensystems der von ihm entdeckten Anziehungskraft unterworfen sein und also auch Kepplers Gesetzen gehorchen müßten. Es kam nun darauf an, diesen Satz auf die Beobachtung dieser Himmelskörper in Anwendung zu bringen, was mit unbegreiflichen Schwierigkeiten verbunden war. Newton gelang es aber, dadurch streng zu beweisen, daß die Kometen, weit entfernt zufällig entstehende und vergehende Lufterscheinungen zu sein, wirkliche Himmelskörper sind, deren Bewegung eben so geregelt und denselben Gesetzen unterworfen ist wie die der Planeten, von denen sie aber ihrer Natur nach bedeutend abweichen. Newton lehrte, wie man aus dem scheinbar unregelmäßigen Wege eines Kometen am Himmel Alles berechnen kann, was die Größe, Gestalt und Lage ihrer wahren Bahn im Raume des Sonnensystems bestimmt. Es ergab sich, daß die Kometenbahnen von den Planetenbahnen ebenso abweichen, als diese Körper selbst von einander verschieden sind. Die Anziehungskraft an sich selbst erlaubt den Körpern unsers Sonnensystems, Ellipsen von allen möglichen Formen um die Sonne zu beschreiben und sich selbst in krummen Linien zu bewegen, in welchen sie, nach dem sie sich einmal um die Sonne bewegt haben, sich beständig weiter von ihr entfernen müssen; und die genaue Form ihrer Bahnen wird durch die Geschwindigkeit ihrer ursprünglichen Bewegung, ohne welche sie in gerader Linie auf die Sonne niederstürzen würden, genau bestimmt (§. 36). Bei den Planeten war die Geschwindigkeit ihrer Bewegung genau so abgemessen, daß ihre Bahnen beinahe die Kreisform annehmen mußten, mit den Kometen war dies aber nicht der Fall. Diese machen sehr langgezogene Ellipsen um die Sonne, deren Brennpunkte deswegen fast an die Endpunkte ihrer längsten Durchmesser fallen, so daß die Sonne, welche immer einen dieser Brennpunkte einnimmt, ebenfalls einem der Endpunkte dieser Bahn sehr nahe stehen muß. Somit ist der Abstand jedes Kometen von der Sonne sehr großen Veränderungen unterworfen (§. 35); bald kann ein Komet an der Oberfläche der Sonne hinstreifen, während er am anderen Ende seiner Bahn mehrere hundertmal weiter als Uranus von der Sonne entfernt ist. Wenn also schon die Kometenbahnen nach Form und Größe von den Planetenbahnen ganz und gar abweichen, so zeigt sich eine nicht geringe Verschiedenheit bei ihrer Lage im Raume. Die Aehnlichkeit, welche wir öfters bei den Planetenbahnen bemerkten, suchen wir bei denen der Kometen vergeblich. Die Kometenbahnen sind von sehr verschiedenener Gestalt; ihre verhältnißmäßige Größe bindet sich an kein Gesetz; sie nehmen allerlei willkürliche Stellungen zur Erdbahn ein und während der eine

Komet von der Sonne aus gesehen immer von Westen nach Osten seinen Weg verfolgt, bewegt sich der andere gerade umgekehrt. Alle diese Umstände beweisen hinreichend, daß die Kometen ganz andere Körper als die Planeten sind, und auch einen ganz anderen Ursprung gehabt haben müssen.

§. 102.

Die Kometen sind Körper oft von sehr großem Umfang; sie bestehen aber aus einem sehr leichten, nebelähnlichen Stoff, welchen man nicht einmal mit der Luft unsrer Atmosphäre vergleichen kann. Es ist wahrscheinlich, daß wenigstens einige Kometen mit einem matten eigenen Lichte versehen sind, sicher aber werden sie uns vorzüglich durch das von ihnen zurückgestrahlte Sonnenlicht sichtbar, welches Licht aber wegen der geringen Dichtigkeit ihres Stoffes verhältnißmäßig sehr gering ist. Die Kometen werden wie alle anderen Körper um so mehr Sonnenlicht zurückwerfen, je näher sie dieser Lichtquelle sind. Da nun ihre Entfernung von uns so außerordentlich großen Veränderungen unterworfen ist, so muß also auch ihr Licht großen Veränderungen unterliegen. Außerdem werden sie für uns, wie andere Körper auch, um so weniger sichtbar sein müssen, in je größerer Entfernung sie sich von uns befinden. Eine Folge davon ist, das selbst der hellste Komet auch für unsere besten Fernröhre verschwindet, wenn er in eine Entfernung von der Sonne und der Erde kommt, welche die Entfernung der Erde von der Sonne nur einige Male übertrifft. Daher ist es unmöglich, die Kometen auf ihrer ganzen Bahn wie die Planeten zu verfolgen und sie auf jedem beliebigen Punkte ihrer Bahn zu beobachten. Wir sind außer Stande, diese Körper zu sehen, sobald sie das kleine Stück ihrer Bahn, welches sehr nahe bei der Sonne und der Erde gelegen ist, verlassen haben; zuweilen erstreckt sich die Bahn noch einige tausendmal weiter. Wir können bestimmen, welchen Stand ein Komet für uns zu den Sternen einnimmt, woraus wir, wenn diese Bestimmung zu drei verschiedenen Zeiten stattgefunden hat, in Verbindung mit der Bewegung der Erde den wahren Stand des Kometen im Planetensystem berechnen können. Man findet somit die Größe, Gestalt und Lage des Theils der Bahn, in welchem man den Kometen beobachtet hat. Könnte man nun diesen Theil vollkommen richtig bestimmen, so würde man auf die Größe und Gestalt der ganzen Bahn in ihrer ganzen Ausdehnung schließen können. Die Kometen sind aber nie scharf begrenzt, und selten zeigen sie einen feinen und kenntlichen Punkt in ihrer Mitte, so daß die Orte der Kometen sich nicht mit derselben Genauigkeit wie bei den Planeten und Firsternen bestimmen lassen. Daraus entsteht denn auch eine kleine Unsicherheit in der Gestalt des berechneten Abschnitts der Bahn. Dieser Abschnitt ist der Scheitel einer sehr langgestreckten Ellipse und die Scheitel zweier Ellipsen von gleicher Breite, aber ganz verschiedener Länge sind in Gestalt nur sehr wenig von einander verschieden, so daß der geringste Fehler in der Krümmung dieses Abschnitts bei der Berechnung der ganzen Länge der Ellipse von sehr großem Einfluß sein muß. Dies ist der Grund, warum man sich gewöhnlich bei der Bestimmung der Bahn eines Kometen, wenn dieser nur einige Wochen oder Monate lang beobachtet wurde, mit der Lage, Gestalt und Größe des kleinen Stücks seiner Bahn, welches der Sonne und der Erde sehr nahe liegt, zufrieden geben muß. In einzelnen Fällen war es möglich, aus diesem Stücke auf das Ganze zu schließen und somit die ganze Länge der Bahn zu bestimmen. Die Länge dieser Bahn steht wie bei den Planeten nach dem dritten Gesetz Keppler's (§. 35). in sehr genauem Zusammenhang mit der Zeit, welche der Komet zu seiner ganzen Bahn um die Sonne braucht, so daß man diese leicht aus der bekannten Länge berechnen kann. Daraus hat sich ergeben, daß die Kometen nicht selten Jahrhunderte und Jahrtausende brauchen, um ihre ganze Bahn um die Sonne zurückzulegen. Je größer aber die Umlaufszeiten sind, desto schwieriger und unsicherer ist in der Regel ihre Bestimmung. Kennt man einmal die Umlaufszeit, so ist auch die Zeit bekannt, nach deren Verlauf der Komet in die Nähe der Sonne und der Erde wieder kommen muß und dann kann man auch den Zeitpunkt voraus bestimmen, wann er uns wieder zu Gesicht kommen wird. Die Zeiträume, während welcher ein Komet unsichtbar bleibt, sind immer gegen die Zeit seiner Erscheinung am Himmel sehr groß. So oft aber ein Komet wieder zu uns kommt, muß das Stück seiner in unsrer Nähe zurück gelegten Bahn von derselben Größe, Gestalt und Lage wie früher sein und somit ist uns ein herrliches Mittel gegeben, einen Kometen mit Sicherheit zu erkennen, sobald er nach seiner Wanderung um die Sonne wieder zu uns kommt. Findet man, daß zwei zu verschiedenen Zeiten beobachtete Kometen genau denselben Weg durch unser Planetensystem hindurch zurücklegen, so wird dies auch beweisen, daß sie derselbe Körper sind, welcher innerhalb dieses Zeitraumes eine oder mehrere Reisen um die Sonne vollendet hat. Dann kann man die ganze Umlaufszeit des Kometen mit großer Genauigkeit bestimmen, obschon dies aus den Beobachtungen während eines einmaligen Erscheinens nicht möglich ist; dann ist es eine leichte Aufgabe, voraus zu bestimmen, wann er wieder zurückkommmen wird. Solche Uebereinstimmung hat man entdeckt, solche Prophezeiungen haben stattgefunden und ihre genaue Erfüllung überführte auch den Unglauben und die Unwissenheit, daß unsre Kenntniß von der Bewegung der Kometen zu hoher Vollkommenheit gestiegen sei.

§. 103.

In früheren Jahrhunderten, als man in den Kometen nur Unglückspropheten sah, dachte man kaum daran, ihren Weg am Himmel durch Beobachtung zu bestimmen. Hätte man aber diese Körper so gut als möglich beobachtet, so würde man später im Stande gewesen sein wenigstens die in der Nähe der Erde gelegenen Theile ihrer Bahnen zu berechnen und ohne Zweifel würde man dann in vielen Kometen früherer oder späterer Zeit denselben Körper erkannt haben. Da man aber erst vor einigen Jahrhunderten begonnen hat, auf den Stand der Kometen unter den Sternen zu merken, so fehlen uns beinahe immer die Kennzeichen, durch welche allein entschieden werden kann, ob derselbe Komet wirklich wiederholt erschienen ist. Somit fehlen uns auch die Hülfsmittel, um auf diesem Wege seine Umlaufszeit zu bestimmen. Erst seit einem halben Jahrhundert werden die Kometen so genau beobachtet, daß es nicht immer vergebliche Mühe ist, aus den Beobachtungen während einer einmaligen Erscheinung die ganze Umlaufszeit und Bahn zu folgern. Jedoch wird die Berechnung dieser Bahn ebensowohl durch ihre eigene Natur als durch die kurze Sichtbarkeit der Kometen erschwert. Vorzüglich schwierig ist die Bestimmung der Störungen, welche ein Komet auf seinem Wege durch die Anziehung der Planeten erleidet und ohne die Kenntniß dieser Störungen ist es wieder unmöglich, aus den Beobachtungen von höchstens einigen Monaten die Umlaufszeit eines Kometen mit Genauigkeit zu bestimmen. Aus diesen Umständen ist es ersichtlich, warum noch von so wenigen Kometen die Umlaufszeiten bekannt sind. Während man Hunderte von Kometen in der Geschichte erwähnt findet und man von mehr als hundert und funfzig Kometen den in unsrer Nähe gelegenen Abschnitt der Bahn genau kennt, giebt es doch nur drei Kometen, welche man wieder beobachtet hat, nachdem man ihre Erscheinung prophezeit hatte. Diese Kometen wurden die Kometen von Halley, von Encke und von Biela, nach denjenigen Astronomen benannt, welche sich um ihre Untersuchung Verdienste erworben haben.

§. 104.

Der Halley'sche Komet, der merkwürdigste der drei genannten, verdankt seinen Namen dem trefflichen Astronomen, welcher zuerst seine Umlaufszeit bestimmte und sein Erscheinen prophezeite. Halley war überhaupt der erste Astronom, der sich mit Ernst auf die Berechnung der Kometenbahnen legte. Im Jahre 1705 trat er mit Resultaten für die Bahnen aller Kometen, von denen brauchbare Beobachtungen vorlagen, hervor. Er bediente sich bei seinen Berechnungen der von Newton gegebenen Vorschriften und seine Untersuchungen konnten sich nicht weiter ausdehnen, als auf die in der Nähe der Sonne und der Erde gelegenen Abschnitte der Kometenbahnen. Er fand damals, und deutlicher noch bei einer späteren Untersuchung, daß die Kometen der Jahre 1456, 1531, 1607 und 1682 Bahnen beschrieben hätten, deren in unsrer Nähe gelegene Stücke in jeder Beziehung übereinstimmten, woraus er mit voller Ueberzeugung den Schluß ziehen konnte, daß diese Kometen ein und derselbe Körper seien, welcher binnen 76 Jahren einen Umlauf um die Sonne macht und daß er uns um das Jahr 1759 wiederum zu Gesicht kommen würde. Dies war die erste Prophezeiung des Erscheinens eines Kometen, die sich auch vollkommen erfüllte. Ohne Zweifel wurde dieser Komet schon im frühen Alterthume gesehen; es fehlen aber die nöthigen Beobachtungen, um dies sicher nachzuweisen und ihn unter den in früheren Jahrhunderten erschienenen Kometen wieder zu finden. Halley kannte keine älteren Beobachtungen über diesen Kometen, als die vom Jahre 1456. Vor kurzem hat sich gezeigt, daß auch einige früher erschienene Kometen der Halley'sche Komet waren. Der Komet von Halley bewegt sich in einer der Planetenbewegung entgegengesetzten Richtung, also in der Richtung von Osten nach Westen. Seine Bahn ist sehr länglich, so daß er zu einer Zeit der Sonne nicht näher als Venus kommen, zu einer anderen weiter als der neu entdeckte Planet Neptun von ihr sich entfernen kann. Seine im Durchschnitt 76 Jahre betragende Umlaufszeit ist wegen der Störungen, denen er unterliegt, sehr veränderlich. Dieser Komet ist der erste, dessen Störungen der

Berechnung unterworfen wurden. Kurz vor seinem Erscheinen im Jahre 1759 unternahm Clairaut diese Berechnung und führte sie mit Glück aus. Dadurch ergab sich ihm, welche Abweichungen er seit seinem letzten Erscheinen im Jahre 1682 durch die Anziehung der Planeten in seinem Laufe erfahren habe, und es ging die Prophezeiung seines Erscheinens mit einer Richtigkeit in Erfüllung, welche Aller Bewunderung im höchsten Maße verdiente und erwarb. Man hat sich unendliche Mühe gegeben, um den Weg dieses Kometen, welchen er bei seinem Erscheinen im Jahre 1835 nehmen würde, im Voraus zu bestimmen und mit seinem Erscheinen ward uns wiederum ein schlagender Beweis geliefert von der Höhe, zu welcher unsre Kenntniß von der verwickelten Bewegung dieses Himmelskörpers gestiegen ist. Bei seinem letzten Erscheinen war er vom Monat August 1835 bis Anfang Mai 1836 sichtbar und wurde mit einer Genauigkeit beobachtet, welche zu vielen scharfsinnigen Untersuchungen über sein für's Jahr 1912 bestimmtes Wiedererscheinen führen wird. Eine schöne auf diese Beobachtungen gegründete Untersuchung war der Anfang und zugleich das Ende der astronomischen Laufbahn eines trefflichen Jünglings, des Herrn H. Westphalen von Hamburg, von dessen Eifer und Talenten man herrliche Früchte erwarten durfte, welcher uns aber in der frühen Blüthe der Jugend durch den Tod entrissen wurde. — Der Komet von Halley zeigte sich je nach den Umständen, welche sein Erscheinen begleiteten, in größerer oder geringerer Pracht. Im Jahr 1456 erschien er mit solchem Glanze, daß er über ganze Völker Todesangst verbreitete. Im Jahre 1835 war er zwar sehr deutlich für das unbewaffnete Auge, doch keineswegs unter die sehr hellen Kometen zu rechnen und im Jahre 1759 erschien er in Europa sehr matt, obschon er auf der südlichen Halbkugel in großem Glanze prangte, indem hier die Umstände seiner Deutlichkeit viel günstiger waren. Das verschiedene Aussehen des Halley'schen Kometen bei seinen verschiedenen Erscheinungen läßt sich ganz und gar aus den Umständen erklären, unter denen er auftrat und ganz mit Unrecht hat man ihm eine allmähliche und auffällige Substanzabnahme zugeschrieben. Dieser Himmelskörper, früher ein Gegenstand von Angst und Aberglauben, ist jetzt ein Gegenstand der schönsten wissenschaftlichen Untersuchungen, wodurch der Mensch Gelegenheit bekam, die Kraft seines Geistes zu zeigen.

§. 105.

Der Komet von Encke hat von allen bekannten Kometen die kürzeste Umlaufszeit, da sie nicht mehr beträgt, als ungefähr 1200 Tage und unter allen Kometen ist seine Umlaufszeit am genauesten bestimmt. Auf seiner elliptischen Bahn kommt er der Sonne bald näher als der Planet Mercur, bald entfernt er sich auf $\frac{4}{5}$ des Abstandes des Jupiter von ihr. Er erschien im Jahre 1818 und es zeigte sich, daß er auch in den Jahren 1786, 1795 und 1805 beobachtet wurde. Da dieser Komet zu seinem Umlaufe um die Sonne nicht viel über drei Jahre braucht, so ist nach Auffindung seiner Umlaufszeit sein Erscheinen bereits mehrmals prophezeit worden und er stellte sich auch, wenn es überhaupt möglich war ihn zu sehen, mit wunderbarer Genauigkeit an dem Punkte des Himmels ein, wo er zu bestimmter Zeit erwartet wurde. Der Komet von Encke gehört zu den sehr kleinen Kometen und daher können die Umstände für seine gute Sichtbarkeit leicht ungünstig werden; und er bleibt ganz unsichtbar, wenn er, obschon in der Nähe der Erde, sich nur bei Tage oder in der Dämmerung über dem Horizonte aufhält. Bei seinem Erscheinen im Jahre 1838 waren die Umstände sehr günstig und der Komet ließ sich damals sehr deutlich mit unbewaffnetem Auge unterscheiden. Bei seinem letzten Erscheinen im Jahre 1845 dagegen war er so ausnehmend matt, daß seine Beobachtung nur während sehr kurzer Zeit und nur an einigen Punkten der Erde mittelst der größten Fernröhre gelingen konnte.

Dieser Komet hat uns bereits einige Aufschlüsse über merkwürdige Fragen bezüglich unsres Sonnensystems gegeben, wie wir sehen werden, wenn wir von den Störungen, welche die Körper im Sonnensystem erleiden, handeln werden.

Der Biela'sche Komet hat eine Umlaufszeit von 6 Jahren und 9 Monaten. Diese Umlaufszeit wurde bei seiner Erscheinung im Jahre 1826 entdeckt und es ergab sich, daß er der im Jahre 1772 und 1805 beobachtete Komet war. Dieser Komet kann der Sonne etwas näher kommen als die Erde und sich etwas weiter entfernen als Jupiter. Er gehört zu den sogenannten teleskopischen Kometen, d. h. den Kometen, welche für das bloße Auge unsichtbar sind, und es müssen viele begünstigende Umstände zusammentreffen, um diesen Kometen für das unbewaffnete Auge sichtbar zu machen. Nach dem Jahre 1826 mußte er 1832 zuerst wieder erscheinen, und er wurde damals auch gesehen und beobachtet; bei seiner folgenden Annäherung an die Sonne aber, im Jahre 1839, waren die Umstände für seine Beobachtung zu ungünstig. Bei seinem letzten Erscheinen 1845 und 1846 bot dieser Komet eine merkwürdige Eigenthümlichkeit dar. Man sah ihn vom 29. November 1845 bis Anfang April 1846 und er zeigte sich deutlicher, je nachdem sein Stand zur Sonne und zur Erde günstiger war. Vom 13. Januar an erblickte man ganz in seiner Nähe einen anderen kleinen Kometen, dessen Licht nach und nach zunahm und nach mancherlei Wechsel wieder abnahm, bis er endlich den 30. Mai ganz unsichtbar wurde. Während der ganzen Zeit blieben beide Körper in gleicher Entfernung von einander, welche noch weniger als $^2/_3$ des Abstandes des Mondes von der Erde betrug. Man hat also hier ein Beispiel von einem Kometentrabanten, bei welchem sich jedoch durchaus keine Bewegung des einen um den anderen verrathen hat. Man kann noch durchaus nicht erklären, wie der Trabant allmählich an Helligkeit zunahm, so daß er eine kurze Zeit lang sogar den Biela'schen Kometen an

Helligkeit übertraf, und wie er darauf unter beständiger Abnahme für uns verschwand, als der Komet sich noch sehr gut mit einem kleinen Fernrohr erkennen ließ. Der Biela'sche Komet mit seinem zeitweiligen Trabanten giebt zu vielen Betrachtungen Veranlassung, deren wir uns hier enthalten müssen, welche aber für unsre Kenntniß der Kometen noch einmal sehr furchtbar werden können. Dieser Komet hat noch die merkwürdige Eigenschaft, daß seine Bahn sehr nahe an der Erdbahn hinstreicht, so daß diese zwei Körper einander sehr nahe kommen können. Auch wird die Bahn des Biela'schen Kometen beinahe von der des Encke'schen Kometen durchschnitten, weshalb auch diese zwei Kometen bis auf eine geringe Entfernung sich einander nähern können.

§. 106.

Die drei genannten Kometen sind die einzigen, deren Erscheinung auf eine nun eingetroffene Zeit prophezeit worden ist, und somit auch die einzigen, welche man nach der Prophezeiung ihres Eintrittes hat beobachten können. Die Entdeckung ihrer Umlaufszeit ergab sich großentheils aus der Bemerkung, daß sie schon früher erschienen waren, was sich an der Uebereinstimmung zwischen den bei dem jedesmaligen Erscheinen zurückgelegten Abschnitten ihrer Bahn verrieth. Hätte man jedoch diese Kometen genauer beobachten können, und hätte früher die Berechnung der Kometenbahnen eine höhere Stufe erreicht, so würde man auch weit früher und zwar schon aus einem einzigen Erscheinen derselben ihre Umlaufszeiten genau zu bestimmen im Stande gewesen sein. Jetzt nachdem die Beobachtungskunst sowohl als die Theorie so erstaunliche Fortschritte gemacht hat, sind wir mit den Umlaufszeiten verschiedener Kometen selbst aus den Beobachtungen während eines einmaligen Erscheinens mehr oder weniger genau bekannt geworden. Darunter zeichnen sich vor allen anderen einige aus, welche deshalb eine besondere Erwähnung verdienen.

Der älteste davon ist der Komet von Olbers, welcher im Jahre 1815 erschien und dessen mittlere Umlaufszeit man auf 74 Jahren ungefähr bestimmte. Bei seiner jetzigen Wanderung um die Sonne wird jedoch seine Umlaufszeit durch die Anziehung der Planeten um mehr als zwei Jahre abgekürzt, so daß er zu Anfang des Jahres 1887 wieder erscheinen wird. Die Bewegung des Kometen von Olbers ist ebenso wie die Bewegung des Halley'schen Kometen rückgängig, d. h. er bewegt sich nicht wie die Planeten von Westen nach Osten, sondern von Osten nach Westen. Die Größe und Gestalt seiner Bahn stimmen so ziemlich mit der des Halley'schen Kometen überein. Er gehört zu den sehr matten Kometen, welche nur unter den günstigsten Umständen für das unbewaffnete Auge einigermaßen sichtbar werden können und dies ist vermuthlich der Grund, warum man ihn bei seinen früheren Besuchen nicht entdeckt hat. Ebenso merkwürdig als der Komet von Olbers ist der am 20. Februar 1846 von De Vico zu Rom entdeckte. Die Umlaufszeit beträgt nach den genauen Berechnungen des Leidener Studenten van Deinse 73 Jahre und 3 Monate und während seine Umlaufszeit wenig von der des Halley'schen und Olbers'schen Kometen abweicht, bewegt er sich in einer entgegengesetzten Richtung und also in derselben wie die Planeten.

Vor wenigen Jahren kannte man keine anderen Kometen von sehr kurzen Umlaufszeiten als die von Encke und Biela und legte großen Werth auf sie, da sie für die Erweiterung unsrer Kenntniß von dem Sonnensystem wirklich unentbehrlich sind. Die Fortschritte der Astronomie haben sich jedoch auch in der Entdeckung einer größeren Anzahl solcher Kometen gezeigt und in neuester Zeit kamen zu den zwei bekannten noch drei andere. Diese Kometen sind zwar nur bei einem einzigen Erscheinen beobachtet, ihre Umlaufszeiten kennen wir aber wegen der hohen Vollkommenheit dieser Beobachtungen und der sorgfältigen Berechnung ihrer Bahnen mit großer Genauigkeit. Den ersten dieser Kometen entdeckte Faye zu Paris am 22. November 1843; er hat eine Umlaufszeit von 7 Jahren und 5 Monaten. Seine Bahn ist unter allen bekannten Kometenbahnen am wenigsten in die Länge gezogen, dennoch aber weicht sie dergestalt von einem Kreise ab, daß der Komet zu der einen Zeit viermal weiter als zur anderen von der Sonne entfernt ist. Der zweite dieser Kometen ist derjenige, welchen De Vico zu Rom am 22. August 1844 entdeckte, mit einer Umlaufszeit von 6 Jahren und 7 Monaten. Der dritte ist von Brorsen zu Kiel am 26. Februar 1846 entdeckt und hat eine Umlaufszeit von 5 Jahren und 2 Monaten. Diese drei Kometen bewegen sich, wie die Kometen von Encke und Biela, sämmtlich in derselben Richtung wie die Planeten. Sie sind sämmtlich selbst unter ziemlich günstigen Umständen für das bloße Auge unsichtbar und können auch, wenn sie in die Nähe der Sonne kommen, nöch weit genug von der Erde entfernt bleiben, oder zu sehr in der Dämmerung über dem Horizont verweilen, um selbst durch Fernröhre sichtbar zu sein. Die Bahn des Brorsen'schen Kometen geht sehr nahe an der der Venus vorüber, während der Komet von De Vico dem Planeten Mars sehr nahe kommen kann. Man versuchte, diese Kometen unter anderen, früher erschienenen Kometen wiederzufinden. Dieses ist nur mit dem De Vico'schen Kometen gelungen, welcher ohne Zweifel schon im Jahre 1678 gesehen worden ist.

§. 107.

Oft hat man sich Mühe gegeben, die ganze Bahn und somit die Umlaufszeit eines Kometen, von welchem nur Beobachtungen während eines einmaligen Erscheinens vorlagen, zu bestimmen. Wie glücklich man aber auch dabei sein mochte, so konnte man doch keine so genauen Resultate erhalten, als von den schon besprochenen Kometen. Auch hat man sich in diesem Jahrhundert sehr beeifert, aus den weniger vollkommnen Beobachtungen von Kometen früherer Zeit die besten Resultate zu ziehen und es ist auch bei einigen wenigen die Bestimmung der Umlaufszeit gelungen. Sehr merkwürdig ist der Komet vom Jahre 1770 wegen der besonders kurzen Umlaufszeit und wegen der hohen Genauigkeit, mit welcher sich dieselbe bestimmen ließ. Sie beträgt nur 5 Jahr und 7 Monate. Man sollte glauben, daß dieser Komet nach seinem Erscheinen im genannten Jahre sehr oft wieder zu Gesicht gekommen sein müßte, aber gewiß ist seine Bahn durch die Anziehung der Planeten sehr stark abgeändert worden, so daß man ihn später an seiner Bahn nicht wieder erkennen konnte, wenn man nicht diese Veränderungen berechnen wollte, was aber für so große Zeiträume, wie seit 1770 verflossen sind, kaum ausführbar ist. Von anderen in früherer oder späterer Zeit erschienenen Kometen hat man die Umlaufszeit, wenn auch weniger genau, bestimmen können. Bei einigen Kometen hat man Umlaufszeiten von Tausenden von Jahren gefunden. Im Allgemeinen aber sind sie um so ungenauer bestimmt, je größer sie sind; und bleiben sie uns trotz aller Anstrengungen unbekannt, so ist dies meist eine Folge ihrer außerordentlichen Größe.

Unter den Kometen mit mehr oder weniger genau bestimmter Umlaufszeit ist der berüchtigte Komet des Jahres 1680 der merkwürdigste. In früherer Zeit hat man diesem Kometen sehr willkürlich eine Umlaufszeit von 575 Jahren zugeschrieben und glaubte damit die Erscheinung dieses Kometen bis in das früheste Alterthum nachzuweisen. Man hielt dafür, daß er der bei der Belagerung von Troja erschienene Komet gewesen sei und ging sogar so weit, ihn als die Ursache der Sündfluth zu betrachten.

Diese Traumbilder wurden jedoch durch eine strenge Untersuchung des Astronomen Encke zerstreut, welcher aus den Beobachtungen eine Umlaufszeit von 8800 Jahren fand. Von allen bekannten Kometen hat dieser die länglichste Bahn. Seine geringste Entfernung von der Sonne beträgt nur $1/_{6000}$ der Entfernung der Erde von der Sonne und in seiner größten Entfernung ist er 85 mal weiter als die Erde von der Sonne entfernt, so daß er zu der einen Zeit 14000 mal weiter von der Sonne entfernt ist, als zur anderen. Von den bei anderen Kometen gefundenen Umlaufszeiten werden wir nur die vorzüglichsten erwähnen. Der Komet des Jahres 1763 hat eine Umlaufszeit von 7300 Jahren, der von 1769 von ungefähr 2100 Jahren, welche aber nicht bis auf einige Jahrhunderte genau bestimmt werden kann. Der große Komet des Jahres 1807 hat eine Umlaufszeit von 1700 Jahren und der noch größere des Jahres 1811 eine von 3100 Jahren. Für den Kometen des Jahres 1812 hat man eine Umlaufszeit von 71 Jahren gefunden, für den vierten Kometen des Jahres 1822 eine von 194 Jahren und für den zweiten Kometen des Jahres 1825 eine von 394 Jahren. Der am 26. Juni 1845 von Peters zu Neapel entdeckte Komet scheint die verhältnißmäßig kurze Umlaufszeit von 16 Jahren ungefähr zu haben, welche aber noch nicht genau hat bestimmt werden können. Dies mag hinreichen, um von den Umlaufszeiten der Kometen einen allgemeinen Begriff zu geben.

§. 108.

Wenn die bei einem einzelnen Erscheinen eines Kometen gemachten Beobachtungen die Bestimmung seiner ganzen Bahn und seiner Umlaufszeit nicht zulassen, so ist es, wie wir sahen, noch möglich, sie auf anderem Wege zu finden. Sieht man, daß zwei zu verschiedenen Zeiten erschienene Kometen denselben Weg in unserer Nähe zurückgelegt haben, so kann man diese Kometen auch für denselben Körper halten, der nach einem oder mehreren Umläufen um die Sonne auf's Neue erschienen ist. Wenn sich nun in solchem Falle aus den Beobachtungen bestimmen läßt, wie vielmal sich der Komet in der Zwischenzeit um die Sonne bewegt haben muß, so kann man auf die einfachste Weise und mit Genauigkeit seine Umlaufszeit bestimmen. Solche

Uebereinstimmungen zwischen den von den Kometen in unserer Nähe zurückgelegten Wegen hat man oft aufgefunden und daraus geschlossen, daß sie ein und derselbe Körper sein müßten. Die merkwürdigsten davon sind die Kometen des Jahres 1264 und 1556, deren Wege durch unser Sonnensystem so genau zusammenfallen, daß man an der Uebereinstimmung beider Körper kaum zweifeln kann. Sie müssen ein und derselbe Komet gewesen sein, welcher in 292 Jahren ungefähr seine Bahn um die Sonne vollendet und der, wenn er durch die Anziehung der Planeten keine Störung einer Bewegung erfahren hätte, im Jahre 1849 wieder erschienen wäre. Ein Holländischer Astronom, Herr Bomme zu Middelburg, hat den Einfluß, welchen die Anziehung der Planeten auf die Umlaufszeit dieses Körpers äußern muß, der Berechnung unterworfen und gefunden, daß, wenn beide Kometen wirklich ein und derselbe Körper sind, derselbe erst um das Jahr 1858 wieder in die Nähe der Erde kommen kann. Ebenso läßt die große Uebereinstimmung zwischen den Kometen der Jahre 1097 und dem dritten Kometen von 1840 vermuthen, daß sie ein und derselbe Körper gewesen sind, der in 371 Jahren seine Bahn um die Sonne beschreibt. Eine neuere Untersuchung hat auch zwischen den Kometen von 1299, 1468 und 1799 eine große Uebereinstimmung herausgestellt, der zufolge sie ein und derselbe Körper zu sein scheinen, welcher binnen 167 Jahren die Sonne umkreist. Viel Aehnlichkeit besteht auch zwischen den Bahnen der Kometen von 1506 und 1780. Obschon die Bahn des Kometen vom Jahre 1766 von der des zweiten Kometen von 1819 bedeutend abweicht, so hat man doch Gründe, sie für einen und denselben Körper zu halten, der aber durch die Anziehung der Planeten großen Störungen unterworfen ist. Dasselbe gilt auch von dem Kometen des Jahres 1743 und dem dritten des Jahres 1819, von welchem man selbst vermuthet, daß seine Umlaufszeit nach dem Jahre 1817, wo er dem Planeten Jupiter sehr nahe kam, nicht über 5 ½ Jahre beträgt; jedoch konnte man ihn nach dem Jahre 1819 nicht wieder mit Sicherheit auffinden. Von einigen in den allerletzten Jahren erschienenen Kometen vermuthet man, daß sie auch schon in früherer Zeit beobachtet wurden. So ist der im Monat März 1843 so viel Aufsehen erregende Komet — welcher unter allen bekannten Kometen der Sonne am nächsten kam, so daß er beinahe an ihrer Oberfläche hinstreifte und der am 28. Februar jenes Jahres sich selbst am hellen Tage sehen ließ — höchst wahrscheinlich auch im Jahre 1688 erschienen und es ist zu vermuthen, daß er in der Zwischenzeit mehr als einmal seine Bahn um die Sonne vollendet hat. Man hat gemeint, den Kometen von Faye in dem merkwürdigen Kometen vom Jahre 1770 und den Brorsen'schen Kometen in dem des Jahres 1532 wiederzusehen. Daß über die meisten dieser Uebereinstimmungen noch einige Unsicherheit besteht, ist eine natürliche Folge der Unvollkommenheit der früheren Beobachtungen, der großen Störungen, welche die Kometen in ihrem Laufe erfahren und der Unmöglichkeit, die Berechnung dieser Störungen über sehr große Zeiträume auszudehnen. Nach und nach wird sich jedoch diese Unsicherheit verringern und in volle Ueberzeugung übergehen.

§. 109.

Indem wir zur Betrachtung der Natur der Kometen übergehen, bemerken wir zuerst, daß diese Körper in der Regel aus drei verschiedenen Theilen bestehen, aus dem Kopf nämlich, dem Kern und dem Schwanz oder Schweif. Der Kopf ist allen Kometen eigen und oft bildet er allein den ganzen Kometen. Er erscheint als ein leichter wolkenähnlicher Fleck am Himmel, bei welchem das Licht fast immer mehr oder weniger in der Mitte sich anhäuft und ringsum verschmelzend sich ohne scharfe Grenze im Grunde des Himmels verliert. Die Kometen sehen ungefähr wie leichte Wölkchen aus, wie man solche hin und wieder bei Mondschein an dem sonst heiteren Himmel gewahrt. Der Kopf der Kometen ist gewöhnlich von ungeheurem Umfang und besteht immer aus einem nebelähnlichen Stoff von unbegreiflicher Leichtigkeit. Zuweilen ist er sehr hell, aber bei den allermeisten Kometen so matt, daß man ihn nur mit einem Fernrohre sehen kann, in welchen Fällen gewöhnlich auch der ganze Komet für das unbewaffnete Auge unsichtbar ist, da der Kopf fast immer den vorzüglichsten Theil des Kometen ausmacht. Der Kern zeigt sich oft als ein heller Punkt oder ein helles nicht scharf begrenztes Scheibchen inmitten des Kopfes; zuweilen ist er jedoch auch von unregelmäßiger Gestalt und nimmt nicht immer die Mitte des Kopfes ein. Oft ist der Kern von einem dunkeln Rande umgeben und bei dem Halley'schen Kometen sah man im Jahre 1835 ein Lichtbüschel aus dem Kerne hervortreten, welches großen Veränderungen unterworfen war, aus welchen sich ergab, daß der Kern pendelähnliche Schwingungen mache. Etwas Aehnliches hatte man auch bei den früheren Erscheinungen dieses Kometen an dem Kerne beobachtet und es ist wahrscheinlich, daß eine solche Wirkung, wenn nicht bei allen, so doch bei mehreren Kometen, wo sie noch nicht beobachtet wurde, stattfindet. Der Kern ist zwar derjenige Theil, welcher das meiste Licht giebt, aber er ist keineswegs ein fester Körper; denn so oft der Kern eines Kometen an einem Sterne vorübergeht, sah man den Stern, selbst wenn er nur mattes Licht hatte, mit ungeschwächtem Lichte durch den Kern hindurchschimmern. Ja man hat noch nicht einmal entdecken können, daß das Licht des Sternes, welcher durch einen Kometenkern hinging, einige Brechung oder Beugung erfuhr, wie dies in der Atmosphäre unsrer Erde geschieht. Sehr viele Kometen verrathen keine Spur eines Kernes, so daß der Kern kein wesentlicher Theil der Kometen sein kann. — Der Schweif des Kometen ist eine Verlängerung oder eine Fortsetzung des Kopfes und scheint damit in seiner Beschaffenheit ganz übereinzustimmen. Viele

Kometen zeigen durchaus keinen Schweif, andere haben einen Schweif von ungemeiner Länge. So hatten die Kometen von 1680 und 1811 Schweife, deren wirkliche Länge nicht weniger als 20 Millionen geogr. Meilen betrug. Einige Kometen hatten mehr als einen Schweif, so der vom Jahre 1744 mit 6 Schweifen, welche sich in Fächerform ausbreiteten. Oft sieht man mitten durch den Schweif einen dunkeln Streifen über seine ganze Länge hingehen, wie es geschehen muß, wenn der Schweif inwendig hohl ist. An der Stelle, wo Kopf und Schweif zusammen kommen, sind sie gewöhnlich gleich breit; von hier an aber läuft der Schweif in der Regel breiter aus und oft etwas gekrümmt. Der Schweif befindet sich immer an der von der Sonne abgewendeten Seite des Kometen und fängt erst in der Nähe der Sonne an, sich aus dem Kopfe zu entwickeln, während er mit der Entfernung des Kometen von der Sonne immer kleiner wird und endlich ganz verschwindet. Diese Umstände beweisen, daß sich der Schweif durch die Wirkung der Sonne aus dem Kopfe entwickelt. Worin aber diese Wirkung besteht, ist uns noch ein Geheimniß. Der große Komet des Jahres 1843, welcher uns nicht eher zu Gesicht kam, als bis er auf einen so äußerst geringen Abstand von der Sonne gekommen war, hatte einen sehr großen und hellen Schweif, welchen Jeder bemerkte, während sein Kopf sich kaum mit einem Fernrohr sehen ließ. Durch seine große Nähe bei der Sonne scheint sich der Kopf fast ganz aufgelöst zu haben und in Schweif übergegangen zu sein. Den Einfluß der Sonne auf die Kometen-Schweife ersieht man auch daraus, daß sie, kurz nachdem die Kometen auf ihren kürzesten Abstand von der Sonne gekommen, immer am größten sind. Verschiedene Umstände, als z. B. die größere oder geringere Reinheit der Luft, Dunkelheit, Dämmerung und Mondschein haben einen großen Einfluß auf das Aussehen eines Kometen, so daß man an diesen Körpern oft von einem Tage zum anderen bedeutende Veränderungen zu bemerken glaubt, welche jedoch nur in den Umständen, unter denen man sie beobachtet, liegen. Es ist jedoch gewiß, daß die Kometen selbst allerlei Veränderungen erfahren; denn sie verändern mit ihrer Entfernung von der Sonne nicht nur den Schweif, sondern auch den Kopf sieht man oft sich regelmäßig verändern. Der Encke'sche Komet hatte bei jedem neuen Erscheinen ein anderes Aussehen, und oft hat man einen Kometen während eines einmaligen Erscheinens große Veränderungen in kleinen Zeiträumen durchmachen sehen, ohne daß man sie aus den Umständen, unter denen man ihn beobachtete, zu erklären im Stande war. Ueber den Ursprung der Kometen und die Natur der Substanz, aus welcher sie bestehen, hat man so viele Meinungen aufgestellt, daß ihre Aufzählung ganze Bücher füllen könnte. Da sie sämmtlich unbewiesen sind, so übergehen wir sie hier und trösten uns, nicht zu wissen, was wir nicht wissen können.

§. 110.

Nachdem man die Kometen als Himmelskörper, deren Bewegung denselben Gesetzen, wie unsre eigne Erde, unterworfen ist, deren Erscheinen man selbst vorausbestimmen kann, kennen gelernt hatte, so war man gezwungen, die Idee aufzugeben, welche diesen Körpern als einzige Bestimmung zuschrieb, dem Menschengeschlecht drohendes Unheil anzukündigen. Bald aber fing man an, eine andere und scheinbar nicht so ganz unbegründete Furcht vor diesen Körpern zu hegen. Aus dem Obigen erhellt, daß die Menge der bereits beobachteten Kometen die der bestehenden Planeten bei Weitem übertrifft, in noch größerem Maße aber muß die Menge der wirklich vorhandenen Kometen die Zahl der bis jetzt beobachteten übersteigen. In früheren Jahrhunderten sah man aus Mangel an Fernröhren nur diejenigen Kometen, welche für das bloße Auge sichtbar waren und nur die größten hielt die Geschichte einer besonderen Erwähnung werth. Bei weitem die meisten aber mußten dem Auge entgehen, indem sogar viele für das bloße Auge sonst sichtbare Kometen nicht wahrgenommen werden konnten, wenn sie sich nur bei Tage über dem Horizonte aufhielten oder nur für die südliche Erdhälfte erschienen, wo man sich früher wenig um die Himmelskörper bekümmerte. Man hat in späterer Zeit entdeckt, daß bei weitem die meisten Kometen nur durch gute Fernröhre wahrgenommen werden können und je eifriger man ihnen nachspürte, eine desto größere Menge fand man von diesen Körpern. Im Jahre 1846 allein hat man nicht weniger als acht neue Kometen entdeckt, welche sämmtlich für das bloße Auge unsichtbar waren. Die Zahl der vorhandenen Kometen muß also sehr groß sein und dies ergiebt sich auch daraus, daß die Geschichte von mehr als 500 der allerhellsten spricht. Der Astronom Littrow schätzte ihre Zahl, auf annehmbare Gründe hin, auf eine halbe Million ungefähr und will man auch diese Summe als übertrieben betrachten, so läßt sie sich dennoch kaum auf ein Fünftel herabsetzen und wir hätten immer noch hunderttausend. Schon seit langer Zeit hatte man einen Begriff von der großen Menge der Kometen und war deshalb sehr in Furcht, daß früher oder später einer dieser Körper mit der Erde zusammenstoßen möchte, wovon man sich die schrecklichsten Folgen vorstellte. Aber man bedachte nicht, daß diese Tausende von Körpern sich auch in einem entsetzlich großen Raum bewegen und daß die Wahrscheinlichkeit des Zusammentreffens eines Kometen mit der Erde sich berechnen läßt. Olbers hat diese Berechnung ausgeführt und bewiesen, daß das Zusammenstoßen eines Kometen mit der Erde in eines Menschen Lebzeit zu fürchten, eben soviel heiße, als zu erwarten, daß man aus einer Urne unter zwei Millionen weißen die einzige schwarze Kugel auf den ersten besten Griff herausgreifen würde. Die Wahrscheinlichkeit eines solchen Zusammenstoßes ist so gering, daß sie nahe an die Unmöglichkeit grenzt. So viel ist gewiß, daß, wenn sich ein solches Zusammentreffen wirklich einmal ereignen sollte, der Komet mehr von der Erde als die Erde vom Kometen zu leiden haben würde.

§. 111.

Immer hat man die Kometen mit dem ungerechtesten Verdachte verfolgt. Als man aber gezwungen war, zuzugeben, daß sie uns durch keine übernatürlichen Wirkungen schaden können, hielt man doch an der alten Idee fest, und ließ sie durch natürliche Ursachen allerlei Unheil über die armen Erdbewohner bringen. Erdbeben, Ausbrüche feuerspeiender Berge, außerordentliche Wasserfluthen, große Hitze und Kälte, ansteckende Krankheiten, Mißwachs und andere Plagen unsres Geschlechts glaubte man lange für die bösen Wirkungen des Erscheinens eines Kometen halten zu müssen, ohne sich jedoch die Mühe zu nehmen, über die Möglichkeit oder Unmöglichkeit derselben irgend nachzudenken. Es ist keine natürliche Wirkung der Kometen auf unsre Erde denkbar als diejenige, welche aus ihrer Anziehungskraft hervorgeht. Welchen Einfluß üben denn nun die großen Planeten auf uns aus, obschon ihre Masse um Tausende und vielleicht Millionenmal größer ist als die der Kometen? Der Mond, welcher uns soviel näher als alle anderen Himmelskörper ist und dessen Anziehungskraft deswegen die für uns so ansehnliche Ebbe und Fluth des Meeres bewirkt, übt auf die Beschaffenheit der Atmosphäre einen so geringen Einfluß aus, daß er nur aus genauen langjährigen Beobachtungen aufgefunden werden konnte. Und dieser Einfluß des Mondes grenzt selbst für unsre feinsten Instrumente so nahe an's Unmerkliche, daß er von Vielen noch gänzlich bezweifelt wird. Wenn selbst der Mond einigen Einfluß auf Menschen und Thiere ausübt, was aber von Aerzten, welche zugleich Astronomen waren, nie unzweifelhaft beobachtet wurde, so läßt sich dieser geringe Einfluß auf die kleine Ebbe und Fluth zurückzuführen, welche der Mond auch in unsrer Atmosphäre hervorbringen muß. Die uns so nahe kommenden Planeten Venus und Mars haben nie den geringsten Einfluß auf die Erde verrathen — und man wollte einem Kometen die schrecklichsten Wirkungen zuschreiben, selbst dann, wenn er ungemein viel weiter von uns entfernt war. Wir kennen den Zweck der Kometen in der Schöpfung nicht, aber soviel ist gewiß, daß sie nicht, wie einige früheren Astronomen glaubten, die Bestimmung haben, die Unordnung auszugleichen, welche, wie man glaubte, durch die Anziehung der Planeten im ganzen Systeme entstehen müßte; außerdem wissen wir, daß sie für uns ganz unschädliche Himmelskörper sind. Es fehlt ihnen sogar gänzlich die Kraft, uns irgendwie zu benachtheiligen, indem sie bei noch so großem Umfang unbegreiflich wenig Stoff enthalten. Die Prophezeiungen über die Orte, welche die Planeten zu gegebenen Zeitpunkten am Himmel einnehmen sollen, gehen genau in Erfüllung und sie beruhen ganz auf dem Grundsatz, daß die Kometen, soviel Tausende ihrer sind, im Laufe eines Planeten nicht die geringste Störung bewirken können. Der Komet des Jahres 1770 ist an dem Trabantensystem Jupiters sehr nahe vorübergegangen und wiewohl seine Bahn durch die Anziehung desselben gänzlich verändert ist, so hat er sie doch nicht im Geringsten gestört. Derselbe Komet kam der Erde bis auf einen Abstand nahe, welcher nur sechs mal die Entfernung des Mondes übersteigt. Wäre seine Masse der Masse der Erde gleich gewesen, so würde er, wie sich beweisen läßt, eine Anziehung auf die Erde ausgeübt haben, wodurch diese für immer der Sonne näher gerückt wäre, so daß die Länge unseres Jahrs für alle zukünftigen Jahrhunderte drei Stunden abgenommen haben würde. Nun hat man aber seit jener Zeit durchaus keine Verminderung der Jahreslänge bemerkt, was die Beobachtungen, selbst wenn es nur eine einzige Secunde gewesen wäre, gewiß verrathen hätten. Daraus ergiebt sich, daß die Masse dieses Kometen trotz seines großen Umfangs nicht den zehntausendsten Theil der Masse der Erde betragen haben kann. Nach diesem

Beispiel können wir uns ein Bild von der unbegreiflichen Leichtigkeit des Stoffes machen, aus welchem ein Komet bestehen muß, und daraus schließen, daß wir höchst wahrscheinlich nichts davon merken würden, selbst wenn die Erde quer durch den Schweif oder den Kopf eines Kometen hindurchginge. Daß ein solcher Körper selbst aus weiter Ferne Erdbeben, Krankheiten oder andere Zufälle verursachen könnte, widerstreitet nicht nur allen Naturgesetzen, sondern selbst dem gesunden Verstande. Um der Schwachheit derer entgegen zu arbeiten, welche durch thörichte Furcht ihren Verstand so einnehmen lassen, daß sie für keine Vernunftgründe mehr zugänglich sind, hat der Astronom Littrow die Mühe nicht gescheut, die geschichtlichen Ereignisse und die Beobachtungen über die Beschaffenheit unsrer Atmosphäre mit dem Erscheinen von Kometen zu vergleichen und so hat er auch für den Unwissendsten aus der Erfahrung bewiesen, daß die Kometen ohne allen Einfluß, sowohl auf die Erde als auf ihre Bewohner, sowohl auf ihren Wärmegrad als auf ihre Fruchtbarkeit sind.

§. 112.

Obschon man sehr spät erst die Kometen auf wissenschaftliche Weise zu beobachten anfing, so hat man doch sehr früh über diese Körper geschrieben und es haben sogar sehr viele Philosophen des Alterthums ihre meist ungereimten Ideen über diese Körper auf uns vererbt. Anaxagoras, Democritus und die Stoiker hielten die Kometen für Bildungen, welche dann entstehen müssen, wenn die Planeten vor unseren Augen zusammenkommen und an dieser ungereimten Idee klebte man bis vor einigen Jahrhunderten, wie wenig es sich auch mit der Aristotelischen Ansicht in Einklang bringen ließ. Strato von Lampsacus hielt die Kometen für Sterne, welche durch leichte Wolken hindurchschimmern und auch Andere, als Hippocrates und Aeschylus, hielten die Kometenschweife für reine Täuschung.

Heraclides sah die Kometen für Wolken an, welche sich hoch über die Erde erheben, während Apollonius und die Pythagoräer die Kometen in Allgemeinen als Himmelskörper betrachteten, welche den Raum unsres Sonnensystems durchwandeln und nur in Form und Stoff von den Planeten verschieden seien. Der Ausspruch des Aristoteles, daß die Kometen Meteore seien, welche aus den von der Erde aufsteigenden Dämpfen entstehen, fand, wie wir sahen, im Alterthum und dem Mittelalter den meisten Beifall. Aristoteles hat die Kometen nach ihrem Aussehen beschrieben und in Klassen eingetheilt. Dasselbe that Plinius. Seneca zeichnete sich durch seine richtigen Begriffe über die Kometen sehr vortheilhaft aus. Die Alten haben sehr oft über die Kometen gehandelt, uns aber über diese Körper kaum mehr nachgelassen, als daß sie dieselbe als Propheten großen Unheils hinstellten, wofür sie durch das ganze Alterthum und das Mittelalter hindurch bis nach Newton's Zeit fast allgemein galten. In den Chroniken früherer und späterer Zeit werden die Kometen stets aufgeführt und als schreckenerregende Lufterscheinungen beschrieben, wobei sich zugleich die Angst verräth, mit welcher man diese Gegenstände beschaute. Die Schriften aus früherer und späterer Zeit über die Bedeutung der Kometen und ihren Einfluß auf das Geschick der Erdbewohner sind wegen ihrer Menge kaum zu zählen. Bei weitem die meisten dieser Schriften vertheidigen diesen Einfluß, während nur sehr wenige Verfasser, wie z. B. Bekker, Keppler und Graevius ihn gegen die Mitte des 16. Jahrhunderts streitig machten. Oft hat man sich Mühe gegeben, alle Prophezeiungen und Beschreibungen von Kometen zu sammeln und von diesen Kometenverzeichnissen früherer Zeit ist das von Lubienitz, womit vorzüglich beabsicht wurde die so lang vor den Kometen gehegte Furcht zu bannen, am vollständigsten. Das erste größere und streng wissenschaftliche Werk über die Kometen ist die Cometographia von Hevelius. Dieser Folioband von mehr als

900 Seiten erschien im Jahre 1668 und enthält eine Menge älteren Beschreibungen entlehnter Abbildungen von Kometen in der Gestalt von Säbeln, Dolchen, Schwertern und Geißelruthen. Seitdem sich die Angst vor den Kometen vermindert hat, wurden solche schreckenerregende Formen nicht mehr gesehen. Hevelius hat noch zwei andere Folianten über die Kometen vor der Zeit, daß die Kometentheorie durch Newton begründet worden war, geschrieben, ohne daß man sagen könnte, daß Hevelius, obschon er einen glücklichen Gedanken hatte, mit allen seinen dickleibigen Büchern die Kenntniß der Kometen ansehnlich gefördert hat. Die ältesten Beobachtungen über die Kometen geben uns höchstens eine rohe Vorstellung von dem Wege, welchen sie durch die Sterne hin zurückzulegen schienen; oft aber wurde diese Angabe, welche einzig für uns jetzt Werth haben kann, ganz vernachlässigt, dafür aber eine ausführliche Beschreibung des schrecklichen Anblicks des Kometen gegeben, welche uns jetzt ganz gleichgültig ist. Die Bewegung der Kometen wurde mit einiger Genauigkeit von Regiomontanus im 15. Jahrhundert und nachher von Appianus beobachtet, welcher zu Anfang des 16. Jahrhunderts wahrnahm, daß die Schweife der Kometen von der Sonne abgewendet sind und diesen Umstand durch seine Beobachtungen zu erforschen suchte. Im 16. Jahrhundert fanden die Kometen einen sehr eifrigen Beobachter an dem berühmten Tycho, dessen Beispiele im 17. Jahrhundert Viele folgten, bis die Kometen zu Anfang des 18. Jahrhunderts in die Reihe der Himmelskörper aufgenommen wurden und dem lebhaften Eifer der Astronomen nicht mehr entgingen.

Abschnitt IX.

Die Sternschnuppen und das Zodiakallicht.

---

§. 113.

Unsre Kenntniß von den Körpern des Sonnensystems läßt uns billig die Vortrefflichkeit des menschlichen Geistes rühmen, aber wir können uns dennoch nicht verhehlen, daß der Himmel noch täglich auffallende Erscheinungen als unzweideutige Beweise unserer Ohnmacht zeigt. Wir kennen die Bewegung der Planeten und der Kometen mit bewunderungswürdiger Genauigkeit und sind auch über die Natur der vorzüglichsten Körper unsers Sonnensystems trotz der großen Ferne keineswegs ganz im Dunkeln. Andere Erscheinungen aber gehen oft an unserem Auge vorüber, von denen wir nicht einmal mit Sicherheit wissen, ob sie dem Himmel oder der Erde angehören, und von welchen wir nur dies mit voller Ueberzeugung behaupten können, daß sie innerhalb des unserm Sonnensysteme angewiesenen Raumes sich befinden. Wir meinen hier besonders die sogenannten Sternschnuppen, Sternschüsse und das Zodiakallicht, Erscheinungen, welche man schon vor Jahrhunderten kannte, über die schon seit langer Zeit viel geschrieben und gedacht worden und deren wahre Natur uns bis heute unbekannt geblieben ist. Diese Erscheinungen gehen sicher nicht in den unteren Schichten unsrer Atmosphäre, wo die Wolken sich bilden und die eigentlichen Lufterscheinungen entstehen, vor sich. Sie scheinen sogar von der Erde und ihren Bewegungen ganz unabhängig, so daß ihre Betrachtung viel mehr zur Astronomie, als zur Physik gehört, wie denn auch die Astronomen sich der Beobachtung dieser Erscheinungen mehr angenommen haben. Wir glaubten daher auch diese Erscheinungen, welche die allgemeine Aufmerksamkeit so oft fesseln, nicht durchaus mit Stillschweigen übergehen zu dürfen, wenn wir auch nicht im Stande sind, eine vollständige Erklärung zu geben. Wir werden uns aber aller Einzelheiten über eine andre Erscheinung enthalten müssen, welche man einst ohne genügende Gründe mit den Sternschnuppen und dem Zodiakallicht in Zusammenhang zu bringen strebte, nämlich über das sogenannte Nordlicht. Ohne Zweifel gehört es der Atmosphäre unsrer Erde an, so daß seine Betrachtung eigentlich nicht hieher gehört, sondern den Schriften über Physik überlassen bleiben muß. Das Nordlicht, eins der prächtigsten Schauspiele für das Auge, steht offenbar mit der Wärme auf den verschiedenen Orten der Erde in genauem Zusammenhang, indem es in kalten Gegenden viel mannichfacher und prächtiger als in warmen Strecken beobachtet wird. Der schräge Lichtgürtel, welchen es am Himmel zeigt, hat seine höchsten Punkte immer in der Richtung, welche durch die Magnetnadel angewiesen wird, und die aus diesem Gürtel aufsteigenden Feuersäulen, welche sich oft in der Nähe des Scheitelpunkts des Beobachters in eine Lichtkrone vereinigen, laufen der schrägen Richtung, welche eine genau in ihrem Schwerpunkte unterstützte Magnetnadel annimmt, parallel. Das Nordlicht wechselt seine Stellung zu den uns umringenden Gegenständen nicht; nimmt also an der täglichen Bewegung der Erde Theil. Alle diese Umstände beweisen, daß es der Erde angehört, wenn es auch in höheren Regionen der Atmosphäre, über dem Striche, wo der große Witterungswechsel und die sicht- und fühlbaren Lufterscheinungen vor sich gehen, seinen Sitz hat. Um dieser Gründe willen werden wir des Nordlichts nicht weiter gedenken; um so mehr, als seine genaue Behandlung einen hier für andere Gegenstände bestimmten Raum uns rauben würde. Auch über die Sternschnuppen und über das Zodiakallicht werden wir sehr kurz sein müssen; denn über die Beobachtungen dieser Erscheinungen und die einander fortwährend verdrängenden Ansichten, welche man zur Erklärung ihres Wesens vorbrachte, ist so Vieles zu berichten, daß der Astronom Benzenberg im Jahre 1839 ein Werk von 350 Seiten in groß Octav ausschließlich über Sternschnuppen schreiben konnte, ohne daß dadurch hinreichender Aufschluß gewonnen wurde.

§. 114.

Die sogenannten Sternschnuppen oder Sternschüsse sind leuchtende Punkte, welche oft unerwartet am nächtlichen Himmel auftauchen und mit großer Geschwindigkeit ihren Weg durch die Sterne hin nehmen, um nach wenig Augenblicken wieder zu verschwinden. Sie sind verschieden hell, wie die verschiedenen Sterne am Himmel auch. Einige erscheinen dem unbewaffneten Auge sehr matt, andere verrathen sich nur in dem Fernrohr; zuweilen aber erblickt man so helle Sternschnuppen, daß sie Venus und Jupiter an Glanz übertreffen. Auf ihrer Laufbahn lassen sie oft einen Lichtstreifen zurück, welcher mit dem Lichtpunkte selbst gewöhnlich nicht in unmittelbarer Berührung ist und meistens noch einige Augenblicke nach dem Verschwinden der Sternschnuppe sichtbar bleibt. Nie dauert ihre Erscheinung länger, als einige wenige Secunden. Der von ihnen am Himmel zurückgelegte Weg ist meist eine gerade Linie, zuweilen aber auch gebogen und dann und wann hat man sie in Schlängelungen über den Himmel hinziehen sehen. Bei bewölktem Himmel sieht man sie gar nicht, was beweist, daß sie sich über den Wolken aufhalten. Mondschein ist hinreichend, um ihr Licht bedeutend zu verdunkeln und selten oder nie sind sie hell genug, um mitten am Tage wahrgenommen werden zu können. Man sieht die Sternschnuppen zu allen Zeiten des Jahres und kaum verstreicht eine Nacht, ohne daß man nicht wenigstens einige dieser Erscheinungen beobachten kann. Jedoch kommen sie zu der einen Zeit in größerer Menge als zu der anderen zum Vorschein und es giebt bestimmte Tage im Jahre, an denen man beinahe gewiß sein kann, in einer einzigen hellen Nacht Hunderte solcher Erscheinungen wahrnehmen zu können.

§. 115.

Schon bei den Schriftstellern des frühesten Alterthums findet man Sterne erwähnt, welche vom Himmel fielen und die nichts Anderes gewesen sein können, als diejenigen Erscheinungen, welche wir Sternschnuppen nennen, obgleich die Geschwindigkeit ihrer scheinbaren Bewegung uns schon beweist, daß sie mit nichts weniger als mit den eigentlichen Sternen verglichen werden können. Man kannte sie schon lange vor Anfang unsrer Zeitrechnung und über den ganzen zwischen uns und dem Alterthum gelegenen Zeitraum finden wir Nachrichten davon zerstreut. Erst zu Ende des vorigen Jahrhunderts kamen zwei damals noch junge Astronomen, Benzenberg und Brandes auf die Idee, dieser Erscheinung eine größere Aufmerksamkeit zu widmen, um möglicherweise auf diesem Wege eine Erklärung zu finden, über welche man sich bis dahin gar nicht bekümmert hatte. Man hielt sie ohne bestimmten Grund für eine Art von Wetterleuchten in den höchsten Strichen unsrer Atmosphäre und damit gab man sich zufrieden. Benzenberg und Brandes begriffen sehr richtig, daß der erste Schritt zur Erläuterung ihres Wesens die Bestimmung der Entfernung dieser Erscheinungen von uns sei und strebten zu dieser Bestimmung zu kommen, indem sie dieselben Sternschnuppen an verschiedenen auf einige Stunden von einander entfernten Orten beobachteten. Beide Forscher nun betrachteten diese Erscheinungen aus verschiedenen Gesichtspunkten, so daß sie deren Anfang und deren Ende mit verschiedenen festen Punkten am Himmel, d. h. mit verschiedenen Sternen mußten zusammenfallen sehen. Aus der Größe dieses Unterschieds nun ließ sich ihre Entfernung berechnen. Jedoch war es sehr schwer, bei so äußerst flüchtigen Himmelserscheinungen den Punkt ihres Anfangs und ihres Endes mit Genauigkeit zu bestimmen und es war auch nicht immer leicht, die Ueberzeugung zu gewinnen, daß man an beiden Orten wirklich dieselben Sternschnuppen beobachtet habe. So kam es, daß man den Resultaten von Benzenberg und Brandes um so weniger völlige Sicherheit zusprechen konnte, als sie sich einer weniger geeigneten Rechenmethode bedienten. Sie fanden, daß die Sternschnuppen während ihres Erscheinens in sehr verschiedenen Entfernungen von uns sich befinden, indem diese sich von 1 geogr. Meile bis 30 geogr. Meilen beliefen. Ferner ergab sich, daß diese Erscheinungen die Erde nicht erreichen; daß ihr Anfang und ihr Ende nicht auf gleicher Höhe über der Erdoberfläche vor sich gehen; daß die eine Sternschnuppe sich der Erde nähert, während die andere, anstatt zu fallen, steigt und sich also von der Erde entfernt. Die Geschwindigkeit ihrer Bewegung schien so groß zu sein, daß sie in einer einzigen Secunde einen Weg von 4—8 Meilen zurücklegen.

§. 116.

Bevor Benzenberg und Brandes sich auf die Beobachtung der Sternschnuppen gelegt hatten, wußte man von diesen Erscheinungen nicht mehr, als daß sie hin und wieder vorkämen. Die genannten Astronomen kamen zwar bald zu einigen wichtigen Resultaten, dennoch aber verstrich noch geraume Zeit, bevor man allgemein den höheren wissenschaftlichen Werth der Sternschnuppenbeobachtungen einzusehen begann. Olbers schloß sich alsbald an Benzenberg und Brandes an und gab zu Anfang dieses Jahrhunderts eine neue und bessere Methode der Berechnung, um die Entfernung, den Weg und die Geschwindigkeit der Sternschnuppen aus den Beobachtungen zu finden. Diese Methode wendete Brandes später auf seine im Jahre 1823 angestellten Beobachtungen mit großer Sorgfalt an. Die neuen Beobachtungen und Berechnungen führten auf Resultate, welche von den früheren nur wenig abwichen. Nur schien es, daß einige Sternschnuppen während ihres Erscheinens noch bedeutend weiter als 30 geogr. Meilen von uns seien und Brandes glaubte einige Uebereinstimmung in den Richtungen, nach denen viele dieser Erscheinungen sich bewegen, zu bemerken, indem viele genau nach dem Punkte des Himmels ihren Weg zu nehmen schienen, wohin die Bewegung der Erde auf ihrer Bahn um die Sonne gerichtet war. Im Jahre 1834 trat Benzenberg mit einem Werke hervor, worin er zu beweisen suchte, daß die Sternschnuppen nichts als Steine seien, welche vom Monde herabfielen und sich in Kreisen um die Erde bewegen. Nach Benzenberg waren die Sternschnuppen und die Meteorsteine ein und dieselben Körper, weche vom Monde zur Erde fielen. Gegen diese Vermuthung ließen sich aber so viele Gründe vorbringen, daß man ihr kaum einige Wahrscheinlichkeit einräumen konnte, bis auch wenige Jahre später von Olbers ihre völlige Grundlosigkeit bewiesen wurde. Um diese Zeit hatte man schon von mehreren Seiten den Sternschnuppen mehr Aufmerksamkeit geschenkt und hatte damals schon die Bemerkung, welche soviel Aufsehen erregte, und schnell eine große Umwälzung in den Ansichten über die Sternschnuppen bewirkte, gemacht, daß nämlich diese Erscheinungen bald sehr sparsam bald wieder in großer Menge auftreten und genau nach Jahresfrist in außerordentlich großer Menge beobachtet werden konnten. Während zu anderen Zeiten des Jahres die Sternschnuppen nicht besonders auffielen, sah man in der Nacht zwischen dem 11. und dem 14. November Hunderte und selbst Tausende solcher Erscheinungen am Himmel, gerade als wenn die Erde sich alsdann in einem Theil unsres Sonnensystems befände, welcher außerordentlich reich an Sternschnuppen sei. Dieser unläugbare Umstand führte 1835 Arago darauf, eine Ansicht näher zu entwickeln und möglichst wahrscheinlich zu machen, welche schon zu Anfange des vorigen Jahrhunderts Halley in den Sinn kam und welche Chladni zu Anfange dieses Jahrhunderts wieder zum Vorschein brachte. Nach Arago's Ansicht bestehen die Sternschnuppen aus unzählbaren sehr kleinen Körpern, welche sich in einer Ellipse um die Sonne bewegen und durch ihre große Menge einen ununterbrochenen Ring um sie bilden, in welchem sie jedoch nicht ganz gleichmäßig vertheilt, sondern hier mehr dort weniger stark zusammengedrängt sind. Dieser Ring besteht also aus einer unzählbaren Menge äußerst kleiner für sich selbst stehender Planeten, welche sich den Gesetzen der Schwere gemäß sehr schnell um die Sonne bewegen; so daß sie mit einander zu einem Ringe um die Sonne vereinigt bleiben, welcher beinahe immer denselben Stand und dieselbe Größe bewahrt. Dieser Ring durchschneidet die Erdbahn an der Stelle, wo sie sich jährlich am 11. bis zum 14. November jedes Jahres befindet, so daß die Erde zu dieser Zeit durch einen Theil des Ringes hindurchgeht. Diese kleinen Körper werden sich dann mit der ihnen eigenen großen Geschwindigkeit durch die Atmosphäre bewegen und die Luft auf ihrem Wege gewaltig zusammenpressen, so daß sie glühend wird und in Flammen geräth. Diese die Körperchen vielleicht auch selbst entzündende und verzehrende Flamme ist eigentlich das, was wir wahrnehmen und die Flamme bleibt sichtbar, bis das Körperchen die Atmosphäre der Erde verlassen hat oder von der Flamme selbst verzehrt worden ist. Die zu anderen Zeiten des Jahres zu beobachtenden Sternschnuppen müssen dann ähnliche fliegende Flammen solcher kleiner Körper sein, welche in kleinerer Menge außerhalb des erwähnten Ringes die Sonne umkreisen.

§. 117.

Die Ansicht Arago's über das Wesen der Sternschnuppen, welche jedoch nicht so ganz neu war, als man zumeist meinte, fand auch unter den vorzüglichsten Astronomen allgemeinen Beifall und ohne sie an den zahlreichen Erscheinungen, welche die Sternschnuppen unserer Beobachtung darbieten, zu erproben, betrachteten sie Viele als über allen Zweifel erhoben. Man hielt nun die Sternschnuppen für wirkliche Himmelskörper und daher würdigte man sie im allgemeinen der Aufmerksamkeit; sie wurden von allen Seiten ebenso eifrig beobachtet, wie man sie früher gedankenlos vernachlässigt hatte. Man betrat aber hierin keineswegs den echten Weg der Forschung, der allein zur wahren Kenntniß der Natur führen kann. Zu vorschnell stellte man diese Ansicht über die Sternschnuppen hin und machte Beobachtungen, um diesen Satz zu bestätigen, während man gerade den umgekehrten Weg hätte einschlagen müssen, keine Meinung zu fassen, bevor man durch den Besitz einer hinreichenden Menge brauchbarer Beobachtungen dazu in den Stand gesetzt war. Nachdem Arago's Ansicht bekannt geworden, fühlten sich viele Gelehrte und Ungelehrte versucht, in den Novembernächten den Himmel zu betrachten und es ist natürlich, daß man die Sternschnuppen nur im November sah, wenn man sie nur im November suchte. Nicht lange jedoch und man entdeckte, daß sie sich auch in der zweiten Augustwoche jedes Jahres sehr zahlreich zeigen, weshalb man zur Erklärung dieses neuen Zeitpunktes zu einem zweiten Gürtel solcher kleiner um die Sonne sich herum bewegender Körper seine Zuflucht nehmen mußte. Später fand man noch andere Zeiten im Jahre, wo die Sternschnuppen gleichfalls in großer Menge auftreten; so in der Nacht des 2. Januar, in einigen Nächten gegen Ende Februar, in den Nächten zwischen dem 22. und 25. April, in einigen Juninächten, in der Nacht des 17. Juli, in den Nächten vom 27. bis zum 29. November und zwischen den 6. und 12. December. Alle diese zahlreichen Erscheinungen kann man natürlich durch eine beliebige Menge solcher Gürtel um die Sonne erklären.

§. 118.

In neuerer Zeit hat man sehr viel über Sternschnuppen gesprochen und geschrieben. Alles aber beinahe drehte sich, wie um eine feste Spindel, nun die Ansicht Arago's. Viel weniger bemühte man sich, das eigentliche Wesen der Sternschnuppen zu entdecken, als um Thatsachen für die Wahrheit jener Ansicht vorzubringen. Wenn man hartnäckig sich weigerte, die Sternschnuppen unter die Himmelskörper aufzunehmen, so würde man ebenso verkehrt handeln, als in früheren Jahrhunderten, wo man dasselbe mit den Kometen that. Heutzutage aber darf keine Erklärung einer Himmelserscheinung als die richtige gelten, wenn sie nicht über alle mit dieser Erscheinung verbundenen Einzelnheiten vollkommne Rechenschaft geben kann. Die Ansicht Arago's entspricht dieser Forderung keineswegs und selbst dann, wenn man sie mit einer Menge andrer ganz willkürlicher Annahmen verbindet, bleiben noch große Schwierigkeiten übrig. Es gebricht uns hier an Raum, um mit der nöthigen Ausführlichkeit die Einwürfe entwickeln zu könnnen, welche uns als Zweifel gegen die von so Vielen als Wahrheit anerkannte Ansicht über die Sternschnuppen gelten; nichts jedoch hält uns ab Einwürfe gegen die Gürtel Arago's kurz mitzutheilen. Der Hauptsache nach sind es folgende. 1) Die Zeiträume, nach deren Verlauf die Sternschnuppen in großem Glanze wiederkehren, sind zu zahlreich und zu unbestimmt. Ohne seine Zuflucht zu ganz aus der Luft gegriffenen Sätzen zu nehmen, kann man nicht erklären, warum sie zur gehörigen Zeit umsonst auf sich warten lassen und die Hoffnung des Beobachters täuschen. 2) Bildeten die Sternschnuppen einen Gürtel, in welchem sie sich um die Sonne bewegen, so müßte die Bewegung aller dieser Körper für uns nach demselben Punkte des Himmels gerichtet erscheinen. Dieses gilt zwar so ziemlich von vielen in einer und derselben Nacht auftretenden Sternschnuppen, viele andere bewegen sich aber in allerlei willkürlichen Richtungen. Man hat diesem Einwurf durch die Annahme zu begegnen gesucht, daß nur ein Theil der Sternschnuppen einen Gürtel um die Sonne bilde, während die übrigen, welche man sporadische (vereinzelte) Sternschnuppen nannte, sich willkürlich bewegen können. Dann können aber letztere gewiß keinen Gürtel um die Sonne bilden und dennoch sind sie immer zahlreicher, wenn die anderen zahlreicher sind. Bei Sternschnuppen, welche sich in allerlei Richtungen bewegen können, besteht selbst keine Wahrscheinlichkeit, daß sie eine Gruppe oder eine Vereinigung von Körpern bilden, welche sich sämmtlich um die Sonne bewegen. 3) Bei Körpern, welche sich auf einer und derselben Bahn um die Sonne bewegen, muß nicht allein die Richtung, sondern auch die Geschwindigkeit der Bewegung an demselben Punkte der Bahn dieselbe sein. So weit uns die Beobachtungen über die Geschwindigkeit der Sternschnuppen einer Nacht Aufschluß geben, sind ihre Geschwindigkeiten sehr verschieden und anders, als sie nach Arago's Annahme sein müßten. 4) Die Entfernungen, in welchen sich die Sternschnuppen meistens von der Erdoberfläche befinden, sind zu groß, um annehmen zu können, daß sie die Luft in Flammen setzen oder daß sie durch ihre Bewegung in der Luft verbrennen und dennoch zeigen sie uns ein ihnen selbst angehöriges Licht. 5) Wenn die Erde sich durch einen Strom von Millionen kleiner Körper bewegt, so werden viele davon auf die Erde fallen müssen; und wie sehr man sich auch bemüht hat, der Beweis, daß eine Sternschnuppe auf die Erde herabgekommen sei, wollte nicht gelingen. 6) Wenn die Sternschnuppen uns durch die Schnelligkeit, mit welcher sie die Luft durchfliegen, sichtbar werden, wie man bei Arago's Ansicht durchaus anzunehmen gezwungen ist, so müssen sie sämmtlich auf fast gleicher Höhe über dem Boden sichtbar zu werden beginnen oder es muß zwischen ihrer Geschwindigkeit und dem Raume, welchen sie bei ihrem Sichtbarwerden in unserer Atmosphäre durchlaufen haben, ein inniger Zusammenhang bestehen. Die Beobachtungen scheinen gerade das Gegentheil zu lehren. 7) Man hat nie bemerkt, daß die Sternschnuppen trotz der Geschwindigkeit, mit welcher sie die Luft auch in unsrer Nähe durchschneiden, irgend ein Geräusch machen. 8) Die

Sternschnuppen zeigen sich in einer und derselben Nacht und bei gleich heiterem Himmel an verschiedenen Orten der Erde nicht mit gleicher Pracht. Dies bekennen selbst die eifrigsten Vertreter der Arago'schen Gürtel und dennoch ist dies nur dann möglich, wenn die Sternschnuppen plötzlich entstehen, einen örtlichen Ursprung nehmen und wenn derselbe nicht außerhalb unsrer Erde gesucht werden muß. Wir gestehen gern, daß alle diese Einwürfe durch neue Annahmen beseitigt werden können, aber das ist gerade der größte und neunte Einwurf, daß man zu Annahmen seine Zuflucht nehmen muß, welche man ebenso wenig begründen kann.

§. 119.

Die Billigkeit fordert, daß wir nun auch die gangbarsten Beweise für Arago's Ansicht anführen. Der Professor Erman zu Berlin hat sich vor einigen Jahren bemüht, die Bahnen der Sternschnuppen, d. h. Größe, Gestalt und Lage ihres vermeintlichen Gürtels und ihre Umlaufszeiten um die Sonne zu bestimmen. Ueber die Bahnen läßt sich kaum mit Sicherheit urtheilen; durch diese Untersuchung wurde aber wahrscheinlich, daß der Augustgürtel der Sternschnuppen zwischen der Sonne und dem Punkte hindurchläuft, welchen die Erde gegen den 7. Februar auf ihrer Bahn einnimmt. Ebenso mußte der Novembergürtel der Sternschnuppen um den 11. Mai zwischen Erde und Sonne hindurchgehen und es kam nun darauf an, Erscheinungen aufzufinden, welche die durch Sternschnuppen bedingten Sonnenfinsternisse verrathen könnten. In der That findet man in den alten Chroniken Sonnenfinsternisse erwähnt, welche man um diese Zeiten des Jahres wahrgenommen hat und welche nicht vom Monde bewirkt sein konnten. Damit ist aber nicht gesagt, daß man diese Finsternisse nicht auch zu anderen Zeiten des Jahres gesehen hat oder hätte können sehen. Man bringt diese Sonnenfinsternisse mit Sternschnuppen, welche an denselben Tagen gesehen wurden, in Verbindung. Das Eine setzt voraus, daß die Sternschnuppen sehr fern von uns und das Andere, daß sie ganz in unserer Nähe waren und somit streitet das Eine gegen das Andere. Merkwürdiger ist eine andre Erscheinung, welche man aus den Aufzeichnungen des Thermometerstandes folgerte, daß nämlich jedes Jahr um den 7. Februar und den 11. Mai die Wärme abnimmt oder nicht in dem Maße zunimmt, wie es die Jahreszeit mit sich bringt. Dies glaubt man mit großer Wahrscheinlichkeit den Sternschnuppen zuschreiben zu können, welche an diesen Tagen einen Theil der Sonnenstrahlen auffangen. Auch wir werden diese Erscheinung als einen kräftigen Beweis für Arago's Annahme anzuerkennen gezwungen sein, sobald man nachgewiesen haben wird, daß diese Wärmeverminderung nicht nur für Europa, sondern für die ganze Erde gilt, sobald außerdem unsre Einwürfe ohne willkürliche Annahmen aus dem Wege geräumt sind. Wir müssen aber noch einer Erscheinung erwähnen, welche alle Bedenken zu beseitigen scheinen könnte. Der Astronom Cappocci zu Neapel hat nämlich gerade vom 11. bis zum 13. Mai 1845 eine Menge kleiner Körper an der Sonne vorüberziehen sehen, welche für die Sternschnuppen der Novemberperiode gehalten werden und die Annahme Arago's nebst allen von Erman daraus gezogenen Folgerungen zu bestätigen scheinen. Es wird jedoch nicht schwer sein, unseren Lesern vollkommen zu beweisen, daß diese Körper keine Sternschnuppen gewesen sein können. Erstens gingen sie in allerlei Richtungen und mit allerlei Geschwindigkeiten. Dies beweist schon an und für sich selbst, daß sie nicht Körper eines und desselben geschlossenen Gürtels gewesen sein können, indem sie sonst dieselbe Bewegung haben müßten. Zweitens waren sie viel zu zahlreich, um diese Vermuthung zuzulassen. Sehen wir einen Theil des Sternschnuppengürtels in großer Entfernung von uns, so können diese Körper unserm Auge so dicht auf einander gedrängt scheinen, daß viele von ihnen zugleich eine kleine Stelle am Himmel einnehmen. Die Erscheinungen des 11. Mai 1845 aber waren so nahe, daß man die Unregelmäßigkeiten der Gestalten dieser Körperchen unterscheiden konnte und sogar das Fernrohr ausziehen mußte, um sie deutlich zu sehen. Sie waren uns also näher, als dies mit den Sternschnuppen gewöhnlich der Fall ist. Es liegt also durchaus kein Grund zu der Annahme vor, daß sie an dem einen Punkte des Himmels zahlreicher gewesen seien, als an dem anderen. Dennoch sah man einmal in Zeit von 5 Minuten nicht weniger als 55 dieser Körperchen an der kleinen Stelle vorbeiziehen, welche die Sonne für uns am Himmel einnimmt. Sähe man einmal bei Nacht an der ganzen sichtbaren halben Himmelskugel binnen 5 Minuten 55 Sternschnuppen, so würde man nicht Worte genug finden, um sein Erstaunen über ihre Menge auszudrücken. Nun nimmt die Sonne für uns noch nicht $1/_{10000}$ der halben Himmelskugel ein und die zu Neapel gesehenen Körperchen würden also für die halbe Himmelskugel gegen 600000 Sternschnuppen in Zeit von fünf Minuten geben. Man sah hin und wieder fünf solche Körperchen gleichzeitig vor der Sonne, was im gehörigen Verhältniß 60000 Sternschnuppen gleichzeitig auf der Himmelshälfte geben würde. Es ist wahr, daß diese Zahlen kleiner werden, wenn man die Länge der von den Sternschnuppen vor unseren Augen durchlaufenen Wege in Rechnung bringt; dennoch aber würde man, wenn die Sternschnuppen so zahlreich wären, wie sie der von Cappocci beobachteten Erscheinung zufolge sein müßten, gewiß verzweifeln sie beobachten zu können; und sie können schon für sehr zahlreich gelten, wenn ihrer 100000 mal weniger sind. Die beobachteten Körper können also nicht für Sternschnuppen gehalten werden. Wir müssen dabei an eine andre Erscheinung erinnern, welche man vor einigen Jahren beobachtet hat. Man erblickte in der Nähe der Sonne eine Menge Lichtpunkte am heiteren Himmel, welche sich in allerlei Richtungen hin und her bewegten. Man hat mit Verwunderung die Frage aufgeworfen, welche Art von Himmelskörper diese Lichtpunkte sein möchten, und ein verdienstvoller Astronom hat diese Frage vollkommen zur Entscheidung gebracht. Es ist eine Art von Spinnen, welche sich kleine Luftballons machen, mit denen sie sich hoch in die Luft erheben, vielleicht nur um zu sehen ob sie die Astronomen irre leiten können.

§. 120.

So unangenehm es ist, seine Unwissenheit zu bekennen, so bleibt uns doch für die Sternschnuppen kein Ausweg übrig. Wenn unsre Ansicht über den gegenwärtigen Stand unsrer Kenntniß dieser Erscheinungen so sehr von der der meisten übrigen Astronomen abweicht, so hielten wir es auch für billig und uns für verpflichtet, die Gründe, auf welche sich unser Urtheil stützt, mitzutheilen. Nicht weniger scheint es uns aber recht und billig, die Gründe zu entwickeln, warum wir in der Erkenntniß dieser Erscheinungen noch nicht weiter kommen konnten. Diese Gründe liegen zum Theil in der Neuheit der Sache, großentheils aber in der schwierigen Beobachtung der Sternschnuppen. Diese Unsicherheit würde aber ohne Zweifel schon längst verschwunden sein, wenn wir denjenigen Punkt, welchen eine Sternschnuppe in einem gegebenen Augenblicke am Himmel einnimmt, ebenso genau wie bei einem Planeten oder einem Firstern bestimmen könnten. Alles hängt hier von dem wahren Wege ab, welchen die Sternschnuppen während ihres Sichtbarseins zurücklegen. Dieser Weg läßt sich durch Berechnung bestimmen, aber nur dann mit hinreichender Richtigkeit, wenn man für eine und dieselbe Sternschnuppe von zwei verschiedenen Orten der Erde aus die Punkte mindestens am Himmel sehr genau beobachtet, wo sie erscheint und wo sie verschwindet; ferner, wenn man den Zeitpunkt des Erscheinens und Verschwindens bis auf kleine Theile einer Secunde bestimmt; und endlich, wenn man außerdem noch einige Nebenumstände berücksichtigt. Eine Sternschnuppe ist aber nur so kurze Zeit am Himmel sichtbar, daß es nicht möglich ist, alle diese Beobachtungen mit der nöthigen Richtigkeit auszuführen. Dazu kommt noch die Schwierigkeit, genau dieselbe Sternschnuppe an verschiedenen Orten zu beobachten und sich zu überzeugen, daß man wirklich eine und dieselbe beobachtet hat. Bessel hat vor Kurzem eine neue Methode der Berechnung der Sternschnuppenbahnen, welche bedeutende Vorzüge vor der früheren hat, gegeben und dabei den Beweis geliefert, daß, wenn auch die früheren Bestimmungen der Entfernungen der Sternschnuppen einiges Vertrauen verdienen, die vorhandenen Beobachtungen uns dennoch keineswegs erlauben, über ihre Geschwindigkeit und ihre wahren Bahnen einen entscheidenden Ausspruch zu thun. Die Beobachtungen der Sternschnuppen haben auch noch wenig Resultate geliefert, gegen welche kein Zweifel erhoben werden könnte und es hat sich kaum eine Ansicht noch über diese Erscheinungen geltend machen können, welche, bei manchen Gründen dafür, nicht auch zugleich etwas gegen sich hätte. Trotz alles dessen, was als gewiß von den Sternschnuppen behauptet wird, wagen wir nicht, uns für oder gegen die Gürtel Arago's zu erklären, sondern glauben unsere Kenntniß dieser Erscheinungen noch für sehr beschränkt halten zu müssen. Diese Kenntniß wird durch genaue Beobachtungen bedeutend gefördert werden können, wobei die Liebhaber der Astronomie sich ein wirkliches Verdienst zu erwerben vermöchten, da die Sternschnuppen für die Kenntniß des Sonnensystems höchst wichtig sind und bei geringen wissenschaftlichen Anforderungen durchaus keine Instrumente verlangen. Ihre Beobachtung setzt aber eine große Fertigkeit in der Kunst zu sehen und zu beobachten voraus und sie wird werthlos, wenn sie in oberflächlicher Betrachtung des Himmels und in einer bloßen Aufzählung der Menge von Sternschnuppen, welche zufällig uns unter die Augen kommen, besteht. Im Allgemeinen haben die Bemühungen Uneingeweihter unsrer Kenntniß dieser Erscheinungen eher Nachtheil als Vortheil gebracht.

§. 121.

Das Zodiakallicht ist eine merkwürdige Himmelserscheinung, welches diesen Namen davon trägt, daß es sich in dem Gürtel des Himmels zeigt, wo sich die Sonne, der Mond und die Planeten beständig aufhalten und welcher der Zodiakus oder der Thierkreis genannt wird. Während der Monate Februar und März sieht man dieses Licht bei uns an jedem heiteren Abend, wenn die Dämmerung kaum vorüber ist, am Himmel. Es erscheint als ein Streifen, dessen Licht mit dem der Dämmerung viel Aehnlichkeit hat, welcher Streifen aber schräg gegen den Horizont steht. Er beginnt an dem Punkte des Horizonts, wo die Sonne untergegangen ist und erhebt sich von hier bedeutend hoch über den Horizont mit einer Neigung nach links. Unten ist der Streifen ziemlich breit und läuft von hier schmäler zu und in eine meistens etwas rundliche Spitze aus. Man sieht das Zodiakallicht an einem und demselben Abende seinen Ort gegen die Sterne kaum verändern und indem es also an der täglichen scheinbaren Bewegung des Himmels Theil nimmt, wird die Spitze sich nach und nach dem Horizonte nähern, bis die ganze Erscheinung nach Verlauf von 1 oder 2 Stunden gänzlich verschwindet. Unmittelbar am Horizonte kann man das Zodiakallicht nicht unterscheiden, indem es daselbst von den Dünsten, welche sich immer in der Nähe des Horizontes aufhalten, bedeckt wird. Am hellsten ist es in einiger Höhe über dem Horizont und weiterhin nimmt es an Helligkeit ab, bis es sich mit seiner Spitze in den dunkeln Grund des Himmels verliert. Die Ränder des Zodiakallichtes sind keineswegs scharf begrenzt, sondern verschwimmen, so daß man nicht genau bestimmen kann, wo es eigentlich aufhört. Während des Monats October sieht man diese Erscheinung bei uns in gleicher Pracht vor Sonnenaufgang, indem es dann an dem Punkte des Horizontes beginnt, wo die Sonne aufgehen muß, und nach rechts geneigt ist. Auch zu anderen Zeiten des Jahres kann man das Zodiakallicht, aber viel weniger deutlich, unterscheiden; denn dann ist es schmäler und hat einen weit schrägeren Stand gegen den Horizont, so daß die Spitze sich selbst in den günstigsten Augenblicken nur wenig über den Horizont erhebt und die Dünste die ganze Erscheinung unsichtbar machen. Auch in denjenigen Monaten, wo das Zodiakallicht am besten sichtbar ist, sieht man es zu der einen Zeit ganz anders als zur anderen und seine Ausbreitung am Himmel sowohl als seine Helligkeit hängt großentheils von der größeren oder geringeren Reinheit der Luft unserer Atmosphäre ab. Nicht an allen Orten der Erde zeigt sich das Zodiakallicht in gleicher Pracht, sondern einen immer größeren Theil des Jahres hindurch und in immer größerer Pracht ist es zu beobachten, je näher man dem Aequator der Erde ist. Dies kommt daher, daß das Zodiakallicht im sogenannten Thierkreis für die Orte in der Nähe des Aequators sich nothwendig senkrechter zum Horizont, als an anderen Orten stellt, so daß sich dort seine Spitze höher über den Horizont erhebt, wozu noch die größere Reinheit der Luft und die kürzere Dauer der Dämmerung als begünstigende Umstände kommen. Unter dem Aequator der Erde sieht man das Zodiakallicht fast das ganze Jahr hindurch und meistens mit einer Pracht, wie es sich den Bewohnern Europa's nie zeigt.

§. 122.

Das Zodiakallicht ist ohne Zweifel schon in den frühesten Zeiten beobachtet worden, Niemand aber scheint vor Keppler etwas darüber bekannt gemacht zu haben. Zu Ende des 17. Jahrhunderts wurde diese Erscheinung von dem Astronomen Dominicus Cassini genau beobachtet und aus dieser Beobachtung eine Erklärung hergeleitet, welche sich großen Beifall erwarb und lange Zeit als unbestrittene Wahrheit galt. Der Umstand, daß sich das Zodiakallicht wenigstens für die in der Nähe des Erdäquators gelegenen Orte zu allen Zeiten des Jahres und in der

Nähe der Sonne zeigt, scheint zu beweisen, daß es die Sonne auf ihrer scheinbaren Bewegung am Himmel begleitet und daß es mit der Sonne in Zusammenhang stehen muß. Cassini glaubte aus seinen Beobachtungen schließen zu können, daß eine mitten durch das Zodiakallicht gehende Linie immer gerade nach der Sonne gerichtet sei und daß dieses Licht senkrecht auf der Axe der Sonne stehe, so daß es mit dem Aequator der Sonne zusammenfällt. Der Aequator der Sonne muß sich uns je nach der Zeit des Jahres als eine Ellipse von größerer oder geringerer Breite darstellen (§. 51.) und es schien Cassini, als ob die Breite des Zodiakallichtes mit der des Aequators der Sonne in gleichem Maaße für uns zu- und abnehme. Cassini gründete darauf den Satz, daß das Zodiakallicht nichts Anderes als eine dünne, sehr flache und sehr ausgedehnte Sonnenatmosphäre ist, welche durch die Bewegung der Sonne um ihre Axe eine so stark abgeplattete Gestalt erhalten und sich nach dem Aequator der Sonne richten müßte, während sie uns, ebenso wie die Atmosphäre der Erde, durch das von ihren Stofftheilchen auf uns zurückgeworfene Sonnenlicht sichtbar wird. Man hielt diese Erklärung für so natürlich und vollkommen, daß man kaum daran dachte zu untersuchen, ob sie sich mit allen beim Zodiakallichte wahrzunehmenden Einzelheiten in Einklang bringen ließ. Zu Ende des verflossenen Jahrhunderts aber wurde von Laplace bewiesen, daß diese Erklärung nicht zulässig sei. Eine Sonnenatmosphäre kann sich nur bis auf eine gewisse Entfernung von diesem Körper erstrecken, weil auf größere Entfernung die Centrifugalkraft die Anziehungskraft überwindet und die Theile einer Atmosphäre, wenn sie so weit kämen, schnell von der Sonne hinweggeschleudert werden und Theile einer Sonnenatmosphäre zu sein aufhören würden. Das Zodiakallicht, welches jedenfalls die Sonne zu umgeben scheint, erstreckt sich weiter als die Bahn des Planeten Venus und reicht selbst bis an die der Erde. Eine Sonnenatmosphäre kann sich aber nicht einmal bis an die Bahn des Merkur erstrecken. Daß die Atmosphäre der Sonne eine so abgeplattete Gestalt haben sollte, streitet ebenfalls, wie Laplace bewies, gänzlich gegen die bekannten Naturgesetze. Auch hat sich vor Kurzem gezeigt, daß das Zodiakallicht keineswegs so genau, wie Cassini meinte, mit dem Aequator der Sonne zusammenfällt. Da wir nun wissen, daß das Zodiakallicht keine Atmosphäre der Sonne sein kann, so sind wir beinahe in die frühere Dunkelheit über diese Erscheinung versetzt. In neuerer Zeit hat man nach einem Zusammenhange zwischen dem Zodiakallichte und den Sternschnuppen gesucht und eine veraltete Ansicht, welche auch Cassini schon vorschwebte, wieder in's Leben gerufen. Dieser zufolge besteht es aus unzählbaren kleinen Körpern, welche in geregelten Bahnen um die Sonne kreisen. Diese Körperchen strahlen das Sonnenlicht auf uns zurück; jeder aber ist an und für sich zu klein, um auf solche Entfernung unterschieden werden zu können, und so müssen sie zu Millionen vereinigt einen Lichteindruck machen, wie wir ihn im Zodiakallichte sehen; gerade so etwa, wie feine nicht von einander zu unterscheidende Pünktchen dem Grunde einer Zeichnung einen eigenthümlichen Ton geben. Man hat im Zodiakallichte Veränderungen zu entdecken geglaubt, welche sich nicht aus der ersten Annahme, wohl aber aus der zweiten erklären lassen. Aber auch diese hat Vieles gegen sich und die ganze Erscheinung ist noch mit zu weniger Aufmerksamkeit beobachtet, um hier einen entscheidenden Ausspruch rechtfertigen zu können. Eine planmäßige Beobachtung des Zodiakallichtes ist den Liebhabern der Astronomie sehr anzuempfehlen, um so mehr, als sie keine Instrumente fordert und unvergleichlich leichter als die der Sternschnuppen angestellt werden kann.

Abschnitt X.

Die Bewohner der Körper unseres Sonnensystems.

§. 123.

In unsrer Kenntniß des Himmels ist so Vieles mit vollkommner Sicherheit ermittelt, daß wir Manches, was weniger merkwürdig war, mit Stillschweigen übergehen mußten, um nicht diesem Werke einen allzu großen Umfang zu geben. Und obschon es in der Astronomie nicht an bemerkenswerthen Ansichten und wahrscheinlichen Vermuthungen fehlt, haben wir sie doch nur dann angeführt, wenn sie Gegenstände von allgemeiner Wichtigkeit betrafen oder doch, wenn auch unverdient, die Aufmerksamkeit in hohem Grade auf sich zogen. Wenn wir am Schlusse einiger der vorhergehenden Abschnitte eine kurze Uebersicht der in früherer Zeit bestehenden Ansichten über die gerade behandelten Gegenstände gaben, so war es uns vorzüglich darum zu thun, die hohe Stufe unserer jetzigen Kenntniß vom Himmel desto mehr hervortreten zu lassen. Wenn wir sehr viel Wissenswürdiges über den Himmel und seine Gestirne mittheilen, so brauchen wir wahrlich nicht zu Annahmen und Vermuthungen unsere Zuflucht zu nehmen oder nur irgend wie von unserem Grundsatz abzuweichen, Alles, was reine Vermuthung ist, und wozu die Beobachtung der Himmelskörper nicht unmittelbar Veranlassung gegeben hat, auszuschließen. Wie weit aber unsre heutige Kenntniß des Himmels gediehen sein möge, kann sie doch nicht Alle in allen Hinsichten zufriedenstellen. Der Mensch ist oft eben so launig in seinen Wünschen, den Himmel kennen zu lernen, als in dem die Erde zu erforschen und nicht immer ist er geneigt, den besten

Theil für sich zu wählen. Während der große Haushalt der Natur unserer Betrachtung so viel Schönes darbietet, während die großen und wichtigen Ereignisse in den Staaten der Erde offen vor uns da liegen, ziehen wir öfters vor, die kleinlichen Begebenheiten auszuforschen, welche sich in benachbarten Familien zutragen, wo man alle Geheimnisse sorgfältig unseren Augen verbirgt und wo sich vielleicht gar nichts findet, was unsre Aufmerksamkeit verdient. Dieselbe kleinliche Neugier macht uns nach der Kenntniß des Haushalts auf den übrigen Körpern des Sonnensystems lüstern, wo es vielleicht durchaus nicht besser hergeht, als auf unsrer Erde auch. Wir haben von dem Bau unseres Sonnensystems und von den verwickelten Bewegungen seiner Theile als eine Frucht der größten Opfer des Eifers und des Geistes genaue Kenntniß, welche uns auf die erhabensten Schönheiten der Schöpfung geführt hat. Dennoch würden wir öfters einen Theil dieser Einsicht zum Opfer bringen, wenn wir dafür die Kenntniß der Bewohner der Planeten, welche unseren Augen ganz entrückt sind und die uns vielleicht bei näherer Bekanntschaft gänzlich mißfallen würden, einzutauschen wüßten. Das hohe Interesse, welches sich die Planetenbewohner mit Recht oder mit Unrecht erworben haben, erlaubt uns nicht, sie hier ganz zu übergehen. Wenn wir im vorigen Abschnitt von Erscheinungen sprachen, deren Kenntniß noch viel zu wünschen übrig läßt, so fühlen wir uns jetzt genöthigt, einen Gegenstand zu behandeln, über welchen wir gleich anfangs unsre völlige Unwissenheit bekennen müssen. Wir werden jedoch dabei unsre Grundsätze nicht verläugnen und uns aller vergeblichen Betrachtungen enthalten. Ohne diese wird dieser Gegenstand zwar schnell abgehandelt sein, aber dennoch einige sichere, wenn nicht bejahende, so doch verneinende, und selbst sehr überraschende Resultate liefern.

§. 124.

Schon vor langer Zeit hat man behauptet, daß überall da lebende Wesen bestehen müßten, wo sie sich glücklich fühlen könnten und man machte daraus den Schluß, daß die anderen Körper des Sonnensystems eben so wie unsre Erde mit Millionen belebter Wesen, welche sich ihres Daseins freuen, bevölkert sein müßten. Wie wohlgemeint dieser Gedanke auch sein möge, er läßt uns unwillkürlich an das glückliche Leben von Austern und Schnecken denken, während die ausgedehnten Sandwüsten unsrer Erde und selbst die Heiden und Steppen des bevölkerten Europa uns mahnen, damit ja nicht zu freigebig zu sein. Die Astronomie hat uns völlig überzeugt, daß nicht alle Körper unsers Sonnensystems unsertwegen allein geschaffen sind; sie hat uns Umstände kennen gelehrt, welche den Unterhalt von Geschöpfen, als den Bewohnern dieser Körper, zum Zweck haben können und darin finden wir weit mehr Grund das Bestehen von Planetenbewohnern anzunehmen, als in vielen anderen Vermuthungen, welche von der Astronomie weder widerlegt, noch bestätigt werden können und welche ganz und gar außerhalb des Kreises ihres Strebens liegen. Die Astronomen früherer oder späterer Zeit haben auch fast ohne Ausnahme vorausgesetzt, daß, wie die Erde hauptsächlich für den Menschen besteht, die übrigen Körper des Sonnensystems hauptsächlich um anderer Wesen willen bestehen müssen. Damit aber nicht zufrieden haben sich einige von ihnen in Vermuthungen über die Natur dieser Wesen ergangen, welche man früher gar zu leichtfertig als Resultate der Wissenschaft betrachtete. So haben Cusa, Bruno, Kircher und selbst der große Keppler und der nicht minder große Huygens ihre Gedanken über die Planetenbewohner der Nachwelt hinterlassen. Es lehren uns aber diese Gedanken nur, daß auch der größte Geist sich auf starke Abwege verlieren kann, wenn er aus dem Gleise der Wissenschaft sich entfernt und seine Einbildungskraft freien Zügel schießen läßt. Jetzt steht die Astronomie auf einer höheren

Stufe, die Natur der Planetenbewohner ist uns aber noch ebenso unbekannt geblieben und es ist immer unwahrscheinlicher geworden, daß die Wissenschaft je die Aufschlüsse zu geben vermag, welche Viele über diese Bewohner begehren. So lange wir die Planetenbewohner oder ihre unverkennbaren Werke nicht sehen, wird ihr Bestehen für uns auch nicht bewiesen sein. Wenn wir aber auch einst im Stande wären, ihre Gestalt zu erkennen, so würde doch ihre eigentliche Natur uns wahrscheinlich noch verborgen bleiben. Aber es ist durchaus keine Aussicht, daß das Eine oder das Andere dem Menschen je gelingen wird. Auf dem Monde, welcher im Vergleich mit den anderen Körpern des Sonnensystems uns so sehr nahe ist, können wir durch unsre besten Fernröhre keine Gegenstände in ihrer wahren Gestalt unterscheiden, wenn sie nicht wenigstens einige Tausend Fuß lang, breit und hoch sind. Um aber auf dem Monde Gegenstände zu erkennen, welche nicht größer sind, als unser eigner Körper, würde man Fernröhre haben müssen, welche an Größe und Vollkommenheit die größten und vollkommensten Fernröhre der heutigen Zeit dergestalt übertreffen, daß wir an ihrer Anfertigung für immer verzweifeln müssen. Gesetzt den Fall, daß es einst möglich würde, Fernröhre von solcher Größe und Vollkommenheit zu verfertigen und zu handhaben, so würden sie uns doch nur wenig helfen, indem wir niemals ihre volle Wirkung auf die Himmelskörper genießen würden. Wir müssen nämlich nach den Himmelskörpern immer durch unsre Atmosphäre sehen und diese ist nie weder völlig durchsichtig noch völlig ruhig (§. 47.) und thut immer der Wirkung eines Fernrohrs Abbruch. Je größer die Fernröhre sind, desto besser wird, bei übrigens gleicher Güte der Arbeit, ihre Wirkung auf die Gestirne sein. Mehr aber als die Größe des Fernrohrs wächst die nachtheilige Wirkung der Atmosphäre, so daß man bald auf einen Punkt kommen würde, wo man mehr durch die Wirkung der Atmosphäre verliert, als man durch die höhere Vollkommenheit des Instrumentes gewinnen kann. So hat uns die Natur selbst Ziel und Grenze gesetzt, wie viel wir an den Gestirnen sehen können. Bereits scheinen wir den Grenzen sehr nahe gerückt; denn selbst die vollkommensten der jetzt vorhandenen Fernröhre können nur an sehr wenigen Tagen des Jahres mit voller Kraft auf die Gestirne angewandt werden und der Zustand der Atmosphäre verursacht sehr oft, daß man durch diese Fernröhre nicht besser sehen kann, als durch andre von geringerer Größe und Vollkommenheit. Wenn die Mondbewohner nicht unvergleichlich größer sind als wir, so werden wir sie also von unsrer Erde aus nie sehen. Ein schwärmerischer Astronom hat zwar behauptet, regelmäßige Gegenstände auf dem Monde zu sehen, welche die Werke seiner Bewohner sein müßten, seine vermeintliche Entdeckung ist jedoch schon widerlegt. Selbst wenn die Mondbewohner Gebäude von der Größe einer ägyptischen Pyramide besäßen, so würden diese sich für die besten unsrer heutigen Fernröhre selbst bei der günstigsten Luftbeschaffenheit höchstens als untheilbar kleine Pünktchen zeigen. Daß aber noch viel weniger Aussicht besteht, den Planetenbewohner oder ihre Werke zu sehen, ist schon aus den viel größeren Entfernungen dieser Körper ersichtlich. Um Uranus z. B. nur ebenso deutlich zu sehen, wie uns der Mond unter einem Taschenfernrohr erscheint, würde man selbst ohne die nachtheilige Wirkung der Atmosphäre ein 7 geogr. Meilen langes Fernrohr wenigstens nöthig haben. Daher werden wir wohl nie den eigentlichen Zustand der Bewohner der übrigen Körper des Planetensystems vollkommen kennen lernen. Wir sind jedoch darüber nicht ganz und gar in Unwissenheit geblieben; denn wissen wir auch nicht, was sie sein mögen, unsre gegenwärtige Kenntniß vom Himmel erlaubt uns doch mit völliger Sicherheit zu behaupten, daß sie im Allgemeinen nicht das sein können, wofür sie meistens gehalten werden, unsre Ebenbilder nämlich.

§. 125.

Früher ging man meistens bei den bis zum Ueberdruß besprochenen Bewohnern der Planeten von dem Gedanken aus, daß sie uns in vielen Hinsichten ähneln müßten und man dachte kaum an die Möglichkeit des Daseins von Wesen, welche mit anderen Sinnesorganen, anderen Bedürfnissen, anderen Begierden, anderen Leidenschaften als wir ausgerüstet sind. Schon auf unsrer Erde sehen wir eine so große Verschiedenheit zwischen Menschen und Thieren, und wir sollten thöricht genug uns einbilden, daß die Natur auf unsrer Erde ihre Kraft erschöpft habe, und auf den übrigen Welten keine Geschöpfe habe schaffen können, die so sehr von uns verschieden wären, daß uns aller Begriff von ihrem Wesen fehlt? Der Reichthum der Natur ist unerschöpflich, in allen ihren Werken kann sie die Verschiedenheit bis in's Unendliche treiben und niemals braucht sie sich selbst nachzuahmen. Daß sie aber selbst in den Bewohnern der verschiedenen Welten sich nicht wiederholt hat, geht aus verschiedenen uns genau bekannten Umständen hervor, welche man aber bei der Betrachtung über die Bewohner der anderen Himmelskörper gewöhnlich gänzlich außer Acht gelassen hat, obschon sie das Einzige sind, was uns in den Stand setzt, wenigstens etwas über sie vorzubringen. Denken wir uns einmal, daß die Umdrehungsaxe der Erde der Ebene ihrer Bahn parallel liefe, wie dies beim Planeten Uranus beinahe der Fall ist! Es würde dann auf jedem Punkte ihrer Oberfläche der Wechsel der Jahreszeiten von dem einen Aeußersten in's andere übergehen. Wir würden zu der einen Zeit des Jahres eine Wärme haben, wie in dem berüchtigten Inneren Afrika's, und zu anderen Zeiten des Jahrs eine Kälte wie auf der Melvilleinsel, wo das Quecksilber im Freien gefriert und keine Menschen mehr wohnen. Unser Körper könnte diese Uebergänge nicht ertragen und daraus schon geht hervor, daß auf Uranus keine uns ähnlichen Menschen bestehen können. Denken wir uns, daß die Anziehung, mit welcher die Erde auf die Körper ihrer

Oberfläche wirkt, 30 mal größer wäre! Dann würde man auch 30 mal mehr Kraft aufwenden müssen, um einen Gegenstand vom Boden aufzuheben; es würde uns bei derselben Muskelkraft sein, als ob unser eigner Körper 30 mal schwerer wäre und wir würden unter der Last unsres eignen Körpers zusammensinken. Wir würden nicht gehen oder stehen und kaum als vierfüßige Thiere auf dem Boden kriechen können und unsre schwersten Baumstämme würden wie Weinranken nach der Erde herab hangen. Denken wir uns, daß die Anziehungskraft 30 mal kleiner wäre, so würden wir uns so leicht wie ein Flaum fühlen. Wir würden von der Höhe eines Thurmes herabspringen können ohne Gefahr uns mehr Leid zu thun, als wenn wir jetzt von einem Tische springen. Wir hätten dann keine Fahrwege nöthig; denn wir würden stundenlang mit einer Last von mehreren Hundert Pfund auf den Schultern gehen können. Denken wir uns die Atmosphäre der Erde weg! Dann würden wir wie Frösche aufschwellen und zugleich ersticken und bersten und wenn wir nun auch für ein Leben ohne Luft geschaffen wären, wir würden dennoch nicht hören oder sprechen können, kein Feuer und kein Wasser mehr haben und müßten eine ganz andre Haushaltung als jetzt führen. Wir sahen nun, daß einige dieser Umstände bei anderen Körpern unsres Planetensystems wirklich stattfinden und daraus geht hervor, daß wir auf einigen anderen Körpern dieses Systems uns nicht sehr wohl befinden würden. Herschel hat gezeigt, daß die glühende Atmosphäre der Sonne keineswegs einen völligen Mangel an Bewohnern bedingt, aber die Anziehungskraft wirkt auf ihrer Oberfläche 28 mal stärker als auf der Erde und dies beweist uns, daß lebende den Geschöpfen unserer Erde ähnliche Wesen auf der Sonne nicht bestehen können. Der Mond hat durchaus keine Luft, kein Wasser und kein Feuer, also kann auch er keine Wesen enthalten, welche uns ähneln, und wäre auch Luft, Feuer und Wasser vorhanden, so müßte die Natur der Mondbewohner dennoch dem Umstande angepaßt sein, daß die Anziehungskraft auf seiner Oberfläche 7 mal schwächer als auf der Erde wirkt. Daß die Bewohner der Planeten von uns verschieden sein müssen, erhellt auch daraus, daß einige ganz andere Abwechselungen von Tag und Nacht und von Jahreszeiten als wir haben, während ihre verschiedenen Entfernungen von der Sonne eine verschiedene Beleuchtung und Erwärmung bedingen. Daher mußte der Haushalt der Natur ganz verschieden ausfallen und sich auch außerdem nach der verschiedenen Wirkung der Anziehung jedes der Planeten fügen. Und was werden wir von den Bewohnern der zu Tausenden unser Sonnensystem durchschwärmenden Kometen sagen? Wie unbegreiflich leicht müssen nicht diese Bewohner sein, um nur nicht ganz durch ihre Welt hindurchzusinken? Welche Extreme von Wärme nnd Kälte, von Licht und Finsterniß müssen sie nicht ertragen können? Wie alt müssen sie nicht werden, um nur eines ihrer Jahre zu durchleben, indem diese tausendmal länger als die Erdjahre sind?

Von Alters her hat man angenommen, daß die übrigen Welten eben so wie unsre Erde von Millionen von Wesen bevölkert sein müssen und die Astronomie hat das ihrige beigetragen, diesen Gedanken zu bekräftigen. Sie hat uns aber auch bewiesen, daß wir irren, wenn wir unsre Erde als Vorbild betrachten, nach welchem die übrigen Himmelskörper geschaffen sind. Jeder der Körper unsres Sonnensystems erfordert einen eignen Haushalt der Natur, eine eigenthümliche Beschaffenheit seiner Bewohner, und kann auch hier die Wissenschaft unsre Neugierde nicht befriedigen, so kann sie doch die Beschränktheit der Ansichten unsres Eigendünkels beseitigen und uns in den Wesen, welche wir nicht sehen, welche wir nicht kennen, deren Dasein selbst außer dem Kreise unserer Fassungskraft gelegen ist, neue Beweise von einer Allmacht geben, zu der wir vergebens mit unserm Verstande uns zu erheben streben.

Abschnitt XI.

Die Störungen in der Bewegung der Körper unsers Sonnensystems.

§. 126.

Wie mannichfach und vielfältig auch die Gegenstände sein mögen, welche die Astronomie zur Betrachtung und Ueberlegung darbietet, so beruht diese Wissenschaft doch nur auf einer Grundlage, so geht sie doch nur von einem einzigen Grundsatze aus, mit welchem sie stehen oder fallen muß, dessen Unwandelbarkeit aber für alle Jahrhunderte der Zukunft gesichert ist. Dieser Grundsatz ist die allgemeine Anziehungskraft, die allgemeine Schwere oder Gravitation, welche Newton entdeckte, die Grundursache der verwickeltsten Erscheinungen des Himmels. Sie ist das Mittel, wodurch unser Sonnensystem besteht, welches seine Dauerhaftigkeit verbürgt und ohne welche für uns kein Weltsystem möglich ist. Die Wahrheit dieses Grundsatzes ist durch Tausende von Himmelserscheinungen bewiesen und so oft man in früheren Zeiten neue Erscheinungen entdeckte, welche an seiner allgemeinen Geltung zweifeln ließen, wurden sie später gerade die besten Mittel seiner Bestätigung. Die Anziehungskraft ist eine der Haupteigenschaften des Stoffs. Sie findet sich in jedem Stäubchen, das unserem Athem weicht, sie herrscht auch in den Stoffen, aus welchen die größten Himmelskörper zusammengesetzt sind. Die Stärke ihrer Wirkung ist nicht von der Natur des Stoffes, sondern von dessen Menge oder Quantität abhängig und alle Körper ziehen gerade um so viel stärker an, je mehr Stoff sie enthalten und je größer also ihre Masse ist. Die Kraft, mit welcher ein Körper andere anzieht, ist um so größer, je kleiner die Zahl ist, welche man erhält, wenn man seine Entfernung von den andern

Körpern mit sich selbst multiplicirt (§. 36). Die Anziehungskraft wirkt auch auf die größte Entfernung binnen einem einzigen Augenblick, so daß sie keine Zeit braucht, um ihre Wirkung durch den Himmelsraum fortzupflanzen. In diesen wenigen und einfachen Sätzen ist die Anziehungskraft vollkommen erläutert, an sie ist dieselbe in der ganzen Schöpfung gebunden.

Wir haben (§. 37) die Bewegung kennen gelernt, welche ein Planet unter dem Einfluß der Anziehungskraft der Sonne erfahren muß; wir setzten aber dabei stillschweigend voraus, daß er mit der Sonne die ganze Schöpfung ausmachte. Er ist jedoch keineswegs mit der Sonne allein vorhanden. Schon in unserem Sonnensystem kennen wir außer der Sonne und den Kometen neunzehn Planeten und einundzwanzig Trabanten. Alle diese Körper haben ihre Anziehungskraft und wirken damit gegenseitig auf einander. Jeder Planet wird nicht allein von der Sonne geleitet, sondern muß auch unter dem Einfluß der übrigen Planeten des Systems stehen. Und wenn auch die Sonne bei weitem am mächtigsten ist und als Gebieterin und Fürstin gilt, so sind dennoch die Planeten einander einigermaßen unterworfen, und stehen doch wie die Diener einer Haushaltung in einem gegenseitigen Abhängigkeitsverhältnisse. Selbst die Gebieterin wird unter dem Einfluß so vieler Unterthanen hin und her gezogen. Von jedem Planeten wird sie von ihrem Orte fortgezogen (§. 37). Dadurch werden die Brennpunkte der Bahnen aller übrigen verrückt und die Planeten laufen herum, als ob sie selbst nicht recht wüßten, um welchen Punkt sie eigentlich kreisen müssen. Die Planeten suchen den im Systeme ihnen zugewiesenen Rang und Stand einander streitig zu machen und der eine würde den anderen ganz überwältigen, wenn die Macht der Fürstin sich nicht in's Mittel schlüge, um sie im Zaume zu halten. Trotzdem läßt der eine Planet den anderen keinen Augenblick ungestört. Bald werden sie in der einen Richtung, bald in der anderen, bald sanft, bald gewaltsamer vom Wege, den sie zu wandeln haben, abgelenkt. — So werden die Bewegungen der Körper des Sonnensystems unter der gegenseitigen Wirkung der Anziehungskraft so verwickelt, daß der Mensch zur Entwirrung dieses Knäuels alle Kraft seines Geistes aufbieten mußte. Keine der so verwickelten Bewegungen im Planetensystem jedoch, welche sich durch die Beobachtung nachweisen läßt, ist ohne Erklärung geblieben und noch nie hat uns der Grundsatz der allgemeinen Anziehungskraft im Stich gelassen. Oft führte uns derselbe auf das Dasein noch unbekannter Bewegungen, welche sich erst nach Vervollkommnung der Beobachtungen unseren Sinnen verrathen konnten. Die Oerter, welche die Planeten vor Jahrhunderten und vor Jahrtausenden eingenommen haben oder die sie nach Jahrhunderten und Jahrtausenden einnehmen werden, lassen sich jetzt trotz der verwickelten Bewegung derselben mit einer fast unglaublichen Richtigkeit bestimmen und die Beobachtungen aus dem frühesten Alterthum besiegeln die Vollkommenheit unsrer jetzigen Kenntniß von der Mechanik des Himmels.

§. 127.

Es ist eine sehr einfache, mathematische Aufgabe, die Bewegung zweier Körper, welche der Wirkung einer gegenseitigen Anziehung ausgesetzt sind, zu bestimmen und das Resultat ist ebenso einfach, als die Aufgabe selbst. Sind die Körper in Ruhe, in dem Augenblicke wo sie der gegenseitigen Wirkung überlassen werden, so bewegen sie sich mit immer zunehmender Geschwindigkeit in einer geraden Linie auf einander zu und stoßen endlich an einander. Haben sie aber eine ursprüngliche und gleichmäßige Bewegung, welche nicht von dem einen Körper nach dem anderen hin gerichtet ist, so werden sich beide in einer derjenigen krummen Linien bewegen, welche man Kegelschnitte genannt hat, und die Natur, Größe und Gestalt der von ihnen zu beschreibenden Bahnen hängen von den Geschwindigkeiten ihrer ursprünglichen Bewegung ab. Ist diese Geschwindigkeit wie bei den Planeten unsres Sonnensystems, so müssen diese zwei Körper Ellipsen von derselben Gestalt, welche ihren gemeinschaftlichen Schwerpunkt zum gemeinschaftlichen Brennpunkt haben, beschreiben, in welchem sie ihre Wege in denselben Zeiten vollenden; ferner müssen sie einander immer in Bezug auf den gemeinschaftlichen Brennpunkt gegenüber stehen und mit der veränderlichen Geschwindigkeit fortschreiten, welche durch das zweite Kepplersche Gesetz bestimmt wird (§. 37). Ganz anders ist die Bewegung von drei Körpern, welche dem Einfluß gegenseitiger Anziehung unterworfen sind. Wenn man zu den obigen zwei Körpern noch einen dritten hinzufügt, so erhält man eine unglaubliche Verwicklung von Wirkung und Gegenwirkung und somit einen Inbegriff von Bewegungen, aus welchem sich selbst der größte Mathematiker nicht zu retten wüßte. Die Bestimmung der Bewegungen dieser drei Körper ist eine Aufgabe, deren allgemeine und vollständige Lösung selbst jetzt noch die Kräfte der höheren Mathematik übersteigt und es ist natürlich, daß die Schwierigkeiten mit der Zahl der zu betrachtenden Körper zunehmen. Somit würde es um die Kenntniß der Bewegung der zahlreichen Körper unsers Sonnensystems schlimm stehen, lägen nicht in dem Bau unsers Sonnensystems selbst die Hülfsmittel, um die Arbeit zu erleichtern und sie für Menschenkräfte zugänglich zu machen. Die allgemeine und vollständige Lösung der Aufgabe ist nicht nothwendig, wenn die Hauptbewegung von einem einzigen Körper vorgezeichnet wird, während die übrigen nur kleine Abweichungen von dieser Bewegung veranlassen können — und dies ist gerade der Fall mit den Körpern unsres Sonnensystems. Die Sonne übertrifft alle Planeten so sehr an Masse, daß sich jeder dieser Körper bis auf Weniges so bewegt, als ob er mit der Sonne allein vorhanden wäre; während die anderen ihn nur sehr wenig von seinem durch die Sonne vorgeschriebenen Wege abbringen können. Dasselbe gilt auch für ein aus einem Hauptplaneten und seinen Trabanten bestehendes System, wo ebenfalls die gegenseitige Wirkung der Trabanten auf einander im Vergleich mit derjenigen Wirkung, welche sie von dem Hauptplaneten erfahren, sehr gering ist. Ein solches System steht auch unter einer Einwirkung von außen her, von den anderen Planeten und der Sonne aus nämlich, welche Körper aber im Verhältniß zu ihrer Größe von diesem System sehr weit entfernt sind. Daher wirken sie auf alle Körper desselben mit ziemlich gleicher Kraft und können daher in der gegenseitigen Bewegung dieser Körper nur sehr geringe Abänderungen verursachen. Wären die Körper unsres Sonnensystems von ziemlich gleicher Größe und könnten sie in alle beliebigen Entfernungen von einander kommen, so würde eine unendliche Verschiedenheit von Wirkungen und Gegenwirkungen entstehen, welche alle auf eine gleiche Höhe steigen könnten, deren vollkommne Bestimmung zwar nothwendig, für uns aber unmöglich sein würde. Nun aber wird jeder Körper unseres Sonnensystems von einer Hauptkraft, deren Wirkung sich leicht berechnen läßt, regiert. Alle übrigen Wirkungen und Rückwirkungen sind gering; die eine muß noch viel kleiner sein, als die andre und selbst die meisten von ihnen sind auch für unsere feinsten Beobachtungen noch völlig unmerkbar. So bleibt nun unserer Betrachtung eine verhältnißmäßig sehr geringe Anzahl von Wirkungen und Gegenwirkungen übrig, deren Bestimmung bei den größeren Planeten und ihren Trabanten noch dadurch sehr begünstigt wird, daß ihre Bahnen beinahe Kreisform haben und beinahe in eine und dieselbe Ebene zusammenfallen. Trotz dem ist sie noch mit großen Schwierigkeiten verbunden, ohne jedoch die Kraft des Menschen zu übersteigen.

§. 128.

Die Folgen derjenigen Anziehung, welche die Körper des Sonnensystems außer der des Hauptkörpers, durch welche vorzüglich ihre Bewegung bestimmt wird, erfahren, tragen im Allgemeinen den Namen Störungen. Will man aber unter diesem

Namen alle genannten Folgen begreifen, so muß man ihn auch auf einige merkwürdige und dauerhafte Beziehungen im Sonnensystem, welche gerade durch die gegenseitigen Wirkungen seiner Körper zu Stande kommen, ausdehnen. Die Bestimmung dieser Störungen gehört zu den höchsten und schwierigsten Aufgaben der höheren Mathematik und es ist durchaus unmöglich, dieselben in einem Werke, wie das vorliegende, vollkommen zu entwickeln. Zwar kann man auch ohne Hülfe der Mathematik zeigen, wie einige Erscheinungen in der Bewegung der Himmelskörper durch die Anziehung, welche sie erfahren, bewirkt werden, aber auch darin müssen wir aus Mangel an Raum sehr sparsam sein. Die einfache Mittheilung der merkwürdigsten Resultate der höheren Mathematik ist Alles, was wir hier versprechen können. Wir werden die nächste Ursache mit ihren Folgen erwähnen, können aber nur in den merkwürdigsten Fällen den Zusammenhang zwischen beiden so weit ins Licht setzen, als nöthig ist, um Jedem die Einsicht zu ermöglichen, daß die genannte Ursache auch die genannten Folgen haben mußte.

Zuvörderst müssen wir einen allgemeinen Begriff von dem Wesen der Störungen, welche die Planeten erfahren, geben und die zweierlei Arten von Störungen erläutern, die wir angedeutet haben. Die eine Art von Störungen bezieht sich auf die ganze Bahn der Planeten, die andere auf die Oerter, welche sie in ihrer Bahn einnehmen. Die Störungen der ersten Art hängen nicht von den augenblicklichen Standorten der Planeten ab, sondern von dem Bau des ganzen Systems und sie ändern die ganzen Bahnen der Planeten nur sehr langsam, was Jahrhunderte lang in demselben Sinne und mit beinahe unverändertem Gange fortgehen kann, daher diese Störungen seculäre Störungen heißen. Die Störungen der zweiten Art hängen von den augenblicklichen Standorten, welche die Planeten in ihrer Bahn einnehmen, ab und so oft die Planeten in dieselbe Stellung gegen einander oder gegen gewisse Punkte ihrer Bahn zurückkehren, sind sie wieder dieselben, wie früher. Diese Störungen wechseln also innerhalb verhältnißmäßig kleiner Zeiträume ab; daher sie periodische Störungen genannt werden. Sie bewirken, daß die Planeten von ihren durch die Störungen der ersteren Art bereits abgeänderten Bahnen beständig abweichen. Will man sich von den sekulären Störungen einen richtigen Begriff machen, so denke man sich eine ebene Fläche durch die Sonne hin, welche für alle Jahrhunderte einen und denselben Stand in dem Raume einnimmt. Man kann die Fläche so wählen, daß sie mit der Ebene der Erdbahn in ihrer gegenwärtigen Stellung beinahe zusammenfällt; alsdann wird die Bahn jedes Planeten mit dieser unveränderlichen Fläche einen kleinen Winkel machen und sie in einer geraden Linie schneiden. Dieser Winkel unterliegt einer sehr langsamen Veränderung, wird bald größer bald kleiner, braucht Jahrtausende, um von seinem kleinsten Werth bis zu seinem größten zu steigen, kann aber gewisse bestimmte und enge Grenzen nie überschreiten. Die Durchschnittslinie dreht sich langsam rings herum und so kommt allmählig der genannte Winkel nach allen Punkten des Umkreises des Himmels zu stehen; meistens aber braucht diese Linie, um sich ganz herumzudrehen, Hunderttausende von Jahren. Nicht nur, daß die Ebene, in welcher die Bahn eines Planeten gelegen ist, allmählich andere Stellungen annimmt, sondern es wird auch die Lage der Bahn in dieser Ebene beständig verändert. Die elliptische Bahn eines Planeten dreht sich nämlich auch in der Ebene, in welcher sie liegt, langsam herum, so daß sie ihre größte Axe allen Punkten des Umkreises des Himmels nacheinander zukehrt. Außer daß die Lage der Planetenbahn in den genannten dreierlei Hinsichten verändert wird, erleidet sie selbst in ihrer Gestalt und bei einigen Planeten auch in ihrer Größe sehr merkliche Veränderungen. Die Bahn eines Planeten nimmt sehr langsam eine rundere oder länglichere Gestalt an; aber auch hier sind bestimmte und enge Grenzen vorgeschrieben, welche nie überschritten werden können, während sie wiederum Jahrtausende braucht, um von der einen Grenze zur anderen überzugehen. So weit die Größe der Planetenbahnen sich verändern kann, besteht diese Veränderung immer in einer abwechselnden Zu- und Abnahme, welche beide in sehr enge Grenzen eingeschlossen sind; die mittlere Größe der Planetenbahnen aber bleibt immer durchaus unveränderlich. Durch die Wirkung, welche ein Planet auf einen anderen auf seiner ganzen Bahn äußert, muß diejenige Linie, unter welcher die Bahnen beider sich schneiden, mit der Zeit in der Richtung von Osten nach Westen sich herumdrehen, während die Axen dieser Bahnen sich in einer entgegengesetzten Richtung herumbewegen. Wird die Bahn eines Planeten durch die eines anderen verkleinert oder runder, so macht sie umgekehrt die Bahn des anderen größer oder länglicher. Ueberhaupt ist jede Wirkung von einer Gegenwirkung, welche merkwürdige Uebereinstimmungen unter den Veränderungen in den Bahnen der Planeten zur Folge hat, begleitet. Alle genannten Veränderungen gehen äußerst langsam vor sich und zu einer bestimmten Zeit hat die Bahn eines Planeten eine bestimmte Größe, Gestalt und Lage, welche sich genau berechnen läßt. Wegen der periodischen Störungen aber werden sich die Planeten dennoch nie genau in diesen abgeänderten Bahnen befinden. Von der Verwicklung der periodischen Störungen kann man sich durch die Wirkung und Gegenwirkung zweier Planeten auf einander einen Begriff machen. Wenn ein Planet einen anderen von seinem eigentlichen Standort verrückt, so wird er dagegen von seinem Standort durch den anderen abgezogen. Mit dem veränderten Stand der Planeten wird auch ihre gegenseitige Wirkung verändert und die veränderte gegenseitige Wirkung verändert wieder den abgeänderten Standpunkt. So geht dies ohne Grenzen weiter, während durch die Bewegung der Planeten um die Sonne ihre Stellungen zu einander und ihre Entfernungen und somit auch ihre gegenseitigen Wirkungen unaufhörlichen Veränderungen unterliegen.

Die Störungen also schon, welche zwei Planeten auf einander ausüben, sind sehr verwickelt und es ist natürlich, daß die gegenseitige Wirkung unter den neunzehn bekannten Planeten noch ohne Vergleich verwickelter sein muß. In der That würde die Berechnung dieser Störungen für uns unausführbar sein, wenn sie nicht mit Ausnahme einer verhältnißmäßig geringen Anzahl so klein wären, daß sie für unsre feinsten Beobachtungen unmerklich sind und also auch bei unseren genauesten Berechnungen unberücksichtigt bleiben dürfen.

§. 129.

Wenn die Sonne nebst einem sie umkreisenden Planeten genau gleich viel und in gleicher Richtung ihren Ort verändert, so wird durch diese Ortsveränderung der Stand der Sonne und des Planeten zu einander nicht abgeändert und der Planet wird auf seiner elliptischen Bahn um die Sonne ungestört weitergehen. Daraus folgt, daß ein Planet einen anderen in seiner Bewegung nicht stören würde, wenn er diesen gleich stark und in gleicher Richtung wie die Sonne anzöge. Die Störungen also, welche ein Planet verursacht, sind somit eigentlich nur Folgen des Unterschiedes zwischen seinen Wirkungen auf die Sonne und die anderen Planeten. Diese Verschiedenheit wird nur dadurch hervorgebracht, daß die Sonne und der gestörte Planet nicht in derselben Entfernung von dem störenden Planeten, noch auch in derselben Richtung in Bezug auf ihn sich befinden. Je weiter aber ein störender Planet entfernt ist, desto weniger werden die Richtungen sowohl als die Entfernungen einen Unterschied machen können und also auch die Störungen desto kleiner sein. Die äußeren Planeten des Systems können daher nur einen sehr geringen Einfluß auf die Bewegung derjenigen Planeten, welche der Sonne am nächsten sind, äußern. Umgekehrt verschmilzt die Wirkung der Planeten um so inniger mit der der Sonne, je kleiner ihre Entfernung von der Sonne ist und daher werden wiederum die nächsten Planeten die äußeren nur in geringem Grade stören. So sind bei der für unsere Beobachtungen möglichen Genauigkeit die Bewegungen der Planeten Jupiter, Saturn, Uranus und Neptun von den der Sonne näheren Planeten ganz unabhängig. Die Planeten, deren Entfernungen von der Sonne einander ziemlich gleich sind, müssen am stärksten auf einander wirken. Im Allgemeinen wird ein Planet einen desto größeren Einfluß auf das ganze System gewinnen, je größer seine Masse ist und je näher sein Abstand von der Sonne mit den mittleren Entfernungen der Planeten übereinstimmt. Die zwei größten Planeten des Systems, Jupiter und Saturn, nehmen eine Stellung im Systeme ein, durch die ihre Wirkung auf einander und auf die übrigen Planeten begünstigt wird. Jupiter bewirkt wegen seiner Größe und wegen seiner Stellung die größten Störungen unter den Planeten und diese Störungen würden eine bedeutende Höhe erreichen können, wenn denselben nicht durch die Gegenwart des Planeten Saturn entgegengetreten würde. Saturn folgt der Größe nach auf Jupiter und ist zweimal weiter von der Sonne entfernt. Auch der Einfluß dieses Planeten ist groß und wenn er seine Kraft mit der des Jupiter vereinigte, so würden sie große Veränderungen im Planetensysteme bewirken, aber die Natur hat ihm andere Pflichten auferlegt. Die Wirkung des Saturn äußert sich in einem anderen Sinne als bei Jupiter und die Wirkung, welche Jupiter dem Systeme fühlbar machen würde, wird durch die Gegenwart Saturns bis auf $\frac{1}{20}$ ihres Werthes vermindert. Es ist offenbar, daß die Wirkungen, welche Jupiter und Saturn auf einander äußern, außerordentlich groß sein müssen. Unter diesen Wirkungen ist eine, welche lange Zeit hindurch ein unauflösliches Räthsel war und vorzugsweise eine nähere Betrachtung verdient. Schon zu Anfange des achtzehnten Jahrhunderts entdeckte man bei Vergleichung der verschiedenen neueren Beobachtungen, daß die Bahn des Jupiters immer größer wurde, so daß dieser Planet in einer

Spiralbewegung um die Sonne sich immer weiter von ihr entfernte und immer langsamer fortschritt. Beim Planeten Saturn entdeckte man gerade das Gegentheil, indem er in immer kleinerer Bahn mit immer größerer Geschwindigkeit sich bewegte. Natürlich müßte diese Veränderung, wenn sie fortwährend in gleicher Weise fortdauerte, zu einem Zusammenstoßen beider Körper und auf endliche Vernichtung des ganzen Systems führen. Daher war man sehr begierig zu wissen, welchen Gang diese Veränderung in den folgenden Jahrhunderten nehmen würde, wozu man jedoch, ohne ihre Grundursache entdeckt zu haben, nicht gelangen konnte. Mehrere große Mathematiker haben sich vergeblich bemüht, diese sonderbare Veränderung in der Bewegung beider Planeten aus der Anziehung, welche sie auf einander ausüben und welche sie von den übrigen Gliedern des Sonnensystems erfahren, zu erklären. Selbst der unsterbliche Laplace, dessen Riesengeist bis zu den tiefsten Geheimnissen der Schöpfung durchzudringen wußte, glaubte anfänglich die Kometen zu ihrer Erklärung zu Hülfe nehmen zu müssen. Daß aber die Kometen auf die größten Planeten des Systems eine solche Wirkung äußern könnten, mußte man doch für sehr unwahrscheinlich halten, da man wußte, daß ihr Einfluß auf die kleinsten Planeten unmerklich ist. Endlich aber hat auch hier Laplace's Genie alle Schwierigkeiten überwunden. Er entdeckte die Ursache dieser Veränderung, bestimmte ihren Gang für Jahrhunderte der Zukunft und der Vergangenheit und bewies, daß sie nicht unaufhörlich in demselben Sinne fortgehen und nie für das Sonnensystem gefährlich werden kann. Das jetzige Entfernen des Jupiter und Annähern des Saturn werden noch über anderthalb Jahrhundert fortdauern, dann aber ganz umgekehrt werden, so daß dann Jupiter sich der Sonne wiederum nähert und Saturn sich entfernt. Diese ganze Wirkung macht ihren Kreisgang in Zeiträumen von 932 Jahren; innerhalb dieser Zeit müssen die Bahnen beider Planeten, nachdem sie alle möglichen

Abänderungen durchgemacht haben, in den vorigen Zustand zurückkehren. Im Jahre 1552 war die Bahn Jupiters so klein, als sie nur werden kann. Seine Umlaufszeit hatte damals ihren kleinsten und seine Geschwindigkeit ihren größten Grad erreicht, die Bahn und Umlaufszeit des Saturns dagegen ihren größten Werth. Im Jahre 2018 wird bei beiden Planeten gerade das Gegentheil stattfinden. Darauf wird sich die Bahn Jupiters wieder verkleinern, die des Saturn wieder größer werden und diese Veränderung geht fort, bis nach einem Zeitraum von 466 Jahren die Bahnen beider Planeten in den Zustand wieder zurückgekehrt sein werden, in dem sie sich im Jahre 1552 befanden. Der mittlere Abstand des Saturn von der Sonne kann durch diese Veränderung um $^1/_{1400}$ und der des Jupiter um $^1/_{1900}$ größer oder kleiner werden. Die Umlaufszeiten werden dadurch zwar wenig abgeändert, aber die Folge dieser anhaltenden Veränderung giebt sich an den Standorten beider Planeten sehr deutlich zu erkennen. An dieser Veränderung der Jupiter- und Saturnbahn nehmen die anderen Planeten durchaus keinen Antheil. Ihre Ursache liegt nur in der gegenseitigen Wirkung, welche diese zwei Planeten durch ihre Anziehungskraft auf einander äußern, mit dem Umstande verbunden, daß die fünffache Umlaufszeit des Jupiters bis auf 145 Tage der doppelten Umlaufszeit des Saturns nahe kommt. So oft zwei Planeten mit einander in einem solchem Verhältnisse stehen, daß des einen Umlaufszeit mit einer ganzen Zahl multiplicirt fast dasselbe Produkt giebt, als die Umlaufszeit des anderen Planeten mit einer anderen ganzen Zahl multiplicirt, so muß die Bahn des einen sich vergrößern, während die des anderen kleiner wird und es müssen diese Zunahmen und Abnahmen der Bahngröße in regelmäßigem Wechsel von der einen Bahn auf die andere übergehen. Der Zeitraum, innerhalb dessen die Bahnen beider Planeten alle ihre möglichen Vergrößerungen und Verkleinerungen durchmachen, wird einfach gefunden, wenn man das Produkt ihrer Umlaufszeiten durch die

Differenz obiger Resultate dividirt. Die Veränderung aber, welche die Bahnen in einem bestimmten Abschnitte dieses Zeitraums erleiden, ist im Allgemeinen um so kleiner, je größer die genannten Zahlen sind. Je länger der Zeitraum bei einem bestimmten Planetenpaar dauert, desto mehr wird sich natürlich die Wirkung häufen und desto mehr für unsre Beobachtung merklich werden. Die fünffache Umlaufszeit des Jupiter beträgt 21663 Tage, die doppelte des Saturn 21518 Tage; so daß der Unterschied zwischen beiden Produkten nicht größer ist als 145 Tage. Wenn man nun das Produkt beider Umlaufszeiten durch diese Differenz dividirt, so wird man ungefähr auch den Zeitraum von 932 Jahren finden; er hängt jedoch auch einigermaßen von anderen Umständen ab und ist selbst kleinen Veränderungen unterworfen. Wäre die Umlaufszeit des Jupiter 15 Tage kürzer oder die des Saturn 36 Tage länger, so würde der Unterschied nur halb so groß sein, der Zeitraum würde dadurch zweimal länger, und also 1864 Jahre dauern und die Abweichungen selbst würden auf das Doppelte ihrer Größe steigen. Die Veränderungen der Jupiter- und Saturnsbahnen, wie sie uns die Theorie angiebt, findet man auch durch die Beobachtungen früherer oder späterer Zeit bestätigt. Wenn nun unter den astronomischen Beobachtungen aus einer unbekannten Zeit hinreichende Beobachtungen über Jupiter und Saturn sich vorfinden, so ist damit ein Hülfsmittel gegeben, ihr Alterthum zu bestimmen. — Die erwähnte Uebereinstimmung zwischen den Umlaufszeiten Jupiters und Saturns hat nicht nur die angeführte Veränderung in der Größe ihrer Bahnen, sondern auch eine Veränderlichkeit in ihren Stellungen und Lagen zur Folge. Die großen Axen dieser Bahnen schwanken in der Ebene, in welcher sie liegen, nebst den ganzen Bahnen hin und her, so daß sie jede Schwingung binnen 932 Jahren vollenden. Die Bahn des einen Planeten wird länglicher, während die andere eine rundere Form annimmt, wobei dieselbe Abwechselung wie bei ihrer Größe stattfindet, so daß auch beide Bahnen nach Verlauf von 932 Jahren, nachdem sie alle möglichen Veränderungen durchgemacht haben, ihre vorige Gestalt wieder gewinnen. Durch diesen Gestaltenwechsel der Bahnen kann die Entfernung des Jupiter von der Sonne um $^1/_{1200}$ und die des Saturn um $^1/_{300}$ ihres Betrages abgeändert werden.

Es ist merkwürdig, daß gerade bei den größten Planeten des Systems zwischen ihren Umlaufszeiten ein solches Verhältniß mit so großer Annäherung besteht. Wo es bei anderen Planeten auch stattfinden möge, so muß es ähnliche Wirkungen haben; je unvollkommener aber dieses Verhältniß ist, d. h. je mehr die Resultate der Multiplicationen von einander verschieden sind, desto kürzer sind die Zeiträume und desto weniger merklich ihre Wirkungen. So besteht einige Uebereinstimmung zwischen der einmaligen Umlaufszeit des Mars und der doppelten der Erde, woraus eine nicht oder kaum merkliche Veränderlichkeit ihrer Bahnen in Zeiträumen von 16 Jahren entsteht. Ebenso bestehen zwischen Venus und der Erde zwei ähnliche Wirkungen, deren eine den kurzen Zeitraum von 4, die andere einen Zeitraum von 8 Jahren hat. Außerdem besteht aber noch eine andere, welche zu einer merklichen Höhe steigen kann und deren Dasein man vor einigen Jahren entdeckte. Diese letztere gegenseitige Veränderung zwischen den Bahnen der Venus und der Erde entsteht daraus, daß die dreizehnfache Umlaufszeit des ersteren Planeten der achtfachen Umlaufszeit des letzteren beinahe gleich kommt und der Zeitraum, innerhalb dessen alle Abwechselungen beider Bahnen vor sich gehen, beträgt 240 Jahre. Auch zwischen Jupiter und dem kleinen Planeten Pallas besteht eine ähnliche Einwirkung, indem die 7 fache Umlaufszeit des Jupiter der 18 fachen von Pallas ungefähr gleich kommt.

§. 130.

Die Störungen, welche die Körper des Sonnensystems auf einander ausüben, haben uns schon mit verschiedenen Eigenthümlichkeiten in Betreff dieser Körper bekannt gemacht, und sofern die Planeten keine Trabanten haben, sind sie die einzigen Mittel, ihre Masse und Dichtigkeit zu bestimmen. Unlängst aber waren sie Veranlassung zu einer so trefflichen und schönen Entdeckung, wie man auf dem Gebiete der Wissenschaften keine andere aufzuweisen hat. Daß die Störungen der Planeten mit einer bewunderungswürdigen Genauigkeit bekannt sind, erhellt auch aus der vollkommnen Uebereinstimmung der berechneten und beobachteten Bewegungen. Ein einziger Planet jedoch brachte im letzten Vierteljahrhundert die Astronomen in Verlegenheit, indem er nur geschaffen zu sein schien, um uns zu zeigen, daß unsre Kenntniß der Bewegung der Planeten noch mangelhaft sein müsse. Nachdem Herschel der Aeltere den Planeten Uranus entdeckt hatte, ergab sich, daß man ihn schon seit dem Jahre 1690 wiederholt beobachtet, jedoch für einen Fixstern gehalten hatte, indem man weder seine Bewegung noch seine Scheibenform bemerkt hatte. Bald nachdem man mit der Natur dieses Körpers als Planeten bekannt geworden, besaß man also Bestimmungen des Ortes, welchen er am Himmel eingenommen hatte, die sich über einen größeren Zeitraum, als seine ganze Umlaufszeit beträgt, erstreckten. Dadurch war man in den Stand gesetzt, seine Bahn sehr bald mit großer Genauigkeit zu berechnen. Die Beobachtungen des Uranus wurden jedoch erst nach seiner Entdeckung als Planeten zahlreich und die Genauigkeit dieser Beobachtungen nahm mit der Vervollkommnung der praktischen Astronomie zu. Vor dreißig Jahren glaubte der Astronom A. Bouvard den Zeitpunkt geeignet, um auf die vorliegenden Beobachtungen neue Tafeln für die Bewegung des Uranus zu gründen, mit deren Hülfe die Oerter, welche er zu beliebigen Zeiten der Vergangenheit oder der Zukunft am Himmel einnehmen mußte, leicht berechnet werden konnten. Um seinen Zweck zu erreichen, mußte er die Störungen, welche Uranus durch die Anziehung der übrigen Planeten erleidet, einer neuen und strengen Untersuchung unterwerfen. Dabei fand er, daß die Störungen, welche die bekannten Planeten bewirkten, nicht hinreichend waren, um die beobachteten Unregelmäßigkeiten in der Bewegung des Uranus zu erklären. Daher erklärte Bouvard bei dem Erscheinen seiner Tafeln im Jahre 1821, daß noch eine andere Kraft, als die Anziehung der bekannten Planeten auf Uranus wirken müsse. Ueber das Wesen dieser noch unbekannten Kraft wurden verschiedene Ansichten laut, jeder aber, der die Bewegungen der übrigen Planeten mit Ernst studirt hatte, mußte die Ueberzeugung gewonnen haben, daß sie nur in der Anziehung eines noch unentdeckten Planeten, welcher sich außerhalb der Uranusbahn um die Sonne bewegte, bestehen konnte. Seit 1821 hat man sehr oft über diesen vermutheten Planeten gesprochen und von die Möglichkeit gehandelt, durch die Störungen des Uranus sein Dasein vollkommen zu beweisen; lange Zeit aber ist es bei der bloßen Besprechung geblieben. Es war bekannt genug, wie man aus dem Stand und der Masse eines Planeten die Störungen berechnen kann, welche er auf einen anderen ausübt; hier aber war die Frage umgekehrt aufzulösen und diese Umkehrung der schon an und für sich schweren Aufgabe schien mit noch größeren Schwierigkeiten verbunden zu sein. Dabei waren die noch unerklärten Störungen des Uranus so klein, daß man wohl die Hoffnung aufgeben mußte, daraus den Punkt am Himmel mit einiger Genauigkeit berechnen zu können, wo der vermuthete Planet zu bestimmter Zeit würde erscheinen müssen. Wenn aber auch die Bestimmung dieses Punktes einigermaßen gelingen sollte, so konnten doch noch Jahre verfließen, bevor sich der Planet mitten in den Hunderten von kleinen Sternen, mit welchen selbst ein kleines Feld am Himmel besäet ist, herausfinden ließe. Unterdessen wurden die Beobachtungen immer zahlreicher und genauer, wodurch die Schwierigkeiten der Untersuchung bedeutend vermindert wurden. War es auch ein großes Unternehmen, das Dasein des noch unentdeckten Planeten zu beweisen und seinen Ort zu bestimmen, so schien diese Mühe dennoch nicht größer und schwieriger, als diejenige, welche man auf andere Riesenpläne dieses Jahrhunderts wandte, man wurde mit glücklichem Erfolge belohnt. Man hatte hier nicht die Sicherheit, zum Ziele zu kommen und dies ist vielleicht die Ursache, daß es so lange Zeit dauerte, ehe Jemand die Hand ans Werk legte, was man auch durch Preisfragen vergeblich ins Leben zu rufen suchte. Endlich trat vor einigen Jahren ein junger Mathematiker, Leverrier zu Paris, welcher sich schon durch andere schöne Arbeiten bekannt gemacht hatte, mit einer neuen Untersuchung über den Planeten Uranus auf. Indem er bemerkte, daß A. Bouvard die Störungen des Uranus durch die Anziehung der bekannten Planeten nicht mit der nöthigen Sorgfalt berechnet hatte, unterwarf er sie einer nochmaligen Untersuchung. Vorzüglich durch die jüngsten Beobachtungen über den Planeten Uranus stellte es sich gewisser als je heraus, daß die Bewegung dieses Planeten sich aus der Anziehung der bekannten Planeten nicht vollkommen erklären ließ. Das Resultat dieser Untersuchungen wurde von Leverrier am 10. November 1845 der Akademie der Wissenschaften zu Paris vorgelegt. Seine Abhandlung enthielt eine sehr genaue Bestimmung des Betrags der noch unerklärten Störung, ließ aber ihre Ursache noch ganz unentschieden. In einer anderen Abhandlung vom 1. Juni 1846 gab Leverrier den Beweis, daß diese Störung durch die Anziehung eines Planeten verursacht werde, welcher sich außerhalb der Uranusbahn um die Sonne bewege und bezeichnete den Ort am Himmel, an welchem der noch unentdeckte Planet aufgefunden werden müsse. Am 31. August 1846 gab Leverrier eine annäherungsweise Bestimmung der Masse des noch unentdeckten Planeten nebst der Größe und Gestalt seiner Bahn, welches Alles aus der Bewegung des Uranus abgeleitet war. Endlich den 5. October 1846 theilte Leverrier den letzten Theil seiner Untersuchungen über die Lage der Bahn des neuen Planeten mit. Man beeilte sich eben nicht sehr, den Planeten Leverrier's am Himmel aufzusuchen und erst nachdem ihn Galle in Berlin den 23. Sept. 1846 zufolge der an demselben Tage erhaltenen Aufforderung ihn aufzusuchen an dem von Leverrier am Himmel bezeichneten Punkte aufgefunden hatte, wurde dessen Arbeit nach Verdienst gewürdigt und ebenso gepriesen und erhoben, als man sie früher mißtrauisch vernachlässigt hatte.

Die Entdeckung des Leverrier'schen Planeten ist vielleicht die trefflichste und schönste der zahlreichen Entdeckungen, auf welche die Astronomie stolz sein kann und wenn sie auch für einen Astronomen nicht die größte und wichtigste sein mag, ihr Resultat ist für Jeden begreiflich; sie hat eine allgemein verständliche Einsicht in die bewunderungswürdige Höhe gegeben, zu welcher sich die Astronomie erhoben hat, und sie wird Jahrhunderte lang als ein Beweis für die Vortrefflichkeit der Astronomie gelten. Diese Umstände lassen es desto unbilliger erscheinen, die Verdienste eines anderen Mathematikers, Adams zu Cambridge, zu verkennen, welcher mit seiner Untersuchung schon zu Ende war, als Leverrier noch kaum begonnen hatte. Adams hatte schon im September 1845 aus der Bewegung des Uranus das Bestehen des unentdeckten Planeten bewiesen und den Punkt am Himmel bestimmt, wo er zu finden sein müsse. Ueberängstlich aber unterwarf er seine Untersuchung dem Urtheile der berühmtesten Astronomen Englands, der Herren Airy und Challis. Der Erstere maß dem überraschenden Resultate Adams wenig Glauben bei, ohne seinen Werth gewissenhaft zu prüfen; der Andere war zu sehr in seine Geschäfte vertieft und keiner von beiden nahm sich der Arbeit von Adams besonders an. Endlich, nachdem Leverrier die Resultate seiner Berechnungen bekannt gemacht hatte, begann Challis am 29. Juli 1846 Beobachtungen anzustellen, um den Planeten aufzuspüren. Er setzte sie am 4. und 12. August fort, ließ sie aber anfangs, mit den damaligen zahlreichen Kometen beschäftigt, unverarbeitet liegen, so daß sie auch nichts ergeben konnten. Als endlich Galle den Planeten gesehen hatte, ging Challis, ohne von dem Hülfsmittel begünstigt zu sein, welches Gallen die Aufsuchung erleichtert hatte, an die Berechnung seiner Beobachtungen und es ergab sich nun, daß er schon am 4. und 12. August unter den Oertern einer Menge andrer Sterne auch den Ort des neuen Planeten bestimmt hatte, welchen er bei seinen Beobachtungen nicht von den Sternen hatte unterscheiden können. Die Wahrheit von diesem Allen ist so vollkommen bewiesen, daß nur ein blindes Vorurtheil sie bezweifeln kann. Der Planet erhielt anfangs Leverrier's Namen. Leverrier wurde als ein Wunder seines Jahrhunderts vergöttert und ist von vielen Seiten auf reichliche Weise belohnt worden. Adams dagegen hat man nur mit Verdächtigung seiner Ehre bei einigen seiner Landsleute und mit Schmähungen und Spottbildern von französischer Seite belohnt; Unbilligkeit kann aber die Wahrheit nicht verändern. Leverrier hat seine Untersuchungen bekannt gemacht; Leverrier hat immer Aufschlüsse über den Gang seiner Untersuchungen gegeben, welche Jedermann Achtung vor seinem Eifer und vor seinen Talenten abnöthigen; Adams wollte unter der Leitung Anderer in die wissenschaftliche Welt treten; er schwieg und sah sich die Palme entreißen. Wenn selbst die Arbeit von Adams weniger schön, als die Leverrier's wäre, was durchaus nicht der Fall ist, so kam er doch in dem Hauptpunkte, dem Orte, wo der Planet zu suchen sei, zu denselben Resultaten. Hätte er selbstvertrauend wie Leverrier seine Untersuchungen gleich nach ihrer Vollendung bekannt gemacht, so würde sein Planet bei dem ernsten Willen eines Astronomen entdeckt worden sein, bevor Leverrier seine erste Abhandlung über den Uranus gab, und Niemand würde daran gedacht haben den neuentdeckten Planeten mit Leverrier's Namen zu verbinden. Der Umstand, daß man schon Jahre lang von dem Planeten, dessen Dasein man vermuthen mußte, in mehreren Werken gesprochen hatte; der Umstand, daß zwei Astronomen fast zu gleicher Zeit und ganz unabhängig von einander und von verschiedenen Beobachtungen aus denjenigen Punkt am Himmel bestimmten, wo er sich zeigen mußte, beweist uns, daß die größte Ehre der Entdeckung der hohen Trefflichkeit der heutigen Astronomie zukommt. Sie setzte beide, Leverrier und Adams, zu ihren Untersuchungen in Stand, welche sie ohne die Arbeit ihrer Vorgänger, ohne den Besitz zahlreicher sehr genauer Beobachtungen nicht hätten vollenden können.

§. 131.

Wir müssen nun einen Blick auf diejenigen Störungen werfen, welche die sogenannten secundären Körper unsres Planetensystems, die Trabanten der Planeten nämlich, erleiden und bewirken. Jedes der Systeme des zweiten Rangs, aus einem Planeten und den sich um ihn bewegenden Trabanten bestehend, hat viel Aehnlichkeit mit dem Planetensystem selbst, wenn man die Sonne und die Planeten allein im Auge hat. Die Trabanten müssen also einander auf dieselbe Weise, wie die Planeten unter sich, stören. Auf dieselbe Weise, wie die Planeten die Sonne von ihrem Orte rücken, müssen die Trabanten ihre Hauptplaneten von ihrer eigentlichen Bahn abbringen. Bei diesen kleineren Systemen sind jedoch auch die Umlaufszeiten kleiner und eine Folge davon ist, daß die Körper derselben innerhalb viel kürzerer Zeiträume als die Planeten ihren früheren gegenseitigen Stand wieder einnehmen. Einige Veränderungen in den Bahnen der Planeten, welche erst binnen Jahrtausenden ihren Gang vollenden, wechseln bei ihren Trabanten innerhalb eines Menschenlebens mehrmals ab. Die Trabantensysteme würden also für unser Studium der Störungen, welche die Himmelskörper im Allgemeinen erleiden, vorzüglich geeignet sein, wenn sie nicht zu fern von uns wären, um jede kleine Ortsveränderung zwischen ihren Gliedern für uns bemerklich zu machen. Außer der gegenseitigen Wirkung auf einander, erleiden die Trabanten noch eine eigene Art von Störungen, welche ein sehr großer ganz außer ihrem System gelegener Körper bewirkt, die Sonne nämlich, welche jeden Planeten mit seinen Trabanten so bedeutend in Größe und Masse übertrifft. Beständen außer dem Sonnensysteme sehr große Körper, welche einen merklich verschiedenen Einfluß auf die Sonne und die Planeten äußerten, so würden diese auch noch andere Störungen als die ihrer gegenseitigen Anziehung erleiden. Alle nicht zum Sonnensystem gehörigen Himmelskörper aber sind so unermeßlich fern, daß sie die Sonne und die Planeten in gleicher Weise anziehen und daher die Bewegung der letzteren um die Sonne auf keine für uns merkliche Weise stören können. Ebenso wie der störende Einfluß eines Planeten nur durch den Unterschied in der Anziehung, mit welcher er auf die Sonne und auf einen anderen Planeten wirkt, bestimmt wird, muß auch der störende Einfluß der Sonne auf einen Trabanten nur durch den Unterschied der Art und Weise bestimmt werden, wie sie diesen Trabanten und seinen Hauptplaneten anzieht. Die vorzügliche Bewegung des Hauptplaneten wird von der Sonne bestimmt und auf seiner Bahn um die Sonne muß er seinen Trabanten mitnehmen, welcher also zwei Bahnen gleichzeitig zu beschreiben hat. Beide, der Hauptplanet und sein Trabant, werden unaufhörlich von der Sonne angezogen; sie müssen sich daher auch unaufhörlich nach der Sonne hin bewegen und thäten sie dies nicht, so würden sie wegen der ursprünglichen Bewegung des Hauptplaneten, während der eine um den anderen fortkreiste, zusammen in einer geraden Linie weiterschreiten, und das ganze Sonnensystem verlassen. Wenn nun die Anziehung, welche die Sonne auf den Hauptplaneten und ihren Trabanten ausübt, für beide Körper gleiche Kraft und gleiche Richtung hätte, so würden sie beide durch die Anziehung der Sonne gleichviel und in gleicher Richtung ihren Ort verändern; sie würden beide fortschreiten, die Stellung des Hauptplaneten und des Trabanten gegen einander aber würde nicht verändert werden und die Sonne würde nicht den geringsten Einfluß auf die Bewegung des Letzteren um den Ersteren äußern. Der Trabant und der Hauptplanet nehmen jedoch nicht denselben Punkt im Raume ein und können daher auch nicht dieselbe Anziehung der Sonne erfahren. Bei der Bewegung des Trabanten um den Hauptplaneten herum wird er von der Sonne aus gesehen sich bald an der linken, bald an der rechten Seite des Hauptplaneten befinden, bald wird er ebenso weit als sein Hauptplanet, bald wieder in einem größeren oder kleineren Abstande als dieser von der Sonne entfernt sein. Die Wirkungen der Sonne auf einen Planeten und seinen Trabanten sind also ungleich in Richtung und Kraft und nur durch diese Ungleichheit vermag die Sonne die Bewegung des Trabanten um seinen Planeten zu stören. Je größer die Bahn eines Trabanten im Verhältniß zu der seines Hauptplaneten ist oder, mit anderen Worten, je größer der Abstand des Trabanten von seinem Hauptplaneten im Verhältniß zu des letzteren Entfernung von der Sonne ist, desto größer wird die Ungleichheit und also auch die Störung größer sein. Je mehr Masse der Hauptplanet hat und je mehr er also seinen Trabanten beherrschen kann, desto kleiner ist aber der Einfluß der Sonne auf dessen Bewegung. Um beider Gründe willen finden wir bei den übrigen Planeten keinen Trabanten, welcher so starke Störungen von der Sonne zu erleiden hat, als unser Mond.

Die Störungen, welche der Mond erleidet, sind für uns in vielen Hinsichten wichtiger als die der übrigen Trabanten; um so mehr, als wegen seiner Nähe auch seine geringste Ortsveränderung im Raume unserer Beobachtung auffallen muß. Die übrigen Planeten können unseren Mond nur auf kaum merkliche Weise stören und da er der einzige Trabant der Erde ist und also keine anderen Trabanten auf ihn wirken, so kann sich die Wirkung der Sonne auf einen Trabanten bei keinem von den übrigen Satelliten so rein und so sehr in ihren Eigenthümlichkeiten wie bei unserem Monde offenbaren. Wir werden die hauptsächlichsten Störungen, welche der Mond erleidet, mit einiger Ausführlichkeit betrachten, nicht allein darum, weil seine Störungen alle übrigen bedeutend in Größe übersteigen, sondern auch darum, weil sie vorzugsweise geeignet sind, um einen tiefere Einsicht in das eigentliche Wesen der Störungen zu geben und um auch in denjenigen Fällen, welche wir nicht ausdrücklich behandeln können, die Beziehung zwischen der Wirkung und ihren Folgen in's Licht zu setzen.

§. 132.

Wollen wir uns einen Begriff von dem Einfluß der Sonne auf die Bewegung des Mondes machen, so müssen wir uns erinnern, daß der Mond schon wegen seiner elliptischen Bahn in verschiedene Entfernungen von der Erde zu stehen kommt und mit einer veränderlichen Geschwindigkeit fortschreitet. Der Ort am Himmel, wo wir den Mond sehen, kann von dem Orte, wo wir ihn sehen würden, wenn er sich bei derselben Umlaufszeit mit gleichmäßiger Geschwindigkeit um die Erde bewegte, mehr als um seinen zwölffachen Durchmesser abweichen. Diese Unregelmäßigkeit in der Bewegung des Mondes ist ganz an Keppler's zweites Gesetz gebunden und von der Wirkung der Sonne unabhängig. Denken wir uns nun, daß der Mond auf seiner elliptischen Bahn genau zwischen die Sonne und die Erde zu stehen kommt. Die Erde und der Mond werden beide von der Sonne angezogen, der Mond aber ist der Sonne am nächsten, wird also auch stärker von ihr angezogen als die Erde; er muß sich mehr als die Erde der Sonne nähern und der Abstand zwischen Mond und Erde sich somit vergrößern. Befindet sich der Mond an der entgegengesetzten Seite seiner Bahn, so daß die Erde zwischen ihm und der Sonne zu stehen kommt, dann wird die Erde der Sonne am nächsten sein, wird sich also mehr als der Mond nach der Sonne zu bewegen und der Abstand zwischen dem Monde und der Erde wird ebenfalls vergrößert werden. Steht der Mond seitwärts von der Erde, so daß sein Abstand von der Sonne dem der Erde gleich wird, so werden beide Körper gleich stark angezogen. Sie werden sich alsdann beide gleichviel bewegen, aber diese Bewegung ist nach einem Punkte, nämlich nach dem Mittelpunkte der Sonne, gerichtet, und sie können sich nicht in paralleler Richtung nach demselben Punkte, in Bezug auf welchen sie in verschiedenen Richtungen stehen, bewegen, ohne ihren gegenseitigen Abstand zu vermindern. In diesem Falle wird also der Abstand des Mondes zur Erde verkleinert. Es ist aber leicht einzusehen, daß diese Verkleinerung viel weniger als die frühere Vergrößerung betragen muß, so daß die Vergrößerung des Abstandes des Mondes von der Erde an dem einen Theile seiner Bahn die Verkleinerung an dem anderen Theile übersteigt und im Ganzen genommen eine Vergrößerung übrig bleibt. Durch die Wirkung der Sonne wird also die ganze Bahn des Mondes und dadurch wieder seine Umlaufszeit vergrößert und hörte die Sonne zu wirken auf, so würde der Mond einige Hunderte von Meilen der Erde näher kommen und sich mit einer etwas größeren Geschwindigkeit um sie bewegen. Im Ganzen genommen vergrößert sich der Abstand des Mondes zur Erde durch die Wirkung der Sonne um $1/_{357}$ seines Betrages und vermindert sich seine Geschwindigkeit um $1/_{178}$ ihres Werthes. Diese Zunahme und Abnahme gilt jedoch durchaus nicht für jeden Ort, welchen der Mond auf seiner Bahn einnehmen kann. Es hat sich uns nämlich ergeben, daß die Bahn des Mondes um die Erde durch die Einwirkung der Sonne sich bedeutend verändern muß. In der Richtung nach der Sonne zu wird sie lang gezogen und in einer Richtung senkrecht darauf wird sie eingedrückt. Die Bahn des Mondes ist also nicht mehr eine reine Ellipse und die Veränderung seiner Geschwindigkeit kann daher nicht mit Keppler's zweitem Gesetze stimmen. Die Veränderung, welche die Entfernung des

Mondes von der Erde durch Einwirkung der Sonne erleidet, hängt nicht allein von den Stellungen ab, welche Sonne und Mond für unser Auge am Himmel einnehmen, sondern auch von der Entfernung des Mondes von der Erde selbst, welche wegen der elliptischen Bahn des Mondes veränderlich ist. Die Aenderung der Gestalt, welche die Bahn des Mondes erleidet, muß also auch von ihrer eigenen Gestalt und Lage im Raume abhängen, wodurch sie verwickelter wird, als dies bei einer oberflächlichen Betrachtung scheinen muß. Diese Wirkung der Sonne muß sich jedoch hauptsächlich darin zeigen, daß sich der Mond bei dem Neumond und bei dem Vollmond von der Erde entfernt und bei den Mondvierteln sich ihr nähert, so daß er sich bei Neumond und Vollmond langsamer und bei den Mondvierteln schneller bewegt, als er dies dem zweiten Kepplerschen Gesetze zufolge thun müßte. Diese Unregelmäßigkeit in der Bewegung des Mondes war schon den Alten bekannt, sie trägt den Namen Evection und kann den Mond 2½ mal so viel als sein Durchmesser beträgt ablenken.

Wir haben bis jetzt nur denjenigen Theil der Wirkung der Sonne betrachtet, welcher unmittelbar den Abstand des Mondes von der Erde verändert; aber auch die Richtung, in welcher wir den Mond sehen, muß durch die Sonne unmittelbar verändert werden. Wenn die Sonne den Mond und die Erde anzieht, während er mit ihr in einer und derselben geraden Linie steht, so wird dadurch zwar die Größe, nicht aber die Lage der Linie zwischen Erde und Mond verändert werden und diese Anziehung wird also nicht unmittelbar den Ort des Mondes am Himmel für uns verändern. Befinden sich Mond und Erde in gleicher Entfernung von der Sonne, so wird eine Linie von der Erde nach dem Monde fast senkrecht auf der Richtung stehen, in welcher wir die Sonne sehen. Durch die Anziehung der Sonne werden Mond und Erde ihren Ort gleichviel verändern und die genante Linie wird sich selbst parallel fortgehen. Diese

Linie bleibt also auf denselben Punkt am Himmel gerichtet, so daß auch in dieser Stellung die Wirkung der Sonne den Ort des Mondes am Himmel nicht unmittelbar für unser Auge abändert. In jedem anderen Stande wird die Richtung der von der Erde nach dem Monde laufenden Linie durch die ungleiche Anziehung der Sonne auf Erde und Mond verändert werden; der Mond aber kann von der Richtung, in der wir ihn sehen, nicht abweichen, ohne seinen Ort auf seiner Bahn zu ändern und dies kann wieder ohne Veränderung seiner Geschwindigkeit nicht geschehen. Es ergiebt sich, daß durch diese unmittelbare Wirkung der Sonne in Verbindung mit den verschiedenen Richtungen, in welchen sich der Mond zur Sonne um die Erde bewegt, die Geschwindigkeit des Mondes zwischen dem ersten Viertel und dem Vollmond und zwischen dem letzten Viertel und dem Neumond vergrößert wird; während sie zwischen dem Neumond und dem ersten Viertel und zwischen dem Vollmond und dem letzten Viertel verringert wird. Aus dieser veränderlichen Geschwindigkeit des Mondes muß eine neue Aenderung der Gestalt seiner Bahn hervorgehen, wodurch sie in senkrechter Richtung auf die von der Erde zur Sonne laufende Linie langgezogen wird. Durch diese Variation benannte Unregelmäßigkeit kann der Mond sich soviel verrücken, als sein Durchmesser beträgt.

Mit der Evection und der Variation verbindet sich eine andere Unregelmäßigkeit in der Bewegung des Mondes, welche seine jährliche Gleichung genannt wird und wodurch die Umlaufszeit des Mondes während der einen Hälfte des Jahres regelmäßig verlängert und während der anderen Hälfte regelmäßig abgekürzt wird. Wir haben schon gesehen, daß der Einfluß der Sonne auf die Bahn des Mondes um so größer sein muß, je größer die Entfernung des Mondes von der Erde im Verhältniß zum Abstand der Erde von der Sonne ist. Da die Erde sich in einer elliptischen Bahn um die Sonne bewegt, so ist ihre Entfernung von der Sonne veränderlich. Während des einen Halbjahrs wird diese Entfernung beständig zunehmen. In dieser Zeit wird die Entfernung des Mondes von der Erde im Verhältniß zur Entfernung der Sonne beständig kleiner; die Sonne wird die Bahn des Mondes immer weniger vergrößern; die von der Sonne abgeänderte Bahn des Mondes wird immer kleiner werden und daher wird auch seine Umlaufszeit abnehmen, während seine mittlere Geschwindigkeit größer wird. Während des anderen Halbjahrs muß die Erde ihre Entfernung von der Sonne verringern; dadurch wird die Entfernung des Mondes im Verhältniß zu der der Sonne größer und die Wirkung der Sonne auf die Bahn des Mondes gesteigert; die Bahn wird während dieses Zeitraums nebst der Umlaufszeit immer größer und die mittlere Geschwindigkeit des Mondes geringer. Gegenwärtig kommt die Erde am 1. Januar jedes Jahres der Sonne am nächsten; die Bahn des Mondes und seine Umlaufszeit werden alsdann so groß als möglich sein. Am 2. Juli jedes Jahres ist die Erde so weit als möglich von der Sonne entfernt und die Bahn sowohl als die Umlaufszeit des Mondes werden ihren kleinsten Grad erreichen. Die Bahn der Erde erleidet eine langsame Verschiebung im Raume, wodurch die Erde im Laufe von Jahrhunderten ihren größten und geringsten Abstand von der Sonne an anderen Tagen des Jahres erreichen wird und auch die jährliche Gleichung der Bewegung des Mondes abgeändert werden muß. Durch die jährliche Gleichung wird die Größe der Mondbahn um $\frac{1}{5000}$ ihres Werthes verändert und die Ortsveränderung, welche der Mond selbst dadurch erleiden kann, beträgt ungefähr $\frac{1}{3}$ seines Durchmessers.

Bei Neumond ist der Mond der Sonne bedeutend näher als bei Vollmond und die Anziehung der Sonne nimmt in stärkerem Verhältnisse zu, als die Entfernung sich vermindert. Bei Neumond muß sich also der Mond durch die Wirkung der Sonne weiter von der Erde entfernen als bei Vollmond. Dadurch wird die Bahn des Mondes an der der Sonne zugewendeten Seite mehr in die Länge gezogen als an der von der Sonne abgewendeten Seite. Daraus nun muß eine Abänderung in der Evection entstehen, welche als eine neue Störung betrachtet wird. Diese Störung muß ganz von dem Verhältniß zwischen den Entfernungen der Sonne und des Mondes von der Erde abhängen und aus ihr muß man also dieses Verhältniß ableiten können. Die Entfernungen der Himmelskörper bestimmen die scheinbare Ortsveränderung, welche sie erleiden, wenn man sie aus verschiedenen Standpunkten betrachtet. Diese Ortsveränderung heißt Parallaxe und daher nennt man die erwähnte Unregelmäßigkeit parallactische Gleichung. Ihr Betrag ist im Verhältniß zu den genannten Störungen gering.

Die besprochenen Unregelmäßigkeiten in der Bewegung des Mondes müssen alle in verwickelter Weise auf einander zurückwirken. Die eine ändert die andere ab und diese, auf solche Weise abgeändert, verändert dadurch wieder diejenige, durch welche sie die Abänderungen erfahren hat. Die gegenseitigen Wirkungen der Störungen, welche der Mond erleidet, haben also neue Störungen zur Folge und die Zahl dieser Störungen würde schon unendlich groß sein, wenn sie auch nur aus den schon genannten Ursachen allein hervorgingen. Auch hier werden die Wirkungen und Gegenwirkungen allmählich kleiner, dennoch aber bleiben mehr als hundert Störungen übrig, welche man bei einer sehr genauen Bestimmung der Bewegung des Mondes in Rechnung bringen muß.

§. 133.

Zu den Wirkungen der Sonne auf die Bewegung des Mondes gehören noch einige, welche wir nicht übergehen dürfen. Die kleinste, aber bemerkenswertheste von diesen ist eine langsame Zunahme der Geschwindigkeit des Mondes, welche groß genug ist, um bei einer Vergleichung der neuen Beobachtungen mit den alten aufzufallen. Mit dieser Veränderung in der Geschwindigkeit des Mondes, welche man seculare Gleichung seiner Bewegung nennt, ist eine Verkleinerung seiner Bahn und eine allmählige Annäherung an die Erde unzertrennlich verbunden. Sie wurde schon zu Anfang des 18. Jahrhunderts entdeckt und es ergab sich, daß sie seit der Zeit der allerältesten Beobachtungen immer in gleicher Weise fortgegangen war. Sie zog die Aufmerksamkeit um so mehr auf sich, als sie den Mond einmal auf die Erde niederstürzen machen müßte, wenn sie ihren Gang nicht veränderte. Diese Veränderung in der Geschwindigkeit des Mondes hat die Mathematiker und Astronomen lange Zeit hindurch gar sehr beunruhigt, indem es unmöglich schien, sie aus der Wirkung der Sonne oder aus der der Erde oder aus der der Planeten zu erklären. Einige fanden es am bequemsten, diese Beschleunigung ganz zu leugnen, was aber auch nicht gelang, indem sie durch zahlreiche alte Beobachtungen vollkommen bewiesen war. Andere waren der Meinung, daß die Anziehungskraft wohl noch eine unbekannte Eigenschaft besitzen könnte, wodurch die Annäherung des Mondes an die Erde hervorgebracht würde oder daß man die Ursache ganz außerhalb der Anziehungskraft suchen müsse. Noch andere nahmen wieder ihre letzte Zuflucht zu den Kometen, aber auch so ließ sich die sonderbare Erscheinung in der Bewegung des Mondes nicht erklären. Endlich hob auch hier Laplace den Schleier und die Erscheinung stellte sich als eine reine Folge der Wirkung der Sonne auf den Mond dar, aber in Verbindung mit der äußerst langsamen Veränderung, welche die Gestalt der Erdbahn erleidet. Die Erdbahn nähert sich jetzt beständig der Kreisform. Diese Abnahme ihrer länglichen Gestalt hat schon länger als 20000 Jahre gedauert und wird noch länger als 20000 Jahre anhalten, und so lange sie dauert, muß sich der Mond beständig der Erde nähern und seine Geschwindigkeit sich vergrößern. Einmal muß jedoch die Erdbahn wieder mehr von der Kreisform abweichen, was in 24000 Jahren seinen

Anfang nehmen und dann 50000 Jahre hindurch dauern wird. In diesem Zeitraum muß sich der Mond wieder beständig von der Erde entfernen und seine Geschwindigkeit verringern. Alle diese Ab- und Zunahmen aber ebenso wie die Veränderungen in der Gestalt der Erdbahn bewegen sich innerhalb sehr enger Grenzen. Die jetzige Zunahme der Geschwindigkeit des Mondes binnen einem Jahrhundert besteht nur in einem Hundertmilliontheilchen ihres Betrages und die ganze Annäherung des Mondes an die Erde beträgt jetzt in einem Jahrhundert nicht mehr als neun Fuß. Eine so kleine Veränderung würde sicher für uns unbemerkbar bleiben, wenn nicht der Mond in einem Jahrhundert über 1200 mal die Erde umkreiste. Dadurch häufen sich die Folgen seiner veränderten Umlaufszeit sehr stark an und verrathen sich endlich an dem Orte, welchen der Mond für unser Auge am Himmel einnimmt.

Zwei andere Wirkungen der Sonne auf die Bewegung des Mondes sind gerade das Gegentheil von derjenigen, welche wir zuletzt betrachtet haben, indem sie eben so auffällig sind, als jene verborgen ist und ihre Ursache eben so offenbar, als die von jener geheimnißvoll. Die Sonne und die Erde streben durch ihre Anziehung den Mond in die Ebene der Erdbahn zu bringen, wogegen sich aber die Bewegung des Mondes um die Erde sträubt. Eine Folge dieser vereinigten Wirkungen ist eine große Veränderung in der Lage der Bahn des Mondes. Der Winkel, welchen die Bahn des Mondes mit der Erdbahn macht, erleidet dadurch eine kleine und abwechselnde Veränderung, daher macht die Bahn des Mondes kleine Schwankungen wie eine Thür, welche man etwas um ihre Angeln hin und her bewegt. Die mittlere Neigung der Mondbahn aber wird bei dieser Wirkung nicht verändert. Die Linie, unter welcher die Bahn des Mondes die der Erde schneidet, verändert durch diese Wirkung ihre Lage. Bald geht sie vorwärts, bald rückwärts. Der Rückgang übersteigt aber das Vorrücken und somit dreht die Linie sich einmal in der Zeit von 18 Jahren und 219 Tagen rund herum und zwar in einer Richtung, derjenigen entgegengesetzt, in welcher der Mond selbst auf seiner Bahn fortschreitet.

Durch die Wirkung der Sonne auf den Mond muß die Bahn des letzteren seine Form ändern und kreisförmiger oder länglicher werden, je nach dem Stande, welchen ihre große Axe zur Sonne einnimmt. Außerdem muß auch durch Einwirkung der Sonne die Lage dieser Axe verändert werden. Wenn die Axe nach der Sonne gerichtet ist, so dreht sie sich in einer Richtung um, derjenigen entgegengesetzt, in welcher sich der Mond bewegt, wenn er der Erde am nächsten steht, und sie dreht sich mit dem Monde, wenn dieser am weitesten von der Erde entfernt ist. Letztere Bewegung ist aber die stärkere. Wenn die große Axe der Mondbahn auf der von der Erde nach der Sonne gezogenen Linie senkrecht steht, so wird in beiden Fällen das Gegentheil stattfinden und die rückgängige Bewegung der Axe wird dabei die größere sein. Diese Bewegungen der Axe der Mondbahn verschmelzen sich mit der Veränderung in der Gestalt dieser Bahn und machen mit ihr die sogenannte Evection aus, sie gleichen sich aber nicht vollkommen bei jedem Umlauf des Mondes um die Erde aus. Das Vorrücken bei nach der Sonne gerichteter Axe ist größer als der Rückgang, wenn die Axe auf die Richtung der Sonne senkrecht steht, und es bleibt somit ein Vorrücken übrig. Die große Axe der Mondbahn und somit die Bahn selbst muß sich also in der Ebene, in der sie sich befindet, in derselben Richtung wie der Mond um die Erde herumdrehen und der ganze Umlauf wird in Zeit von 8 Jahren und 311 Tagen vollendet.

§. 134.

Wir würden mit unseren Betrachtungen kaum zu Ende kommen, wollten wir alle die merkwürdigen Erscheinungen in der Bewegung des Trabanten unsrer Erde, welche die allgemeine Anziehungskraft zur Grundursache haben, mittheilen.

Es giebt jedoch noch eine Art von Wirkungen zwischen Mond und Erde als eine Folge der abgeplatteten Gestalt der letzteren, worüber wir noch nicht gesprochen haben und die wir nicht unerwähnt lassen dürfen. Wenn in einem Körper von vollkommner Kugelgestalt der Stoff gleichmäßig vertheilt und überall von gleicher Dichtigkeit ist oder auch wenn sein Stoff nur in gleichen Entfernungen vom Mittelpunkte gleich dicht ist — wie sehr sich übrigens auch diese Dichtigkeit mit diesen Entfernungen ändern mag — so wird dieser Körper so anziehen und so angezogen werden, als ob seine ganze Masse in seinem Mittelpunkt vereinigt wäre. Wäre die Erde vollkommen kugelförmig, so würde also ihre Anziehung auf außer ihr gelegene Körper unter allen Umständen auf ihren Mittelpunkt bezogen werden können und ihre Anziehung würde sich nur nach ihrer Masse und der Entfernung des angezogenen Körpers von ihrem Mittelpunkte richten. Ebenso würde in diesem Falle die von anderen Himmelskörpern auf die Erde geäußerte Wirkung ganz und gar auf ihren Mittelpunkt übertragen werden können. Durch diese Wirkung würde jeder Theil der Erde genau auf gleiche Weise wie ihr Mittelpunkt verrückt werden und ihre Umdrehung oder ihre Umdrehungsaxe würde nicht der geringsten Veränderung unterliegen. Da nun die Erde eine merklich abgeplattete Gestalt hat, so ist die Anziehung, welche sie erleidet oder äußert, keineswegs so einfach und der Einfluß ihrer Gestalt giebt sich vorzüglich in ihrer Bewegung und in der ihres Trabanten zu erkennen. Die Erde wird unaufhörlich von der Sonne und dem Monde angezogen und wegen ihrer Abplattung sind ihre Durchmesser von ungleicher Länge und immer hat sie die Neigung, sich mit ihren längsten Durchmessern nach dem Monde und nach der Sonne zu richten. Durch die Anziehung der Sonne und des Mondes bekommt der Erdäquator das Streben immer mit der Ebene der Erdbahn zusammenzufallen und würde dieser Neigung nicht entgegengewirkt, so würde wirklich die Erde ihr schnell folgen. Ihre

Umdrehungsaxe würde sich nun senkrecht auf die Ebene ihrer Bahn stellen, die Abwechselung der Jahreszeiten würde aufhören und die Erde würde auf einem viel kleineren Theile, als jetzt der Fall ist, bewohnbar sein. Gegen diese Bewegung des Aequators aber oder der Erdaxe stemmt sich die Geschwindigkeit ihrer Umdrehung. Durch diese Umdrehung wird die Bewegung der Erdaxe, welche sie durch alleinige Anziehung der Sonne und des Mondes annehmen würde, ganz verändert. Die Erdaxe verbleibt in ihrem schiefen Stande zur Ebene ihrer Bahn, dreht sich aber mit dieser unveränderlichen Neigung regelmäßig rings herum. Man kann sich diese Bewegung der Erdaxe vollkommen verdeutlichen, wenn man einen Zirkel öffnet und einen seiner Arme senkrecht auf eine Tischfläche setzt und den andern Arm rings herum drehen läßt. Die Tafelfläche stellt alsdann die Ebene der Erdbahn vor. Der senkrecht auf die Tafel gesetzte Zirkelarm stellt eine lothrecht auf die Ebene der Erdbahn gezogene Linie, der andere Arm die Umdrehungsaxe der Erde vor. Mittelst dieses Zirkels sieht man deutlich, wie die Erdaxe sich rings herum bewegt, indem sie ihren schrägen Stand unverändert bewahrt. Man sieht, daß sie die Oberfläche eines Kegels beschreibt, welcher senkrecht auf der Ebene der Erdbahn steht; daß sie beständig nach anderen Punkten des Himmels gerichtet ist; daß der Pol des Himmels seinen Stand zu den Sternen beständig ändern und daß dieser regelmäßig einen Kreis am Himmel beschreiben muß, dessen Mittelpunkt derjenige Punkt am Himmel ist, welchen eine senkrecht auf der Ebene der Erdbahn stehende Linie anzeigt. Die Bewegung der Erdaxe, welche in einer der Bewegung der Erde entgegengesetzten Richtung geschieht, ist jedoch so langsam, daß diese Axe nur einmal in 25600 Jahren ihre Umdrehung vollendet. Durch sie muß die Linie, unter welcher der Aequator und die Erdbahn einander schneiden, in demselben Zeitraum sich einmal rund herumbewegen. Durch sie werden auffällige Himmelserscheinungen bewirkt und es muß der Anblick des Himmels an demselben Punkte der Erde mit der Zeit einer großen Veränderung unterliegen. An dieser sogenannten Präcession nehmen die Sonne und der Mond Theil; zum größten Theile wird sie aber von dem Monde verursacht. Der Mond steht während der einen Hälfte seiner Umlaufszeit über und während der anderen unter der Ebene der Erdbahn. Behielte nun diese Bahn denselben Stand, so würde die Wirkung des Mondes mit der der Sonne unveränderlich sich verschmelzen. Dadurch, daß die Linie, in welcher die Bahn des Mondes und die Erdbahn einander schneiden, sich rings herum dreht, ist die Wirkung des Mondes veränderlich und der veränderliche Theil dieser Wirkung hat noch eine zweite, aber sehr geringe Bewegung der Erdaxe zur Folge, wodurch sie binnen 18 Jahren und 219 Tagen noch eine kleine Drehung um den Stand macht, welchen sie einnehmen würde, wenn die Wirkung des Mondes dieselbe bliebe. Diese kleine Bewegung der Erdaxe nennt man Nutation oder Wanken. Die Präcession konnte schon der Aufmerksamkeit der Alten nicht entgehen. Die Nutation wurde zu Anfang des vorigen Jahrhunderts entdeckt und später erkannte man in ihr ein treffliches Mittel, die Masse des Mondes zu bestimmen.

Die Erde läßt die Wirkung, welche der Mond auf ihre abgeplattete Gestalt äußert, durchaus nicht ohne Erwiderung, sondern verursacht durch ihre Gestalt neue Unregelmäßigkeiten in der Bewegung des Mondes. Die durch den Mond in der Axe der Erde und somit auch in ihrem Aequator bewirkte Nutation muß auf die Bahn des Mondes selbst zurückwirken und auch bei dieser Bahn eine Nutation veranlassen, welche in einem kleinen Wanken um ihre mittlere Lage besteht. Diese Veränderung der Lage der Mondbahn läßt sich sehr gut beobachten und für die Bestimmung der Abplattung der Erde benutzen. Noch auf eine ganz andere Weise bedingt die abgeplattete Gestalt der Erde eine Veränderung in der Bewegung des Mondes. Da die Erde keine ganz vollkommne Kugelgestalt hat, wird sie auch bei gleichen Entfernungen nicht in allen Richtungen um sich herum den Mond mit derselben Kraft anziehen. Der größte Durchschnitt der Erde ist ihr Aequator. Einem in der Richtung des Erdäquators gelegenen Körper sind die meisten Stofftheile der Erde zugekehrt und daher wird er auch stärker angezogen als ein anderer, welcher in derselben Entfernung schräg zum Aequator steht. Ein Körper von abgeplatteter Gestalt wie die Erde äußert in der Richtung seines Aequators eine stärkere und in der Richtung seiner Axe eine geringere Anziehung, als eine Kugel von gleicher Masse. Nun verändert der Aequator seinen Stand zur Erdbahn sehr langsam. Die Bahn des Mondes dagegen ändert sehr schnell ihre Lage, so daß sie in weniger als 19 Jahren ihren Winkel mit der Bahn der Erde nach allen Seiten des Himmels richtet. Dadurch wird die Bahn des Mondes in derselben Zeit ihre Lage zum Erdäquator merklich ändern. Bald wird sie einen schrägeren, bald wird sie einen weniger schrägen Stand zum Erdäquator annehmen und einen je kleineren Winkel sie mit dem Erdäquator macht, um so stärker wird der Mond von der Erde angezogen werden. Mit dieser stärkeren Anziehung ist eine Beschleunigung in der Bewegung des Mondes und eine Verkürzung seiner Umlaufszeit unzertrennlich verbunden (§. 95). So entsteht durch die Abplattung der Erde eine Veränderung in der mittleren Geschwindigkeit des Mondes, welche sich nach 18 Jahren und 219 Tagen, wenn die Bahn des Mondes ihren früheren Stand wieder eingenommen hat, wieder ausgleicht. Sie ist groß genug, um unseren Beobachtungen zugänglich zu sein und kann ebenfalls zur Bestimmung der Abplattung der Erde dienen. Man hat aus diesen zwei Störungen in der Bewegung des Mondes die Gestalt der Erde abgeleitet, und dieselbe mit den durch Pendel und unmittelbare Messungen erhaltenen Resultaten im schönsten Einklange befunden. Es ist in der That höchst merkwürdig, daß ein Astronom, ohne Ort und Stelle zu verlassen, nur durch die Beobachtung der Bewegung des Mondes die Gestalt des Körpers, welchen er bewohnt, so genau bestimmen kann.

§. 135.

Bevor wir die Störungen des Mondes in seiner Bahn ganz verlassen, müssen wir unsre Leser noch auf einige Eigenthümlichkeiten aufmerksam machen. Durch die Anziehung des Mondes wird auch die Erde in ihrer Bewegung gestört. Die Erde muß sich nicht nur in einer Ellipse um den gemeinsamen Schwerpunkt beider Körper bewegen, sondern außerdem müssen alle Störungen, welche den Mond treffen, auf die Erde zurückwirken und die Erde muß auch an allen Störungen des Mondes Theil nehmen. Da aber die Erde 88 mal mehr Masse als der Mond hat, so sind alle diese Rückwirkungen 88 mal kleiner als die Wirkungen, durch welche sie hervorgebracht wurden. Die Störungen der Erde werden uns auch dadurch viel weniger bemerkbar, daß sie sich erst in der scheinbaren Bewegung der Sonne verrathen, welche 400 mal entfernter von uns ist als der Mond. Die Störung, welche der Mond durch die unmittelbare Einwirkung der Planeten erleidet, sind außerordentlich gering und würden noch viel geringer sein, wenn sie nicht durch ihre Rückwirkung auf die Erde vergrößert würde. Uebrigens findet man in der Bewegung des Mondes einige Beispiele von dauerhaften Beziehungen, welche durch die gegenseitige Anziehung der Himmelskörper bewirkt sind. Die Anziehung der Erde bestimmt die Bewegung des Mondes um seine Axe, welche trotz der zahlreichen Störungen des Mondes ungehindert gleichmäßig fortgeht und von der Erde selbst gehindert wird, an anderen Störungen als an den sehr langsamen und fast gleichmäßig fortgehenden, welche im engeren Sinne seculäre Störungen genannt werden (§. 80), Theil zu nehmen. Durch die Anziehung der Erde wird der Mond gezwungen, sich gerade in derselben Zeit um seine Axe zu bewegen, in welcher er im Mittel seinen Weg um die Erde vollendet. Durch die vereinigte Wirkung der Sonne und der Erde müssen drei Ebenen, nämlich die des Mondäquators, der Mondbahn und der Erdbahn, einander immer unter genau derselben Linie schneiden; und wenn die Lage der Erdbahn durch die Anziehung der Planeten verändert wird, so wird durch die Wirkung der Sonne die Bahn des Mondes jedesmal wieder in ihre ursprüngliche Neigung zur Erdbahn zurückgebracht. Die richtige Kenntniß der Bewegung des Mondes ist nicht nur für die Wissenschaft, sondern auch für die menschliche Gesellschaft von größter Wichtigkeit; denn durch seinen im voraus berechneten Stand am Himmel bestimmt der Schiffer den Ort seines Schiffes, während er Wochen und Monate lang mit keinem Blick das Festland der Erde sehen kann. Die Bewegung des Mondes hat besonders in diesem Jahrhundert viele scharfsinnige und höchst mühsame Untersuchungen hervorgerufen, unter welchen die des berühmten Hansen die größten Meisterstücke von Eifer und Talent sind. Diese Untersuchungen waren für die Vervollkommnung der Schifffahrt unentbehrlich und bleiben für deren Regelung nothwendig.

Es ist einleuchtend, daß zwischen den Störungen des Mondes und denjenigen, welche ein Planet von einem anderen weit außerhalb seiner Bahn stehenden Planeten erleidet, viel Aehnlichkeit sich befinden muß, obschon der störende Körper hier viel kleiner ist, als derjenige, welcher die Hauptbewegung bestimmt. Der Planet Mercur z. B. erleidet durch die Wirkungen des Jupiters ähnliche Störungen, wie diejenigen, welche durch die Sonne in der Bewegung des Mondes hervorgebracht werden und welche oben beschrieben wurden, aber sie sind alle viel kleiner. Die Störungen, welche Venus, die Erde und Mars durch Jupiter erleiden, können auch noch mit denen des Mondes verglichen werden. Wenn aber die Bahn des störenden und gestörten Planeten in Größe weniger von einander verschieden sind, so gestalten sich die Störungen ganz anders, weil alsdann die Abstände und Richtungen zwischen beiden Körpern sehr großen Veränderungen unterworfen sind. Die Störungen, welche ein Planet auf einen anderen außerhalb seiner Bahn befindlichen Planeten ausübt, haben wieder einen anderen Gang, wovon man sich nach dem Gesagten leicht wird überzeugen können.

§. 136.

Die Trabanten der übrigen Planeten müssen durch Einwirkung der Sonne und der Planeten ähnliche Störungen, wie der Mond erfahren, diese Störungen werden aber nach dem besonderen Zustande des Systems, wozu die Trabanten gehören, sehr bedeutend abgeändert. Außerdem trifft sie noch eine andere Art unserem Monde fehlender Störungen, welche durch ihre gegenseitige Wirkung auf einander bedingt werden und die einigermaßen mit denjenigen Störungen übereinstimmen, welche die Planeten einander zufügen. Die einzigen Planeten außer unsrer Erde, bei denen wir Trabanten kennen, sind Jupiter, Saturn, Uranus und Neptun. Diese Planeten sind alle viel größer als die Erde und führen daher ihre Trabanten mit viel größerer Geschwindigkeit rund um sich herum, beherrschen also mit viel größerer Kraft ihre Trabanten und lassen daher nur einen viel geringeren Einfluß von Wirkungen zu, welche nicht aus ihnen selbst hervorgehen. Nur das System der Jupiterstrabanten ist in Hinsicht der Störungen, welche es treffen, völlig und genau erforscht. Die Jupiterstrabanten wurden schon vor ein Paar Jahrhunderten beobachtet. Sie verrathen sich schon einem sehr kleinen Fernrohr, während bei Saturn nur ein Trabant leicht wahrzunehmen ist und die des Uranus und Neptun selbst mit den größten Fernröhren unsrer Zeit sich kaum finden lassen. Somit fehlt den Trabanten des Saturn, Uranus und Neptun das Interesse, welches die des Jupiter in Anspruch nahmen. Die Bewegung der letzteren haben viele schöne Untersuchungen hervorgerufen und ihre Störungen sind fast ebenso genau als die unsers Mondes bekannt geworden.

Der Planet Jupiter führt seine Trabanten 16 mal schneller um sich herum, als die Erde es thun würde, wenn sie in gleicher Entfernung von ihr ständen. Die Entfernung des äußersten Trabanten von Jupiter ist im Verhältniß zu dessen Entfernung von der Sonne etwa eben so groß, als der Abstand des Mondes von der Erde im Verhältniß zum Abstand der Erde von der Sonne. Der äußerste Jupiterstrabant würde also durch die Wirkung der Sonne ungefähr dieselben Störungen wie unser Mond erleiden, wenn die Masse dieses Planeten eben so groß als die der Erde wäre. Die Masse dieses Planeten ist aber 343 mal größer und somit sind genannte Störungen im Allgemeinen auch 343 mal kleiner. Die Störungen des äußersten Jupiterstrabanten durch die Sonne sind daher so gering, daß wir sie nur durch die feinsten Beobachtungen bemerken können, und es ist klar, daß diese Störungen bei den übrigen Jupiterstrabanten noch unbedeutender sein müssen. Dagegen stört Jupiter wegen seiner großen Masse bei seiner starken Abplattung an und für sich selbst die Bahn seiner Trabanten weit mehr als die Erde unseren Mond. Die Jupiterstrabanten bewegen sich immer fast genau in der Ebene seines Aequators. Bei einem so stark abgeplatteten Körper aber verringert sich mit zunehmender Entfernung die Anziehung auf eine etwas andere Weise als bei einer Kugel und daraus entsteht eine umdrehende Bewegung bei den Trabantenbahnen in der Ebene, in welcher sie sich befinden. Beim Monde ist diese Bewegung, soweit sie aus der abgeplatteten Gestalt der Erde hervorgeht, nicht oder kaum merklich. Bei Jupiter dagegen ist sie viel größer als die ähnliche von der Sonne bewirkte Bewegung. Obschon das Trabantensystem des Jupiter 2000 mal weiter als der Mond von uns entfernt ist und in demselben Verhältniß auch die Störungen, welche dasselbe treffen, uns weniger auffallen müssen, läßt sich doch der störende Einfluß, welchen Jupiter durch seine abgeplattete Gestalt auf seine Trabanten äußert, durch unsre Beobachtungen sehr gut bestimmen. Man hat selbst aus der Bewegung der Jupiterstrabanten die Abplattung dieses Planeten gefolgert und die auf diese merkwürdige Weise erhaltenen Resultate im vollkommensten Einklange mit den unmittelbaren Messungen gefunden.

Die Jupiterstrabanten fügen einander sehr bedeutende Störungen zu, welche wegen der zwischen ihren Umlaufszeiten bestehenden Beziehungen Erscheinungen bewirken, die durch die gegenseitige Wirkung der Planeten nicht hervorgebracht werden. Die drei inneren Trabanten stehen fast ganz für sich selbst; sie erleiden viel größere Störungen als der vierte oder äußerste und an diesen Störungen nimmt letzterer kaum einigen Antheil. Die Bahnen der zwei inneren Trabanten sind von Natur so vollkommen rund, daß unsre Beobachtungen durchaus keine Abweichungen von der runden Gestalt an ihnen entdecken lassen; durch die gegenseitige Wirkung dieser Körper aber werden ihre Bahnen merkwürdig verändert. Durch diese gegenseitige Wirkung werden beide Bahnen bei dem Umstande, daß die Umlaufszeit des zweiten Trabanten etwas mehr als das Doppelte der Umlaufszeit des ersten beträgt, elliptisch. Die großen Axen dieser falschen elliptischen Bahnen fallen immer zusammen; sie drehen sich gemeinschaftlich in 486 Tagen herum, und so oft als die zwei Trabanten auf derselben Seite der Sonne mit ihr in einer Linie stehen, müssen auch die gemeinschaftlichen Axen mit dieser Linie zusammenfallen. Eine ähnliche Wirkung besteht auch zwischen dem dritten und zweiten Trabanten, indem die Umlaufszeit des dritten etwas mehr als das Doppelte der Umlaufszeit des zweiten beträgt. Die Bahn des dritten Trabanten ist von Natur etwas länglich; ihre Gestalt wird aber durch den zweiten Trabanten bedeutend abgeändert. Der erste und dritte Trabant wirken beide auf die Bahn des zweiten in gleicher Weise, so daß sie eine sehr längliche Gestalt annimmt, obschon sie ohne die Anziehung der übrigen Trabanten völlig rund sein würde. Die Störungen der Jupiterstrabanten sind sehr verwickelt; nichts desto weniger hat man aber diejenigen, welche sie einander zufügen, von den übrigen unterscheiden können und daraus sogar mit großer Genauigkeit ihre Massen bestimmt. Da wir die eigentliche Größe dieser Trabanten kennen, so ist uns daraus auch die Dichtigkeit des Stoffes, aus welchem sie bestehen, bekannt geworden.

§. 137.

Die Jupiterstrabanten geben uns ein schlagendes Beispiel von unwandelbaren Beziehungen zwischen den Körpern des Sonnensystems in Folge ihrer gegenseitigen Anziehung. Zwischen den drei inneren Jupiterstrabanten bestehen zwei unwandelbare Beziehungen, deren eine die Geschwindigkeit ihrer Bewegungen, deren andere die Stellungen auf ihrer Bahn betrifft. Diese Beziehungen werden durch ihre gegenseitige Anziehung verursacht und beständig unterhalten. Um sie für unsre Leser verständlich zu machen, müssen wir sie unter einer anderen Form vortragen, als dies gewöhnlich in den Lehrbüchern der Astronomie geschieht. Man kann die Umlaufszeiten der drei inneren Jupiterstrabanten in denselben Zeittheilen, z. B. in Tagen und deren Decimaltheilen, ausdrücken und diese Zahlen mit einander multipliciren. Wenn man nun die Umlaufszeiten des zweiten und dritten Trabanten mit einander multiplicirt und dazu das doppelte Produkt der Umlaufszeiten des ersten und zweiten Trabanten addirt, so erhält man gerade das dreifache Produkt der Umlaufszeiten des ersten und dritten Trabanten. Will man sich die Beziehung zwischen den Standorten der drei Trabanten in ihren Bahnen genau vorstellen, so versetze man sich auf den Planet Jupiter, von wo man die drei Trabanten an drei verschiedenen Punkten des Himmels sehen würde. Nun kann man sich vom ersten

Trabanten zum zweiten einen Bogen am Himmel denken, welcher die scheinbare Entfernung dieser Trabanten vom Planeten aus darstellen wird. Ebenso kann man die Entfernung des ersten vom dritten Trabanten mit einem Bogen bezeichnen und vom ersten Trabanten anfangend die Entfernungen immer in derselben Richtung nehmen, von rechts nach links nämlich oder von Westen nach Osten. Dann ist der Abstand des ersten Trabanten vom dritten immer dem anderthalbmaligen Abstand des ersten vom zweiten nebst ¼ des ganzen Himmelsumkreises gleich. Dieses Verhältniß läßt sich auch folgendermaßen ausdrücken: der vierfache Abstand des ersten vom dritten Trabanten ist immer dem sechsfachen Abstand des ersten vom zweiten gleich. Man muß aber diese Abstände immer in gleicher Richtung, von Westen nach Osten nämlich, zählen, selbst wenn man dabei den ganzen Himmel mehrmals durchlaufen müßte. Das eine Verhältniß braucht ebenso wenig als das andere vom Ursprung des Systems an bestanden zu haben. Wenn es anfangs nur annäherungsweise bestand, so mußte es durch die gegenseitige Wirkung der Trabanten vollkommen und für alle Jahrhunderte der Zukunft befestigt werden. Dasselbe erleidet nur eine sich selbst wieder ausgleichende Abänderung durch die schnell wechselnden Störungen, welche die Trabanten treffen, während es dem Gange der langsamen Veränderungen im Systeme folgen muß. Aus dem zweiten Verhalten ist leicht abzuleiten, daß die drei inneren Trabanten des Jupiter nie gleichzeitig verfinstert werden können.

Ein ähnliches, aber einfacheres Verhältniß besteht auch bei einigen Saturnstrabanten. Die Umlaufszeit seines ersten Trabanten ist gerade die Hälfte von der des dritten und die Umlaufszeit des zweiten ist gerade die Hälfte der Umlaufszeit des vierten. Unter den Saturnstrabanten giebt es nur einen, dessen Bewegung man einer strengen Untersuchung unterworfen hat, der größte und hellste nämlich, welchen Huygens entdeckte. Saturn wirkt nicht allein durch seine abgeplattete Gestalt, sondern auch durch seinen Ring auf die Bewegung seiner Trabanten. Auch ist der Einfluß des Ringes in der Bewegung des sechsten Trabanten so deutlich, daß man ihn sehr gut durch Beobachtungen bestimmen kann, obschon es schwierig ist, ihn von so vielen anderen Wirkungen zu sichten. Bessel hat sogar aus der Bewegung des genannten Trabanten die Masse des Ringes berechnet und gefunden, daß er $1/_{118}$ der ganzen Masse des Planeten betragen muß.

Unter die durch die gegenseitige Wirkung der Himmelskörper veranlaßten Beziehungen muß auch der Umstand gerechnet werden, daß alle Trabanten, soweit unsre Beobachtungen reichen konnten, ihre Bewegung um ihre Axe in derselben Zeit als ihre Bahnen um den Hauptplaneten vollenden. Wir können zwar auf den Trabanten der übrigen Planeten keine Flecken wie auf dem Monde sehen, welche uns den unmittelbaren Beweis liefern könnten, daß sie immer dieselbe Seite ihrer Oberfläche ihrem Hauptplaneten zukehren, sie zeigen uns aber einen Lichtwechsel, welcher diesen Schluß rechtfertigt. Bei den Jupiterstrabanten ist dieser Lichtwechsel sehr deutlich und bei dem äußersten Saturnstrabanten ist er selbst so stark, daß sich dieser Trabant in der Regel, während er sich an der Ostseite des Planeten befindet, selbst durch die größten Fernröhre kaum erkennen läßt, dagegen seine Beobachtung durchaus leicht ist, wenn wir ihn an der Westseite des Planeten sehen.

§. 138.

Eine besondere Betrachtung verdienen hier auch noch die Tausende von Körpern, welche unser Sonnensystem in allerlei Richtungen und in allerlei Bahnen durchkreuzen, die Kometen nämlich. Während die Kometen den anderen Körpern des Sonnensystems irgend ein Hinderniß in den Weg zu legen völlig außer Stande sind, werden sie selbst auf die stärkste Weise hin und her geschleudert und erleiden Störungen, von denen bei den

Planeten sich kein Beispiel wiederfindet. Oft hört man die außerordentliche Leichtigkeit der Kometen als die Ursachen der großen Störungen, denen sie ausgesetzt sind, nennen; dies ist aber ein Irrthum; denn die Masse eines Kometen bestimmt zwar die Störungen, welche sie anderen Körpern zufügen, trägt aber nichts zu der Größe oder dem Wesen der Störungen, welche sie selbst zu erleiden haben, bei. Denken wir uns, daß ein Planet zwei Körper von verschiedener Masse, aber in gleichen Entfernungen anzieht. Der größere Körper enthält mehr Stofftheile, als der kleinere, und da jeder Stofftheil von dem Planeten angezogen wird, so wird dieser Körper sich auch mit mehr Kraft nach dem Planeten hinbewegen. In demselben Verhältniß als diese Kraft größer ist, müssen auch mehr Stofftheile bewegt werden, und darum ist die Geschwindigkeit des größeren Körpers gerade so groß, als die des kleineren. So sehen wir auch auf der Erde ein kleines Geldstück und einen großen Stein von gleicher Höhe herab gleichzeitig den Boden erreichen. Wenn aber leichte und schwere Körper mit ungleichen Geschwindigkeiten niederzufallen scheinen, so ist dies nur eine Folge des Widerstandes der Luft, welche sie durchschneiden müssen; denn im luftleeren Raume fallen eine Feder und ein Stein gleich schnell. Wenn also zwei Körper von ganz verschiedener Masse in gleicher Entfernung von einem Planeten sich befinden, so werden sie durch die Anziehung dieses Planeten in gleichen Zeiten gleiche Räume durchlaufen. Da dieser Raum die Größe ihrer Störungen bestimmt, so werden sie auch dieselbe Störung erleiden und die Störung, welcher ein Körper im Allgemeinen ausgesetzt ist, ist von seiner eigenen Größe oder Masse unabhängig. Die kleinen Planeten unseres Sonnensystems werden auch nicht wegen ihrer geringen Masse stärker als die übrigen gestört und wären die Kometenbahnen von derselben Natur wie die der Planeten, so würden sie auch keine größeren Störungen als diese Körper zu dulden haben, obschon diese ihnen vielleicht millionenmal an Masse überlegen sind. Die Kometenbahnen haben jedoch nicht so wie die der Planeten eine auf ihre Erhaltung berechnete Größe, Gestalt und Lage. Der bloße Zufall scheint ihr Schicksal bestimmt zu haben. In den ihnen zugewiesenen Bahnen können die Kometen den größeren Planeten oft so nahe kommen, daß sie deren Gewalt ganz anheimfallen. Wenn sie nun auch keinem dieser Körper bis auf sehr geringe Entfernung nahe zu kommen brauchen, so wird die Lage und vorzugsweise die Gestalt ihrer Bahnen gewöhnlich der Grund, warum sie stärkeren Störungen als die Planeten ausgesetzt sind.

Wir haben oben gesehen, daß die Berechnung der die Planeten treffenden Störungen durch den Umstand sehr begünstigt wird, daß ihre Bahnen fast kreisförmig sind und beinahe in dieselbe Ebene zusammenfallen. Die Kometenbahnen haben diese Eigenschaften nicht und daher ist die Bestimmung der sie treffenden Störungen für uns auch viel schwieriger und in vielen Fällen wegen der großen Arbeit, die sie erfordern, mit unübersteiglichen Hindernissen verbunden. Bei den Planeten hat man die Zeiträume erforscht, in welchen die sie treffenden Störungen sich abwechseln und hat den mittleren Zustand ihrer Bahn für Jahrhunderte und Jahrtausende der Vergangenheit und der Zukunft bestimmt, für die Kometen und deren Bahnen ist aber an solche Untersuchungen noch durchaus nicht zu denken. Wegen der länglichen Gestalt und der großen Neigungen ihrer Bahnen war man bis ganz vor Kurzem noch genöthigt, ihnen Schritt vor Schritt zu folgen, um die Störungen zu bestimmen, welche ein Planet während eines einzigen ihrer Umläufe auf sie ausübt. Man mußte den Ort berechnen, welchen der Komet im Raume einnehmen würde, diesen mit dem Orte des störenden Planeten vergleichen, die Störungen bestimmen, welche der Planet innerhalb eines sehr kurzen Zeitraumes auf den Kometen äußern würde, um auf diesem Wege seinen Ort nach Verlauf dieses Zeitraumes zu erfahren. Alsdann mußte die Berechnung für einen folgenden Zeitraum wiederholt und auf dieselbe Weise von Neuem begonnen werden, bis man endlich den Kometen über seine ganze Bahn verfolgt hatte. Je kleiner man diese Zeiträume nahm, desto genauer waren die Resultate, desto vielfältiger aber auch die Berechnungen und oft mußte man sie mehrere hundertmal wiederholen, um die Störungen, welchen ein Komet nur während eines einzigen seiner Umläufe ausgesetzt ist, zu erfahren. Leider war es ohne diese gewaltige Arbeit nicht möglich, die richtige Umlaufszeit eines Kometen zu bestimmen oder aus den während des einmaligen Erscheinens eines Kometen gemachten Beobachtungen den Weg zu prophezeien, den er bei seinem nächsten Erscheinen am Himmel nehmen würde. Wollte man für die bekannten Kometen von kurzen Umlaufszeiten die Orte, welche sie bei dem nächsten Erscheinen am Himmel berühren würden, ganz genau bestimmen, so würde jeder von ihnen einen Astronomen fast lebenslang ununterbrochen beschäftigen. Vor einigen Jahren hat jedoch der berühmte Hansen eine große Verbesserung in der Berechnung der Kometenstörungen angebracht, indem es seinem durchdringenden Verstande gelang, ein Hülfsmittel ausfindig zu machen, wodurch diese Berechnung mit derjenigen der Planetenstörungen in einigen Einklang gesetzt werden kann. Durch diese neue Methode Hansen's wird die Arbeit in vielen Fällen sehr bedeutend erleichtert und sie verspricht für unsere Kenntniß der Bewegung der Kometen viel für die Zukunft.

§. 139.

Es ist von äußerster Wichtigkeit, daß die Kometen nicht die geringste merkliche Störung in der Bewegung der Planeten bewirken. Schlagende Beweise dafür findet man in der Genauigkeit, mit welcher die Planetenbewegungen allein durch ihre gegenseitigen Einwirkungen dargestellt werden. Im Allgemeinen werden die Kometen einen Planeten um so stärker stören müssen, je weniger stark dieser von der Sonne angezogen wird. Wir werden also den größten Einfluß der Kometen bei den äußersten Planeten unseres Systems suchen müssen. Neptun und Uranus waren den Alten nicht bekannt und sind daher nicht lange genug beobachtet, um hier einen ganz entscheidenden Ausspruch zu gestatten. Wir haben aber schon gesehen, daß die entdeckte Unregelmäßigkeit in der Bewegung des Uranus nicht durch die Wirkung von Kometen veranlaßt wurde. Saturn, welcher hundertmal weniger stark als die Erde von der Sonne angezogen wird, welcher somit hundertmal stärkere Störungen als die Erde von den Kometen zu dulden hat, ist schon im frühesten Alterthum beobachtet worden. Wir besitzen brauchbare Beobachtungen dieses Planeten von zweitausendjährigem Alter, welche Laplace nebst allen späteren darauf bezüglichen Beobachtungen einer strengen Untersuchung unterworfen hat. Obschon aber seit diesen zweitausend Jahren Kometen in die Nähe des Saturn gekommen sein mußten, so läßt sich doch in diesen Beobachtungen nicht die geringste Spur eines störenden Einflusses auf Saturn entdecken. Der Komet des Jahres 1770 kam im Jahr 1767 und 1779 dem Planeten Jupiter sehr nahe, ohne aber dabei den geringsten Einfluß auf die Bewegung Jupiters oder die seiner Trabanten zu äußern. Derselbe Komet kam der Erde näher als je einer der bekannten Kometen, indem er am 1. Juli 1770 nur sechsmal weiter als der Mond von der Erde entfernt war; aber trotz der großen Annäherung hat sich auch nicht die geringste Veränderung in der Bewegung der Erde verrathen. Diese Machtlosigkeit der Kometen ist ein vollkommner Beweis für die fast unglaubliche Unbedeutendheit ihrer Massen, welche um so merkwürdiger ist, als ihr Umfang den der Planeten gewöhnlich mehrere tausendmal übersteigt und der Betrag der Masse so gering ist, daß sie noch bei keinem Kometen mit einiger Genauigkeit bestimmt werden konnte. Hätte der Komet von 1770 eine Masse, welche nur $^1/_{5000}$ der Masse der Erde beträgt, so würde er auf die Bewegung der

Erde einen sehr merklichen Einfluß geäußert haben und daraus ergiebt sich, daß seine Masse viel weniger als $1/_{5000}$ von der der Erde betragen muß. Bringt man die geringe Masse mit ihrem großen Umfang in Verbindung, so ergiebt sich, daß die Dichtigkeit dieses Kometen geringer als ein Zweimillionentheilchen der Dichtigkeit der Erde ist und geringer als $1/_{500}$ der Dichtigkeit unserer atmosphärischen Luft. Mithin ist seine Dichtigkeit noch geringer als die Dichtigkeit unserer Luft im höchsten Grade der Verdünnung unter der vollkommensten Luftpumpe. Der Biela'sche Komet, welcher im Jahr 1846 durch seinen Begleiter uns die Hoffnung machte, die Masse eines Kometen endlich einigermaßen genau bestimmen zu können, hat sich durch seine geringe Masse auch dieser Untersuchung entzogen. Er vermochte nicht einmal seinen Begleiter auf eine für uns merkliche Weise um sich herumzuführen. Obschon nun eine nähere Untersuchung vielleicht noch etwas darüber wird lehren können, so müssen wir uns für jetzt mit der Erklärung begnügen, daß ihre Masse und ihre Dichtigkeit nur unbegreiflich gering sein kann. Dennoch aber bestehen die Kometen aus Stoff; denn sie gehorsamen der Anziehungskraft und den von ihr bestimmten Gesetzen Keppler's.

Von den die Kometen treffenden Störungen kann man sich einen Begriff machen, wenn man sich die Störungen in der Bewegung der Planeten so groß denkt, daß ihre Bahnen dadurch in Größe, Gestalt und Lage sehr merkliche Veränderungen erleiden. Wie groß der Unterschied zwischen den Störungen in der Bewegung der Kometen und in denen der Planeten im Allgemeinen sein muß, dies kann leicht durch ein Beispiel gezeigt werden. Die größten Störungen unter den planetarischen sind die, welche die Planeten Jupiter und Saturn auf einander ausüben, und keine kann mit der oben besprochenen Vergrößerung und Verkleinerung ihrer Bahnen verglichen werden. Mit dieser Vergrößerung und Verkleinerung ist eine Verlängerung und Verkürzung ihrer Umlaufszeiten verbunden, welche bei Saturn viel ansehnlicher als bei Jupiter ist. Die größte Veränderung, welche die Umlaufszeit des Saturn erleidet, beträgt gegen 10 Tage und diese Veränderung macht er nach und nach innerhalb eines Zeitraums von 466 Jahren durch. Die Umlaufszeit Jupiters kann sich höchstens um drei Viertel eines Tages verändern und braucht dazu denselben großen Zeitraum. Die Veränderung der Umlaufszeit beider Planeten von einem Umlauf um die Sonne zum anderen ist also kaum zu bemerken. Vergleichen wir damit die verschiedenen Umlaufszeiten des Halley'schen Kometen, welcher nie einem der Planeten sehr nahe kommen kann! Vom Jahre 1456 an gerechnet betrugen seine Umlaufszeiten nach einander 75 Jahre und 2 Monate, 76 Jahre und 2 Monate, 74 Jahre und 11 Monate, 76 Jahre und 6 Monate und 76 Jahre und 8 Monate. Von einem Umlauf zu dem anderen fand also bei dem Planeten eine Veränderung seiner Umlaufszeit von 1 Jahr und 7 Monaten statt, welche noch bedeutend größer hätte sein können. Auf diese Veränderungen hat Jupiter, der größte Tyrann der Kometen, fast immer den größten Einfluß.

Wenn eine Kometenbahn einen solchen Verlauf durch das Sonnensystem nimmt, daß sie überall um große Abstände von den Planetenbahnen sich entfernt hält, so wird der Komet auch keinem der Planeten sehr nahe kommen können. Geht sie aber sehr nahe an einer Planetenbahn hin, so daß die Bahnen einander fast schneiden, so werden sich beide Körper auch bis auf sehr geringe Entfernung nähern können. Jedoch kann der Planet selbst, während der Komet seiner Bahn nahe kommt, sich an einem anderen Theile seiner Bahn befinden; so daß diese Körper trotz der Annäherung ihrer Bahnen noch sehr weit von einander entfernt bleiben können. Gehen sie aber ungefähr gleichzeitig durch die einander am nächsten liegenden Punkte ihrer Bahnen, so werden sie sich auch sehr nahe kommen müssen und der Komet wird alsdann durch den Planeten so gestört werden können, daß seine

Bahn ganz unkenntlich wird. Wie groß jedoch diese Veränderung auch sein mag, so muß die neue Bahn wieder so ziemlich durch denselben Punkt des Raumes laufen, wo die Störung stattfand. Sei es nun, daß die Bahn größer oder kleiner, länglicher oder rundlicher wurde, immer wird der Komet, nachdem er die neue Bahn durchlaufen hat, wieder zu dem Punkte zurückkehren, wo die Bahn die Veränderung erlitt. Wenn also die Bahn eines Kometen sehr nahe an eine Planetenbahn hinführt, so wird sie immer dicht an dieser Bahn bleiben, welche Veränderungen sie auch durch den Planeten erleiden mag. Und wenn ein Komet einmal einem Planeten begegnete, so wird er auch später wieder in seine Nähe kommen müssen. So kann derselbe Planet wiederholt gewaltige Veränderungen in einer Kometenbahn verursachen und hat er einmal einen Kometen in seinen Bereich gezogen, so hält er ihn gefangen, wie wunderlich er ihn auch durch den Raum des Sonnensystems schleudern möge. Wir kennen mehr als einen Kometen, welcher auf diese Weise im wahren Sinne des Wortes der Spielball eines Planeten ist. Der Komet vom Jahre 1770, welcher damals die kurze Umlaufszeit von 5 Jahren und 7 Monaten hatte, beschrieb, bevor er 1767 in die Nähe des Jupiters gekommen war, eine ganz andere Bahn, auf welcher er vielleicht Jahrhunderte zu seiner Wanderung um die Sonne brauchte und welche durch die Anziehung Jupiters so sehr verkürzt wurde. Als dieser Komet am 26. Juli 1779 dem Planeten Jupiter auf eine Entfernung von nicht viel über hunderttausend Meilen nahe kam, wurde seine Bahn nochmals ganz abgeändert. Seine Umlaufszeit betrug nun mehr als 174 Jahre und seine damalige größte Entfernung von der Sonne, welche mit der des Jupiter fast übereinkam, wurde damals seine kleinste Entfernung von diesem Himmelskörper; so daß er eine Bahn erhielt, in welcher er immer so weit von der Erde entfernt bleiben mußte, daß er für uns ganz und gar nicht mehr sichtbar werden kann. Im Jahre 1815 ist dieser Komet wiederum dem

Jupiter nahe gekommen und bei dieser Gelegenheit hat seine Bahn eine neue Abänderung erfahren, welche jedoch bei weitem nicht so groß sein kann als die vom Jahre 1779, die aber noch keiner genauen Berechnung unterworfen worden ist. Obschon man nun nicht bestimmen kann, zu welchen Zeiten es stattfinden wird, so ist doch gewiß, daß er noch öfters mit dem Planeten nahe zusammentreffen muß und alsdann eine andere Bahn erhalten wird. Es ist sehr merkwürdig, daß jeder der Kometen mit sehr kurzer Umlaufszeit auf dieselbe Weise, wie der vom Jahre 1770, durch ein oder zwei Planeten stark abgelenkt werden kann. Die Bahn des Brorsen'schen Kometen geht nahe an denen der Venus und des Jupiters hin; die des Faye'schen Kometen nahe an den Bahnen des Mars und Jupiters und die Bahnen der Kometen von De Vico, Biela und Encke gehen in kleinen Entfernungen an den Bahnen von Mars, Erde und Mercur vorbei. Jeder dieser Kometen muß früher oder später dem Planeten begegnen, an dessen Bahn er hinstreift und alsdann eine ansehnliche Störung erleiden. Es ist fast gewiß, daß sie alle früher dieselben öfters erlitten haben und es ist nicht ganz und gar unwahrscheinlich, daß alle jetzt bekannten Kometen mit sehr kurzen Umlaufszeiten nur durch die Wirkung der Planeten ihre gegenwärtigen kleinen Bahnen erhalten haben.

§. 140.

Durch die Störungen, welche sie erleiden und durch ihre Fähigkeit, auch durch solche Kräfte gestört zu werden, welche auf die Planeten durchaus ohne merklichen Einfluß sind, werden die Kometen für unsre Kenntniß des Sonnensystems höchst wichtig. Es ist eine ebenso natürliche als bedeutende Frage, ob sich die Körper unseres Sonnensystems in einem gänzlich leeren Raume bewegen, oder ob der Raum des Weltalls und somit der unsres Sonnensystems mit einer sehr dünnen Flüssigkeit erfüllt ist. Diese Frage ist um so wichtiger, da man die nun bekannten Eigenschaften des Lichtes nicht erklären kann, ohne das Bestehen einer elastischen Flüssigkeit anzunehmen, welche den ganzen Weltraum erfüllt und von den leuchtenden Körpern in eine Wellenbewegung versetzt wird. Wenn ein solches Medium im Weltraume besteht, so muß es nothwendig der Bewegung der Körper unsres Sonnensystems einen Widerstand leisten. Nun läßt sich durch die höhere Mathematik bestimmen, welches die Wirkung eines solchen Widerstandes sein muß. Man hat gefunden, daß der Widerstand eines elastischen Mediums die Körper des Sonnensystems beständig nach der Sonne treiben muß, so daß sie in Spiralen um die Sonne laufen, sich ihr immer mehr nähern, indem ihre Bahnen und Umlaufszeiten kleiner werden und ihr Lauf immer beschleunigter wird. Dabei müssen die Bahnen in einem solchen Medium allmählig kreisförmiger werden, ihre Lagen aber im Raume unverändert beibehalten. Der Einfluß eines solchen Mediums ist um so größer, von je größerem Umfange und kleinerer Masse der sich in ihr bewegende Körper ist. Die seit ein Paar Jahrtausenden über die Planeten angestellten Beobachtungen verrathen von einem solchen Medium auch nicht die geringste Spur. Es kann aber so unbegreiflich leicht und dünn sein, daß es ohne merkliche Einwirkung auf die festen und schweren Planetenkörper ist, während es nichts desto weniger merkliche Störungen in den Bahnen der Kometen verursacht, welche soviel tausendmal größer, aber auch so viel tausendmal leichter sind. Ueber das Bestehen des Mediums kann man also nur von den Kometen Aufschlüsse erwarten; unglücklicherweise fordert aber diese Untersuchung, daß man denselben Kometen nach wiederholten Umläufen um die Sonne beobachtet und die Störungen durch die Planeten sehr genau berechnet habe. Nur 3 Kometen hat man, nachdem sie mehrmals die Sonne umkreist hatten, beobachtet und nur einer davon, nämlich der Encke'sche Komet, ist in dieser Hinsicht gehörig untersucht. Schon vor vielen Jahren fand Encke, daß jede der Umlaufszeiten des Kometen, selbst wenn man den störenden Einfluß der Planeten in die sorgfältigste Berechnung nahm, um drei Stunden kürzer als die vorhergehende war. Diese Beschleunigung des Encke'schen Kometen läßt sich aus dem Widerstande eines Mediums völlig erklären und macht das Bestehen desselben wenigstens höchst wahrscheinlich. Da wir nun jetzt mehrere Kometen mit kurzen Umlaufszeiten kennen, so wird sich das Bestehen oder Nichtbestehen des Mediums binnen wenig Jahren vollkommen sicher entscheiden lassen, wenn nur die Kometen eifrige Berechner finden.

Es giebt in unsrer Kenntniß des Planetensystems noch eine Lücke, welche nur durch die von den Kometen erlittenen Störungen ausgefüllt werden kann. Wir kennen sehr genau die Masse aller Körper in unserem Planetensysteme, welche eine merkliche Störung in den Planetenbahnen bewirken können; unangenehm aber für die Astronomen ist es, zu bekennen, daß sie über die Größe der elf kleineren Planeten nur wenig und über ihre Masse nichts mittheilen können. Wenn früher oder später ein schon beobachteter Komet in die Nähe eines dieser kleinen Körper kommen wird, so wird er dadurch eine Störung erleiden, woraus man die Masse dieses Körpers berechnen kann. Wirklich haben wir schon einem Kometen eine solche Einsicht zu danken. Bis zum Jahre 1838 war man mit der Masse und der Dichtigkeit eines der Hauptplaneten, des Mercurs nämlich, gänzlich unbekannt und zwar eben nur, weil er keinen Trabanten hat, der uns seine Masse hätte verrathen können, und weil seine Störung der anderen Planeten zu sehr mit der Einwirkung der Sonne sich vermischt, um zu einer Bestimmung seiner Masse dienen zu können. In den astronomischen Lehrbüchern wurden zwar treuherzig Zahlenwerthe für die Masse und die Dichtigkeit des Mercur angegeben; man fand sogar oft die Bemerkung, daß Mercur so dicht als Gold und Platina sein müsse. Alles aber, was man darüber vorbrachte, beruhte einzig und allein auf einer ganz willkürlichen, nicht eben wissenschaftlichen und nicht einmal wahrscheinlichen Annahme Laplace's. Endlich hat der Encke'sche Komet uns es erspart, die Masse des Merkurs so ganz blindlings abzuschätzen. Es war schon längst bekannt, daß die Bahnen des Encke'schen Kometen und des Merkurs bis auf eine sehr geringe Entfernung an einander vorbeigehen mußten, so daß diese Körper, wenn sie gleichzeitig durch die zwei einander nächsten Punkte ihrer Bahnen gehen, einander funfzigmal näher kommen können, als die Entfernung der Erde von der Sonne beträgt. Als der Encke'sche Komet 1835 erschienen war, ergab sich, daß er am 23. August dieses Jahres in einen Abstand von Merkur kommen müsse, welcher acht mal in der Entfernung der Erde von der Sonne enthalten ist. Diese Entfernung war zwar noch sehr bedeutend, dennoch aber klein genug, um den Kometen durch die Anziehung des Merkurs von seinem Wege abzulenken. Es traf ihn damals eine Störung, welche seine ganze Bahn einigermaßen abänderte und welche sich also verrathen mußte, als er im Jahre 1838 wieder erschien. Da ergab sich, daß Laplace dem Merkur eine viel zu große Masse und Dichtigkeit zugeschrieben hatte und aus der Störung in der Bewegung des Encke'schen Kometen wurde für beide ein Werth abgeleitet, wie wir ihn früher angegeben haben. Am 23. November 1848 kam Encke's Komet in eine Entfernung vom Planeten Merkur, welche noch viel weniger betrug, indem sie 27 mal kleiner war als die Entfernung der Erde von der Sonne und die Entfernung des Mondes von der Erde nur 15 mal überstieg. Diese große Annäherung wird baldigst zu einer noch genaueren Bestimmung der Masse des Planeten Merkur führen. Unsre Kenntniß der Masse und der Dichtigkeit des Planeten Mars läßt noch viel zu wünschen übrig; da aber der De Vico'sche Komet sehr nahe an seiner Bahn vorbeigeht, so wird er uns auch früher oder später zu einer genauen Bestimmung der Masse dieses Planeten führen. Die

Untersuchungen, welche durch die Kometen hervorgerufen werden, müssen für unsre Kenntniß des Planetensystems noch schöne Früchte tragen. Die Kometen haben der Wissenschaft schon wichtige Dienste erwiesen, und ihre Wichtigkeit hat sich beständig gehoben und zwar fast allein durch die Störungen, welche sie erleiden.

§. 141.

Wir waren zu sehr an die Sprache des gewöhnlichen Lebens und an einen engen Raum gebunden, um unsere Darstellung der Störungen, welche die Körper des Sonnensystems erleiden, eine erschöpfende und vollkommene nennen zu können; dennoch aber wird sie unseren Lesern ohne Zweifel einen Blick in die Tiefe des menschlichen Geistes eröffnen, welcher so geheime Wirkungen zu entziffern wußte, und sie mit Bewundrung vor unsrer umfassenden und sicheren Kenntniß des Himmels erfüllen. Mit Recht erstaunen wir über die verwickelten Bewegungen, über die Mannichfaltigkeit einer und derselben im Grunde so höchst einfachen Kraft. Wenn wir aber sehen, wie in dem Schöpfungsraume Alles einem ewigen Wechsel unterliegt, wenn wir den Blick auf die scheinbare Verwirrung lenken, in welcher die Weltkugeln gleichzeitig Hunderten von Anziehungen folgen, so muß in uns wohl die Frage laut werden: „Was wird bei diesem großen Schauspiele des Himmels die einstige Lösung sein?" — Als man die Einwirkung der allgemeinen Anziehungskraft theilweise zwar kannte, aber nicht wie jetzt in ihrer Millionen Jahre entfernten Zukunft lesen konnte, hat man oft gefragt, ob der beständige Streit zwischen Wirkung und Rückwirkung ewig unschädlich bleiben oder nicht vielmehr früher oder später, so wie jedes Reich durch Bürgerkrieg zerfällt, mit der Verwüstung des Sonnensystems enden würde. Es war aber kein eigentlicher Kampf, welchen wir betrachteten. Es war vielmehr ein in jedem Staate nothwendiges Unterhandeln zwischen höheren und niederen Ständen unter der Leitung des allmächtigen Geistes, welcher Alles das, was uns drohend und gefährlich scheint, zur Erhaltung seines großen Werkes anordnete. Das Denkvermögen hat uns mit Beihülfe der höheren Mathematik in die geheimsten Werkstätten der Schöpfung eingeführt, hat unserem Blicke eröffnet, was weder die Erfahrung von Jahrhunderten, noch irgend eine mechanische Berechnung uns lehren konnte. Die scheinbare Verwirrung hat sich uns schon in wunderbaren Einklang aufgelöst; die Mittel sind uns nachgewiesen, durch welche die Allmacht die Dauer ihrer Welten für eine unabsehbare Zukunft sicherte.

Schon in der Natur der Anziehungskraft selbst zeigt sich uns eine Sorge für die Erhaltung der Welten. Nach einem bestimmten und höchst einfachen Gesetz verändert sie ihre Stärke mit der Entfernung, auf welche sie wirkt. Obschon nun eine unendliche Verschiedenheit solcher Gesetze für uns denkbar ist, so hat die Natur unter allen gerade dasjenige gewählt, welches allein, wenn keine andere Wirkungen dazwischen kommen, ihren hundertfältigen Bedürfnissen entsprechen kann. Die Anziehungskraft, wie sie jetzt besteht, hat unserer Erde ihre Kugelgestalt gegeben. Sie führte die dichtesten Theile der Erde nach ihrem Mittelpunkte und das Meer, ihren leichtesten Theil, auf die Oberfläche; und erfüllte somit die nothwendige Bedingung, um das Meer in einem stätigen Gleichgewicht zu halten, ohne welches es bei der geringsten Störung von außen die ganze Erde überströmen würde. Sie bewirkte im Verein mit der Umdrehung der Erde deren Abplattung, welche ihre Axe stätig durch dieselben Punkte ihrer Oberfläche zu gehen zwingt. Ohne diese Stätigkeit würde das Meer seine Strömung um die Erde verändern, Land und Meer würden ihre Stelle wechseln und derselbe Ort der Erde würde abwechselnd in allerlei Klimate zu liegen kommen. Dem Naturgesetze zufolge müssen kugelförmige Körper die Gegenstände außer ihnen so anziehen, als ob ihre ganze Kraft im Mittelpunkte vereinigt wäre, was die Erhaltung der Geschöpfe, welche sie tragen, fordert. Dieses Gesetz führt die Planeten auf in sich selbst zurückkehrenden Bahnen um die Sonne, während bei anderen Gesetzen schon die Grundbewegungen der Planeten das ganze System schnell zur Auflösung führen würden. Durch dieses Gesetz und nur durch dieses allein können die Bewegungen der Körper des Sonnensystems von dessen Maßverhältnissen unabhängig sein, wie sie selbst von seiner Fortrückung im Schöpfungsraume unabhängig sind.

§. 142.

Mit wie unergründlicher Weisheit aber auch die Natur ihre Anziehungskraft an das zweckmäßigste Gesetz gebunden haben möge, sie vertraute sie doch nicht ausschließlich dem Hauptkörper unseres Systemes an, sondern sie begabte damit alle Körper des Systems und daraus entspringen die hundertfältigen Wirkungen, welche es mit einem endlichen Untergang zu bedrohen scheinen. Wir kennen in unserem Planetensysteme viele Veränderungen, welche wenn sie immer in gleicher Weise fortzugehen bestimmt wären, früher oder später Alles, was auf der Erde oder den Planeten lebt, dem Tode in die Arme werfen müßten. Wir sehen die Planeten ihre Bahnen vergrößern und verkleinern und ginge diese Veränderung beständig in gleicher Weise fort, so würde der einstige Untergang des ganzen Systems die Folge sein. Würde die Bahn unsrer Erde immer länglicher, so würde ihr Abstand von der Sonne so große Veränderungen erleiden, daß Alles, was auf der Erde lebt, dem Wechsel von Wärme zu Kälte unterliegen müßte. Könnte die Bahn unsrer Erde ihre Lage im Raume dergestalt verändern, daß sie endlich der Axe, um welche sie sich bewegt, parallel käme, so würde zuletzt jeder Theil ihrer Oberfläche einen Wechsel von Jahreszeiten erfahren welcher Menschen, Thieren und Pflanzen zu leben unmöglich machen würde. Man fand in früherer Zeit keinen Grund, warum die allgemeine Anziehungskraft nicht irgend einmal diese oder ähnliche Folgen nach sich ziehen könnte, und sah sich, um nur einigermaßen zu beurtheilen, welchen Veränderungen das Planetensystem entgegenging, auf die Veränderungen, welche es zufolge der Beobachtungen in den verflossenen Jahrhunderten erlitten hatte, beschränkt. Aus diesen Beobachtungen hat man den gegenwärtigen und den früheren Zustand des Planetensystems gefolgert und es hat sich ergeben, daß seit den ältesten Zeiten, bis wohin die Beobachtungen sich erstrecken, alle möglicherweise gefährlichen Störungen, noch bevor sie einen hohen Grad erreichten, ihren Gang verändert und sich also selbst immer ausgeglichen und vernichtet haben. Der eigentliche Zustand des Planetensystems ist unverändert geblieben und die Sonne, von welcher das Ganze abhängig ist, der man wegen ihres ewigen Lichtspendens, eine stätige Verminderung an Stoff zuschreiben zu müssen glaubte, hat binnen 4000 Jahren sicherlich kein Milliontheilchen ihres Stoffes verloren. Die Länge unsres Jahres hat sich seit der Zeit der ältesten Beobachtungen um keine einzige Secunde verändert und wenn die Länge unseres Tages nur um $\frac{1}{200}$ Secunde sich verändert hätte, so würde sich dies durch Erscheinungen verrathen müssen, welche wir aber nicht bemerken. Diese Erfahrungssätze mögen schlagend sein, aber für die Zukunft können sie uns keine Bürgschaft leisten. Sicherheit können wir nur auf mathematischem Wege erhalten und wenn wir sehen, wie dieser uns zu allen Erscheinungen, soviel ihrer in allen Zeitaltern beobachtet wurden, führt, so können wir auch seinen Prophezeiungen ein unbeschränktes Zutrauen schenken. Wir vermögen jetzt den Einfluß, welchen die Körper des Planetensystems durch ihre gegenseitige Wirkung in vielen Jahrtausenden der Zukunft auf seinen Zustand ausüben werden, der Berechnung zu unterwerfen und diese ebenso mühsame, als interessante Arbeit hat Leverrier unlängst für einen Zeitraum von hunderttausend Jahren einer kommenden Zeit vollendet. In dieser ganzen Zeit wird unser Sonnensystem nur kleine Veränderungen erleiden und alle Störungen, die es treffen, werden sich selbst, bevor sie Gefahr bringen können, ebenso ausgleichen, wie es den Beobachtungen zufolge seit den ältesten Zeiten geschehen ist.

§. 143.

Obgleich uns also die Dauer unsres Sonnensystems für die nächsten hunderttausend Jahre gesichert ist, so nimmt dies doch der Frage, welche Wirkung die allgemeine Anziehungskraft in einer unbestimmten Zukunft auf das Sonnensystem haben müsse, ihre Wichtigkeit nicht. Es fragt sich hier nicht, ob das Sonnensystem bereits die Zeichen eines dem Verfalle nahen Alterns trage; es fragt sich nicht, ob es in der Blüthe der Jugend sich befinde, welche es in den Stand setzt, noch unsren späten Nachkommen einen ungetrübten Lebensgenuß zu gewähren; sondern es kommt in Frage, ob die Kraft der Natur, welche wir schon als nothwendig kennen lernten, an und für sich selbst zureichend ist, um die Schöpfung für alle Zukunft in ihrem Stande zu erhalten; ob die Natur die Bedingungen ihres zeitlichen Bestehens und ihrer beständigen Erhaltung aus einer und derselben Quelle zu schöpfen weiß, oder ob sie die Dauer ihres Werkes ohne anderweitige Kräfte und Hülfsmittel nicht sichern könne. Als man sich noch nicht im Stande fühlte, auf diese kühne Frage eine entscheidende Antwort zu geben, konnte man sich nicht einbilden, daß diese äußerst verwickelten Bewegungen unter den Körpern unseres Sonnensystems für alle Jahrhunderte ihnen unschädlich bleiben sollten. Daher glaubte man, daß die Natur die Kometen zur Erhaltung ihres Werkes bestimmt habe, um durch diese Körper jeden Planeten auf seinen Ort zurückzuführen, wenn seine Abweichung so groß geworden sei, daß sie dem ganzen Systeme Gefahr bringen könne. Eben so machtlos wie die Kometen sind, um zu schaden, sind sie es auch, um irgend einen Nutzen zu bringen und wie unmittelbare Berechnungen gezeigt haben, wird die Natur in den nächsten hunderttausend Jahren wenigstens der Vermittlung der Kometen nicht bedürfen. Jedoch war die höhere Mathematik an den großen Zeitraum von hunderttausend Jahren nicht gebunden; sie strebte den Flug ihrer Untersuchungen über unbegrenzte Zeiträume auszudehnen; sie suchte den Gang, welchen selbst die größten Störungen der Planeten in Zeiträumen von unbegrenzter Länge nehmen werden, ihrer Berechnung zu unterwerfen. Auch dies ermöglichte sie und von ihren wichtigen darauf bezüglichen Resultaten mögen uns die folgenden ein Beispiel geben. Der Zustand des Planetensystems hängt theilweise von den Bahnen der großen Planeten Jupiter, Saturn und Uranus ab und könnten deren Bahnen eine große Veränderung erfahren, so würden sie auch in den übrigen Planetenbahnen eine große Veränderung hervorbringen. Durch ihre gegenseitige Wirkung jedoch werden die Bahnen des Jupiter, Saturn und Uranus nur mäßig verändert und nachdem sie alle ihre Abwechselungen durchgemacht haben, nehmen sie nach Zeiträumen von neunhunderttausend Jahren ihre frühere Gestalt und ihre gegenseitige Stellung wieder ein. Durch die gegenseitige Einwirkung des Jupiter und Saturn schwanken die Linien, in welchen ihre Bahnen die Erdbahn schneiden, in Zeiträumen von etwa fünf und zwanzigtausend Jahren hin und her. Durch diese Wirkung wird auch der gegenseitige Stand der Ebenen, in welchen die Bahnen dieser Planeten gelegen sind, verändert, immer aber müssen beide Bahnen nach Zeiträumen von ein und funfzigtausend Jahren ihre frühere Stellung gegen einander wieder einnehmen. Die Bahnen dieser Planeten werden abwechselnd kreisförmiger und länglicher, immer aber machen sie alle diese Abwechselungen in Zeiträumen von siebenzigtausend Jahren durch, so daß sie fünf und dreißigtausend Jahre brauchen, um von der größten Rundung ihrer Bahn zu deren länglichster Gestaltung überzugehen. Die Bahn des Mercurs, welche sich immer durch eine besonders längliche Gestalt auszeichnen wird, erreicht ihre länglichste Gestaltung jedesmal nach Zeiträumen von einer Million und achthunderttausend Jahren. Die große Axe oder der längste Durchmesser der Erdbahn dreht sich in einem veränderlichen Zeitraum von ungefähr hundert und zehntausend Jahren um und wird erst nach achtzigtausend Jahren seine gegenwärtige Stellung wieder einnehmen. Der schiefe Stand der Erdaxe wird noch dreißigtausend Jahre lang abnehmen, um dann wieder mehr als dreißigtausend Jahre hindurch zuzunehmen. Die Ebene der Erdbahn macht in verschiedenen Zeiträumen verschiedene kleine Schwankungen, von denen die hauptsächlichsten sind: eine Schwankung, welche in Zeit von drei und neunzigtausend Jahren und eine andere, welche in Zeit von vierzigtausend Jahren vollendet wird. Noch vier und zwanzigtau- Jahre lang wird sich die Erdbahn der Kreisform immer mehr nähern; dann wieder funfzigtausend Jahre hindurch länglicher werden. Auch sie kehrt aber nach veränderlichen Zeiträumen vieler Jahrtausende zu ihrer früheren Gestalt zurück. Alle Veränderungen in den Planetenbahnen sind sehr klein und gehen äußerst langsam vor sich. Ueberall findet man, daß sie die Bahnen durch den verwickeltsten Wechsel, welcher seinen Gang erst in Zehn- und Hunderttausenden von Jahren vollendet, in ihren früheren Zustand zurückführen. Einmal muß die gegenseitige Wirkung der Körper des Planetensystems das ganze System in seinen früheren Zustand zurückbringen; dazu sind aber Zeiträume nöthig, welche sich kaum nach Millionen von Jahren messen lassen.

Nicht zufrieden mit diesen merkwürdigen Resultaten, hat der Mensch der Natur eine bestimmte Antwort auf die Frage abgefordert, ob die ursprünglichen von ihr eingesetzten Kräfte für Ewigkeiten genügen. Die Natur hat bejahend geantwortet und uns zugleich auf die geheimen Mittel geführt, deren sie sich bediente, um ohne fremde Vermittelung und ohne irgend einen Nothbehelf die Dauer ihres Werkes für alle Jahrhunderte zu sichern. Die höhere Mathematik hat uns, auch ohne ihre Untersuchung an bestimmte Zeiträume zu binden, auf allgemeine Weise den vollkommenen Beweis geliefert, daß das Planetensystem durch seine eigne Einrichtung gegen eine schädliche Wirkung der allgemeinen Anziehungskraft für immer geschützt ist. Nur solche Veränderungen im Planetensystem, welche nie schaden können, besitzen das Vermögen, immer in derselben Weise ortzuschreiten; alle übrigen aber müssen, bevor sie einigermaßen gefährlich werden können, ihren Gang umkehren und sich selbst ganz ausgleichen. So ist es, wenn die Planetenbahnen ihre beinahe kreisförmigen Gestalten und ihre geringen Neigungen behalten, ganz gleichgiltig, nach welchen Punkten des Himmels ihre Axen oder die Linien, unter welchen sie einander schneiden, gerichtet sind und diese Linien allein können ihre Lage immer in derselben Weise verändern. Alle übrigen Störungen, welche die Planeten oder ihre Trabanten erleiden, müssen ihren Gang umkehren, bevor sie zu einem hohen Grade gestiegen sind. So können die Veränderungen in der Größe der Planetenbahnen nur in kleinen und wechselnden Zu- und Abnahmen bestehen, während die mittlere Größe dieser Bahnen unveränderlich gleich bleibt. Die Planetenbahnen müssen durch alle Jahrhunderte hin ihre geringen Neigungen und ihre fast kreisförmige Gestalt bewahren. Mit Hülfe der höheren Mathematik hat man die möglichst größten Veränderungen, welche sie erleiden können, genau und völlig sicher zu bestimmen gewußt und hat für jeden Planeten sehr enge Grenzen gefunden, welche seine Bahn niemals wird überschreiten können. Die allgemeine für das Bestehen unsers Sonnensystems nothwendige Anziehungskraft ist also auch in sich selbst für seine Erhaltung hinreichend. Der beständige Wechsel, welchem das Sonnensystem unterliegt, besteht nur in kleinen Schwankungen um einen Zustand von Gleichgewicht, welchen die Natur nie aufheben wird und die hundertfältigen

Wirkungen der Grundkraft, welche es beseelt, hindern seine Dauer für Ewigkeiten nicht.

§. 144.

Wüßte man nur, daß die unzähligen von der Grundkraft in unserem Sonnensysteme bewirkten Störungen nie schaden können; wüßte man nur, daß alle Veränderungen, welche unser Sonnensystem erleidet, durch seine eigne Einrichtung auf sehr enge Grenzen beschränkt sind, so würde man das Geheimniß, wodurch ein solches Resultat erzielt wurde, als weit außerhalb des Bereiches der menschlichen Fassungskraft wähnen. Der in ihren Mitteln ebenso einfachen als in ihren Werken großartigen Natur waren jedoch scheinbar unbedeutende Maßregeln hinreichend, um ihre Welten für alle Jahrhunderte unwandelbar zu erhalten. Die Dauer unseres Sonnensystems beruht ganz und gar auf einigen wenigen höchst einfachen Umständen, welche man schon vor Jahrhunderten kannte, deren hoher Zweck aber erst vor wenigen Jahrzehnten sich herausstellte. Die Planetenbahnen haben fast sämmtlich eine dem Kreise nahe Form und fallen alle beinahe in eine und dieselbe Ebene zusammen. Diese Uebereinstimmung war nach dem Ausspruch der höheren Mathematik für die Ordnung des Systems nothwendig; sie würde aber für seine Dauer noch nicht vollkommen bürgen, wenn die Natur nicht noch eine andere höchst einfache Maßregel getroffen hätte. Alle Planeten bewegen sich in ihrer Bahn um die Sonne in gleicher Richtung, von Westen nach Osten und das ist die Maßregel, an welche das Bestehen unserer Erde und das Bestehen unseres ganzen Sonnensystems geknüpft ist. Wenn nur einer der größeren Planeten sich in einer anderen Richtung als die übrigen bewegte, so würde er Störungen machen können, welche sich nicht ausgleichen und vielleicht wäre das ganze System schon längst vernichtet. So mußten aber alle Abweichungen sich selbst ausgleichen und das Planetensystem ist geblieben und kann nach

Millionen von Jahren noch sein, was es zur Zeit unserer Stammeltern war. Die Einrichtung des Planetensystems kann nur die Folge der Art und Weise seines Ursprungs sein; sein Werden selbst ist also die Grundlage seiner Dauer; durch seine Geburt ist es gegen seinen Tod geschützt und trägt, in seiner unendlichen Erhabenheit über Werke von Menschenhänden, den Keim der Verwüstung nicht schon in sich. Das Planetensystem ist ein äußerst verwickeltes und künstliches Uhrwerk, welches von nie erschlaffenden Kräften bewegt wird, dessen Räder zu Hunderten, ohne sich je im Geringsten abzunutzen, mit bewundrungswürdiger Vollendung in einander greifen und welches durch Pendel geregelt wird, die jede Schwingung in Jahrtausenden vollenden und für immer einen ungestörten Fortgang verbürgen. Das Planetensystem ist ein Werk ehrfurchtgebietender Weisheit, worin jeder Theil seinen eigenen und erhabenen Zweck zu erreichen hat und zugleich zur Erhaltung des Ganzen mitwirken muß. Es wird als ein Schaustück der Vollkommenheit des Schöpfers fortbestehen, bis es einstens seine Bestimmung erreicht hat, und vielleicht der Wille Dessen, der die Kräfte der Natur erschaffen und Macht hat, sie zu entbinden, auf dessen Wink Welten entstehen und vergehen, einstens seine Vernichtung gebieten wird.

Zweite Abtheilung.

Die höheren Himmelsräume.

Abschnitt XII.

Die Fixsterne im Allgemeinen.

---

§. 145.

Bei der dem Menschen angebornen Sucht, sich vorzüglich mit der Erforschung derjenigen Gegenstände abzumühen, welche ihm besonders räthselhaft und geheimnißvoll erscheinen, darf es uns nicht Wunder nehmen, daß die Fixsterne schon in den frühesten Zeiten ein Lieblingsgegenstand für philosophische Träume waren. Die Erde, welche mit gütiger Hand die Genüsse und Bedürfnisse unseres Lebens so reichlich befriedigt, die Sonne, deren wohlthätige Strahlen uns das herrliche Tageslicht schenken, der Mond, dessen mildes Licht den düsteren Schatten der Nacht erheitert, sie alle haben schon sehr früh scharfsinnige Gedanken über ihr Wesen hervorgerufen; und die von Alters her bekannten fünf Planeten fachten schon früh den Eifer an, das Geheimniß zu enthüllen, welches sie auf ungeregelten Pfaden durch das Sternenheer hin und her schwanken läßt. Mochte auch die Erfahrung einigen Vermuthungen über diese Körper einen Schein von Wahrscheinlichkeit geben, die unzählbaren Fixsterne, welche unbeweglich am Himmel glänzen und deren Unveränderlichkeit ihre höhere Natur anzudeuten schien, gestatteten nicht, irgend eine Vermuthung durch Beobachtung zu prüfen. Sie boten daher der Einbildungskraft einen größeren Spielraum. Und betrachteten einige alte Philosophen den von den Firsternen eingenommenen Himmelsraum als weit über den Kreis menschlichen Wissens erhaben, so fanden Andere gerade in dem Geheimnißvollen des Himmels einen gewaltigen Reiz, sich mit ihrer Philosophie selbst bis in die höchsten Regionen zu versteigen. So hat man schon in den ältesten Zeiten über das Wesen der Firsterne allerlei Ansichten aufgestellt, welche durchaus ohne festen Grund und Boden waren und deren Nichtigkeit sich schon in ihrem gegenseitigen Widerstreit offenbarte. Der alte Philosoph Alcmäon hielt jeden Stern für eine eigne Gottheit. Xenocrates betrachtete sie als zerstreute Glieder einer und derselben Gottheit, während Thales und Plato in ihrem Urtheile nur zu der Erklärung kamen, daß sie der Vergänglichkeit unterworfene Körper seien. Während Einigen der unauslöschliche Glanz der Firsterne als Zeugniß ihrer göttlichen Natur galt, verfielen Andere in den entgegengesetzten Irrthum und lebten in den beschränktesten Begriffe über diese Körper. So betrachtete Anaximenes die Firsterne als vergoldete, in die ausgehöhlte Seite des Himmelsgewölbes eingeschlagene Nägel und Anaxagoras als Steinchen, welche von der Erde weggeschleudert in den oberen Regionen der Luft in Brand geriethen. Anaximander hielt jeden Stern für eine kleine Oeffnung in einem undurchsichtigen, uns von allen Seiten umgebenden Gewölbe, hinter welchem eine feurige Masse verdickter Luft ihre Strahlen durch diese Oeffnungen hindurchschicke. Ja selbst die aufgeklärten Stoiker glaubten alles Ernstes, daß die von der Erde aufsteigenden Dämpfe diesen Körpern zur Nahrung dienten. Nur die Sekte der Pythagoräer lehrte in ihren Schulen die Firsterne als Sonnen von unbeschreiblich großem Umfange und in unermeßlicher Entfernung von uns kennen. Wenn man jedoch auch, wie Einige wollen, diese Ansicht schon den Nachkommen des Heraclides und des Orpheus zuschreiben muß, so war sie dennoch nur eine jener willkürlichen Vermuthungen, deren von den Alten so viele aufgestellt wurden, um bald wieder zu verfallen, selbst ohne einige brauchbare Ruinen zu hinterlassen.

§. 146.

Obschon man von dem eigentlichen Wesen der Fixsterne kaum einen Begriff hatte, so mußte man sich ihrer doch als fester Punkte des Himmels bedienen, auf welche die Orte, welche Sonne, Mond und Planeten für uns am Himmel einnehmen, zurückgeführt werden konnten, und daher mußte man sich auch die Mittel verschaffen, um die Fixsterne von einander unterscheiden zu können. Die Hilfsmittel bestanden darin, daß man den Himmel in sogenannte Sternbilder d. h. in bestimmte Felder theilte, deren jedes eine leicht kenntliche Gruppe von Sternen enthielt und durch einen eigenen Namen von den anderen unterschieden wurde. Die Namen der ältesten Sternbilder, deren Kenntniß von den Griechen auf uns kam, verdanken ihren Ursprung größtentheils der Fabellehre. Zu diesen hat man in späterer Zeit eine Menge Sternbilder hinzugefügt, welche man jetzt wieder zu verlassen wünscht und großentheils auch wieder verlassen hat. Um bestimmt ausdrücken zu können, welchen Stern sie meinten, gaben die Alten einigen der hellsten Sterne besondere Namen, welche Namen im Mittelalter von den Arabern sehr vermehrt wurden. Später hat man die einzelnen Sterne jedes Bildes mit griechischen Buchstaben und auch durch andere Zeichen unterschieden, während die Sterne ohne solche Zeichen auch nach den Nummern benannt wurden, unter welchen sie in berühmten Sternverzeichnissen, d. h. Tafeln, wo die Orte, welche die hellsten Sterne für uns einnehmen, bemerkt sind, vorkommen. Man hat auch eine Eintheilung der Sterne in Klassen auf Grundlage ihrer verschiedenen Helligkeit eingeführt. Die allerhellsten Sterne nennt man Sterne erster Größe, die schwächsten Sterne, welche sich mit bloßen Augen noch erkennen lassen, Sterne der sechsten Größe und die übrigen, welche man mit unbewaffnetem Auge noch sehen kann, je nach ihrer größeren oder geringeren Helligkeit, Sterne zweiter bis fünfter Größe. Man sieht durch gute Fernröhre eine zahllose Menge von Sternen am Himmel, deren schwaches Licht uns nicht vergönnt, sie mit unbewaffnetem Auge zu unterscheiden. Für diese sogenannten teleskopischen Sterne hat man eine ähnliche Eintheilung in Klassen getroffen und zumeist folgt man darin dem Brauche des älteren Herschel, welcher die schwächsten, mit bewaffnetem Auge noch zu entdeckenden, Sterne, Sterne der zwanzigsten Größe nannte und die übrigen, welche sich nur durch Fernröhre unterscheiden lassen, je nach ihrer größeren oder geringeren Helligkeit Sterne der siebenten bis neunzehnten Größe. Eine nähere Beschreibung der Eintheilung des Himmels in Sternbilder und der Sterne in Klassen gehört in den beschreibenden Theil der Astronomie. Wir haben sie hier nur in aller Kürze erwähnt, um im Verlaufe, wenn wir bei Besprechung eines bestimmten Gegenstandes in den höheren Regionen des Himmels den Namen eines Sternes oder eines Sternbildes anführen müssen, verstanden zu werden.

§. 147.

Die Eintheilung des Himmels in Sternbilder oder der Sterne in Klassen konnte nicht das Geringste zur Erweiterung der Kenntniß der letzteren beitragen und es ist klar, daß alle Betrachtungen über das Wesen der Firsterne vergeblich sein mußten, so lange man nicht wenigstens einigermaßen die Entfernung kannte, in welcher diese Gestirne sich von uns befinden. Als man endlich darauf kam, auf die Bestimmung dieser Entfernung einige Mühe zu verwenden, so geschah dies jedoch hauptsächlich darum, um einen Streit zu entscheiden, welcher nicht die Sterne, sondern unsre Erde betraf. Man hat sich während der zwei letzten Jahrhunderte unendliche Mühe gegeben, die Entfernung der Fixsterne kennen zu lernen und obschon diese Bemühungen sehr viel zur Ausbildung der Astronomie im Allgemeinen beigetragen haben, und hin und wieder auf die schönsten Entdeckungen führten, so erreichte man doch erst vor sehr wenigen Jahren sein Ziel, weil diese Bestimmung mit außerordentlichen Schwierigkeiten verbunden ist. Um einigermaßen begreiflich zu machen, worin die Schwierigkeiten eigentlich bestehen, müssen wir auf den Grundsatz verweisen, worauf die Bestimmung der Entfernung eines Himmelskörpers im Allgemeinen beruht. Dieser liegt ganz und gar in einer einfachen Erscheinung, welche wir täglich vor Augen sehen. Wenn wir uns selbst fortbewegen, so verrücken wir den Standpunkt, aus welchem wir die uns umgebenden Gegenstände betrachten; und dadurch werden diese Gegenstände Ort oder Richtung zu ändern scheinen. Machen wir einen Spaziergang im Freien, so werden diese Gegenstände außer uns in Folge unsrer Fortbewegung eine Ortsveränderung zu erleiden und immer andere Gruppen mit einander zu bilden scheinen. Diese scheinbare Ortsveränderung muß nothwendig von drei Umständen abhängen. — Zuerst von der Richtung des Weges, welchen wir gehen; denn diejenigen Gegenstände, welche gerade in der Richtung unsres Weges liegen, werden ihre Richtung nicht zu ändern scheinen, während die Gegenstände zur linken oder rechten Seite sich nach hinten anscheinend fortbewegen. Zweitens hängt diese scheinbare Ortsveränderung von der Länge unsers Weges ab, denn jeder Gegenstand wird sich um so mehr fortzubewegen scheinen, je weiter man fortgeht. Drittens aber hängt sie auch von der Entfernung des Gegenstandes selbst ab; denn je näher die Gegenstände uns sind, desto mehr scheinen sie sich fortzubewegen und umgekehrt. Daher scheinen die uns näheren Gegenstände in Bezug auf die anderen rückwärts zu gehen, während die ferneren Gegenstände sich mit uns in gleicher Richtung fortzubewegen scheinen. Diese vier Größen: die Richtung des Wegs in Bezug auf den Gegenstand, die Länge des Wegs, die scheinbare

Ortsveränderung des Gegenstandes und seine Entfernung hängen so genau zusammen, daß, wenn die drei ersten durch Beobachtung bestimmt sind, die vierte, die Entfernung nämlich, durch Berechnung gefunden werden kann. Von diesem Satz macht man bei Bestimmung der gegenseitigen Entfernungen von Orten der Erde für Landkarten Gebrauch und derselbe Satz wird auch auf die Bestimmung der Entfernung der Himmelskörper angewendet. Sind diese Himmelskörper wie die Firsterne sehr fern von uns, so benutzt man den Weg, welchen wir in einem bestimmten Zeitraum mit der Erde um die Sonne zurücklegen und dessen Lage und Länge bekannt sind. Hat man nun die Ortsveränderung, welche ein Gestirn in demselben Zeitraum zu machen schien, genau beobachtet, so hat man Alles, was zur Berechnung von dessen Entfernung nöthig ist.

§. 148.

Durch die Bewegung der Erde um die Sonne muß jeder Stern sich am Himmel zu verschieben scheinen und wollen wir uns von der Natur dieser Ortsveränderung einen richtigen Begriff machen, so denken wir uns von der Erde zu einen Stern eine gerade Linie gezogen. Längs dieser Linie sehen wir den Stern, gerade so wie man auch in derselben, nur in entgegengesetzter Richtung, von dem Sterne aus die Erde sehen würde. Der Ort des Himmels also, wo wir den Stern sehen, und derjenige Ort am Himmel, wo man vom Stern aus die Erde sehen würde, sind zwei Punkte am Himmel, welche einander gerade gegenüberliegen und immer so liegen müssen, welche Bewegung der Stern oder die Erde auch machen mag. Die Erde macht jährlich eine Wanderung um die Sonne und wegen dieser Bewegung muß sie vom Sterne aus immer mit anderen Punkten am Himmel zusammenzufallen scheinen. Dadurch wird aber auch die Richtung der von der Erde nach dem Stern gezogenen Linie verändert und somit muß auch der Stern für uns immer mit anderen Punkten des Himmels zusammenzufallen scheinen. Weil der Punkt am Himmel, wo wir den Stern sehen, immer gerade dem Punkte gegenüberliegt, wo die Erde von dem Sterne aus gesehen wird, so muß der Stern für uns jährlich einen Weg von genau derselben Größe und Gestalt zu machen scheinen, wie die Erdbahn vom Sterne aus sich darstellen wird. Die Erdbahn wird nun vom Sterne aus um so kleiner erscheinen, je ferner er uns ist und steht der Stern senkrecht mitten über der Erdbahn, so sieht er sie in ihrer wahren, fast kreisförmigen Gestalt; steht er schief zur Erdbahn, so sieht er sie verkürzt und als ein Oval. Wegen der Bewegung der Erde um die Sonne müssen also die Sterne jährlich kleine in sich selbst zurückkehrende Bahnen am Himmel zu beschreiben scheinen, deren Größe von der Entfernung der Sterne und deren Gestalt von den Orten abhängt, welche die Sterne am Himmel einnehmen. Diese Bewegung der Sterne nennt man ihre jährliche Parallaxe. Wir haben früher (§. 22.) bei Behandlung der Bewegung der Erde gesehen, daß die Sterne wegen der vereinigten Bewegung des Lichtes und der Erde noch eine andere Art kleiner Bahnen am Himmel machen zu müssen scheinen, welche von der sogenannten Aberration oder Abirrung des Lichtes herrühren. Diese Bahnen sind aber von der jährlichen Parallaxe, die mit der Geschwindigkeit des Lichtes nichts gemein hat, ganz verschieden. Die Bahnen, welche die Sterne durch die Aberration beschreiben, sind für alle Sterne gleich lang, während die Länge derjenigen, welche mit der jährlichen Parallaxe zusammenhängen, von der Entfernung der Sterne abhängt und also für Sterne von verschiedenen Entfernungen verschieden sein muß. Ist die jährliche Parallaxe eines Sternes durch Beobachtung bestimmt, so läßt sich daraus seine Entfernung von uns durch eine einfache Berechnung finden.

§. 149.

Erst zu Ende des sechzehnten und zu Anfang des siebzehnten Jahrhunderts wurden von den Astronomen Tycho, Keppler und Galilei erfolgreiche Anstrengungen gemacht, um die Parallaxe der Fixsterne zu bestimmen, aber es war nicht sowohl die Kenntniß der Entfernung der Fixsterne, welche sie sich zur Aufgabe stellten, als die Entscheidung der damals noch so berüchtigten Frage über den Stillstand oder die Bewegung der Erde. Wurde diese Parallaxe entdeckt, so war die Bewegung der Erde um die Sonne bestätigt und die Gegner des Copernicus, des ersten Astronomen, welcher mit unwiderleglichen Gründen für die Bewegung der Erde sprach, glaubten in dem Umstande ihren Triumph zu finden, daß man keine jährliche Parallaxe bei den Fixsternen beobachtete. Copernicus behauptete, daß diese Parallaxe nothwendig bestehen müsse, daß sie aber wegen der ungemeinen Entfernung der Fixsterne zu klein sei, um mit den damaligen groben Instrumenten bestimmt werden zu können. Dieser Gedanke des Copernicus fand aber bei seinen Zeitgenossen keinen Eingang; denn sie hegten über den Bau des Weltalls die beschränktesten Begriffe, über welche später selbst Tycho sich kaum zu erheben wußte. Man war der Meinung, daß das ganze Weltall für den Menschen allein geschaffen sei und konnte damit den Gedanken an ungeheure Räume außerhalb unseres Sonnensystems nicht vereinigen, sondern verblieb hartnäckig bei der verkehrten Ansicht, welche Galilei vergebens bekämpfte, daß das ganze Sternenheer nichts sei, als eine Art von Kapsel, welche unser Sonnensystem umschließt und deren Größe gerade hinreiche, um die Saturnbahn aufnehmen zu können. Huygens gelang es zuerst, aus seinen Beobachtungen über die Entfernung der Fixsterne wenigstens etwas zu folgern. Man glaubte damals schon die Fixsterne für sonnenähnliche Körper halten zu müssen und nun untersuchte Huygens, wie weit die Sonne von uns entfernt sein müsse, um ein Licht wie die hellsten uns bekannten Sterne zu geben und daraus ergab sich, daß der hellste Stern wenigstens 28000 mal entfernter von uns sein müßte als die Sonne. Dieses Resultat war hinreichend, um viele philosophische Träume in das Nichts zurückzuweisen, aus welchem sie entsprungen waren. Huygens ging aber von dem willkürlichen Satz aus, daß die Sterne nicht nur ihrer Natur, sondern auch ihrer Größe und ihrem Lichte nach der Sonne gleich wären und somit fehlte seinem Resultate noch eine Bestätigung. Um die Entfernung der Fixsterne ohne willkürliche Annahmen zu bestimmen, mußte man wieder auf die jährliche Parallaxe zurückkommen, für deren Bestimmung man anfangs kein anderes Mittel als die gegenseitige Vergleichung der Standorte, welche ein Stern zu verschiedenen Zeiten des Jahres am Himmel einnimmt, kannte. Hätte man diese Orte vollkommen genau bestimmen können, so wäre der Streit über die jährliche Parallaxe der Fixsterne leicht entschieden gewesen; aber selbst jetzt noch ist diese Ortsbestimmung kleinen Fehlern unterworfen, während sie früher freilich ziemlich großen Fehlern unterlag. Man fand zwischen den scheinbaren Orten eines Sterns zu verschiedenen Zeiten des Jahres, wenn man bei deren Bestimmung die Umstände gehörig beobachtete, welche außer der Parallaxe diese Orte abändern konnten, keine größeren Verschiedenheiten als die Fehler, welche die Ortsbestimmungen selbst mit sich führten. Das Einzige, was man daraus folgern konnte, war, daß die jährliche Parallaxe der Sterne kleiner als diese Fehler sein mußte, oder daß sie wegen des Stillstands der Erde ganz und gar nicht bestehe. Als Bradley zu Anfang des vorigen Jahrhunderts die Parallaxe der Fixsterne zu bestimmen versuchte, fand er statt dieser die Aberration, welche von der jährlichen Parallaxe sogleich zu unterscheiden war, weil sie die Sterne auf ganz andere Weise in jährlichen Bahnen sich bewegen ließ. Als man nun in der Aberration einen vollkommenen Beweis für die Bewegung der Erde gefunden hatte, brauchte man dazu die Parallaxe der Sterne nicht mehr, und es wurde deutlich, daß der geringe Betrag dieser Parallaxe nur in der ungeheuren Entfernung der Fixsterne seinen Grund haben konnte. War man auch außer

Stande die jährliche Parallaxe der Fixsterne genau zu bestimmen, so wußte man dennoch, daß sie kleiner als die möglichen Fehler der Beobachtung sein mußte. Indem man nun untersuchte, was man als die größten Fehler bei den Beobachtungen voraussetzen konnte, so war es nunmehr möglich einen Werth anzugeben, welcher die Parallaxe der Sterne sicher übersteigt und einen anderen Werth, welcher sicher von der Entfernung der Sterne übertroffen wird. Die Instrumente wurden immer mehr verbessert und die Beobachtungsfehler nach und nach kleiner. Dennoch konnte man aber die jährliche Parallaxe der Sterne nicht finden, weshalb die Entfernungen, von welchen man sicher wußte, daß sie kleiner als die Entfernung der Erde von den nächsten Fixsternen sein mußten, immer an Größe zunahmen. Zu Ende des vorigen Jahrhunderts war man dahin gekommen, sicher behaupten zu können, daß die nächsten Fixsterne wenigstens 200000 mal weiter von uns als die Sonne entfernt sein müssen.

§. 150.

Somit war es vollkommen gewiß geworden, daß die Entfernung der nächsten Fixsterne selbst einige tausendmal größer als der Durchmesser der Bahnen der fernsten Planeten sein muß und mit den Maßverhältnissen unseres Sonnensystems kaum einen Vergleich aushält. Es hatte sich aber auch deutlich herausgestellt, daß man selbst bei Anwendung der besten Instrumente die Parallaxe und somit auch die Entfernung der Sterne nicht genau aus der absoluten für verschiedene Zeiten des Jahres angestellten Ortsbestimmung dieser Himmelskörper berechnen konnte. Um hier zu einem genaueren Resultate zu gelangen, beschloß Herschel der Aeltere einen ganz anderen Weg einzuschlagen und auf eine Weise zu verfahren, an welche schon Galilei gedacht hatte. Zeigen sich zwei Sterne so nahe bei einander, daß sie sich zu gleicher Zeit im Sehfeld des Fernrohrs beobachten lassen, so ist es möglich, daß sie wirklich nahe bei einander stehen. Möglich ist aber auch, daß sie es nur scheinen, indem sie in derselben geraden Linie mit unserem Auge gelegen sind, während der eine einige tausendmal weiter von uns sein kann, als der andere. In letzterem Falle wird die jährliche Parallaxe diese zwei Sterne Ringbahnen von verschiedener Größe beschreiben lassen, woraus nothwendig folgt, daß die Richtung und der scheinbare Abstand zwischen diesen zwei Sternen, d. h. ihr gegenseitiger Stand, eine kleine Veränderung erleidet. Nun kann man die Richtung und den scheinbaren Abstand zwischen zwei einander scheinbar sehr nahe stehenden Sternen mit viel größerer Genauigkeit bestimmen, als ihre absolute Lage am Himmel. Somit ist es auch viel leichter die Veränderung, welche der gegenseitige Stand dieser zwei Sterne erleidet, als die Veränderung ihres eigentlichen Standortes am Himmel zu bestimmen. Wenn von zwei gleichzeitig im Feld eines Fernrohrs erscheinenden Sternen der eine viel heller ist als der andere, so liegt schon darin Grund zu vermuthen, daß der eine uns viel näher sein muß als der andere. Es giebt aber auch Umstände, welche wir später kennen lernen werden, die in einigen Fällen unmitbar anzeigen, ob zwischen dem Abstand dieser zwei Sterne ein großer Unterschied besteht. Der wirkliche Abstand zweier Sterne, welche wir neben einander sehen, kann so groß sein, daß, während die Parallaxe des einen auch für die feinsten Instrumente unmerklich ist, die des anderen nichts desto weniger merklich sein kann. Alsdann kann die gegenseitige Ortsveränderung beider Sterne, welche sich mit geeigneten Instrumenten unmittelbar bestimmen läßt, als die Parallaxe des nächst gelegenen Sterns betrachtet werden. Durch solche Sternenpaare versuchte der ältere Herschel die jährliche Parallaxe einiger Sterne und mit dieser ihre Entfernung zu bestimmen, aber auch seine Instrumente waren für diese Bestimmung noch zu grob. Endlich verfertigte der große Künstler und Gelehrte Fraunhofer ein für seine

Messungen am Himmel geeignetes Instrument, welches in mancherlei Hinsichten alle früheren weit übertraf und welches in den Händen des damaligen Directors der Sternwarte zu Dorpat, des berühmten Struve, die glänzendsten Resultate lieferte. Im Jahre 1824 kam dieses Meisterstück auf der Sternwarte zu Dorpat an und nachdem es Struve schon mit bestem Erfolge zu den wichtigsten Untersuchungen verwendet hatte, bewies er zugleich die Möglichkeit, mit einem solchen Instrumente die Parallaxe der Fixsterne zu bestimmen. Unterdessen hatte Bessel, der große Reformator der praktischen Astronomie dieses Jahrhunderts, aus Fraunhofers Werkstätte ein ähnliches Instrument, wie Struve, auf der Sternwarte zu Königsberg empfangen, welches aber nach einem anderen Grundsatz verfertigt für seine Messungen am Himmel noch geeigneter war. Der greise Olbers munterte Bessel auf, mit diesem Instrumente eine solche Bestimmung, deren Möglichkeit Struve gezeigt hatte, vorzunehmen. So kam endlich die wirkliche Bestimmung der Entfernung eines Fixsterns, woran seit ein paar Jahrhunderten die größten Astronomen verzweifelt hatten, zu Stande. Bessel bestimmte die Entfernung eines kleinen Sterns (Nro. 61 im Sternbilde des Schwans) welcher schon wegen seiner früheren Untersuchungen nach ihm benannt worden war. Nach einer Arbeit von einigen Jahren, welche 1840 vollendet war, fand Bessel, daß dieser Stern 592000 mal weiter als die Sonne von uns entfernt ist. Um dieselbe Zeit vollendete Struve seine schon früher begonnene Bestimmung der Entfernung eines der hellsten Sterne, welche wir am Himmel kennen, (des Sterns Wega, des hellsten im Sternbild der Leier); er fand, daß dieser Stern 771400 mal weiter von uns als die Sonne entfernt ist. Es ist natürlich, daß solche Entfernungen nicht mit vollkommner Genauigkeit bestimmt werden können, jedoch sind die dabei möglichen Fehler nicht so groß, als man vielleicht vermuthen sollte. Diese Entfernungen mußten natürlich durch Berechnung aus der jährlichen Parallaxe dieser

Sterne, welche man nur unmittelbar durch Messungen bestimmen konnte, abgeleitet werden. Will man sich nun die Ursache deutlich machen, warum die Bestimmung der jährlichen Parallare eines Sternes und somit auch seiner Entfernung so äußerst schwierig ist, so betrachte man ein Kopfhaar in einer Entfernung vom Auge, in der man es am schärfsten sieht d. i. für gewöhnliche Augen in einer Entfernung von 9 Rh. Zoll. Dieses Kopfhaar wird nun eine sehr geringe Dicke zeigen, diese Dicke ist aber 76 mal größer als die scheinbare Länge der Bahn, welche die jährliche Parallare von Bessel's Stern und 101 mal größer als die Länge der Bahn, welche die jährliche Parallare von Struve's Stern bildet. Nur die vollkommensten Fernröhre können so kleine Räume am Himmel sichtbar machen und um die wirkliche Größe solcher winzigen Räume genau auszumessen, reichen kaum die größten und vollkommensten Instrumente unsrer Zeit aus. Will man sich nun noch einen schwachen Begriff von der Entfernung beider genannter Sterne machen, so erinnere man sich, daß für die ungeheure Entfernung der Sonne das Licht etwas mehr als 8¼ Minuten braucht (§. 93), 9¼ Jahre aber, um von dem Stern Bessel's und 12½ Jahre, um von Struve's Stern zu uns zu kommen. Eine Kanonenkugel, welche den Raum von der Erde zur Sonne in zehn Jahren durchlaufen könnte, würde sechs Millionen Jahre brauchen, um den Weg bis zu Bessel's Stern zurückzulegen und fast acht Millionen Jahre, um von uns zum Struve'schen Stern zu kommen.

Die Versuche der neuesten Zeit, die Entfernung der Firsterne zu bestimmen, haben noch einige andere Resultate geliefert, welche unsre Aufmerksamkeit verdienen. Auf der südlichen Halbkugel des Himmels zeigt sich ein heller Stern (der hellste im Sternbild Centaurus), welchen man in Europa nicht beobachten kann und von welchem man vermuthen konnte, daß er uns näher als die übrigen Sterne sein müßte. Maclear und

Henderson haben am Kap der guten Hoffnung die Entfernung dieses Sternes, so genau als es ihre Mittel zuließen, bestimmt und fanden, daß er 221000 mal ferner von uns als die Sonne sein müßte. Der hellste Stern, welchen wir am Himmel kennen, Sirius nämlich oder der Hundsstern, würde nach Henderson's Beobachtungen am Kap gegen 800000 mal ferner von uns als die Sonne sein, jedoch sind diese Resultate aus der absoluten Ortsbestimmung der Gestirne entnommen. In der jüngsten Zeit hat man auf der neuen Sternwarte bei St. Petersburg die Instrumente für die absolute Ortsbestimmung der Himmelskörper sehr verbessert, so daß man sie nicht mehr als für die Bestimmung der Parallaxe der Fixsterne ungeeignet betrachten kann. Daselbst werden nun jetzt mit diesen Instrumenten auch in dieser Hinsicht Untersuchungen gemacht, welche bald wichtige Resultate liefern werden. Bereits hat man daselbst für den kleinen Stern im Schwan dieselbe Entfernung wie Bessel gefunden. Der helle Stern in der Leier würde nach diesen Untersuchungen noch bedeutend weiter sein, als Struve's frühere Bestimmung angiebt und wohl zwei millionenmal weiter als die Sonne von uns entfernt. Der helle Stern Arcturus würde uns nur um wenig näher stehen und der Polarstern ebenso wie der glänzende Stern Capella würde sich sogar in einer Entfernung von uns befinden, welche vier millionenmal die Entfernung der Sonne übertrifft. Nach Verlauf einiger Jahre jedoch erst werden diese Bestimmungen die nöthige Sicherheit erreichen. Unlängst hat der jüngere Struve durch eine schöne Untersuchung es höchst wahrscheinlich gemacht, daß die hellsten Sterne, welche wir am Himmel kennen, im Mittel gegen ein millionenmal weiter von uns als die Sonne sind. Mit unseren Fernröhren sehen wir noch Millionen von Sternen, welche dem unbewaffneten Auge nicht mehr zugänglich sind und es ist gewiß, daß sie großentheils um das Hundert- und Tausendfache weiter als der nächste Fixstern, dessen Entfernung sich nur einigermaßen unmittelbar bestimmen läßt, sich befinden.

§. 151.

Schon seit langer Zeit hielt man für ausgemacht, daß die Entfernung der Fixsterne unermeßlich groß sein müsse, aber trotz aller Versuche konnte es erst vor kurzem gelingen, den wirklichen Betrag dieser Entfernung für einige wenige dieser Himmelskörper einigermaßen genau zu bestimmen. Diese Entfernung wurde noch größer befunden, als man erwartet hatte und die Schlüsse, welche man aus der Entfernung der Fixsterne über ihre Natur zog, bleiben also in ihrem vollen Werthe. Wäre unsre Sonne soweit wie die Sterne Bessel's und Struve's von uns entfernt, so würde sie sich uns als ein Stern von mittelmäßiger Größe zeigen und wenn die Fixsterne unsrer Sonne an Größe oder an Lichtstärke sehr bedeutend nachständen, so würden sie auf solche Entfernungen unserem Auge ganz entschlüpfen, um so mehr aber, wenn sie nicht ihr eignes, sondern nur ein erborgtes Licht hätten. Also gehört die Sonne, deren Glanz und Umfang wir so sehr bewunderten, zu der Zahl dieser Körper, welche als kleine leuchtende Punkte unseren nächtlichen Himmel schmücken und welche, Thautropfen gleich, vor ihren Strahlen wegzuschmelzen scheinen. Diese kleinen flimmernden Fünkchen, die zahllos wie der Sand am Meere über den Himmelsraum ausgestreut sind, sind Körper wie unsere Sonne, welcher Tausende von Millionen lebender Wesen Licht und Leben und unzählige Wohlthaten verdanken.

Wir fühlen uns zu der Frage gedrängt, ob es die Bestimmung der Fixsterne sein möchte, unserer Sonne gleich über andere und dunkele Körper eine wohlthätige Herrschaft zu führen. Ueber diese Frage hat man schon vielfach seine Gedanken ausgetauscht, leider aber wird die Astronomie sie wohl niemals mit Sicherheit beantworten; denn es ist durchaus keine Aussicht, daß wir jemals

Teleskope von so hoher Vollkommenheit besitzen werden, um damit dunkle Trabanten der Fixsterne, wenn es deren giebt, unterscheiden zu können. Jedoch läßt uns darüber die Astronomie keineswegs ganz im Dunkeln; denn sie hat dem Menschen den richtigen Begriff seines Verhältnisses zum Weltall gegeben, um ihn verstehen zu lassen, daß er nicht der einzige Zweck der Schöpfung, nicht der einzige Gegenstand der Sorge seines Schöpfers sein kann. Unsre Erde mit dem ganzen Sonnensystem ist dem Weltall gegenüber weniger noch als ein Stäubchen in der Wagschale, weniger als ein Tropfen Wassers im Ocean, ein Atom, dessen plötzliche Vernichtung im weiten Gebiet der Schöpfung keine merkliche Veränderung hervorrufen würde. Bedenken wir nun dabei, daß so viele Millionen dieser zahllosen Sonnen unserem unbewaffneten Auge gänzlich entschlüpfen, so drängt sich uns die Ueberzeugung auf, daß sie um anderer Wesen willen als für uns geschaffen sind und für unseren beschränkten Verstand ist es am natürlichsten vorauszusetzen, daß sie in der Regel wie unsre Sonne von bewohnten Wandelsternen umgeben sind. Dies war auch schon seit langer Zeit die allgemein herrschende Ansicht, wobei man jedoch zu willkürlich voraussetzte, daß die Natur nur auf Weltkugeln, welche unsrer Erde gleichen, geeignete Wohnsitze für ihre Geschöpfe gewähren könnte.

§. 152.

Gegen die Mitte des vorigen Jahrhunderts schien sich der schon längst gehegte Gedanke über die Fixsterne auf die schönste Weise zu verwirklichen, indem der Mannheimer Astronom Christian Mayer mit der Erklärung auftrat, daß er die Trabanten dieser Himmelskörper wirklich gesehen und beobachtet habe. Mayer sah, daß einige helle Sterne von kleinen begleitet wurden, bei welchen er eine Bewegung und eine Veränderung im Licht zu bemerken glaubte, woraus er schloß, daß diese kleineren in bestimmten

Bahnen um die größeren Kreisen und diese also Trabanten sein müßten. Anfangs machte diese vermeintliche Entdeckung einiges Aufsehen, bald aber fand sie Gegner und wurde endlich für ungereimt erklärt. Vor kurzem fand Mayer im Astronomen Mädler einen eifrigen Vertheidiger, welcher ihm eine der wichtigsten Entdeckungen zusprach, die übrigens allgemein einem Anderen zugeschrieben wird. Auch hier liegt die Wahrheit in der Mitte. Mayer's Vermuthung ist jetzt zum Theil in eine völlig bewiesene Wahrheit übergegangen. Wenn aber Mayer einen richtigen Begriff von Fixsterntrabanten gehabt hätte, so würde er nicht auch Körper als solche Trabanten angesehen haben, welche es unmöglich sein konnten. Zu Ende des vorigen Jahrhunderts erhob sich einer der größten Gelehrten der damaligen Zeit, um Mayer's Ansicht über die Trabanten der Fixsterne auf das Vollständigste zu widerlegen, der Professor von Fuß zu St. Petersburg nämlich. In einer schönen Abhandlung beleuchtete er diese Ansicht von allen Seiten und kam zu Erklärungen, welche auch für uns deshalb merkwürdig sind, weil sie uns die Kurzsichtigkeit auch des tiefsten Denkers in aller ihrer Blöße zeigen. Nachdem von Fuß vollkommen bewiesen hatte, daß die von Mayer gesehenen kleineren Körper unmöglich dunkle Fixsterntrabanten sein könnten, handelte er die Frage ab, ob sie auch als selbstleuchtende Körper um die größeren Sterne kreisen könnten und ob also in den höheren Regionen des Himmels Systeme von lauter Sonnen bestehen könnten, welche geregelte Bahnen um einander beschreiben. Durch scheinbar sehr gute Begründung kam von Fuß zu dem Schluß, daß das Bestehen solcher Systeme unzweckmäßig, ungereimt und mit der Weisheit des Schöpfers nicht zu vereinigen sei. Jeder mußte dem Professor von Fuß beistimmen und die Frage schien völlig entschieden. Dennoch hatte man nur wenige Jahre später von dem Bestehen Tausender solcher Systeme vollkommne Gewißheit, deren Unmöglichkeit nach von Fuß allgemein angenommen wurde!

Ein unumstößlicher Beweis, daß die Allmacht nicht mit unserem Maßstab mißt, ein unverkennbares Zeugniß der menschlichen Ohnmacht.

Abschnitt XIII.

Die doppelten und mehrfachen Sterne.

---

§. 153.

Den Weg, auf welchem endlich Bessel und Struve die Bestimmung der Entfernung eines Firsternes gelang, hatte schon Galilei in Gedanken, welcher zu Anfang des 17. Jahrhunderts lebte; aber erst der ältere Herschel war im Besitz von Instrumenten, von denen man billigerweise hoffen durfte, daß man mit ihrer Hülfe zu einem wesentlichen Resultate in dieser Hinsicht würde kommen können. Herschel wollte denn auch damit die Entfernung eines Firsternes bestimmen; dazu mußte er Sterne am Himmel aufsuchen, welche einander sehr nahe zu sein schienen. Er that dies anfangs in der Voraussetzung, daß bei weitem die meisten dieser Sterne nur darum einander so nahe scheinen, weil sie ziemlich in einer geraden Linie mit unserem Auge gelegen sind, während der eine wohl viele hundertmal weiter als der andere von uns entfernt sein kann. Bei dieser Voraussetzung können zwei wirklich weit von einander entfernte Sterne nur durch einen besonderen Zufall einander sehr nahe scheinen und aus der nahe genug bekannten Anzahl der Sterne von einer bestimmten Helligkeit kann man durch Berechnung finden, wie viele Sternenpaare, die eine bestimmte Helligkeit und einen gegebenen scheinbaren Abstand von einander haben, man am Himmel erwarten darf. In kurzer Zeit fand Herschel unvergleichlich mehr solche Sternpaare am Himmel, als sich mit der Voraussetzung, von welcher er ausgegangen war, in Einklang bringen ließen und schon hieraus ergab sich, daß seine Voraussetzung falsch sein mußte. Man konnte also nicht mehr annehmen, daß diese Sterne durch reinen Zufall unserem Auge so nahe scheinen. Dafür mußte aber ein bestimmter Grund sein und dieser konnte nur darin gefunden werden, daß sie einander nicht nur scheinbar, sondern wirklich nahe ständen. In diesem Falle mußten nothwendig diese Sterne durch gewisse Kräfte an einander gekettet sein und eigenthümliche Systeme bilden; diese Kräfte mußten Bewegungen bei den Himmelskörpern, welche diese Systeme bilden, zur Folge haben, deren genaue Bestimmung allein das Geheimniß ihres Wesens enthüllen konnte. Das einzige Mittel von diesen merkwürdigen Sternsystemen einige Kenntniß zu erlangen und ihr Bestehen als solche vollkommen zu beweisen, war die genaueste Bestimmung des Standes, welchen die Körper eines Systems gegen einander einnehmen und eine aufmerksame Untersuchung der Veränderungen, welche die gegenseitigen Stellungen erleiden können. Herschel bestimmte die Richtung und den Abstand zwischen den Sternen, aus denen einige dieser Systeme bestehen, so genau er konnte, und als er mehrere Jahre darauf diese Bearbeitung wiederholte, fand er bei einigen diese Richtung und diesen Abstand sehr bedeutend verändert und nach zwanzig Jahren schon bewies man vollkommen, daß bei vielen dieser Systeme der eine Stern eine regelmäßige Bahn um den anderen beschreibt. So ergab sich, daß wenigstens diese Sternpaare Systeme von um einander kreisenden Sonnen sein mußten, deren Bestehen noch vor Kurzem der menschlichen Weisheit durchaus unmöglich schien.

§. 154.

Schon früher hatte man hie und da am Himmel zwei, drei oder mehr Sterne so nahe bei einander gesehen, daß das unbewaffnete Auge und selbst ein mittelmäßiges Fernrohr sie nicht von einander trennen konnte. Man hatte ihnen den Namen doppelte und mehrfache Sterne gegeben; man kannte deren aber nur wenige und schenkte ihnen kaum einige Aufmerksamkeit. Obgleich nun schon außer Mayer manchem Astronomen der Gedanke sich aufdrängte, daß diese Gegenstände Systeme von einander umkreisenden Sonnen sein könnten, so fand dies doch kaum einigen Beifall, bis Herschel durch unwiderlegliche Beobachtungen allen Zweifel darüber hob. Herschel fand binnen Kurzem mehr als tausend solcher Systeme, deren ganze Ausdehnung durch die Dicke eines Spinngewebefadens, wenn man ihn auf denjenigen Abstand vom Auge hält, wo man am schärfsten sieht, ausgeglichen oder übertroffen wird. Diese Zahl ist in späterer Zeit noch um fünf Tausend vermehrt worden. Die Entdeckung des eigentlichen Wesens dieser sogenannten doppelten und mehrfachen Sterne eröffnete ein unermeßliches Feld für neue Untersuchungen; denn sie ließ dem Menschen den ersten Blick in die Kräfte und Gesetze thun, welchen die Himmelskörper gehorchen, die seinen Geist so lange vergeblich angestrengt hatten. Sie rief einen neuen Zweig der Astronomie ins Leben, welcher, wie jugendlich er auch sein mag, doch schon die schönsten Früchte getragen hat und welcher den Astronomen zukünftiger Jahrhunderte noch reichen Stoff für wichtige Arbeiten liefern wird.

§. 155.

Während man früher nur ein einziges System von einander umkreisenden Himmelskörpern kannte, das Sonnensystem nämlich, zu welchem unsre Erde gehört, wurde man durch Herschel's Entdeckung mit mehr als tausend anderen bekannt, deren Untersuchung glänzende Erfolge für unsere Kenntniß des Himmels versprach. Man sollte glauben, daß die Beobachtung dieser neuen Weltsysteme von den Astronomen überall eifrig angegriffen worden wäre; dennoch ist aber selbst bis jetzt die Zahl der Astronomen, welche diese Systeme zum besonderen Gegenstande ihrer Untersuchung gemacht haben, sehr gering und noch geringer die Zahl derjenigen, deren Forschungen von besonderem wissenschaftlichem Werthe sind. Dieser Umstand ist eine natürliche Folge der großen Schwierigkeiten, welche die Beobachtung der doppelten und mehrfachen Sterne mit sich führt. Die Gestirne, aus denen sie bestehen, erscheinen meistens so nahe bei einander, daß man die stärksten Fernröhre braucht, um sie von einander zu unterscheiden. Ja selbst diese Fernröhre sind noch nutzlos, wenn sie nicht mit dem nöthigen Apparat zum Messen versehen sind; denn das bloße Anschauen dieser Sternsysteme kann zu ihrer Kenntniß kaum etwas beitragen. Zur Förderung derselben war es vorzugsweise nöthig, die Größe und Gestalt der scheinbaren Bahnen, welche die Sterne um einander beschreiben, zu bestimmen. Mit wie großen Schwierigkeiten dies aber verknüpft sein müsse, lehrt uns schon die winzige Größe, unter welcher sich uns die scheinbaren Bahnen zeigen. Außerdem ist die Bewegung dieser Körper um einander gewöhnlich sehr langsam, so daß man Hülfsmittel von unbegreiflicher Feinheit besitzen mußte, um sich überzeugen zu können, daß die in der gegenseitigen Lage dieser Körper zu bemerkenden Veränderungen Folgen ihrer Bewegung waren und nicht etwa in der Ungenauigkeit der Messungen, wodurch man zu verschiedenen Ergebnissen kommen könnte, zu suchen waren. Selbst die Messungen des älteren Herschel ließen in Hinsicht auf Genauigkeit noch manches zu wünschen übrig und wenn sie auch hinreichten, um bei den einen Doppelstern bildenden Körpern eine gegenseitige Bewegung außer Zweifel zu setzen, so waren sie dennoch zur Bestimmung des richtigen Betrages dieser Bewegung nicht fein genug. Erst dreißig Jahre, nachdem Herschel seine Untersuchungen über die Doppelsterne begann, wurde ihre besondere Betrachtung von anderen Astronomen aufgenommen. Damit beschäftigten sich außer einem Astronomen, von welchem wir alsbald sprechen werden, ausschließlich der jüngere Herschel und South zu London, welche erst gemeinschaftlich und dann jeder für sich, wiederholt Reihen von Messungen über Doppelsterne zur Ausführung brachten. Sie wurden immer genauer, je später sie dieselben anstellten, dennoch aber erreichten sie nicht, wenigstens anfangs, den hohen Grad von Genauigkeit, welchen man für ihren Zweck wünschen mußte.

§. 156.

Großes Lob verdienen die Untersuchungen Herschel's und South's über die Doppelsterne, welche nach ihnen Amici und Dawes fortsetzten, um so mehr, da reiner Sinn für die Wissenschaft sie dazu trieb und ihnen keine andern Werkzeuge zu Diensten standen, als welche sie sich aus eigenen Mitteln schafften. Ihre Leistungen sind aber im Vergleich mit denen des berühmten Struve gering. Struve hatte bereits vor dem jüngeren Herschel und South Untersuchungen über die doppelten und mehrfachen Sterne angestellt; anfangs standen ihm zwar nur geringe Hülfsmittel zu Diensten, jedoch im Jahre 1824 bereicherte sich die Sternwarte zu Dorpat, welche unter seiner Leitung stand, mit einem eigens für diese Untersuchungen eingerichteten Instrumente. Es war ein großes Fernrohr von dreizehn Fuß Länge aus der Werkstätte des vortrefflichen Fraunhofer nebst einem Apparat von einer bis dahin unbekannten Vollkommenheit zum Messen kleiner Gegenstände am Himmel. Dieser war so eingerichtet, daß er mittelst eines Uhrwerkes den Himmelskörpern in ihren täglichen Bewegungen folgte, wodurch die Schwierigkeit wegfiel, welche früher aus dieser Bewegung bei Messungen am Himmel erwuchs. Als Struve in Besitz dieses herrlichen Kunstwerkes kam, begann er eine neue planmäßige Arbeit über die Doppelsterne, welche nunmehr glücklich vollendet ist und an Umfang sowohl als an Genauigkeit alle früheren darauf bezüglichen Unternehmungen weit übertrifft. Die erste Arbeit, welche Struve vornahm, war, die doppelten und mehrfachen Sterne am Himmel aufzusuchen, welche in seinem Fernrohr sichtbar waren. Die zweite bestand in der genauen Messung der gegenseitigen Stellung der Sterne, aus denen jedes dieser Systeme besteht, damit man dann in der Zukunft über Bewegungen, welche in diesen Systemen stattfinden, urtheilen könnte. Die dritte Arbeit bestand in genauer Bestimmung des Ortes, welchen jedes dieser Systeme am Himmel einnimmt, um auch dadurch den Bedürfnissen zur Entwicklung unsrer Kenntniß der Firsterne abzuhelfen. Als er kaum mit der ersten Arbeit begonnen, entdeckte er, daß der ältere Herschel nur eine kleine Zahl der durch sein Fernrohr sichtbaren Doppelsterne gesehen hatte, so daß hier nicht eine bloße Nachlese, sondern die eigentliche Ernte erst noch zu halten sei. Die doppelten und mehrfachen Sterne, welche sein Fernrohr entdecken ließ, waren so zahlreich, daß eines Menschen Leben durchaus zu kurz gewesen sein würde, um sie alle auszumessen. Daher mußte Struve den Entschluß fassen, seine Untersuchungen nur über einen Theil dieser Gegenstände auszudehnen und alle auszuschließen, bei denen das Licht der Sterne bis unter eine gewisse Größe fiel, sowie auch diejenigen, bei denen der Abstand zwischen den sie zusammensetzenden Sternen eine bestimmte Größe überschreitet. Innerhalb der angenommenen Grenzen fand Struve 3000 doppelte und mehrfache Sterne, von denen er 1827 ein Verzeichniß nebst annähernder Angabe ihrer Oerter und eine vorläufige Beschreibung gab. Die zweite Arbeit Struve's, alle diese Gegenstände auszumessen, wurde im Jahre 1838 vollendet. Es war ein Riesenwerk, welches Struve's Namen verewigen würde, wenn er auch sonst keine seiner übrigen für die Wissenschaft so wichtigen Arbeiten vollbracht hätte. Viele Tausende von Messungen mußten vorgenommen werden, und wenn man die späteren Versuche, in Struve's Fußtapfen zu treten, vom Standpunkt der Wissenschaft betrachtet, so sieht man erst, welche Bewundrung Struve's Arbeit nicht nur wegen ihres Umfangs, sondern auch wegen ihrer unübertrefflichen Genauigkeit verdient. Diese Arbeit ist ein reicher Quell, aus welchem man, so lange Astronomie getrieben wird, immer wird schöpfen müssen; der unwandelbare Grundpfeiler, auf welchem unsere zukünftige Kenntniß von den Kräften und Wirkungen, welche in den höheren Regionen des Himmels herrschen, nothwendig beruhen wird. Die dritte Arbeit Struve's, die Bestimmung der Oerter nämlich, wo seine Doppelsterne am Himmel stehen, war schon vor mehreren Jahren großentheils vollendet, konnte aber, bestimmter Gründe halber, bis jetzt noch nicht herausgegeben werden.

§. 157.

Struve, von der ganzen gebildeten Welt als die Zierde seines Jahrhunderts verehrt und vorzüglich hochgeschätzt von der Regierung seines Landes, bekleidet jetzt eine der glänzendsten wissenschaftlichen Stellungen an der Spitze der unlängst errichteten Sternwarte auf dem Hügel Pulkowa bei St. Petersburg, der herrlichsten Stiftung, welche jemals der Beförderung der Astronomie gewidmet wurde. Hier wurden unter seinem Auge und unter seiner Leitung die Untersuchungen über die doppelten und mehrfachen Sterne mit einem Instrumente fortgesetzt, welches in jeder Hinsicht das Fernrohr noch übertrifft, welches zu Dorpat der Wissenschaft solche unberechenbaren Dienste geleistet hat. Mit diesem Instrument hat man schon gegen fünfhundert neue Doppelsterne entdeckt, welche noch innerhalb der Grenzen fallen, die sich Struve bei seinen Untersuchungen gezogen hatte. Bessel, einer der größten Astronomen, welche je gelebt haben, hat vor einigen Jahren einen Theil seiner Thätigkeit der Messung von Doppelsternen gewidmet; seine Messungen sind zwar unübertrefflich genau, erstrecken sich aber nur auf vierzig dieser Gegenstände, welche zu so vielen Tausenden über den Raum des Himmels ausgestreut sind. Wir sind Bessel großen Dank schuldig, daß er sich vorzugsweise mit anderen Untersuchungen beschäftigte, für welche er allein die geeigneten Hülfsmittel besaß. Obschon wenigstens sechzig gut ausgestattete Sternwarten auf der Erde bestehen und die großen Fernröhre nach Fraunhofer's Einrichtung immer vervielfältigt worden sind, so giebt es doch immer nur wenige Astronomen, welchen das Ausmessen der doppelten und vielfachen Sterne Hauptgegenstand ihrer Thätigkeit ist, was sich zum großen Theile aus den Schwierigkeiten dieser Arbeit erklären läßt. Das Riesenfernrohr der Sternwarte auf Pulkowa ist bereits mit dem glänzendsten Erfolge zur Untersuchung der doppelten und mehrfachen Sterne angewendet worden und wird ohne Zweifel nebst dem gleich großen Fernrohr der Sternwarte zu Cambridge in Nordamerika auch in der Zukunft noch dazu dienen. Der jüngere Herschel hat während seines Aufenthalts am Kap der guten Hoffnung vom Jahre 1834—1838 zahlreiche doppelte Sterne der südlichen Halbkugel des Himmels ausgemessen. Die Sternwarte zu Dorpat hat auch noch nach Struve's Abgang die zahlreichsten Messungen geliefert, kann sich aber nicht mehr einer Alles übertreffenden Genauigkeit rühmen. In Greenwich hat man vor einigen Jahren Doppelsterne zu messen begonnen, es jedoch später wieder aufgegeben. Lamont, der Director der Sternwarte zu Bogenhausen bei München, hat sein Riesenfernrohr zur Untersuchung der schwierigsten Doppelsterne verwendet, jedoch hat man seit einiger Zeit von diesen Untersuchungen nichts mehr vernommen. Auch zu Berlin hat man sich um die Untersuchung der Doppelsterne verdient gemacht. Zu Leiden wurden mit einem kleineren Instrument anfangs diejenigen Doppelsterne genau untersucht, welche Bessel's und Struve's Aufmerksamkeit besonders auf sich zogen, und später diejenigen, deren Bahnbewegung am größten ist und welche also am schnellsten zu wichtigen Resultaten führen können. Viel darf man noch von dem verdienstlichen Dawes, welcher sich zu neuen Untersuchungen der Doppelsterne ein Instrument derselben Art, wie das zu Leiden ist, angeschafft hat, erwarten.

§. 158.

Bevor wir zu einer genaueren Betrachtung der doppelten und mehrfachen Sterne übergehen, müssen wir bemerken, daß nicht alle diese Gegenstände Systeme von einander wirklich nahestehenden Sterne auszumachen brauchen. Wenn zwei oder mehr Sterne sich unserem Auge sehr nahe bei einander zeigen, so sind sie einander wirklich sehr nahe oder sie befinden sich ungefähr in derselben geraden Linie mit unserem Auge und in diesem Falle müssen sie einander nahe erscheinen, selbst wenn der eine unendlich weiter als der andere von uns entfernt ist. Im ersteren Falle nennt man sie zum Unterschied physische und im letzteren optische Doppelsterne. Die physischen Doppelsterne allein sind Systeme von einander umkreisenden Sonnen, die optischen dagegen bilden durchaus kein System. Aus der großen Menge von Doppelsternen am Himmel kann man schließen, daß die Zahl der physischen Doppelsterne die der optischen sehr übersteigen muß. Hat man diese Gegenstände lange genug beobachtet, so kann man an gewissen später anzuführenden Kennzeichen unterscheiden, ob sie zu den physischen oder zu den optischen Doppelsternen gehören. Jedoch sind noch bei den allermeisten dieser Sterne die Bedingungen nicht erfüllt, um dies mit Gewißheit entscheiden zu können. Von einer Anzahl Doppelsterne ist es mit Sicherheit erwiesen, daß sie physisch sind; von einigen sehr wenigen weiß man gewiß, daß sie rein optisch sind; bei den meisten aber ist die Art, zu welcher sie gehören, noch nicht bestimmt. Dieser Unterschied ist jedoch von höchstem Gewicht, denn die verschiedenen Arten von Doppelsternen müssen zu ganz verschiedenen Untersuchungen dienen. Die Sterne, aus denen ein physischer Doppelstern besteht, sind gleich weit von uns entfernt und haben also dieselbe Parallaxe (§. 150.), so daß sie zur Bestimmung der Entfernung der Fixsterne nicht dienen können. Sie äußern aber eine Wirkung auf einander, deren Folgen wir beobachten und von denen wir zu diesen Wirkungen selbst und der Natur der Fixsterne aufsteigen können. Die optischen Doppelsterne bestehen aus Körpern, welche keine wahrnehmbare Wirkung auf einander äußern und diese allein eignen sich zur Bestimmung der Entfernung der Fixsterne. Wenn ein physischer Doppelstern mit einem oder mehreren anderen Sternen optisch verbunden ist, so kann er für beide Untersuchungen gleichzeitig dienen und einen wichtigen Beitrag zur Förderung unserer Kenntniß der Fixsterne liefern. Wenn wir im Verlaufe von doppelten und mehrfachen Sternen sprechen, so meinen wir immer die physischen, wenn nicht das Gegentheil ausdrücklich bemerkt wird.

§. 159.

Die Vereinigung von zwei oder mehreren Sternen, welche man als Doppelsterne oder mehrfache Sterne zu betrachten gewöhnt ist, kann man nie als solche mit dem bloßen Auge erkennen und wenn zwei Sterne einander so nahe scheinen, daß das Ganze sich dem unbewaffneten Auge eben noch als zusammengesetzt verräth, so sind sie noch viel zu fern von einander, um einen eigentlichen Doppelstern zu bilden. Es ist jedoch als ausgemacht zu betrachten, daß einige Sternpaare, welche sich schon mit bloßem Auge in die Gestirne, aus denen sie bestehen, auflösen lassen, wirkliche Systeme zusammengehörigen Körper sind. Man findet sogar ein Beispiel von zwei bedeutend von einander entfernten Doppelsternen, welche ohne Zweifel mit einander ein System höherer Ordnung ausmachen. Einige der eigentlichen doppelten und mehrfachen Sterne lassen sich schon mit einem kleinen oder mittelmäßigen Fernrohr als solche erkennen; die meisten aber fordern ein Fernrohr von bedeutender Kraft und bei vielen dieser Gegenstände stehen die Sterne einander so nahe, daß man sie selbst durch die größten und vollkommensten Fernröhre unsrer Tage kaum von einander trennen kann. Vorzüglich dann ist dies schwierig, wenn die Sterne einander sehr nahe stehen und außerdem von sehr verschiedener Helligkeit sind. Man findet diese Systeme einzelner Sonnen von verschiedener scheinbarer Größe über den ganzen Himmel verbreitet. Einige gehören zu den hellsten Sternen des Himmels, andere zu den schwächsten. Bald ist der eine von beiden Sternen einige hundertmal heller als der andere, bald sind beide vollkommen gleich, so daß der Unterschied zwischen Hauptstern und Trabanten ganz wegfällt. Die meisten sind zweifach, einige bestehen aber aus drei Sternen und sehr wenige aus vier. Unter den dreitausend zusammengesetzten Sternen, welche innerhalb der bei Struve's Untersuchungen gezogenen Grenzen fallen, kommen 64 dreifache, drei vierfache und ein sechsfacher vor; nimmt man aber etwas weitere Grenzen, so vermehrt sich die Anzahl der mehrfachen Sterne bedeutend und es ist gewiß, daß fast alle diese mehrfachen Sterne wirklich aus um einander kreisenden Sonnen bestehen müssen.

§. 160.

Bei einigen doppelten und mehrfachen Sternen ist die Bewegung des einen Körpers um den anderen sehr schnell, so daß einige seit Herschel's Zeit schon mehr als einmal den Weg um einander zurückgelegt haben. Diese Bewegung lehrt uns, daß die Körper, welche die Doppelsterne oder die mehrfachen Sterne bilden, durch eine gewisse Anziehung an einander, wie die Planeten an die Sonne und die Trabanten an die Planeten, gekettet sind. Nicht so leicht aber war es zu entscheiden, ob diese Anziehung vollkommen demselben Gesetze wie in unserem Sonnensysteme folgt; dennoch war diese Entscheidung sehr wichtig, indem sie uns lehren mußte, ob das Weltall ein großes Ganze ausmacht oder ob seine einzelnen Theile als für sich selbst bestehende Schöpfungen, bei denen ganz verschiedene Wirkungen und Kräfte herrschen und welche also auch der Natur ihres Stoffes nach von einander abweichen, zu betrachten seien. Die Natur dieser Kraft muß die Bewegung des einen Sterns um den anderen bestimmen. Wird sie nun genau so befunden, wie sie nach den in unserem Sonnensystem herrschenden Gesetzen der Anziehungskraft sein muß, so kann man schließen, daß dieselbe Kraft auch in den höheren Himmelsräumen wirksam ist. Die einen drei- oder mehrfachen Stern bildenden Körper müssen, vorzüglich wenn sie wenig in Größe und gegenseitigem Abstand verschieden sind, äußerst verwickelte Bewegungen machen (§. 127.), welche uns, wenn diese Bewegungen groß und schnell genug wären, um sich genau bestimmen zu lassen, in mehr als einer Hinsicht reichen Stoff zur Untersuchung darbieten würden. Die viel einfachere Bewegung der Doppelsterne läßt sich weit leichter den Gesetzen der allgemeinen Anziehungskraft anpassen. Zufolge dieser Gesetze, wie sie in unserem Sonnensysteme herrschen, müssen die zwei Körper eines Doppelsterns in gleichen Zeiten Ellipsen beschreiben, welche den beiden Körpern gemeinschaftlichen Schwerpunkt zum gemeinsamen Brennpunkt haben (§. 37. und §. 127.). Der Ort des gemeinschaftlichen Schwerpunktes wird auch hier durch das zwischen der Masse beider Körper bestehende Verhältniß bestimmt, und da die Massen bei einem Doppelstern meistens wenig verschieden sind, ja selbst gleich sein können, so kann der Schwerpunkt auch mitten zwischen beide Körper fallen, in welchem Falle sie Ellipsen von gleicher Größe beschreiben werden. Welches aber auch die verhältnißmäßige Größe dieser Bahnen sein möge, der gegenseitige Stand beider Sterne wird immer so sein, als ob der eine still stehe, während der andere eine Ellipse beschreibt und zwar von der Größe, welche die zwei Ellipsen, welche eigentlich beide Sterne um ihren gemeinsamen Schwerpunkt beschreiben, zusammen betragen. Die gegenseitige Bewegung beider Körper muß daher für unser Auge sich so darstellen, als ob der eine Stern im Brennpunkt einer von dem anderen um ihn herum beschriebenen Ellipse still stehe. Diese Ellipse kann sich jedoch in allerlei verschiedenen Stellungen zu unserem Auge zeigen, wodurch sie unter einer anderen, als ihrer wahren Gestalt erscheinen kann. Nur dann sehen wir sie in ihrer wahren Form, wenn sie senkrecht auf einer von unserem Auge nach dem Stern gezogenen Linie steht. Geht die Ebene in welcher sie liegt durch unser Auge, so sehen wir sie von der Seite und alsdann wird sie sich, von welcher Gestalt sie sonst auch sein möge, als eine kleine gerade Linie zeigen, auf welcher der eine Stern an dem anderen hin und her geht. Steht die Bahn schräge gegen unser Auge, so sehen wir sie in einer anderen, als ihrer wahren elliptischen Gestalt. Zwar wird der Stern, welchen man als den beweglichen annimmt, auf seiner scheinbaren Bahn auch dem zweiten Keppler'schen Gesetz gehorchen, der Brennpunkt aber seiner scheinbaren Bahn wird nicht mit dem anderen Stern zusammenfallen. Wenn der gegenseitige Stand, welchen die Sterne eines Doppelsterns für unser Auge einnehmen, für verschiedene Zeiten genau bestimmt ist, so kann man daraus die Lage, die wahre Gestalt und die scheinbare Größe der Bahn des einen Körpers um den anderen berechnen, welche Aufgabe der Astronom Encke am vortrefflichsten gelöst hat. Die von Encke angegebene Methode ist bereits auf einige Doppelsterne angewendet worden. Die Aussprüche der Theorie sind auf die Beobachtungen dieser Systeme übertragen worden und dabei ergab sich, daß sie einer Anziehungskraft gehorchen, welche nach denselben Gesetzen wie in unserem Sonnensysteme wirkt. Ein einziger Doppelstern erregte zwar einmal den Schein, als ob er sich einigermaßen diesen Gesetzen entzöge; es ist aber nicht schwer, für die Abweichung zwischen Theorie und Beobachtung, welche man bei ihm bemerkt zu haben meinte, ohne Aenderung des Gesetzes der Anziehungskraft eine natürliche Ursache zu finden.

§. 161.

Es ist kaum ein halbes Jahrhundert verflossen, seit Herschel die Entdeckung der doppelten und mehrfachen Sterne machte und ihre geregelte Beobachtung begann noch viel später. Bedenkt man dabei, daß die Himmelskörper, aus denen diese Systeme bestehen, meistens Jahrhunderte brauchen, um ihre Bahnen um einander zu vollenden, so wird man leicht begreiflich finden, daß nur über wenige dieser Gegenstände eine hinreichende Anzahl von Beobachtungen vorliegt, um ihre Bahnen mit einiger Genauigkeit zu berechnen. Die Beobachtungen sind nicht vollkommen und je kleiner der Theil der Bahn ist, den sie umfassen, um so weniger genau werden sie diese Bahn in ihrer ganzen Ausdehnung kennen lehren. Bei zwölf Doppelsternen waren die Bedingungen erfüllt, um mit einiger Genauigkeit die scheinbare Größe der Bahnen, ihre Lage und Gestalt und dabei auch die Zeit zu bestimmen, welche ein Stern braucht, um seinen Weg um den anderen zu vollenden. Die kürzeste der gefundenen Umlaufszeiten (zum Stern ζ im Hercules gehörig) beträgt 31 Jahre, so daß in den höheren Regionen des Himmels Sonnen bestehen, welche ihre Bahnen um einander ungefähr in derselben Zeit vollenden, wie die, welche der Planet Saturn zu seinem Wege um unsere Sonne braucht. Sieben jener zwölf berechneten Umlaufszeiten betragen weniger als ein Jahrhundert. Eine (von γ in der Jungfrau) beträgt 145, eine andere (von δ im Schwan) 180 Jahre und eine dritte (vom hellen Sterne Castor in den Zwillingen) 232 Jahre; die zwei größten von allen (von σ in der Krone und μ^2 von Bootes) betragen gegen 600 Jahre. Der Hauptgrund, warum man bei den meisten übrigen Doppelsternen die Umlaufszeiten noch nicht hat berechnen können, liegt darin, daß sie noch viel größer sind. Wenn sich aber auch die Umlaufszeit noch nicht genau bestimmen läßt, so erlauben die Beobachtungen dennoch bei vielen Doppelsternen eine Schätzung der Umlaufszeit, woraus man wenigstens ersehen konnte, daß sie meistens viele Jahrhunderte betragen muß. Es wird noch lange dauern, bevor man Umlaufszeiten von solcher Größe genau bestimmen kann, ja noch lange, bevor man eine genaue Kenntniß der Umlaufszeiten bei Sternensystemen erlangen wird, welche sich schon mit bloßem Auge einigermaßen auflösen lassen, bei denen ohne Zweifel die Umlaufszeiten nach Jahrtausenden gemessen werden müssen.

§. 162.

Die gegenseitige Bewegung, welche wir bei den Sternen eines Doppelsternes wahrnehmen, kann uns zwar die scheinbare, keineswegs aber die wahre Größe ihrer Bahnen an und für sich selbst kennen lehren. Die scheinbare Größe dieser Bahnen hängt nicht allein von ihrer wahren Größe, sondern auch von der Entfernung dieser Himmelskörper ab. Je näher das Gestirn uns ist, desto größer wird seine Bahn scheinen und umgekehrt. Aus der Entfernung eines Himmelskörpers nebst der scheinbaren Größe seiner Bahn nun kann man die wahre Größe dieser Bahn leicht berechnen. Es findet der merkwürdige Umstand statt, daß der Stern, dessen Entfernung Bessel bestimmte, unter die physischen Doppelsterne gehört, deren Umlaufszeit und scheinbare Größe ihrer Bahn wir jetzt annäherungsweise kennen. Aus diesen bekannten Größen ergiebt sich, daß der Durchmesser der Bahn des einen Sterns um den anderen 45 mal größer als der der Erdbahn ist. Da diese Körper demselben Gesetz der Anziehung wie die Planeten unterworfen sind, so muß zwischen ihren Abständen von einander, ihren Umlaufszeiten und ihren Massen ein genauer Zusammenhang bestehen (§. 95), so daß man aus den zwei ersten die letzteren bestimmen kann. Die Umlaufszeit beträgt bei diesem Doppelstern etwa 505 Jahre und daraus folgt in Verbindung mit der Größe der Bahn, daß die Summe der Massen dieser zwei Sterne $\frac{2}{5}$ der Masse der Sonne beträgt, d. i. zusammengenommen wiegen sie soviel als $\frac{2}{5}$ des

Gewichts der Sonne. Bestehen nun diese Sterne aus einem Stoff von derselben Dichtigkeit wie der Stoff der Sonne, so nehmen sie auch zusammen einen Raum ein, welcher $^2/_5$ der Größe der Sonne entspricht, und der Körperinhalt jeder dieser Sterne ist ungefähr $^1/_5$ vom Inhalt der Sonne. Die Umlaufszeit dieses Doppelsterns konnte ihrer Größe wegen noch nicht mit einem hohen Grade von Genauigkeit bestimmt werden; in der Zukunft wird man aber die genannten Größen viel richtiger bestimmen können. Es ist jedoch äußerst merkwürdig, daß die Beobachtung der Doppelsterne schon auf diese und ähnliche Ergebnisse geführt hat; denn noch vor 70 Jahren würde man die Bestimmung der Größe und Masse eines Firsterns, selbst im Allergröbsten, für ein Hirngespinnst, welches sich nie verwirklichen könnte, gehalten haben. Die regelmäßig fortgesetzte Beobachtung der Doppelsterne wird diese Bestimmung immer genauer machen; nach und nach werden wir deren mehrere erreichen und dadurch wird die Kenntniß der Firsterne zu einer Höhe steigen, welche die kühnsten Wünsche früherer Zeit weit übertrifft.

§. 163.

Die Beobachtung der doppelten und mehrfachen Sterne hat schon zu vielen wichtigen Ergebnissen geführt, welche noch wichtigere vorbereiten und verkünden. Wir können jedoch hier unseres beschränkten Raumes wegen nur einige dieser Ergebnisse erwähnen. Zu dem Merkwürdigsten, was sie außer dem schon Angeführten geleistet haben, gehört ein bedeutungsvoller Blick, welchen sie uns auf das Sternenheer im Allgemeinen gewährt haben. Wenn man die scheinbare Größe der Bahn und der Umlaufszeit bei einem Doppelstern kennt, so kann man zwar daraus allein die Entfernung des Doppelsterns oder die Größe der Sterne, aus welchen er besteht, nicht bestimmen, aber doch eine Zahl finden, welche auf einfache Weise nur von diesen zwei letzten Größen abhängig ist. Diese Zahl erhält man einfach, wenn man die Zahl, welche ausdrückt, wie groß die Masse eines Doppelsterns im Verhältniß zur Masse der Sonne ist, dreimal hinter einander mit der jährlichen Parallaxe dieses Doppelsterns multiplicirt. Eine solche Zahl kann man leicht für jeden Doppelstern finden, wenn die gegenseitige Bewegung der Sterne, aus denen er besteht, bekannt ist. Ist also eine dieser beiden Größen, es sei die Parallaxe oder die Masse, gegeben, so kann die andere durch diese Zahl leicht gefunden werden. Aber auch dann, wenn keine dieser Größen für sich selbst bekannt ist, führt uns diese Zahl zu einem merkwürdigen Schluße über die Größe und die Entfernung der Fixsterne. Sie ist bei allen Doppelsternen, welche zu ihrer Bestimmung schon lange genug beobachtet wurden, sehr klein. Gesetzt den Fall, daß die Massen dieser Doppelsterne so groß als die Masse der Sonne sind, so findet man, daß sie alle viel weiter als Bessel's Stern von uns entfernt sind; und die meisten bleiben es noch, wenn man auch ihre Massen einige tausendmal größer als die der Sonne ansetzt. Diese Doppelsterne gehören sicherlich zu den nächsten Fixsternen und wir sehen also, daß Bessel's Stern trotz seiner ungeheuren Entfernung noch zu den nächsten unter den uns nahen Fixsternen gehören muß. Trotz seiner großen Nähe scheint uns Bessel's Stern von so geringem Lichte, daß er zu den kleinsten mit bloßem Auge sichtbaren Sternen gehört und also muß er auch zu den kleinsten Sonnen am Himmel gehören. Da er nun an Größe nicht sehr von unsrer Sonne verschieden ist, so muß auch diese zu den sehr kleinen Körpern ihrer Art gerechnet werden. Die Zukunft wird uns darüber noch viele, wichtige Aufschlüsse geben.

§. 164.

Bei vielen Doppelsternen ist der scheinbare Abstand ihrer Körper so äußerst gering, daß man die größten und vollkommensten Fernröhre unsrer Zeit nöthig hat, um sie von einander trennen zu können und gewiß bestehen ihrer noch viele, welche sich selbst durch keines der heutigen Fernröhre auflösen lassen. Das große Fernrohr auf der Sternwarte in Pulkowa, welches alle anderen Instrumente dieser Art an Größe und Vollkommenheit bedeutend übertrifft, hat in kurzer Zeit auf die Entdeckung einer Menge solcher früher unbekannten Doppelsterne geführt und ohne Zweifel bestehen deren noch viele, zu deren Auflösung selbst dieses vortreffliche Instrument nicht ausreicht. Auch bei den physischen Doppelsternen kann der geringe scheinbare Abstand zwischen ihren Körpern zwei verschiedene Ursachen haben; denn es kann daran liegen, daß diese Körper einander wirklich nahe sind, aber auch daran, daß die von diesen Körpern gebildeten Systeme im Verhältniß zu den übrigen weit von uns entfernt sind. Im Allgemeinen entdeckt man die schnellsten umkreisenden Bewegungen bei denjenigen Doppelsternen, welche aus einander sehr nahe scheinenden Sternen bestehen und daraus ergiebt sich, daß bei den meisten dieser Gegenstände die Sterne wirklich näher bei einander stehen müssen, als bei den übrigen Doppelsternen. Bei Bessel's Stern findet eine sehr schnelle umkreisende Bewegung statt, und dennoch besteht er aus Körpern, welche scheinbar so weit von einander entfernt sind, daß man sie schon in einem kleinen Fernrohr von einander getrennt sehen kann. Dies ist daher wieder ein Grund mehr zu vermuthen, daß die große scheinbare Entfernung nur in einem verhältnißmäßig geringen Abstand des Systems seinen Grund habe und daß also Bessel's Stern zu denjenigen gehört, welche sich uns am allernächsten befinden.

§. 165.

Unseren Abschnitt über die Doppelsterne müssen wir mit noch einigen Bemerkungen über diese Gegenstände selbst beschließen. Wir brauchen kaum zu erwähnen, daß unter den Doppelsternen keine Systeme von uns beobachtet wurden, bei denen

wie bei unserem Sonnensystem dunkle Körper um einen leuchtenden wandeln; denn wir haben schon gesagt, daß die dunkeln Trabanten der Firsterne, wenn sie überhaupt bestehen, für uns durchaus unsichtbar sind. Die Doppelsterne sind auch noch in andrer Hinsicht von unserem Sonnensysteme verschieden; denn in diesem sehen wir nur Körper um einander kreisen, welche um das Hundert- und Tausendfache an Größe von einander verschieden sind und nur unsre Erde nebst dem Monde macht eine Ausnahme von dieser allgemeinen Regel. Bei den Doppelsternen sieht man auch Körper von gleicher Größe um einander oder eigentlich um den ihnen gemeinschaftlichen Schwerpunkt kreisen und es ist bemerkenswerth, daß man dies vorzugsweise bei denjenigen Doppelsternen wahrnimmt, bei denen der scheinbare Abstand zwischen ihren einzelnen Sternen sehr gering ist. Der Zweck solcher einander umkreisenden Sonnen von gleicher Größe liegt außerhalb des Bereiches des menschlichen Verstandes. Die Ausdehnung dieser verschiedenen Systeme ist im Allgemeinen sicherlich um Vieles größer als die unseres Sonnensystems, obschon sie uns wegen ihrer ungemein großen Entfernung sehr klein vorkommen. Will man sich von der scheinbaren Größe dieser Systeme, d. h. auch von dem scheinbaren Abstande ihrer Sterne, einen Begriff machen, so braucht man sich nur zu erinnern, daß von den größten Abständen bei den auf Struve's Liste verzeichneten Sternen zwei in der scheinbaren Dicke eines Kopfhaars, wenn man es in der gewöhnlichen Sehweite vom Auge hält, enthalten sind. Die Messungen erstrecken sich aber selbst auf Sterne, deren Abstand mehr als hundertmal in dieser Dicke begriffen ist. Daraus kann man schließen, welche Instrumente und welche Anstrengungen erforderlich waren, um so kleine scheinbare Abstände mit gewissenhafter Genauigkeit auszumessen; doch ohne solche Messungen können die Doppelsterne nichts zu unsrer Kenntniß beitragen. Noch eine merkwürdige Eigenthümlichkeit bieten uns die Doppelsterne in ihrer äußeren Erscheinung dar. Schon mit unbewaffnetem Auge sehen wir, daß einige der hellsten Sterne eine eigene Färbung haben und durch ein Fernrohr geben sich diese Färbungen selbst noch bei Sternen zu erkennen, welche sich dem bloßen Auge nicht verrathen. Nun sieht man bei den meisten Doppelsternen diese Färbungen sehr deutlich und zwar sehr oft bei den verschiedenen Sternen eines Systems ganz verschieden, so daß die Färbung des einen Sterns oft gerade das Entgegengesetzte von der des anderen ist. Ist z. B. der eine blau, so ist der andere oft grün; ist der eine gelb, so ist der andere blau; nicht selten sind sie jedoch von einer Farbe. Vor Kurzem hat ein Gelehrter diese Farbenverschiedenheit der Doppelsterne aus den Eigenschaften des Lichtes in Verbindung mit der Bewegung dieser Körper zu erklären versucht; diese Erklärung ist jedoch keineswegs ganz über allen Zweifel erhaben, obschon etwas Geistreiches darin liegt.

Abschnitt XIV.

Die eigene Bewegung der Fixsterne.

---

§. 166.

Die unzählbaren Gestirne des Himmels, welche sich schon im frühesten Alterthume durch ihren scheinbaren Stillstand von den Planeten unterscheiden ließen, tragen den Namen Fixsterne, welchen sie vor ein paar Jahrtausenden empfingen und seitdem behielten, mit Unrecht. So lange man ihre Oerter nicht mit großer Genauigkeit bestimmen konnte, so lange man sie nur mit unbewaffnetem Auge ohne besondere Aufmerksamkeit betrachtete, schienen sie in aller Hinsicht unveränderlich und wahre Sinnbilder einer ungestörten Ruhe zu sein. Als man jedoch den Himmel angestrengter und mit verbesserten Instrumenten zu beobachten anfing, entdeckte man viele Erscheinungen, welche das Bestehen wirklicher Firsterne in Zweifel setzten, und je mehr die Kenntniß der höheren Regionen des Himmels sich erweiterte, desto mehr gewann man die Ueberzeugung, daß Alles, was unser Auge gewahrt, am Himmel sowohl als auf der Erde einem beständigen Wechsel und einer immerwährenden Veränderung unterworfen ist. Wir haben schon von den Bewegungen bei den sogenannten Firsternen gesprochen und haben darin den Beweis gefunden, daß auch die Körper der höheren Regionen des Himmels mit der Anziehungskraft ausgerüstet sind. Sie müssen also auch gegenseitig auf einander wirken und durch ihre Anziehung einander im Schöpfungsraume verrücken. Unabhängig von den Bewegungen in den Systemen, welche sie bilden können, müssen diese Systeme selbst und müssen die Firsterne überhaupt eine Bewegung im Raume haben, von welcher wir selbst überzeugt sein würden, auch wenn sie unseren Beobachtungen entginge. Die Astronomen der früheren Jahrhunderte glaubten, daß die Firsterne immer genau in demselben Stande am Himmel verharrten, indem Jahrtausende nicht hinreichend gewesen, um einige Veränderungen in den von ihnen gebildeten Gruppen zu verrathen. Aber sie kannten auch die ungeheure Entfernung dieser Himmelskörper nicht, wodurch ihre Bewegung für ganze Jahrhunderte dem unbewaffneten Auge sich entzog, selbst wenn sie auch die Geschwindigkeit der Erde in ihrer großen, jährlichen Bahn um die Sonne übertraf. Gegen Anfang des vorigen Jahrhunderts und also lange vor Entdeckung der merkwürdigen Sonnensysteme, welche man doppelte und mehrfache Sterne zu nennen gewohnt war, fing der Astronom Halley an, den unwandelbaren Stand einiger Firsterne zu bezweifeln, und als man einmal seine Aufmerksamkeit auf diesen

Punkt gerichtet hatte, wurde es immmer wahrscheinlicher, daß auch die Fixsterne wirklich ihren Ort am Himmel verändern, bis zuletzt diese Wahrscheinlichkeit zur vollkommnen Gewißheit wurde. Ungefähr gegen die Mitte des vorigen Jahrhunderts verglich der Astronom Tobias Mayer die Oerter vieler Fixsterne, wie er sie bestimmt hatte, mit den früher beobachteten und er fand einen weit größeren Unterschied, als sich aus den Beobachtungsfehlern erklären ließ. So wurde von ihm für 80 Sterne die eigene Bewegung nicht nur vollkommen bewiesen, sondern auch ihr scheinbarer Betrag mit ziemlicher Richtigkeit bestimmt. Als Bessel im Beginn dieses Jahrhunderts Bradley's Beobachtungen mit den späteren verglich, so fügte er der Zahl von Sternen, deren scheinbare eigene Bewegung bekannt war, noch einige Hunderte bei. Vor einigen Jahren wurden fünfhundert Sterne, von denen man wußte, daß sie sich durch eine verhältnißmäßig sehr große eigene Bewegung auszeichnen, von dem Astronomen Argelander, dem damaligen Direktor der Sternwarte zu Abo, einer umfassenden und strengen Untersuchung unterworfen. Argelander bestimmte genau die Oerter dieser Sterne, woraus man auf eine richtige Kenntniß ihrer Bewegung kam, welche die Grundlage trefflicher Untersuchungen werden mußte. Durch zahlreiche spätere, vorzüglich durch die zu Greenwich und Dorpat angestellten, Beobachtungen hat man bei einer größeren Anzahl von Sternen die eigene Bewegung kennen gelernt. Diese eigene Bewegung ist jetzt bei Tausenden solcher Sterne nachgewiesen und Niemand kann mehr zweifeln, daß sie eine allen Sternen gemeinsame Eigenschaft sein muß, wenn sie auch bei vielen für unser Auge zu gering ist, um sich aus den vorliegenden Beobachtungen genau bestimmen zu lassen.

§. 167.

Die scheinbare Ortsveränderung der Sterne am Himmel, welche wir nur durch unsere Beobachtung unmittelbar nachzuweisen vermögen, kann eine doppelte Ursache haben oder auch durch beide zugleich hervorgerufen werden. Sie kann die Folge einer wirklichen Bewegung der Sterne durch den Raum des Weltalls sein; für welchen Fall die Art und Weise, wie sie sich uns darstellt, von der wahren Richtung dieser Bewegung, von ihrer Geschwindigkeit und auch von der Entfernung des Himmelskörpers von uns abhängen muß. Bewegt der Stern sich gerade nach uns zu oder von uns weg, so wird er, wenn er sich auch wirklich noch so schnell bewegt, seinen Ort nicht zu verändern scheinen. Ferner wird seine Bewegung uns um so größer scheinen, je mehr sie in einer Richtung stattfindet, welche zu der Richtung, worin wir den Stern sehen, senkrecht ist. Je größer diese Bewegung ist, desto größer muß sie uns bei gleicher Richtung und bei gleicher Entfernung des Sternes nothwendig scheinen. Im Allgemeinen muß die Bewegung eines Sternes uns um so geschwinder vorkommen, je näher uns der Stern steht. — Die scheinbare Bewegung der Sterne kann zweitens auch darin begründet sein, daß die Sonne selbst im Schöpfungsraume fortschreitet, in welchem Falle sie die Erde und das ganze Sonnensystem nothwendig mit sich führen muß. Bei solcher Bewegung der Sonne müssen wir am Sternenhimmel solche Erscheinungen beobachten, wie wir sie auf einem Spaziergange wahrnehmen. Wenn bei dieser Bewegung der Sonne die übrigen Sterne still stehen, so müssen sie doch ihren Ort zu verändern scheinen, indem sie alsdann immer aus anderen Standpunkten betrachtet werden. Diese Ortsveränderung wird aber auch von der Richtung abhängen, worin wir die verschiedenen Sterne in Beziehung zu der Richtung, in welcher wir uns bewegen, sehen (§. 147). Die Sterngruppen, nach welchen die Sonne sich hinbewegt, werden uns alsdann immer näher kommen und nach und nach größer erscheinen. Die an einem entgegengesetzten Punkte des Himmels gelegenen Sterngruppen werden für uns immer kleiner werden und die in einem zwischen diesen zwei Punkten mitteninneliegenden Gürtel am Himmel sich zeigenden Sterne — d. h. die Sterne in der Richtung, welche senkrecht auf derjenigen steht, worin die Sonne sich bewegt — werden sich am schnellsten zu bewegen scheinen und zwar in einer der Bewegung der Sonne entgegengesetzten Richtung. Drittens kann die scheinbare Bewegung der Sterne aus der vereinigten Wirkung beider Ursachen entstehen, so daß die Sonne sowohl als die Sterne sich bewegen; und alsdann müssen die Sterne eine sehr verwickelte scheinbare Ortsveränderung haben, wobei die Folgen der einen Ursache sich nur schwer von den Folgen der anderen unterscheiden lassen. Es ist jedoch klar, daß, wie auch die eigentliche Bewegung der Fixsterne sein möge, ihr Anblick für uns durch eine Ortsveränderung der Sonne im Raume auf bestimmte Weise abgeändert werden und im Ganzen genommen einen bestimmten Charakter annehmen muß. Die Bewegung der Sonne muß sich demnach immer dadurch verrathen, daß die Fixsterne im Allgemeinen eine Neigung zeigen, ihren Ort am Himmel für uns so zu verändern, wie dies ihnen durch die Bewegung der Sonne auch bei still stehenden Sternen vorgeschrieben werden würde.

§. 168.

Kurz nach der ersten Entdeckung der eigenen Bewegung der Fixsterne kamen einige Astronomen auf den Gedanken, daß sie wenigstens theilweise aus einer Bewegung der Sonne und dem ganzen Sonnensysteme hervorgehen könne. Dies sprach schon Bradley 1748, Tobias Mayer 1760, Merian, der es von Lambert entlehnte, 1770 deutlich aus. Der letztere sprach selbst von der Möglichkeit, durch die vereinigten scheinbaren Bewegungen der Fixsterne den Punkt am Himmel zu bestimmen, wohin sich die Sonne mit dem Sonnensystem bewegt. Nur wenige Jahre später, 1783 nämlich, führte der ältere Herschel diese Bestimmung aus und aus den damals bekannten scheinbaren Bewegungen bewies er nicht nur, daß sie durch die vereinigte wahre Bewegung der Sonne und der Firsterne hervorgerufen sein mußten, sondern berechnete sogar den Punkt am Himmel, nach welchem die Bewegung der Sonne gerichtet ist. Herschel fand, daß wir uns mit der Sonne und dem ganzen Sonnensystem nach einem Punkte des Himmels hinbewegen, welcher ungefähr in die Mitte des Sternbildes des Hercules fällt.

§. 169.

Man glaubte in der Entdeckung der Bewegung der Sonne und der Bestimmung der Richtung derselben, so viel Befremdendes und Unerhörtes zu finden, daß man die Sache, so offen sie vorlag, nicht anerkennen wollte und ein halbes Jahrhundert lang ohne billige Gründe an der Wahrheit des von Herschel erzielten Ergebnisses zweifelte. Man betrachtete die Bewegung der Sonne als eine der schönsten und für unsere Kenntniß des Himmels wichtigsten Entdeckungen, Niemand aber legte Hand an, um sie näher zu untersuchen, bis Argelander 1837 aller Ungewißheit darüber ein Ende machte. Argelander schloß auf die Bewegung der Sonne aus der eigenen Bewegung der 500 Sterne, welche er in dieser Beziehung so sehr genau untersucht hatte und kam zu einem Ergebniß, welches nur sehr wenig von demjenigen abweicht, das Herschel ein halbes Jahrhundert früher erhalten hatte, und zwar mit einer Sicherheit, welche auch den Ungläubigsten befriedigen mußte. Kurze Zeit darnach dehnte Lundahl unter den Augen Argelander's diese Untersuchung noch über 147 andere Sterne aus, deren eigene Bewegungen sich aus den Beobachtungen anderer folgern ließen und kam wiederum fast zu demselben Resultate. Unlängst hat Galloway die eigene Bewegung der Sonne aus Beobachtungen von Sternen gefolgert, welche sich an der südlichen Halbkugel des Himmels zeigen und obschon seine Vorgänger ganz andere Beobachtungen dazu anwendeten, so waren die von ihm erzielten Resultate von den früheren doch kaum verschieden. Die Richtung, in welcher wir uns mit der Sonne und dem ganzen Sonnensysteme durch den Schöpfungsraum fortbewegen, war also vollkommen ermittelt. Aus Herschel's, Argelander's, Lundahl's und Galloway's Untersuchungen ergab sich aber noch keineswegs, mit welcher Geschwindigkeit wir unsere große Reise durch das Weltall zurücklegen. Eine beiläufige Bestimmung dieser Geschwindigkeit ermittelte erst vor Kurzem der jüngere Struve, ein Astronom auf der Sternwarte in Pulkowa, durch eine treffliche, eigentlich für einen anderen Zweck bestimmte Untersuchung, worin er auch die Bewegung der Sonne nebst dem Sonnensysteme berücksichtigen mußte. Struve nahm die eigene Bewegung einer Anzahl Sterne, welche sein Vater früher zu Dorpat bestimmt hatte, zu Hülfe und kam in Bezug auf die Richtung der Bewegung der Sonne fast auf die früheren Ergebnisse zurück und bestimmte außerdem, so gut als es für jetzt möglich ist, ihre wirkliche Geschwindigkeit. Das Resultat war, daß wir jährlich einen Weg durch das Weltall machen, welcher ungefähr 1½ mal größer ist, als die Entfernung der Sonne von der Erde und also ungefähr dreißig Millionen geogr. Meilen beträgt. Dabei wurde wahrscheinlich, daß die Fixsterne im Allgemeinen sich 2½ mal so schnell als unsre Sonne durch den Himmelsraum hindurchbewegen.

§. 170.

Die scheinbare eigene Bewegung der Fixsterne ist bei verschiedenen sehr verschieden und wie man leicht begreifen kann, immer sehr gering und gewöhnlich so klein, daß sie nach Verlauf weniger Jahre sich mit dem vollkommensten Instrumente nicht oder kaum nachweisen läßt. Struve hat zwar die Geschwindigkeit der Fixsterne im Allgemeinen bestimmt, aber es ist natürlich, daß der eine schneller, der andere langsamer fortschreiten kann, und für jetzt ist es noch nicht möglich die wahre Richtung und die wahre Geschwindigkeit eines bestimmten Sterns zu finden. Wie groß immer der Antheil der Bewegung der Sonne oder die wahre Bewegung eines Sternes an seiner scheinbaren Bewegung sein möge, so kann man die schnellsten scheinbaren Bewegungen bei denjenigen Sternen erwarten, welche uns am nächsten sind. Daher ist es merkwürdig, daß die hellsten Sterne im Allgemeinen nicht die schnellste scheinbare Bewegung zeigen, woraus sich also auch ergiebt, daß nicht gerade die hellsten Sterne uns am nächsten sein können. Bis vor Kurzem kannte man keinen Stern von so schneller scheinbarer Bewegung, als Bessel's Stern (Nro. 61 im Schwan), welcher jedoch zu den sehr unbedeutenden Sternen gehört. Dies bestärkt uns also in unsrer Vermuthung, daß dieser Stern trotz seines geringen Lichtes, trotz seiner ungeheuren Entfernung noch zu den uns nächsten Sternen gehört. Obschon die scheinbare eigene Bewegung des Bessel'schen Sternes die so vieler Tausende andrer Sterne übertrifft, legt er doch erst binnen 350 Jahren einen Raum am Himmel zurück, welcher dem scheinbaren Durchmesser des Mondes gleichkommt und in 9000 Jahren rückt er für unser Auge nicht weiter als der Mond in einem einzigen Tage fort. Bestände aber diese scheinbare Bewegung, wenn auch noch so gering, immer in gleichem Maße bei allen anderen Sternen, so würden dennoch die verschiedenen am Himmel sichtbaren Sterngruppen jetzt ein ganz anderes Aussehen als im frühen Alterthum haben, was gewiß nicht der Fall ist. Unlängst hat Argelander entdeckt, daß ein kleiner Stern (Nro. 1830 von Groombridge), welcher sich mit bloßem Auge ganz und gar nicht erkennen läßt, eine noch etwas größere Bewegung als Bessel's Stern hat. Es ließ sich daher annehmen, daß dieser kleine Stern uns verhältnißmäßig sehr nahe sein müßte und dies hat Bessel veranlaßt, eine Reihe von Beobachtungen zur Bestimmung seiner Entfernung anzustellen, welche durch seine Krankheit und seinen Tod unterbrochen wurden. Bessel's Gehülfen haben nach seinem Tode diese Untersuchung fortgesetzt und gefunden, daß sich dieser Stern trotz seiner geschwinden scheinbaren Bewegung in einer Entfernung von uns befindet, welche über millionenmal größer als die Entfernung der Sonne ist. Nach der Bestimmung der Astronomen auf Pulkowa würde diese Entfernung nur um Weniges geringer sein als die millionenmalige Entfernung der Sonne. Diese beiden Bestimmungen widerlegen das von Faye zu Paris nach einer viel weniger sicheren Methode erhaltene Resultat vollkommen, demzufolge dieser Stern uns sogar fünfmal näher sein sollte.

§. 171.

Der in so vielen Hinsichten merkwürdige Stern Bessel's ist es auch darum, daß er uns einen Schluß auf die wirkliche Geschwindigkeit seiner Bewegung erlaubt. Wir kennen seine Entfernung und auch die Geschwindigkeit seiner scheinbaren Bewegung. Wäre uns nun auch die wahre Richtung seiner Bewegung bekannt, so würden wir ohne Schwierigkeit und vollkommen seine wirkliche Geschwindigkeit bestimmen; aber wir können natürlich dieser Bewegung nicht ansehen, ob sie nach uns hin oder von uns weg gerichtet ist oder ob sie senkrecht zu der Richtung ist, in welcher wir den Stern sehen. Ist diese Bewegung nicht senkrecht zu dieser Richtung, so sehen wir sie verkürzt, sowie wir jede Linie, welche schräg zu unserem Auge steht, verkürzt sehen und dann ist diese Bewegung gewiß auch schneller, als sie uns scheint. Setzen wir den Fall, daß der Stern sich in einer Richtung senkrecht auf derjenigen, worin wir ihn sehen, bewegt, und folgern wir daraus die Geschwindigkeit seiner eigenen Bewegung, so finden wir sie gewiß kleiner, als sie wirklich ist; denn es wäre ein sonderbarer Zufall, wenn diese Bedingung vollkommen erfüllt wäre. Ohne den Einfluß in Rechnung zu bringen, welchen die Bewegung der Sonne auf die scheinbare Ortsveränderung des Bessel'schen Sterns ausüben kann, findet man, daß er jährlich einen Weg zurücklegen muß, welcher gewiß größer ist als die 16½ malige Entfernung der Erde von der Sonne, also auch größer als 330 Millionen geogr. Meilen. Trotz der winzigen scheinbaren Bewegung dieses Sterns muß er also in einer einzigen Stunde einen Weg von mehr als 33500 geogr. Meilen zurücklegen. Setzt man nun den Fall, daß der schnellste Dampfwagen in einer Stunde einen Weg von 7½ Meilen zurücklegt, so findet man, daß Bessel's Stern sich über 4000 mal geschwinder als der schnellste Dampfwagen bewegt. Bringt man die Bewegung der Sonne, so gut als dies für jetzt möglich ist, in Rechnung, so findet man diese Geschwindigkeit etwas geringer.

§. 172.

Wegen des geringen Betrages der scheinbaren eigenen Bewegung der Fixsterne muß es natürlich äußerst schwierig sein, von ihr auf die wahre Natur der Bahnen, welche diese Körper im Schöpfungsraume beschreiben, zu schließen. Ohne Zweifel werden Jahrhunderte verfließen müssen, bevor man die wahre Bewegung der Fixsterne vollständig zu bestimmen im Stande sein wird; dennoch ist aber vor Kurzem der Astronom Mädler zu einem merkwürdigen Resultate über diesen Punkt gekommen, welches zwar nicht als erwiesen betrachtet, dem aber doch nicht alle Wahrscheinlichkeit abgesprochen werden kann. Schon seit Langem hat man von einer Centralsonne geträumt, von einem Körper, der alle Sterne viele tausendmal an Größe übertrifft und wie die Sonne die Planeten um sich herumführt, alle Fixsterne bestimmte Bahnen um sich zu beschreiben zwingt. Wenn in der Schöpfung wirklich ein großer Körper bestände, welcher herrschend über alle anderen Himmelskörper ihre hauptsächliche Bewegung bestimmte, so würden die Sterne sich um so schneller bewegen, je näher sie diesem Körper wären und die Region des

Himmels, wo dieser Körper verweilte, würde sich uns durch eine sehr starke eigene Bewegung der Sterne an einem bestimmten Punkte des Himmels verrathen müssen. Die eigene Bewegung der Fixsterne, welche wir jetzt kennen, weist uns aber nirgends auf das Bestehen eines so großen Körpers hin und aus verschiedenen Gründen kann es als ausgemacht gelten, daß es eine Centralsonne in obigem Sinne nicht giebt. Aber auch dann, wenn die Sterne im Allgemeinen ungefähr von gleicher Größe sind, muß ihre Hauptbewegung um einen Punkt, um den Schwerpunkt des Weltalls geschehen, wenn auch an dessen Stelle durchaus kein Körper vorhanden ist. Die Bewegung der Sterne um einen solchen Schwerpunkt ist jedoch von der um eine eigentliche Centralsonne sehr stark verschieden. Je näher die Sterne bei diesem Schwerpunkte sind, desto langsamer müssen sie sich bewegen und in der größten Nähe müssen sie in ihren verhältnißmäßig kleinen Bahnen äußerst langsam fortschreiten und geraume Zeit hindurch ungefähr an einem und demselben Ort in der Schöpfung verharren. Die eigene Bewegung dieser Sterne wird für uns unmerklich sein, nichts desto weniger scheinen sie durch die Bewegung der Sonne nebst dem ganzen Sonnensysteme ihren Ort zu verändern und zwar in einer der Bewegung der Sonne entgegengesetzten Richtung. Der Ort dieses Schwerpunkts am Himmel muß sich uns also dadurch verrathen, daß die Sterne daselbst für unser Auge eine gemeinschaftliche eigene Bewegung haben, welche nur durch die Ortsveränderung der Sonne hervorgerufen gerade die entgegengesetzte Richtung annimmt. Soweit der gegenwärtige Zustand unserer Kenntniß der scheinbaren Bewegung der Fixsterne ein Urtheil darüber zuläßt, findet man diesen Umstand bei den Sternen, welche sich in der Nähe des sogenannten Siebengestirns (Plejaden) zeigen. Mädler schließt aus diesen und noch anderen Gründen, daß der Schwerpunkt des Weltalls, derjenige Punkt, um welchen sich alle Himmelskörper bewegen müssen, in der Nähe des Siebengestirns gelegen ist. Wie viel Wahrscheinlichkeit man auch diesem merkwürdigen Resultate zuerkennen möge, so ist dennoch für seine vollkommene Bestätigung eine genauere Kenntniß der eigenen Bewegung der Fixsterne unerläßlich. Die einmal nachgewiesene gemeinschaftliche Bewegung der Sterne um den Schwerpunkt des Weltalls herum muß bei der Bestimmung der Richtung, in welcher die Sonne nebst dem Sonnensystem fortschreitet, in Rechnung gebracht werden, während man früher die Bewegung der Sterne dabei als an nichts gebunden betrachtete. Wenn die Beziehung zwischen der eigenen Bewegung der Fixsterne, welche Mädler gefunden zu haben meint, nicht eine Folge der Fehler der älteren Beobachtungen ist, sondern sich auch durch spätere Beobachtungen als Wirklichkeit bestätigt, so wird sie gewiß zu den wichtigsten Entdeckungen führen.

§. 173.

Wir kennen die gewaltigen Entfernungen der nächsten Fixsterne selbst und können uns daraus einen Begriff von den Räumen machen, durch welche im Allgemeinen die Fixsterne von einander geschieden sein müssen. Bringt man diese gewaltigen Räume mit dem äußerst geringen Betrage der scheinbaren eigenen Bewegung der Fixsterne in Verbindung, so ergiebt sich, daß die Bahnen, welche sie außer ihrer möglichen Bewegung in besonderen Systemen von doppelten und mehrfachen Sternen beschreiben, so ungemein groß sein müssen, daß die Größe unseres Sonnensystems dagegen wie ein winziger Punkt verschwindet. Und es wird leicht zu begreifen sein, daß die Sterne Millionen von Jahren brauchen, um ihre Bahnen zu vollenden. Die Wege, welche die Fixsterne in einigen Jahrhunderten zurücklegen, können also nur sehr kleine Theile ihrer eigentlichen Bahnen sein und nicht merklich von geraden Linien, in denen die Sterne mit ziemlich gleicher Geschwindigkeit fortschreiten, abweichen. Daher hat man auch schon längst vorausgesetzt, daß die scheinbare eigene Bewegung eines bestimmten Sterns innerhalb ein Paar Jahrhunderte durchaus keiner merklichen Veränderung unterliege; jedoch ist es jetzt wahrscheinlich geworden, daß dies keineswegs als allgemeine Wahrheit gelten kann. Betrachtet man einen der Sterne, welche einen Doppelstern bilden, für sich allein, so muß man nothwendig an ihm eine veränderliche eigene Bewegung entdecken; denn außer seiner Fortbewegung im Raume, welche nur in einer ungemein großen Bahn geschehen kann, macht er noch eine andere und kleinere Bewegung in dem Systeme, welchem er angehört. Keineswegs jedoch erwartete man eine solche Veränderlichkeit in der eigenen Bewegung auch bei denjenigen Sternen, bei welchen man durchaus keine anderen, mit denen sie zu doppelten oder mehrfachen Sternen verbunden sind, wahrnimmt; dennoch hat schon vor mehr als 20 Jahren Pond zu Greenwich bekannt gemacht, daß er eine solche Veränderlichkeit bei einigen Sternen bemerkt habe, die zu keinem der uns sichtbaren Systeme von Doppel- und mehrfachen Sternen gehören. Lange Zeit darnach wurde dieselbe Bemerkung in Beziehung auf dieselben Sterne auch von Bianchi zu Messina gemacht und endlich meinte auch Bessel kurz vor seinem Tode die Wahrheit dieser Erscheinung in seinen Beobachtungen bewiesen zu sehen. Es ist merkwürdig, daß sich die Veränderlichkeit in der eigenen Bewegung gerade bei den zwei hellsten Sternen am Himmel (Sirius und Procyon) am deutlichsten zu zeigen und auch am besten bestimmen zu lassen schien. Bessel hat durch die höhere Mathematik nachgewiesen, daß unter allen denkbaren Ursachen, welche man zur Erklärung dieser Erscheinung zu Hülfe nehmen kann, nur eine wirklich vorhanden sein kann, nämlich die, daß die genannten Sterne Glieder besonderer Systeme ausmachen, in denen sie außer ihrer Fortbewegung im Raume noch eine besondere und kleinere Bewegung um große Körper ihrer Nachbarschaft machen. Wir sehen aber diese großen Körper nicht, woraus folgt, daß sie kein eigenes Licht haben können. Wir sind also gezwungen, dunkle Sterne im Schöpfungsraume anzunehmen, düstere Körper, welche sich für immer unserem Auge entziehen werden, welche unserer Sonne an Größe gleichen oder sie übertreffen und denen selbst die glänzendsten Sonnen am Himmel unterthänig sind. Diese dunkeln Körper sind durchaus nicht mit den Planeten zu vergleichen, welche sich um unsre Sonne bewegen und bei ihr nur eine kaum merkliche Ortsveränderung bewirken. Wären sie merklich kleiner als die Sterne, neben welchen sie sich befinden, so würden sie bei diesen keine so starke Bewegung verursachen können. Sie sind also als dunkle Sonnen zu betrachten, um welche sich leuchtende Planeten bewegen. In früherer Zeit hat man oft den hellsten Stern des Himmels (Sirius) als Centralsonne angesehen, welcher alle Körper der Schöpfung unterworfen sein müßten. Daß er diese vermeintliche Centralsonne nicht sein konnte, hatte sich jedoch schon ergeben, als Argelander nachwies, daß er selbst eine verhältnißmäßig sehr starke eigene Bewegung habe. Jetzt sind wir vielmehr gezwungen anzunehmen, daß selbst er einem großen und dunklen Körper unterthänig ist, durch welchen er in einer verhältnißmäßig kleinen Bahn herumgeführt wird. Unglücklicherweise ist die beobachtete Veränderlichkeit in der eigenen Bewegung einiger Sterne so klein, daß man nicht mit Sicherheit annehmen kann, daß sie die unvermeidlichen Fehler der Beobachtungen weit übersteige. Aus Struve's späteren Untersuchungen hat sich auch wenigstens für den Stern Sirius keine Veränderlichkeit seiner Bewegung herausgestellt und es werden noch einige Jahrzehnte verfließen, bevor das Bestehen der großen dunklen Sterne bewiesen oder Bessel's Vermuthung darüber als unbegründet bestimmt zurückgewiesen werden kann.

§. 174.

Die eigene Bewegung der Fixsterne giebt uns ein Merkmal an die Hand, um in einigen Fällen die physischen und die optischen Doppelsterne von einander zu unterscheiden, wovon wir schon früher gesprochen haben (§. 158). Die Bewegung des einen Körpers um den anderen ist zwar der sicherste Beweis, daß sie einen physischen Doppelstern ausmachen, bei den meisten Systemen ist aber diese Bewegung so äußerst langsam, daß sie aus den vorliegenden Beobachtungen noch nicht gefolgert werden kann. Hat nun ein Stern eine bedeutende eigene Bewegung und entdeckt man in seiner Nähe einen anderen, welcher ihm regelmäßig folgt, und an seiner ganzen Bewegung Theil nimmt, so beweist dies, daß diese Körper bei einander sind und bleiben und daß sie also einen physischen Doppelstern ausmachen, wenn man auch noch keine umkreisende Bewegung bei ihnen wahrgenommen hat. Entdeckt man einen hellen Stern mit merklicher eigener Bewegung und in seiner Nähe einen kleinen Stern, welcher keine Bewegung verräth, so muß der letztere viel weiter als der erstere von uns entfernt sein und es müssen diese Körper einen optischen Doppelstern ausmachen. Wären sie physisch mit einander verbunden, so würde, wie wir gesehen haben (§. 160), der kleinere Stern die größte Bewegung machen müssen. Kurz nachdem Herschel in den Doppelsternen Systeme von einander umkreisenden Sonnen entdeckt hatte, bestätigte Bessel wenigstens für zehn solcher Systeme die Wahrheit dieser Entdeckung, indem er nachwies, daß die Körper, aus welchen diese Systeme bestehen, einander in ihrer Bewegung durch den Raum der Schöpfung folgen. Der helle Stern (Wega), dessen Entfernung Struve bestimmte, hat eine sehr merkliche eigene Bewegung und in seiner Nähe befindet sich ein sehr kleiner Stern, bei welchem man durchaus keine Bewegung entdecken konnte. Dadurch wurde man belehrt, daß diese zwei Körper einen optischen Doppelstern ausmachen und somit zur Bestimmung der Entfernung des helleren dienen konnten.

Abschnitt XV.

Die veränderlichen Sterne.

---

§. 175.

Die sogenannten Fixsterne verändern nicht nur ihren scheinbaren Ort am Himmel, woraus wir schon so viele merkwürdige Schlüsse gezogen haben, sondern auch ihr Aussehen, ihre Farbe also und ihr Licht, das Einzige, was wir unmittelbar an ihnen wahrnehmen können. Die eigene Bewegung der Fixsterne ist ohne Zweifel eine allgemeine Eigenschaft aller dieser Himmelskörper, wenn sie auch wegen ihres geringen Betrages und wegen der großen Menge der Sterne bei den meisten noch nicht bestimmt werden konnte. Die Veränderung im Aussehen aber hat man noch bei so wenigen Sternen mit Sicherheit wahrgenommen, daß man sie schwerlich als ein allgemeines Gesetz betrachten kann. Hin und wieder haben sich neue Sterne am Himmel gezeigt, welche später wieder verschwunden sind. Einige Sterne scheinen seit dem frühen Alterthum ihre Farbe oder ihr Licht nach und nach verändert zu haben und von anderen weiß man sicher, daß ihr Licht regelmäßige Abwechselungen macht, wobei die Helligkeit ungefähr nach gleichen Zeiträumen wieder auf denselben Grad zurückkehrt. Vor zweitausend Jahren sah der Astronom Hipparchus unerwartet einen hellen Stern am Himmel erscheinen, welcher nach einiger Zeit an Licht abnahm und endlich gänzlich verschwand. Diese Erscheinung brachte Hipparchus auf die Vermuthung einer Veränderlichkeit des Fixsternhimmels und damit seine Nachkommen über diese Veränderlichkeit einen entscheidenden Ausspruch thun könnten, bestimmte er die Oerter, welche die auffallendsten Sterne am Himmel einnehmen. Man hat nach der Zeit des Hipparchus dieselbe sonderbare Erscheinung wiederholt beobachtet; vorzugsweise aber verdienen unsere Aufmerksamkeit die äußerst merkwürdigen Sterne, welche zur Zeit Tycho's und Keppler's erschienen sind und über welche kein Zweifel oder Ungewißheit mehr sein kann, indem wir diesen zwei großen Astronomen einen ausführlichen Bericht darüber verdanken.

§. 176.

Tycho's Stern wurde nicht eher wahrgenommen, bis er schon in bedeutendem Glanze am Himmel prangte und bereits alle andere Sterne an Helligkeit übertraf. Er zeichnete sich durch Licht und Helligkeit selbst vor dem Planeten Venus aus, so daß er sich sogar bei vollem Tageslicht wahrnehmen ließ. Nach Verlauf von wenigen Monaten nahm sein Licht ab, während auch seine Farbe nach und nach röther wurde. Bei allen diesen Veränderungen aber blieb er immer an demselben Punkte des Himmels stehen und nach zwei Jahren verschwand er ganz und gar, ohne eine Spur seiner Anwesenheit zurückzulassen. Jetzt kann man selbst durch die vollkommensten Fernröhre seine Spur nicht mehr auffinden. Dieser Stern war vom Jahre 1572 — 1574 sichtbar. Keppler's Stern zeigte sich von 1604 — 1605 und war also nur ein Jahr sichtbar, nachdem er wie Tycho's Stern alle anderen Sterne des Himmels an Helligkeit überstrahlt hatte. Auch er ist spurlos verschwunden. Merkwürdiger ist noch ein anderer Stern, welchen Keppler im Jahre 1600 am Himmel erscheinen sah. Neunzehn Jahre lang prangte dieser Stern in hellem Glanze, ohne seinen Ort am Himmel nur einigermaßen merklich zu verändern. Dann nahm er ab und verschwand im Jahre 1621 ganz und gar. 1655 fand man ihn als einen Stern von geringerem Glanze wieder und 1665 nahm man ihn nochmals wahr. Noch später entdeckte man ihn wieder als einen Stern, welcher sich kaum mit bloßem Auge unterscheiden läßt und so steht er jetzt noch am Himmel. Auch in unseren Tagen hat man solche merkwürdigen Veränderungen bei Fixsternen beobachtet. Im Jahre 1837 sah der jüngere Herschel, als er sich am Kap der guten Hoffnung befand, um daselbst die südliche Halbkugel des Himmels zu durchsuchen, einen Stern (η in Argus), welcher sich sonst nicht sehr durch sein Licht auszeichnete, an Helligkeit plötzlich zunehmen. Im Jahre 1848 sah Hind zu London auf einmal einen Stern am Himmel an einem Orte, wo man früher keinen Stern gesehen hatte; er hat sich später als ein merkwürdiger veränderlicher Stern gezeigt.

§. 177.

Auch im Mittelalter hat man hin und wieder solche sonderbaren Erscheinungen beobachtet, über welche wir jedoch keine genauen Berichte besitzen. Ihre Erklärung ist auf mancherlei Weise versucht worden, konnte aber nicht einmal bis zur Wahrscheinlichkeit erhoben werden. Welches aber auch die Ursachen des unerwarteten Erscheinens und Verschwindens sein mögen, soviel ist gewiß, daß es durch keine Bewegung des Sterns oder der Erde veranlaßt wurde, und auch das kann als ausgemacht gelten, daß diese Körper nicht plötzlich geschaffen und dann vernichtet wurden. Sie bestanden schon vor ihrem Erscheinen und bestehen jetzt, nachdem sie verschwunden, immer noch. In dieser Ueberzeugung hat man schon lange auf Himmelskörper geschlossen, welche so groß oder größer als die Fixsterne sind, kein eigenes Licht haben und für uns ganz unsichtbar sind. Wie es kommt, daß diese Körper eine Zeit lang in einem so außerordentlichen Lichte strahlen, wird uns vielleicht für immer unbekannt bleiben. Es giebt aber Gründe zu vermuthen, daß sie dieses Vermögen nicht für ein einziges Mal nur besitzen und daß diese Umstände dann und wann, vielleicht erst nach sehr großen Zeiträumen, wieder eintreten, nach deren Verlauf der

Stern wieder für uns sichtbar werden muß. In der That hat man in den Jahren 945 und 1260 plötzlich einen Stern am Himmel erscheinen sehen, welcher später wieder verschwunden ist und man hat einigen Grund zu vermuthen, daß diese Sterne dieselben waren wie der zu Tycho's Zeiten erschienene, indem sie sich in derselben Region des Himmels gezeigt haben sollen. Es läßt sich also vermuthen, daß dieser Stern nach 314 oder 315 Jahren wieder zum Vorschein kommt. Dieses Jahrhundert wird über die Richtigkeit oder Unrichtigkeit dieser Vermuthung entscheiden. Die frühere Ansicht daß die so kurze Zeit strahlenden Sterne nur Sonnen seien, welche nebst ihren Planeten und Millionen Geschöpfen in einem allgemeinen Brande ihren Untergang gefunden, hat man jetzt ganz und gar aufgegeben.

§. 178.

Unter dem Namen veränderliche Sterne versteht man vorzugsweise diejenigen, welche einen regelmäßigen Wechsel von Licht und Helligkeit durchmachen. Man kennt deren mehrere am Himmel und bei den meisten läßt sich dieser Lichtwechsel ganz gut mit bloßem Auge wahrnehmen. Die erste Entdeckung eines solchen veränderlichen Sterns verdankt man dem Prof. Holwerda zu Franeker, welcher 1638 einen Stern (*o* im Sternbilde des Wallfisches), den man ganz verschwunden glaubte, wieder auffand. Holwerda entdeckte, daß dieser Stern einen regelmäßigen Lichtwechsel erleide, welche Entdeckung durch spätere Beobachtungen seines Nachfolgers Fullenius bestätigt wurde. Dieser Stern wurde wegen seiner merkwürdigen Eigenschaft der wunderbare (Mira) genannt und gehört auch heute noch zu den merkwürdigsten veränderlichen Sternen, welche wir am Himmel kennen. Er ist schon oft der Gegenstand der Untersuchung vieler Astronomen gewesen, welche sich bemühten, seinen Lichtwechsel genau zu bestimmen und es ergab sich sehr bald, daß er nach Verlauf einer gewissen Anzahl von Tagen ungefähr zur früheren Helligkeit zurückkehrt. In späterer Zeit hat man jedoch nachgewiesen, daß die Abwechselungen seines Lichtes keineswegs regelmäßig denselben Gang machen. Ein Paar Wochen lang zeigt er sich ohne merkliche Veränderung in seinem größten Lichte, wie ein Stern, welcher ins Auge fällt, ohne sich aber gerade durch Helligkeit auszuzeichnen; dann nimmt er ein Paar Monate lang ab, bis er endlich für das unbewaffnete Auge ganz unsichtbar wird; nachdem er sieben Monate für das bloße Auge verschwunden war, kommt er wieder zum Vorschein, nimmt ein Paar Monate lang fortwährend an Helligkeit zu, bis er wieder auf kurze Zeit sein größtes Licht erreicht. Nach Verlauf von 350 Tagen kehrt er zu demselben Helligkeitsgrade zurück; dieser Zeitraum ist aber einigen Veränderungen unterworfen, so daß er bald etwas kürzer, bald wieder etwas länger ist. Im Jahre 1839 brauchte der Stern zweimal so viel Zeit, um an Licht abzunehmen, als er späterhin zur Lichtzunahme brauchte und 1840 fand die Zu- und Abnahme in gleich großen Zeiträumen statt. Wenn er sein größtes Licht erreicht hat, ist er nicht immer gleich hell. Im Jahre 1839 war er 70 Tage lang heller als in seinem größten Lichte im Jahre 1840 und er verweilt bald längere, bald kürzere Zeit in seinem größten Lichte. Während der Zeit, wo er für das bloße Auge unsichtbar ist, läßt er sich jedoch in der Regel mit guten Fernröhren entdecken; es ist aber auch geschehen, daß man ihn selbst durch diese Instrumente nicht sehen konnte. Bei anderen veränderlichen Sternen kommen diese Unregelmäßigkeiten nicht weniger stark zum Vorschein und sie müssen natürlich in Betracht kommen, wenn man das Wesen der veränderlichen Sterne erklären will. Nicht immer ist der Zeitraum, nach welchem ein veränderlicher Stern zu demselben Grade der Helligkeit zurückkehrt, so groß als bei Mira. Die kürzeste der bekannten Perioden beträgt 2 Tage und 21 Stunden und gehört einem Stern (Algol im Sternbilde des Perseus) an, welcher in seinem größten Lichte zu den hellsten

Sternen gerechnet werden kann und sehr bedeutend an Licht abnimmt, ohne jedoch für das bloße Auge unsichtbar zu werden. Dieser Stern bleibt 2 Tage und 13 Stunden ohne Veränderung in seinem größten Lichte, dann nimmt er 4 Stunden lang ab, bleibt nur 18 Minuten in seinem geringsten Lichte und hat wieder 4 Stunden nöthig, um zu seinem größten Lichte aufzusteigen. Es hat sich ergeben, daß auch der Lichtwechsel dieses Sterns nicht immer auf dieselbe Weise geschieht. Die veränderlichen Sterne sind oft sehr launenhaft in ihrer Veränderlichkeit. So entdeckte man im Jahre 1795 einen regelmäßigen Lichtwechsel bei einem kleinen Stern (in der nördlichen Krone), welcher im Jahre 1818 seine Veränderlichkeit ganz und gar verlor und immer von gleicher Helligkeit blieb. Im Jahre 1846 nahm er seine frühere Veränderlichkeit wieder an. Von zwanzig veränderlichen Sternen ist die Art und Weise ihres Lichtwechsels durch Beobachtung genau bestimmt; es liegt aber nicht in unserem Zwecke sie hier alle zu beschreiben. Bei vielen Sternen vermuthet man einen Lichtwechsel, ohne daß er jedoch genau bestimmt wäre und zumal Struve hat bei seinen Untersuchungen über die Doppelsterne unter ihnen eine Menge gefunden, welche zu den veränderlichen Sternen gehören.

§. 179.

Man hat keine Mühe gescheut, um den Lichtwechsel der veränderlichen Sterne zu erklären und es fällt nicht schwer, eine Ursache aufzufinden, welche derartige Wechsel veranlassen könnte; wir sind aber noch weit entfernt, den Beweis führen zu können, daß wir die wahre Ursache entdeckt haben. Wir sahen früher, daß die Sonne sich um eine Axe bewegt und daß sie oft veränderliche dunkle Flecken auf ihrer Oberfläche zeigt. Beide Umstände können auch bei den Fixsternen eintreten. Wenn nun diese dunklen Flecken bei einigen Sternen einen bedeutenden Theil ihrer Oberflächen einnehmen, so werden diese Körper bei der Bewegung um eine Axe für unser Auge einen regelmäßigen Lichtwechsel machen müssen. Bei dieser Voraussetzung bleibt es jedoch immer schwierig zu erklären, warum so viele veränderlichen Sterne mehr Zeit brauchen, um an Licht abzunehmen, als um darauf an Licht zuzunehmen und noch weniger läßt sich erklären, warum bei einigen dieser Gestirne der Gang der Abwechselung und der Zeitraum, nach welchem sie zu demselben Licht zurückkehren, nach und nach abgeändert wird. Diese Erklärung ist auch für Sterne, welche nur eine Verfinsterung von wenigen Stunden erleiden, durchaus unzulässig. Schon seit langer Zeit hat man als wahrscheinlich hingestellt, daß diese Sterne um sehr große dunkle Körper kreisen, durch welche sie bei ihrem jedesmaligen Umlauf ganz oder theilweise für unser Auge bedeckt werden, so daß sie auf diese Weise eine Lichtabnahme erleiden. Im Ganzen können wir uns nur vier verschiedene Zustände denken, in welchen zwei einander umkreisende Himmelskörper bezüglich ihres Lichtes erscheinen können. Ein dunkler Körper kann sich um einen leuchtenden und um einen dunkeln Körper bewegen; ein leuchtender kann einen leuchtenden und auch einen dunkeln Körper umkreisen. Da man nun die drei ersten Fälle am Himmel verwirklicht sah, so meinte man mit Recht auch den vierten als keine Ungereimtheit ausschließen zu dürfen. Das Bestehen großer dunkler Körper in den höheren Regionen des Himmels, welches schon durch die Sterne, welche unsichtbar geworden sind, einen so hohen Grad von Wahrscheinlichkeit erhalten hatte, ist durch Bessel noch wahrscheinlicher geworden. Aber die Bewegung um einen solchen dunkeln Körper kann schwerlich die Ursache des Lichtwechsels dieser Sterne sein. Die Abwechselung des Sternes Algol läßt sich noch am besten mit dieser Erklärung vereinigen. Könnte er sich aber hinter einen großen dunklen Körper für unser Auge großentheils verbergen, so würde seine Bahn um diesen Körper wunderbar genau nach unserem Auge gerichtet und seine Umlaufszeit so außerordentlich kurz sein müssen, wie kein anderes

Beispiel unter den größeren Himmelskörpern zu finden ist. Die Umlaufszeit würde hier nur 2 Tage und 21 Stunden betragen, während die kürzeste Umlaufszeit, welche wir bei den Doppelsternen kennen, 31 Jahre beträgt. Soll ferner der dunkle Körper bei dieser Umlaufszeit eine theilweise Finsterniß von acht Stunden verursachen, so muß man diesen Körpern einen Abstand von einander zuschreiben, welcher wegen seines geringen Betrages an das Ungereimte grenzt. Diese Erklärung giebt auch nicht die geringste Rechenschaft von den Unregelmäßigkeiten des Lichtwechsels solcher Sterne oder von den Veränderungen des Zeitraumes, in welchem dieser Wechsel vor sich geht. Ein berühmter Astronom stellte unlängst die Ansicht auf, daß der Stern Algol ein dunkler Körper sei, auf welchem sich ein großer leuchtender Fleck befinde. Wenn sich nun der Stern um eine Axe bewegt, welche einen bestimmten Stand zu unserem Auge hat, während dieser Fleck eine bestimmte Stelle auf dem Sterne einnimmt, so kann man daraus den Hauptverlauf des Lichtwechsels dieses Sterns erklären; dennoch muß man zur Erklärung der Einzelheiten in dem Lichtwechsel noch zu anderen ganz willkürlichen Annahmen seine Zuflucht nehmen. Man hat noch andere Erklärungen von dem Wesen der veränderlichen Sterne im Allgemeinen gegeben, sie gehen aber großentheils sogar ins Ungereimte und es ist hier ohne Zweifel das Beste, kurzweg zu gestehen, daß die Ursache der Veränderlichkeit der Sterne für uns noch verborgen ist, um so mehr, als uns Niemand diese Unkenntniß übel auslegen kann.

§. 180.

Einer sehr großen Zahl von Sternen wird eine immer fortschreitende Veränderung der Farbe oder eine immerwährende Zunahme oder Abnahme von Licht zugeschrieben und man behauptet, daß mehrere Sterne, welche früher nicht zu sehen waren, sich jetzt am Himmel zeigen, während andere, welche man früher wahrnahm, ganz verschwunden sind. Bei einigen Sternen hat das Eine oder das Andere sehr großen Schein von Wahrheit, ohne Widerrede aber läßt sich die große Zahl von Sternen, welche man gewöhnlich für kürzlich erschienen oder verschwunden hält, ziemlich bedeutend vermindern. Es giebt kein anderes Mittel, um über diese fortschreitenden Veränderungen von Fixsternen zu urtheilen, als ihr gegenwärtiges Aussehen mit Beschreibungen früherer Zeit zu vergleichen. Um aber über diese Veränderungen zur Gewißheit zu kommen, muß man auch auf die früheren Beschreibungen vertrauen können, was oft nicht möglich ist, indem man meistens zu Angaben aus dem Alterthum oder dem Mittelalter seine Zuflucht nehmen muß. Daß man sich im Allgemeinen auf die Schriftsteller des Alterthums nicht verlassen kann, geht daraus hervor, daß sie in ihren Angaben von dem Aussehen mancher Sterne bedeutend von einander abweichen. Hat man aber in den letzten Jahrhunderten wirklich eine immer fortschreitende Zu- oder Abnahme des Lichtes bei einigen Sternen zu spüren geglaubt, so ist es doch noch ungewiß, ob diese Veränderungen nicht aus einem Wechsel erklärt werden müssen, bei denen der Stern erst nach großen Zeiträumen zu demselben Grade der Helligkeit zurückkehrt. Die meisten dieser vermeintlichen fortschreitenden Veränderungen bei Fixsternen beruhen jedoch auf einer Ansicht, welche sich erst vor Kurzem als grundlos ergab.

§. 181.

Im Jahre 1603 gab der Astronom J. Bayer eine Beschreibung und eine Abildung vom Sternenhimmel heraus, welche alle früheren an Genauigkeit und Ausführlichkeit weit übertraf und welche sich alsbald nach ihrem Erscheinen einen großen Namen erwarb und nicht wieder verlor. Bayer hatte auf seinen Abbildungen nicht nur die Sterne nach ihrer Lage zu einander dargestellt, wozu ihm Tycho's Beobachtungen zu

Diensten standen, sondern sich auch ganz vorzüglich bemüht die verhältnißmäßige Helligkeit der Sterne durch einfache Zeichen auszudrücken. Letzteres that er so, daß er die verschiedenen Sterne jeder Gruppe mit Buchstaben und zwar den hellsten darunter mit α, den an Helligkeit folgenden mit β benannte; in derselben Ordnung nun, als die Sterne einer Gruppe an Licht abnahmen, fielen ihnen die einzelnen Buchstaben des Alphabets zu. Er bediente sich dazu der Buchstaben des griechischen Alphabets. Man setzte in Bayer's Abbildungen ein so großes Vertrauen, daß man jede Verschiedenheit zwischen ihnen und dem Himmel als wirkliche Veränderungen an letzterem betrachtete. Fand sich auf Bayer's Karten ein Stern verzeichnet, den man nicht mehr am Himmel sehen konnte, so hielt man ihn für verschwunden. Sah man am Himmel einen Stern, welcher sich auf Bayer's Karten nicht fand, so glaubte man den Stern vor Kurzem erschienen. Nicht selten fand man in einer bestimmten Gruppe die Reihenfolge von den hellsten zu den schwächsten Sternen ganz anderes, als sie Bayer durch die Bezeichnung der Sterne angegeben hatte. Daraus schloß man auf immer fortschreitende Veränderungen, welche einige dieser Sterne erlitten haben mußten. Erst im Jahre 1842 kam es einem Astronomen in den Sinn, Bayer's Karten einer strengen Untersuchung zu unterwerfen und da erst ergab sich, daß man auf sie mit Unrecht so unbedingt vertraut habe. Es war Professor Argelander zu Bonn, welcher diese Untersuchungen auf scharfsinnige Weise anstellte und zu den folgenden Resultaten kam. Die von Tycho beobachteten Sterne sind auf Bayer's Karten sehr genau verzeichnet; Bayer hat aber Tycho's Bestimmungen nicht mit dem Himmel verglichen, so daß er auch die durch Schreib= oder Rechenfehler entstandenen verkehrten Resultate mit großer Gewissenhaftigkeit auf seine Karten übertrug, wodurch auf seine Karten Sterne kamen, welche sich nie am Himmel befunden haben. Tycho's Beobachtungen umfaßten nicht alle Sterne, welche sich dem unbewaffneten Auge zeigen und Vieles, was daran fehlte, hat Bayer zugefügt; dies geschah aber so roh, daß mehrere Sterne auf Bayer's Karten an anderen Stellen des Himmels sich finden, als wo sie wirklich hingehören. Uebrigens hat Argelander nachgewiesen, daß Bayer bei der Anordnung der Sterne nicht ausschließlich ihre Helligkeit, sondern auch ihre Oerter berücksichtigt hat und es geht aus Tycho's und Anderer Beobachtungen hervor, daß auch zu Bayer's Zeit das Licht der Sterne einiger Gruppen in ganz anderer Reihenfolge herabstieg, als er es auf seinen Karten angab, so daß sie also auch in dieser Hinsicht kein unbedingtes Vertrauen verdienen. Ein großer Theil der vermeintlichen Veränderungen der Sterne stützt sich auf die Vergleichung der Karten Bayer's mit dem gegenwärtigen Zustande des Himmels und wir sehen also, daß man bis vor Kurzem viele Unwahrheiten über diese Veränderungen als baare Münze hingenommen hat. Man würde selbst behaupten können, daß kaum noch bei einem Sterne eine regelmäßig fortschreitende Zu- oder Abnahme des Lichtes vollkommen bewiesen ist, um so mehr, als heute noch die Astronomen in den Angaben über diese Veränderungen einander widersprechen und in der Beurtheilung der Helligkeit der Sterne von einander bedeutend abweichen.

Abschnitt XVI.

Die Nebelflecken und Sternhaufen.

---

§. 182.

Die Ausdehnung des Sonnensystems ist schon gegen unsre Erde so ungeheuer groß und die Körper desselben sind so weit von uns entfernt, daß wir unsere Begierde, mit ihrer Natur vollkommen bekannt zu werden, wohl nie ganz befriedigt sehen werden. Wenn wir bedenken, wie winzig klein das große Sonnensystem gegen den leeren Raum seiner Umgebung, gegen die Entfernung der nächsten Himmelskörper ist, welche nicht mehr diesem Systeme angehören, so würde es uns leicht vergebliche Mühe scheinen können, unsre Untersuchungen auf Himmelskörper auszudehnen, welche weit und breit um unser Sonnensystem zerstreut sind und diejenigen unermeßlichen Räume erfüllen, welche wir die höheren Himmelsräume genannt haben. Es hat sich aber gezeigt, daß der menschliche Verstand nicht vergebens strebte, auch außerhalb der Grenzen des Sonnensystems die Geheimnisse der Schöpfung zu enthüllen. Wir haben bereits die Hauptpunkte unserer Kenntniß der Fixsterne mitgetheilt und wir haben gesehen, wie viel Schönes und Wichtiges eine gewissenhafte Beobachtung uns über diejenigen Gegenstände des Himmels lehren konnte, welche dem unbewaffneten Auge nur eine Verschiedenheit von Licht und Farbe verrathen. Ein noch viel geräumigeres Feld von Untersuchungen eröffnet sich uns jedoch in Tausenden von Körpern, welche außer den Fixsternen die höheren Regionen des Himmels bevölkern, deren Dasein unsere künstlich verstärkten Sinnesorgane nachweisen und welche wegen ihrer sonderbaren Erscheinung vor allen anderen unsre Wißbegierde herausfordern, ohne daß aber unser Verstand bis jetzt ihr eigentliches Wesen zu enträthseln vermöchte. Wir müssen nun über sehr verschiedene Gegenstände des Himmels handeln, welche für unser unbewaffnetes Auge mit wenigen Ausnahmen gänzlich unsichtbar sind und die allgemeine Aufmerksamkeit nicht in dem Grade auf sich gelenkt haben, als sie es verdienten, die aber wie räthselhaft immer, gewiß die größten und zum Theil herrlichsten und schönsten Gegenstände sind, deren Betrachtung uns der Himmel unter seinen Reichthümern bietet. An einigen Stellen des Himmels erblickt man schon mit bloßem Auge kleine leichte Flecken, welche sich nur bei aufmerksamer Beobachtung von dem dunkeln Grunde des Himmels unterscheiden lassen und welche sich in einem matten Dämmerlicht wie kleine leichte Wölkchen darstellen. Mit guten Fernröhren sieht man neben ihnen noch Tausende von anderen ähnlichen Gegenständen am Himmel. Sie haben immer dasselbe Aussehen, behalten stets denselben Stand am Himmel und selbst die Bewegung der Erde um die Sonne hat bei ihnen keine merkliche scheinbare Ortsveränderung zur Folge. Es folgt daraus, daß sie wie Firsterne in ungemein großen Entfernungen von uns sich befinden und daß sie ihren Sitz in den höheren Regionen des Himmels haben müssen, wo wir bis jetzt noch keine anderen Körper als die sogenannten Firsterne kennen gelernt haben. Betrachtet man diese Flecken mit einen großen Fernrohr, so sieht man, daß einige aus einer unzähligen Menge äußerst kleiner Sterne bestehen; andere lassen sich aber selbst mit den größten Fernröhren durchaus nicht in Sterne auflösen und bewahren ihr nebelähnliches Aussehen, wie sie sich schon in einem Fernrohr von geringerer Stärke oder dem unbewaffneten Auge darstellen. Letzteren hat man schon seit langer Zeit den Namen Nebelflecken und ersteren den Namen Sternhaufen gegeben.

§. 183.

Obschon einige von diesen Gegenständen sich schon mit bloßem Auge sehr deutlich unterscheiden lassen, so sind sie vor Erfindung der Fernröhre doch kaum oder gar nicht bemerkt worden. Erst im Jahre 1612 kam dem Astronomen Simon Marius ein solcher Gegenstand zu Gesicht, und darauf entdeckte der berühmte Christian Huygens einen zweiten der Art, welcher sich in dem bekannten Sternbild Orion befindet und welcher, obschon wir jetzt deren viele kennen, unter den glänzendsten und merkwürdigsten Nebelflecken den ersten Rang bekleidet. Nachdem man den Himmel aufmerksam mit Fernröhren zu betrachten angefangen hatte, entdeckte man nach und nach immer mehr von diesen Gegenständen und nicht selten geschah es, daß man sie anfangs für Kometen hielt, da ihre vollkommne Unbeweglichkeit erst später diese Täuschung verrieth. Viele Nebelflecke haben allerdings ein Aussehen, daß man sie leicht für einen schwachen Kometen ansehen würde, so daß, um einer dadurch möglichen Verwirrung vorzubeugen, der Astronom Messier zu Ende des vorigen Jahrhunderts beschloß, alle Nebelflecken und Sternhaufen am Himmel, welche er mit seinem Fernrohr entdecken konnte, aufzusuchen. So entstand das erste Verzeichniß von Nebelflecken und Sternhaufen. Messier fand hundert solche Gegenstände, beschrieb sie genau und gab ihren Stand am Himmel an. Die Zahl der von Messier entdeckten Gegenstände ist im Verhältniß zu der Menge, welche wir jetzt kennen, sehr gering, gleichwohl ist sein Verzeichniß heute noch von besonderem Werth, indem es nur diejenigen umfaßt, welche sich durch einen mittelmäßiges Fernrohr erkennen lassen und welche also Jeder selbst mit geringen Hülfsmitteln leicht aufsuchen und finden kann.

§. 184.

Unsre Kenntniß von den Nebelflecken und Sternhaufen hat sich nach Messier's Zeit sehr bedeutend erweitert und was wir jetzt davon wissen, verdanken wir großentheils der unverdrossenen Arbeit der beiden Herschel. Der ältere Herschel, welcher einen großen Theil seines langen Lebens der Untersuchung des Himmels mittelst seiner großen Telefkope widmete, hat auch den Nebelflecken und Sternhaufen seine Aufmerksamkeit geschenkt und sich rastlos bemüht, ihr geheimnißvolles Wesen zu enthüllen, indem dies mit dem Bau des Himmels, dessen Kenntniß der Hauptzweck seines Strebens war, in einer engen Verbindung stehen mußte. Er suchte die Nebelflecken und Sternhaufen überall auf und fand sie an allerlei Stellen, nur hier sehr sparsam, dort in ziemlich großer Menge zusammen und zwar vorzüglich in einem bestimmten Gürtel um den Himmel herum. Die Zahl der von ihm entdeckten Nebelflecken und Sternhaufen betrug nicht weniger als 2500, welche alle von ihm mit mehr oder weniger Ausführlichkeit beschrieben sind und von denen er die merkwürdigsten abbildete. Der jüngere Herschel hat bei einer Durchsicht der von seinem Vater entdeckten Nebelflecken und Sternhaufen ihrer noch fünfhundert aufgefunden und im Jahr 1833 eine ausführliche Beschreibung der von ihm beobachteten Nebelflecken und Sternhaufen gegeben, deren Werth durch eine Menge schöner Abbildungen bedeutend erhöht wurde. Als die nördliche Himmelshälfte in dieser Beziehung erschöpft zu sein schien, begab sich der jüngere Herschel nach dem Kap der guten Hoffnung, um hier die südliche Halbkugel des Himmels zu untersuchen und seine daselbst von 1834 — 1838 gemachten Beobachtungen erschienen im Jahre 1847 auf Rechnung des Herzogs von Northumberland in einem Prachtwerk von unschätzbarem Werthe. Diese Untersuchungen lieferten nicht viel unter zweitausend neue Nebelflecken und Sternhaufen, von welchen Herschel die merkwürdigsten in vorzüglich schönen Abbildungen vorstellte. Andere Astronomen haben hin und wieder einige dieser Gegenstände am Himmel, welche von den beiden Herschel bei ihrer regelmäßigen Durchsuchung des Himmels übergangen worden waren, gefunden und darunter gehörten auch einige sehr merkwürdige, welche sich schon mit einem mittelmäßigen Fernrohr sehr gut wahrnehmen lassen. Ohne Zweifel sind noch viel mehr solche Gegenstände, als wir bis jetzt kennen, am Himmel zu sehen und man darf als gewiß betrachten, daß es Tausende giebt, welche man selbst durch die größten Fernröhre unsrer Zeit nicht nachweisen kann.

§. 185.

Als der ältere Herschel seine Verzeichnisse von Nebelflecken und Sternhaufen herausgab, theilte er diese Gegenstände in acht Klassen, wobei jede dieser Klassen verschiedene Unterabtheilungen erhielt; denn die große Verschiedenheit dieser Gegenstände schien diese ausgebreitete Klassifikation zu rechtfertigen. Als Herschel sich später ganz besonders mit der Natur dieser Gegenstände beschäftigte, glaubte er diese Eintheilung noch weiter treiben zu müssen und zählte unter den Nebelflecken nicht weniger als vier und dreißig verschiedene Arten. Der Uebergang der einen Art in die andere ist aber so unbestimmt, daß es manchmal unmöglich wird, die Art zu entscheiden, zu welcher der eine oder der andere Gegenstand gehört. Wenn nun auch im Allgemeinen die Gegenstände, welche Herschel unter verschiedene Arten bringt, in ihrer äußeren Erscheinung wirklich verschieden sind, so ist es doch sehr unwahrscheinlich daß sie immer ihrer Natur nach von einander verschieden sind. Die Eintheilung in acht Klassen, wie sie von dem älteren Herschel ursprünglich gemacht wurde, kann als unzweckmäßig betrachtet werden, indem dadurch Gegenstände, zwischen denen eine auffallende Uebereinstimmung bestand, zu verschiedenen Klassen gebracht wurden, während andere derselben Klasse einverleibt wurden, wenn sie auch offenbar ihrer Natur nach ganz von einander abweichend waren. Der jüngere Herschel hat den Knoten durchgehauen, indem er alle Klassifikation vermied und sie nur nach dem Standorte am Himmel ordnete. Wir werden sie, um von diesen Gegenständen und ihrer Verschiedenheit einen Begriff zu geben, in Arten eintheilen, wie es mit deren Natur am besten übereinzustimmen scheint und jede dieser Arten kurz beschreiben.

§. 186.

Sehr ausgebreitete Nebelflecke. Diese zeichnen sich wirklich durch den großen Raum, welchen sie am Himmel einnehmen, vor anderen aus und zunächst auch durch ihr außerordentlich mattes Licht. Sie erscheinen als äußerst matte Rauchwölkchen, welche sich nur mit den allergrößten Teleskopen und auch nur bei günstigem Himmel unterscheiden lassen. Wegen ihres schwachen Lichtes kann man diese gewöhnlich nur dann zu sehen bekommen, wenn das Auge einige Zeit lang durchaus keinem Licht ausgesetzt gewesen ist. Ueber ihre vermeintliche Natur werden wir später handeln, jedoch müssen wir hier gleich bemerken, daß sie einen ungeheuer großen Raum des Weltalls einnehmen müssen. Wäre uns ihre Entfernung bekannt, so würden wir aus ihrer scheinbaren Größe ihre wahre Größe ableiten können. Wir kennen aber diese Entfernung nicht, jedoch ist wahrscheinlich, daß einige von ihnen mehrere Tausend Mal weiter als die nächsten Firsterne von uns sind. Je ferner sie sind, um so größer müssen sie sein und setzen wir nur die geringste Entfernung, welche wir annehmen können, für sie an, nämlich die Entfernung der nächsten Sterne, so finden wir immer noch, daß einige eine Länge haben, welche die größte Ausdehnung unseres Sonnensystems noch viele Tausend Mal übersteigt und es ist kein Zweifel, daß sie noch unvergleichlich entfernter sind. Wie schwierig es auch ist diese Gegenstände wahrzunehmen, so sieht man doch, daß das Licht über sie nicht gleichmäßig vertheilt ist. Ihre Form ist gewöhnlich sehr unregelmäßig und verzerrt und oft laufen sie in allerlei unregelmäßige Aeste oder Arme aus. Sie nehmen zusammen einen bedeutenden Theil des Himmels ein und obgleich wir schon Hunderte derselben kennen, so ist doch gewiß, daß ihre Menge noch viel größer sein muß.

§. 187.

Gewöhnliche Nebelflecken. Diese Gegenstände sind kleiner und im Allgemeinen heller als die schon beschriebenen und ihre Form ist noch mannichfaltiger. Einige sind so hell, daß sie sich schon mit bloßem Auge einigermaßen unterscheiden lassen; die meisten lassen sich aber nur mit einem guten Fernrohr finden; einige sind aber auch so matt, daß sie selbst durch die größten Fernröhre nur mit Mühe wahrgenommen werden.

Sie erscheinen unter allerlei Formen, von der regelmäßigsten bis zu der allerunregelmäßigsten und haben nichts als ihr wolkenähnliches Aussehen mit einander gemein. Keiner von ihnen ist scharf umschrieben, sondern immer verschwimmen sie mehr oder weniger, so daß sich ihre Grenzen oft nur schwierig oder gar nicht bestimmen lassen. Die unregelmäßigsten an Gestalt sind auch die unregelmäßigsten an Licht und zeigen hier hellere, dort dunklere Stellen von allerlei Gestaltung; und während auf der einen Seite ihr Licht sich in den dunkeln Grund des Himmels verliert, sieht man sie auf der anderen Seite sehr deutlich gegen den Grund des Himmels abgegrenzt. Die Form der unregelmäßigen Nebelflecken ist gewöhnlich so verwickelt, und die Lichtübergänge sind gewöhnlich so mannichfach, daß sie sich in der Regel kaum genau abbilden lassen. In diesen Nebelflecken sieht man oft Sterne, von denen es jedoch nur selten wahrscheinlich ist, daß sie dem Flecken angehören und mit ihm ein Ganzes bilden, sondern in den meisten Fällen mögen sie nur zufälliger Weise vor dem Flecken stehen oder werden durch den Nebel hindurchgesehen. Die regelmäßigeren Nebelflecken sind gewöhnlich viel kleiner und heller als die unregelmäßigen und bei ihnen scheint sich das Licht gewöhnlich an einer oder mehreren Stellen anzuhäufen, wodurch Lichtkerne — immer von einiger Ausdehnung und einer nach den Gegenständen verschiedener Helligkeit — entstehen. Viele Nebelflecken sind vollkommen regelmäßig, aber auch hier herrscht große Verschiedenheit. Der eine gleicht einem Quadrat, der andere hat die Form eines Dreiecks, die übrigen sind rund oder länglich; zwischen den letzteren Formen findet man alle möglichen Uebergänge von der kreisrunden Form bis zu schmalen, geradlinigen, nebelartigen Streifen. Bei den regelmäßigsten Nebelflecken sieht man das Licht gewöhnlich in der Mitte angehäuft. Bei einigen ist diese Lichtanhäufung so gering, daß sie kaum zu bemerken ist; bei anderen tritt sie sehr hervor und wieder bei anderen stellt sich dieses Licht als ein heller Kern dar, so daß man auch in dieser Hinsicht alle möglichen Uebergänge hat. Die Größe dieser regelmäßigen Nebelflecken ist ebenso verschieden als die Helligkeit ihres Lichtes und einige sind so klein und so hell, daß sie sich unter einem wenig vergrößernden Fernrohr als einzelne Pünktchen darstellen.

§. 188.

Planetenähnliche Nebelflecken. Diese merkwürdigen Gegenstände zeigen sich wie die größeren Planeten unter der Form runder oder etwas länglicher Scheiben, über welche das Licht fast gleichmäßig vertheilt ist. Sie sind im Vergleich mit den übrigen Nebelflecken scharf umschrieben, obschon weniger scharf als die Planeten. Ihre scheinbare Größe läßt sich daher genauer bestimmen, da sie nicht wie die anderen Nebelflecke verschwimmen. Einige sind äußerst matt und andere erscheinen ziemlich hell, so daß sie unter einem wenig vergrößernden Fernrohr oft wie ein Stern aussehen. Auch an Größe sind sie sehr verschieden. Die übrigen Nebelflecken sehen wie durchsichtige Nebel aus, die planetenähnlichen aber nicht, indem sie wirklich undurchsichtige kugelförmige oder platte Körper zu sein scheinen, deren Größe mit den Körpern unseres Sonnensystems nicht mehr verglichen werden kann. Durch sehr große Fernröhre sieht man, daß bei einigen dieser Gegenstände das Licht nicht vollkommen gleichmäßig über sie verbreitet ist, indem sie hier hellere, dort dunklere Stellen zeigen und nicht selten die eine Seite heller ist als die andere, oder die Ränder heller scheinen als die Mitte.

§. 189.

Ringförmige Nebelflecken. Denken wir uns einen planetenähnlichen Nebelfleck, von welchem der mittelste Theil weggenommen ist, so erhalten wir einen von den Gegenständen, welche sich nur in geringer Zahl am Himmel finden und obigen

Namen tragen können. Einer dieser Gegenstände, welcher sich an einem sehr merkwürdigen Orte am Himmel findet, läßt sich schon mit einem mittelmäßigen Fernrohr ziemlich gut wahrnehmen; das Licht der anderen ist sehr schwach. Sie erscheinen oval und einige davon sehr länglich, wie dies der Fall sein muß, wenn sie wirklich kreisrunde Ringe sind, welche wir in sehr schräger Stellung und somit in sogenannter Verkürzung sehen. Der Raum innerhalb des Ringes ist nicht völlig dunkel, sondern zeigt sich, wenigstens bei dem so eben genannten hellsten dieser Gegenstände, in einem matten Dämmerlicht. Bei einem Paar dieser ringförmigen Nebelflecken, welche sich unter länglicher Gestalt zeigen, sieht man am inneren Rande des Ringes, einander gerade gegenüber, zwei kleine Sterne.

§. 190.

Sternförmige Nebelflecken. Wenn sich bei einem gewöhnlichen runden Nebelfleck das Licht in der Mitte aufhäuft, so erscheint es nicht als ein heller Punkt, sondern als eine Stelle von einiger Ausdehnung, deren Licht in den Nebelflecken selbst übergeht. Bei den sternförmigen Nebelflecken, welche alle eine runde Gestalt haben, sieht man das Licht vom Rande nach dem Mittelpunkt hin stätig zunehmen, bis es sich im Mittelpunkt aufhäuft, ohne hier einen Kern zu bilden. Diese Gegenstände sehen wie ein Stern mit nach allen Richtungen strahlendem Lichte aus, welches allmählig an Helligkeit abnimmt, bis es sich endlich ganz verliert.

§. 191.

Nebelsterne. Nebelflecken auf die sonderbarste Weise mit Sternen verbunden. An verschiedenen Stellen des Himmels sieht man einen runden Nebelfleck, in dessen Mitte ein deutlicher Stern steht. Andere sind elliptisch, wobei jeden der Brennpunkte ein Stern einnimmt und man kennt ein Beispiel eines runden Nebelflecks, in welchem drei Sterne in einem gleichseitigen Dreieck um den Mittelpunkt dieses Flecks stehen. Man findet auch am Himmel längliche Nebelflecken, in deren Mitte sich ein Stern befindet und wieder an anderen Stellen Nebelflecken mit zwei einander gegenüberstehenden Sternen an den Rändern. Anderwärts sieht man zwei Sterne durch einen Nebelstreif mit einander verbunden und es giebt zahlreiche Beispiele von einzelnen Sternen, welchen ein Nebelstreif, bald schmal bald wie ein Fächer, anhängt. Auch unter ihnen giebt es große Verschiedenheiten.

§. 192.

Auflösliche Nebelflecken. Wir haben schon gesehen, daß einige Nebelflecken sich durch sehr große Teleskope in unzählige Sterne auflösen lassen, so daß sie nicht mehr als Nebelflecken zu betrachten sind. Bei anderen ist dies nicht der Fall und dann läßt sich gewöhnlich nicht entscheiden, ob sie wirklich aus einem Nebel oder aus Sternen, welche selbst durch unsre größten Teleskope sich nicht unterscheiden lassen, bestehen. Diejenigen Flecken, welche man durch sehr große Teleskope auflösen kann, zeigen sich unter weniger starken Teleskopen als Nebel, gewähren aber dann doch einen Anblick, durch den es einem geübten Auge möglich wird, sie von den anderen Nebelflecken, welche selbst mit den größten Teleskopen nicht mehr in Sterne aufgelöst werden können, zu unterscheiden. Einige Nebelflecken nehmen unter Anwendung der größten Teleskope denselben Charakter an. Es ist dann, als ob man in diesen Flecken sehr kleine Sterne glänzen sähe, welche man jedoch nicht unterscheiden kann. Bei diesen Flecken ist es sehr wahrscheinlich, daß sie sich ganz in Sterne würden auflösen lassen, wenn man noch vollkommnere Teleskope anwenden könnte. Dies sind die sogenannten auflöslichen Nebelflecken.

§. 193.

Sternhaufen. Sehr zahlreiche, zuweilen unzählige kleine Sterne in einen sehr kleinen Raum zusammengedrängt. Hier und da am Himmel sieht man schon mit unbewaffnetem Auge sehr viele Sterne bei einander und hie und da helle Stellen, welche man schon mit einem kleinen Fernrohr in viele Sterne auflösen kann. Obschon es nun beinahe gewiß ist, daß diese Sterne nicht nur scheinbar, sondern wirklich einander sehr nahe sind, so sind sie doch die eigentlichen Sternhaufen nicht, sondern tragen den entsprechenderen Namen Sterngruppen. Die eigentlichen Sternhaufen lassen sich als solche nicht mit dem bloßen Auge oder einem kleinen Fernrohr erkennen. Einige sind schon mit einem mittelmäßigen Fernrohr in Sterne aufzulösen und diese nehmen von allen Sternhaufen den größten Raum am Himmel ein, während sie meistens keine sehr grosse Anzahl Sterne befassen. Die meisten kann man nur durch die größten Fernröhre in Sterne auflösen und obschon sie gewöhnlich einen viel kleineren Raum als der Mond am Himmel einnehmen, bestehen sie oft aus so vielen Sternen, daß ihre Zahl sich kaum abschätzen läßt. Keiner von diesen Gegenständen ist scharf umschrieben und je unregelmäßiger ihre äußere Form ist, um so unregelmäßiger sind auch die Sterne in ihnen vertheilt. Die meisten sind beinahe, einige vollkommen rund und bei diesen regelmäßigeren Formen sind die Sterne in der Mitte viel dichter zusammengedrängt als an den Rändern, so daß sie in der Mitte gewöhnlich in einen Klumpen zu verschmelzen scheinen, in welchem man selbst mit den größten Telefkopen keine einzelnen Sterne mehr unterscheiden kann. Bei den Sternhaufen, welche sich der runden Form nähern, sieht man die Sterne an den Rändern zuweilen in krumme Aeste auslaufen, während bei anderen diese Sterne das Ganze auf regelmäßigere Weise umgeben. Unter den Sternhaufen findet man die prächtigsten Erscheinungen des Himmels.

§. 194.

Doppelte und mehrfache Nebelflecken. Einige Nebelflecken stehen so nahe bei einander, daß man sie nicht nur in dem beschränkten Feld eines Fernrohrs gleichzeitig sehen kann, sondern daß sie einander selbst zu berühren scheinen. Diese Erscheinung kann durch zwei Ursachen bedingt werden. Entweder stehen diese Nebelflecken wirklich so nahe bei einander, oder sie scheinen es nur, indem sie zufällig ungefähr in derselben geraden Linie mit der Erde gelegen sind, während der eine viel weiter von uns als der andere sein kann. Die Zahl der doppelten und mehrfachen Nebelflecken ist aber so groß, daß letztere Ursache bei weitem nicht allgemein gelten kann. Unter den von dem jüngeren Herschel in England beobachteten Nebelflecken, deren Anzahl beinahe dreitausend beträgt, fand der jüngere Herschel 146 doppelte, 25 dreifache, 10 vierfache, 1 fünffachen und 2 sechsfache. Wie man mittelst der höheren Mathematik nachweisen kann, konnte der reine Zufall uns keine so große Menge zusammengesetzter Nebelflecken bringen und bei weitem die größte Zahl derselben muß aus Körpern bestehen, welche wirklich sehr nahe bei einander sind und, durch ein gewisses Band an einander geknüpft, geregelte Bahnen um einander beschreiben. Wir haben hier also eigenthümliche Systeme von einander umkreisenden Himmelskörpern, welche sich in keiner Hinsicht mit unserem Sonnensysteme vergleichen lassen und deren Zweck uns noch unbegreiflicher sein muß, als der Zweck der einander umkreisenden Sonnen. Die Verschiedenheit, welche wir bei den doppelten und mehrfachen Sternen kennen lernten, findet sich in noch viel höherem Grade bei den doppelten und mehrfachen Nebelflecken; denn sie sind nicht nur in Licht und in Entfernung von einander, sondern außerdem noch in Gestalt verschieden. Doppelte und mehrfache Nebelflecken scheinen nur unter Gegenständen von regelmäßiger Gestalt gefunden zu werden, obschon jedes System oft aus Gegenständen besteht, deren

Gestalt ganz verschieden ist. Einige sind aus lauter runden Nebelflecken zusammengesetzt, welche bei einigen dasselbe Licht und dieselbe Größe haben und bei andern wieder in Licht und Größe bedeutend verschieden sind. Andere bestehen aus sehr länglichen Nebelflecken, zwischen welchen oft noch eine bedeutende Verschiedenheit in Licht und Form stattfindet und bei noch anderen Gegenständen dieser Art sieht man längliche mit runden Nebelflecken zu einem Systeme vereinigt.

§. 195.

Wir haben die verschiedenen Arten von Nebelflecken und Sternhaufen sehr kurz beschrieben, weil wir selbst bei der größten Ausführlichkeit kein vollkommnes Bild von der großen Verschiedenheit zwischen diesen Gegenständen würden geben können. Dieses wäre nur durch Beschreibung und Abbildung aller einzelnen möglich; denn nicht zwei ähneln einander vollkommen. Wir würden sicher unsre Leser gelangweilt haben, wenn wir die vier und dreißig Arten, in welche der ältere Herschel die Nebelflecken allein theilte, einzeln betrachtet hätten. Selbst Herschel mußte oft, obschon er seinem Zwecke gemäß jede dieser Arten für sich betrachtete, zur Verdeutlichung seiner Ansicht viele dieser Gegenstände einzeln und ausführlich beschreiben. Das Obige ist für unseren Zweck hinreichend und wir können nun nach Erläuterung des Aussehens dieser Gegenstände zur Betrachtung ihrer Natur übergehen; leider aber können wir darüber nur wenig Sicheres und großentheils nur mehr oder weniger wahrscheinliche Vermuthungen geben. Auf der Erde schon und in unsrer Nähe sehen wir so Vieles, was wir nicht ergründen können und daher dürfen wir uns nicht wundern, mit der Natur von Gegenständen nicht genau bekannt zu sein, welche von Allem, was uns umringt, verschieden sind und in Entfernungen von uns sich befinden, für welche unsre Phantasie nicht ausreicht, während wir sie auch durch das am besten bewaffnete Auge kaum noch zu unterscheiden vermögen. Der ältere Herschel hat sich ungemeine Mühe gegeben, das Wesen der Nebelflecken und Sternhaufen zu erforschen, aber je länger er sie beobachtete, um so mehr änderten sich seine Ansichten darüber. Herschel gelangte zu sehr wenigen gewissen Resultaten, aber auch unter dem Wahrscheinlichen findet sich zu viel Schönes und Lehrreiches, als daß wir es mit Stillschweigen übergehen könnten. Die Verdienste der Untersuchungen späterer Astronomen bestehen nicht sowohl darin, daß sie unsere Kenntniß dieser sonderbaren Gegenstände bedeutend erweitert haben, als darin, daß sie einen festen Grund und Boden bilden, worauf ihre Kenntniß nothwendig beruhen muß und auf welchen eine spätere Zeit sicher fortbauen wird. Sie sind die Saat, welche einst, und wenn auch noch so spät in der fernen Zukunft, sicherlich ihre Früchte bringen wird.

§. 196.

Es ist natürlich, daß man über das eigentliche Wesen der Nebelflecken und Sternhaufen nicht urtheilen kann, ohne wenigstens einigermaßen ihre Entfernung von uns zu kennen. Das scheinbare Stillstehen dieser Gegenstände liefert uns schon den Beweis, daß sie uns wenigstens nicht näher sein können, als die nächsten Fixsterne und wenn schon bei diesen die Bestimmung der Entfernung so äußerst schwierig war, so muß sie bei den Nebelflecken und Sternhaufen noch unendlich mühsamer sein. Die Fixsterne sind scharfe leuchtende Punkte, deren Oerter sich darum so genau, als es die Vollkommenheit der Instrumente erlaubt, bestimmen lassen; bei den Nebelflecken bleibt aber die Bestimmung ihres Ortes am Himmel wegen der mangelnden scharfen Begrenzung derselben weit hinter derjenigen Vollkommenheit, welche man den Instrumenten geben kann, zurück. Man kann also über die Größe der scheinbaren Ortsveränderung, welche sie durch die Bewegung der Erde um die Sonne erleiden müssen, nicht urtheilen und also kann man auch den Betrag dieser Ortsveränderung nicht benutzen, um unmittelbar ihre Entfernung, wie dies bei einigen Fixsternen geschah, zu bestimmen. Auch die durch mehr Licht ausgezeichneten Punkte in den Nebelflecken sind zu unbestimmt, um eine genaue Ortsbestimmung zuzulassen und mit den Sternhaufen steht es in dieser Hinsicht nicht viel besser. Zwar hat man noch nicht untersucht, ob die Hülfsmittel der heutigen Zeit eine Bestimmung der jährlichen Parallaxe und somit der Entfernung der Nebelflecken und Sternhaufen zulassen oder nicht; sicher ist aber diese Bestimmung noch unmöglich, wenn die genannten Gegenstände uns nicht viel näher als die nächsten Fixsterne sind. Da sie aber höchst wahrscheinlich zum großen Theile viel entfernter sind, so eröffnet sich uns kaum irgend eine Aussicht, ihre Entfernung jemals sicher kennen zu lernen. Der ältere Herschel sah die Unmöglichkeit, die jährliche Parallaxe der Nebelflecken und Sternhaufen zu bestimmen, ein und suchte daher die Entfernung der Sternhaufen wenigstens mit der Entfernung der nächsten Fixsterne auf merkwürdige Weise zu vergleichen. Er glaubte zu dieser Untersuchung die Kraft seiner verschiedenen Teleskope benutzen zu können. Es ließ sich nämlich durch Berechnung bestimmen, wie weit die hellsten Fixsterne entfernt sein müßten, wenn sie sich seinen verschiedenen Teleskopen gar nicht oder kaum noch verriethen. Vorausgesetzt nun, daß die Sterne im Durchschnitt ungefähr von gleicher Größe und von gleichem Lichte sind, so konnte er auf diesem Wege die verhältnißmäßige Entfernung der Sterne bestimmen, welche sich durch seine Teleskope von bestimmter Größe noch einigermaßen unterscheiden ließen. So glaubte er in der scheinbaren Helligkeit der Fixsterne, welche durch die Kraft der verschiedenen Teleskope genau bestimmt wurde, die eben hinreichten, um ihre Anwesenheit zu verrathen, einen Maßstab gefunden zu haben, womit sich die verhältnißmäßigen Entfernungen der Fixsterne messen ließen. Denselben

Maßstab hat Herschel auch benutzt, um die Entfernung der Sternhaufen im Verhältniß zu derjenigen der hellsten Fixsterne, welche er zugleich als die uns nächsten betrachtete, zu bestimmen. Wenn ein Sternhaufen unter einem Teleskop von bestimmter Größe keine Spur von Sternen verrieth, so hielt er ihn für ferner als die äußersten einzeln stehenden Sterne, welche er mit diesem Teleskope noch sehen konnte. Alsdann wurde der Gegenstand unter einem größeren Teleskop betrachtet, bis er ein solches fand, dessen Kraft eben hinreichte, die einzelnen Sterne, aus denen er bestand, zu verrathen. Die Entfernung des Gegenstandes wurde nun so groß als die der äußersten Sterne, welche dieses Teleskop noch zeigen konnte, angenommen. So bestimmte er die Entfernung vieler Sternhaufen im Verhältniß zu der Entfernung der nächsten Sterne und fand, daß der uns nächste Sternhaufen 144 und der fernste 980 mal weiter als die nächsten Sterne von uns entfernt sein müsse.

§. 197.

Angenommen, daß die von Herschel für die verschiedenen Sternhaufen gefundenen Entfernungen über allen Zweifel erhaben sind, so ist es leicht, daraus in Verbindung mit der scheinbaren Größe dieser Gegenstände ihre wahre Größe zu folgern. Man findet alsdann, daß viele Sternhaufen sich bedeutend weniger in die Länge erstrecken, als die Entfernung der nächsten Fixsterne von uns beträgt. Die Sternhaufen nehmen also einen unvergleichlich kleineren Raum ein, als derjenige bis zu den nächsten Fixsternen beträgt. Einige Sternhaufen müssen wenigstens aus dreißig oder vierzig tausend Sternen bestehen und diese Tausende von Sternen wimmeln in einem Raume durch einander, welcher viel kleiner als der Raum ist, in dem sich unser Sonnensystem bewegt, so daß sie unvergleichlich näher bei einander stehen müssen, als die übrigen den Himmelsraum erfüllenden Sterne. Wir haben schon bemerkt, daß die Sterne in der Mitte eines regelmäßigen Sternhaufens viel dichter zusammengedrängt erscheinen als an den Rändern, was, wie sich aus Herschels Untersuchungen ergiebt, nicht nur scheinbar, sondern wirklich der Fall ist, so daß daselbst die Sterne noch dichter bei einander als die Planeten bei der Sonne stehen müssen. Die Sternhaufen sind also eigenthümliche Systeme, welche sich einigermaßen mit den doppelten und vielfachen Sternen vergleichen lassen; nur daß sie zuweilen eben soviel Tausende von Sternen befassen, als jene einzelne zählen. Es läßt sich nicht vermuthen, daß sich zwischen diesen zahlreichen zusammengedrängten Sonnen Planeten bewegen. Solche Planeten würden von allen Seiten von Sonnen umringt und einem ewigen Sonnenlicht ausgesetzt sein. Durch die Nähe so vieler großer Körper würden sie aber hin und her geschleudert werden und es würde ihnen eine regelmäßige Bahn unmöglich sein.

§. 198.

Herschel machte die Bemerkung, daß der Raum rings um einige Sternhaufen ganz von Sternen entblößt ist und kam dadurch auf die Vermuthung, daß diese Haufen durch den Zusammenfluß der über einen großen Himmelsraum verbreiteten Sterne entstanden sei und daß sie sich durch gegenseitige Anziehung immer mehr nähern, um eine Masse zu formen, deren Gestalt immer regelmäßiger wird, bis sie in eine vollkommne Kugel übergeht. Diese Vermuthung kann einigermaßen wahrscheinlich werden durch den Umstand, daß wir am Himmel Sternhaufen von der unregelmäßigsten Form bis zur Kugelgestalt finden, so daß sie Körper derselben Art, nur von verschiedenen Stufen der Bildung sein könnten. Jedoch ist dies keineswegs entschieden, um so weniger als es unerwiesen ist, daß die Sternhaufen von leeren Räumen umgeben sind. Wäre Herschel's Vermuthung richtig, so würden die Sterne, welche in einem Haufen zusammenstehen, in keiner Weise von den übrigen Sternen verschieden sein und von diesem Grundsatze ging Herschel auch bei der Bestimmung der Entfernung der Sternhaufen aus. Dawider läßt sich jedoch aus Herschel's eigenen Beobachtungen ein Einwurf machen. Herschel fand den nächsten Sternhaufen 144 mal weiter als die nächsten Fixsterne, während sie sich übrigens in verschiedenen Entfernungen befinden. Es liegt kein Grund vor zu glauben, daß die Sternhaufen überall außer in der Nähe unsrer Sonne bestehen sollen und wir müssen billiger Weise vermuthen, daß Herschel die Entfernung dieser Gegenstände im Verhältniß zu der der Sterne im Allgemeinen zu groß angegeben, was nur daher kommen würde, daß die Sterne dieser Haufen im Ganzen kleiner als die übrigen sind. Für diesen Fall müssen sie uns näher sein, als Herschel von seinem Satze aus fand und müssen noch kleiner sein, als Herschel glaubte. Dann stehen die Sterne auch noch dichter und dies macht diese Gegenstände für uns nur noch räthselhafter.

§. 199.

Die Sternhaufen lassen sich in einem Fernrohr, welches sie nicht in Sterne aufzulösen vermag, kaum von Nebelflecken unterscheiden. Je vollkommnere Instrumente man anwendete, um so mehr sah man vermeintliche Nebelflecken in eigentliche Sternhaufen übergehen. Mit unseren heutigen Fernröhren sieht man einige dieser Gegenstände ganz aus Sternen zusammengesetzt, von welchen Messier ausdrücklich bemerkte, daß sie keinen einzigen Stern enthielten. Dieser Umstand würde uns leicht auf den Gedanken bringen, alle Nebelflecken ohne Unterschied für Sternhaufen zu halten, zu deren Auflösung nur unsere größten und vollkommensten Fernröhre selbst nicht ausreichen; jedoch wird diese Vermuthung bei aufmerksamer Betrachtung als unbegründet erscheinen. Unter den Nebelflecken sieht man viele von ganz anderem Aussehen, als die Sternhaufen sich darstellen, wenn man sie mit einem zu ihrer Auflösung unzureichenden Fernrohr betrachtet. Außerdem sieht man die Sternhaufen nie in so verschiedenen regelmäßigen Formen wie die Nebelflecken. Und wenn man durch irgend ein Kunstmittel das Licht der Sterne eines Haufens verschmelzen läßt, um ihnen das Aussehen von Nebelflecken zu geben, so erhält man doch nie die scharfe Begrenzung, in welcher einige Nebelflecken und besonders die planetenähnlichen erscheinen; auf der anderen Seite bemerkt man bei keinem Sternhaufen das gleichmäßige Licht, welches eine Eigenschaft der letzteren ist. Kein Sternhaufen läßt sich einigermaßen mit einem sogenannten Nebelstern vergleichen und um mehrerer Gründe willen ist es höchst unwahrscheinlich, daß diese Gegenstände aus einem einzigen hellen Stern und unzählbaren kleinen, welche man nicht mehr unterscheiden kann und welche unter den unregelmäßigsten Formen mit dem hellen Stern vereinigt sind, bestehen sollte. Wir dürfen als ausgemacht hinstellen, daß sich viele Nebelflecken in Sterne würden auflösen lassen, wenn man sie mit noch vollkommneren Fernröhren, als wir bis heute haben, betrachten könnte; aber es scheint wenigstens ziemlich gewiß, daß dies keineswegs von allen Nebelflecken gilt. Die eigentlichen Nebelflecken müssen demnach für sich selbst stehende Erzeugnisse der Schöpfung sein, welche aus einem dünnen, etwas leuchtenden Stoffe bestehen und die sich vielleicht zu den Sternen oder den Sternhaufen wie die Kometen zu den Planeten verhalten. Herschel hielt es für wahrscheinlich, daß sich hie und da in den höheren Regionen des Himmels auch ein dunkler und dadurch unsichtbarer nebelähnlicher Stoff befindet. Wenn nun ein Stern durch diesen Nebel hindurch leuchtet, so muß er von einem kreisrunden Flecken umgeben scheinen, so wie wir dies zuweilen bei nebeliger Luft am Monde sehen. Herschel suchte daraus einige Nebelsterne zu erklären; daß dies aber nicht für alle gelten kann, lehrt uns schon ihr Anblick.

§. 200.

Der ältere Herschel, welcher mehr als irgend Jemand mit dem Himmel vertraut war, sah den Stoff der Nebelflecken als den Urstoff an, aus welchem noch heutigen Tags die Natur ihre Sonnen und Sonnensysteme schafft. Ihm zufolge ist der ganze Weltraum mit einem gewissen unbegreiflich leichten Nebelstoff erfüllt, welcher da, wo er uns unter der Form eines Nebelflecks zu Gesicht kommt, bereits in einen Zustand bedeutender Verdichtung und Anhäufung übergegangen ist. Die Kräfte, mit denen dieser Stoff ausgerüstet ist, bewirken in ihm eine immer stärkere Anhäufung, bis er endlich Kugelform annimmt, in deren Mittelpunkt der Stoff sich mehr und mehr bis zu einem hellen Kern verdichtet. Dieser Kern geht endlich in einen völlig entwickelten Stern über, welcher die letzten Spuren des Nebels in sich aufnimmt und somit ganz aus dem Nebel entstanden ist. Diese kühne Annahme Herschel's über die Bildung der Fixsterne war keineswegs willkürlich oder ein bloßes Werk der Einbildungskraft, sondern beruhte auf einer strengen, viele Jahre hindurch ununterbrochenen Untersuchung der Natur. Er kam auf diese Ansicht, indem er die überreich am Himmel uns dargebotenen Gegenstände mit einander verglich. Viele Nebelflecken zeigen eine sehr unregelmäßige Gestalt, und das Licht ist sehr ungleichmäßig in ihnen verbreitet. Andere sind regelmäßiger, nähern sich der runden Form und erscheinen in gleichmäßigerem Lichte. Bei noch anderen ist die runde Form vollkommen. Zahlreich sind die runden Nebelflecken, in deren Mitte sich eine Anhäufung von Licht verräth. Bei vielen ist das Licht zu einem hellen Kern angewachsen und bei anderen zeigt sich an dessen Stelle ein heller Stern; bei weiten die meisten sind von dem Nebel ganz befreit. Zwischen diesen genannten Formen findet man alle möglichen Uebergänge, so daß kaum ein Glied in dieser langen Kette fehlt. Der innige Zusammenhang zwischen diesen verschiedenen Gegenständen führte Herschel zu der Ansicht, daß sie Körper von gleicher Natur seien, aber auf verschiedenen Stufen der Entwicklung, welche sie durchlaufen, um von einem leichten Nebelstoff in einen Fixstern überzugehen. Herschel schlug bei dieser Schlußfolgerung einen der Naturforschung keineswegs fremden Weg ein, den nämlich, zu der gegenseitigen Vergleichung der auf verschiedenen Entwickelungsstufen stehenden Gegenstände einer Art seine Zuflucht zu nehmen, wenn man die Veränderungen eines Naturerzeugnisses an einem und demselben Gegenstande selbst nicht beobachten kann.

§. 201.

Wir brauchen nicht erst zu bemerken, daß diese merkwürdige Ansicht Herschel's noch weit entfernt ist, bewiesen zu sein. Hätte man bei einigen dieser Gegenstände nur eine Veränderung der einen Form in die nächste beobachtet, so würde ihre gegenseitige Vergleichung uns lehren können, was sie einstens werden müssen. Aber noch keines Menschen Auge hat einen solchen Uebergang gesehen und somit fehlt uns der unmittelbare Beweis, daß diese Körper von gleicher Natur seien und nach immer höherer Vollendung streben. Auch auf der Erde sehen wir eine zusammenhängende Kette von den niedrigsten kaum von Pflanzen zu unterscheidenden Thieren bis zum Menschen herauf und wir werden daraus nicht folgern wollen, daß wir alle diese Stufen der Entwicklung regelmäßig durchlaufen haben. Entwickeln sich die Sterne wirklich aus dem Nebelstoff, so kann dies nur sehr langsam geschehen und vielleicht würden Jahrtausende dazu gehören. Aber erst seit einem halben Jahrhundert hat man die Nebelflecken aufmerksam beobachtet und ihre scheinbare Unveränderlichkeit kann somit nicht als Beweis gegen die Ansicht Herschel's gelten, welche immerhin einige Wahrscheinlichkeit für sich hat und jedenfalls sehr ansprechend ist. Der jüngere Herschel, als Astronom gleich berühmt wie sein Vater, nahm Anstoß, dessen Ansicht über die Bildung der Fixsterne und das Wesen der Nebelflecken anzunehmen und glaubt, daß Alles im Weltall bereits seine letzte und unwandelbare Form trage. Dieser Ansicht ist auch der Astronom Lamont zu München, welcher seit Jahren den Himmel mit einem mächtigeren Instrumente noch, als das vollkommenste, das der jüngere Herschel benutzte, durchforscht. Das Urtheil dieser beiden Astronomen aber beruht mehr auf ihren eigenthümlichen Ideen von dem Zustande des Himmels, als auf wirklichen Beobachtungen. Während sie kaum einen Grund für ihre Ansichten vorgebracht haben, hat der ältere Herschel seine Meinung an zahlreichen Beobachtungen erprobt und sie so wahrscheinlich zu machen gewußt, als es nur eines Menschen Leben gestattet.

§. 202.

Herschel's Ansicht wird nicht bewiesen oder widerlegt werden und unsere Kenntniß der Natur der Nebelflecken wird nichts gewinnen, so lange man keine wirklichen Veränderungen bei diesen geheimnißvollen Erzeugnissen der Schöpfung wahrgenommen haben wird. Daher hat man auch schon seit langer Zeit nach Veränderungen bei den Nebelflecken gesucht, um den Weg zur Entdeckung derjenigen Kräfte, durch welche sie beherrscht werden, zu finden. Ebenso schwierig aber wie die Bestimmung ihrer Form und ihrer scheinbaren Größe ist auch die Entscheidung der Frage, ob sie dieselben bleiben oder nicht. Das Aussehen eines Nebelfleckes ist von den Umständen, unter welchen und von dem Instrumente, mit welchem man ihn betrachtet, gar sehr abhängig. Daher kommt es, daß selbst ein bedeutender Unterschied zwischen den Abbildungen eines und desselben Nebelflecks bei verschiedenen Beobachtern und für verschiedene Zeiten, im Allgemeinen kein Beweis für wirkliche Veränderungen eines Nebelflecks sein kann. Der große und prächtige, von Huygens in dem bekannten Sternbild Orion entdeckte Nebelfleck wurde von ihm beschrieben und abgebildet; bald erschienen auch andere Abbildungen davon und man schrieb ihm eine ganz andere Gestalt zu. Nach Huygens haben sich noch mehrere andere Astronomen mit der Abbildung dieses Gegenstands beschäftigt und einige von diesen Abbildungen weichen so von einander ab, daß man einen und denselben Gegenstand vor Augen zu haben kaum glauben sollte. Selbst zwischen den mit Fernröhren von fast gleicher Stärke entworfenen Abbildungen der neueren Zeit finden sich große Verschiedenheiten; dennoch meint der jüngere Herschel, welcher dem Nebelfleck des Orion eine eigene Untersuchung widmete, alle diese Abweichungen aus den verschiedenen Umständen, den verschiedenen Auffassungen und den verschiedenen Instrumenten, mit und unter welchen die verschiedenen Astronomen ihre Beobachtungen anstellten, hinreichend erklären zu können. Herschel macht den Schluß, daß der Nebelfleck im Orion seit seiner Entdeckung keine merkliche Veränderung in seinem Aeußeren erlitten haben kann. Vor Kurzem haben wir in den ungedruckten Papieren von Huygens an der Universität zu Leiden eine noch unbekannte Abbildung des Nebelflecks im Orion, vom Jahre 1694, aufgefunden, welche viel genauer als die anderen alten Abbildungen mit dem gegenwärtigen Aussehen dieses Gegenstandes übereinstimmt und somit Herschel's Meinung sehr günstig ist.

§. 203.

Der ältere Herschel und andere Astronomen einer späteren Zeit haben hin und wieder allerlei schleunige und sonderbare Veränderungen an den Nebelflecken zu entdecken geglaubt, keine derselben aber kann als schon bewiesen gelten. Man beschränkte sich großentheils auf die Beschreibung und Abbildung der Nebelflecken, was aber zu keiner sicheren Entscheidung führen kann, einestheils weil diese Gegenstände sehr unbegrenzt sind und ihr Aussehen auch von der Luftbeschaffenheit abhängt, anderentheils weil die Astronomen nur selten geschickte Zeichner waren, und drittens weil die Abbildung hier ganz außergewöhnliche Schwierigkeiten darbietet, indem die Nebelflecken nur dann deutlich zu sehen sind, wenn man völlig im Dunkeln ist, wo man doch nicht zeichnen kann. Der jüngere Herschel hat die Richtung, in welcher einige Nebelflecken sich ausdehnen, und bei anderen die Lage zu den sie umringenden Sternen theils annäherungsweise geschätzt, theils durch Messung bestimmt. Lamont kam einige Jahre später durch seine Messungen auf andere Resultate, welche sehr starke Veränderungen bei einigen Nebelflecken nachzuweisen schienen. Jedoch fanden wir einige Jahre nach Lamont's Untersuchungen einige dieser Gegenstände vollkommen in demselben Zustande, wie er sie beobachtet hatte. Die vermeintlichen Veränderungen sind also wenigstens theilweise nur in der Ungenauigkeit der früheren Schätzungen oder Messungen begründet. Das matte Licht der Nebelflecken erschwert eigentliche Messungen gar sehr, jedoch dachte der verdienstvolle Astronom Lamont vor einigen Jahren auf Instrumente, durch welche große Schwierigkeiten beseitigt wurden; außerdem schlug er zu diesen Messungen einen Weg ein, welcher für die Zukunft viel verspricht. Wie groß immer der Einfluß der Kraft des Fernrohrs und der Reinheit der Luft auf die Form und die scheinbare Größe eines Nebelflecks ist, so werden diese Umstände dennoch den gegenseitigen Stand von besonders leuchtenden Stellen der Nebelflecken nicht abändern. Daher hat Lamont die hellsten Stellen in einigen Nebelflecken aufgesucht und ihre Lage gegen einander und gegen die Fixsterne der Nachbarschaft durch Messung bestimmt. Ebenso bestimmte er die Gestaltung einiger ziemlich scharfen Grenzen. Beides ist von der Beschaffenheit der Luft und der Kraft des Fernrohrs, dessen man sich bedient, unabhängig. Wenn man nun nach Verlauf von Jahren oder Jahrhunderten Veränderungen darin entdecken wird, so kann man dies sicher der Wirkung von Kräften zuschreiben, welche die Nebelflecken beherrschen und somit einen großen Fortschritt in der Kenntniß der Natur der Nebelflecken machen. Auf gleiche Weise hat Lamont die gegenseitige Lage der Sterne bei einigen Sternhaufen bestimmt, so daß man, wenn man einstens Veränderungen darin spürt, den Weg auffinden muß, welcher uns zur Aufklärung über das Wesen der Sternhaufen führt. Lamont's Untersuchungen erstrecken sich nur über ein Paar Nebelflecken und Sternhaufen und es wäre sehr zu wünschen, daß sie im Großen ausgeführt würden. Leider aber fordern sie den Besitz der größten und kostbarsten Hülfsmittel und dabei eine Anstrengung und Zeitopfer, welche man lieber für Untersuchungen sparte, die schneller wichtige Resultate zu liefern versprachen. Die Riesenteleskope, welche denen in Pulkowa gleichen oder ähneln, haben sich in der neuesten Zeit sehr vermehrt und wurden bereits auch unter dem reinen Himmel Nordamerikas zu neuen Untersuchungen des Himmels verwendet. Unlängst ist auf Rechnung des Lord Rosse in Irland ein Spiegelteleskop aufgestellt worden, welches noch größer als das größte der Art Herschel's des Aelteren ist, und unsere Kenntniß der höheren Regionen des Himmels geht einer Vervollkommnung entgegen, welche uns vielleicht in nicht allzu ferner Zukunft in die Wunder einweihen wird, welche bis jetzt noch ein geheimnißvoller Schleier unserem Auge verbirgt.

Abschnitt XVII.

Die Milchstraße und der Bau des sichtbaren Weltalls.

---

§. 204.

Der Gang unserer Betrachtungen führt uns nun auf eine der schönsten Erscheinungen am ganzen Sternenhimmel, auf den sonderbaren Lichtgürtel, welcher den heiteren Nachthimmel zu umgeben scheint und selbst dem oberflächlichsten Blicke nicht entgehen kann, dessen Namen gewiß Jeder schon in seiner Jugend nennen hörte. Es ist dies die Milchstraße. Dieser merkwürdige Gürtel am Himmel empfing seinen sonderbaren Namen im frühesten Alterthum und hat ihn bis heute behalten, obschon wir ihn jetzt als das größte und prächtigste Werk, welches die Allmacht unseren Blicken zur Schau stellte, kennen gelernt haben. Auch mit unbewaffnetem Auge läßt sie sich deutlich sehen und auf ihrem Zuge durch das Sternenheer leicht verfolgen. An einer Stelle erscheint sie viel breiter und heller als an der anderen; hier zeichnen sich einzelne Theile durch ihr Licht aus, dort sind wieder andere von geringerem Lichte als die ganze Milchstraße; an einem bestimmten Punkte des Himmels theilt sie sich in zwei Bogen oder Arme, welche weithin getrennt bleiben, um sich an einem anderen Punkte des Himmels wieder zu vereinigen. So wie wir jetzt die Milchstraße sehen, muß sie sich auch vor ein Paar Jahrtausenden gezeigt haben. Ihr Weg durch die Sterne ist beständig derselbe geblieben und das Unwandelbare ihrer Erscheinung führte schon sehr früh auf die Vermuthung, daß sie den höheren Regionen des Himmels, welche die Fixsterne einnehmen, angehört. Dieser Umstand machte die Erscheinung zu einer der geheimnißvollsten und räthselhaftesten. Sie bildete den Gegenstand der Gesänge der alten Dichter, noch mehr aber den Gegenstand der Betrachtungen der alten Philosophen, welche eifrig diese schöne Gelegenheit ergriffen, um ihrer Phantasie freien Lauf zu lassen. Aristoteles, dessen Scepter durch so viele Jahrhunderte herrschte, sah alle ihm unerklärlichen Erscheinungen des Himmels als Meteore, als Wirkungen und Erscheinungen in unserer Atmosphäre, an. Auch für die Milchstraße kannte er keine höhere Bestimmung, jedoch fand diese Ansicht, wie viel Werth man auch sonst auf seine Aussprüche legte, wenig Beifall. Allgemeiner verbreitet war im frühen Alterthum die Ansicht, daß die Milchstraße nichts sei, als die Milch der Juno, welche Hercules nach der bekannten Fabel aus seinem Munde fallen ließ, wodurch ein Flecken am Himmel zurückblieb. Andere hielten die Milchstraße für den himmlischen Weg zu dem Wohnsitze und dem Reiche des Jupiters; noch Andere für einen Ueberrest von dem von Phaëton bewirkten Himmelsbrand, als der Verwegene den Sonnenwagen lenken wollte und dadurch Himmel und Erde in die größte Verwirrung brachte. Oenopides und Metrodorus glaubten, daß die Sonne ihren Lauf am Himmel verändert habe und daß als Spur ihrer früheren Bahn die Milchstraße zurück geblieben sei. Theophrastus glaubte es besser zu wissen, als die Anderen, indem er die Milchstraße als einen Streif eines rauhen Verbindungsmittels betrachtete, womit die zwei Hälften des Himmels an einander gelöthet wären.

§. 205.

Wenn uns diese sonderbaren Verirrungen des menschlichen Verstandes Aergerniß geben, so mögen wir bedenken, daß sich der Mensch in gänzlicher Unbekanntschaft mit dem Schöpfer des Weltalls nur schwerlich einen klaren Begriff von der Allmacht, welche alle seine Werke adelt, bilden konnte. Außerdem dürfen wir nicht unerwähnt lassen, daß die alte Welt auch erhabenere Gedanken über dieses große Werk der Schöpfung nährte. Democritus und Manilius erklärten die Milchstraße viel besser, indem sie in ihr eine Schaar äußerst kleiner Sterne erblickten, welche von zu schwachem Lichte seien, um einzeln wahrgenommen werden zu können, die aber zu Tausenden und Millionen vereinigt für unser Auge den Anblick eines matten Schimmers gewähren müssen. Diese Idee wurde kurz nach Erfindung der Fernröhre zu vollkommner Wahrheit erhoben. Galilei, der zuerst mit einem Fernrohr nach dem Himmel sah, entdeckte überall unverhältnißmäßig mehr Sterne am Himmel, als sich dem bloßen Auge verriethen und sah wirklich den matten Schimmer der Milchstraße in unzählige kleine Sterne aufgelöst, welche das bloße Auge nicht zu sondern vermag und die um so zahlreicher und gedrängter sind, je kleiner sie scheinen. Alle späteren Untersuchungen haben nur dazu beigetragen Galilei's Entdeckung zu bestätigen und zu vervollkommnen. Gleichen Schrittes mit der Verbesserung der Fernröhre wuchs die Zahl der in der Milchstraße entdeckten Sterne und jetzt ist kein Zweifel mehr, daß die ganze Erscheinung Nichts ist, als eine unglaubliche Menge kleiner Sterne, deren Zahl auf viele Millionen steigen muß.

§. 206.

Im gewöhnlichen Leben finden wir eine Menge Umstände, welche uns erläutern können, wie die Vereinigung unzähliger, für sich selbst dem bloßen Auge unsichtbarer Sterne uns den Anblick des matten Schimmers gewähren könne, welchen wir in der Milchstraße sehen. Machen wir auf eine schwarze Tafel einen kleinen weißen Punkt und entfernen wir uns davon, so werden wir bald einen Abstand erreicht haben, welcher die Unterscheidung des weißen Pünktchens nicht mehr zuläßt. Machen wir nun auf diese Tafel eine große Menge solcher Pünktchen sehr dicht bei einander und nehmen wir wieder die vorige Entfernung ein, so sehen wir diese Schaar von Punkten sehr deutlich als hellen Fleck und zwar ohne Punkte, wenn man nicht etwa ein Fernrohr gebraucht. Setzt man aber diese Punkte zu weit auseinander, so wird man gar Nichts sehen, wenn man nicht der Tafel so nahe kommt, daß man jeden einzelnen Punkt unterscheiden kann. Die Optik giebt eine genügende Erklärung davon, daß man die ganze Menge der Punkte, wenn sie dicht genug stehen, sehr deutlich als einen Flecken unterscheiden kann und zwar in einer Entfernung, wo man einen einzelnen Punkt nicht mehr erkennen kann. Davon kann man sich auch bei vielen Zeichnungen überzeugen. Der Grund einer Zeichnung wird oft durch feine Pünktchen oder Striche dargestellt, die so fein sind, daß man einen einzelnen schon in geringer Entfernung nicht sehen würde, deren Vereinigung aber dem Ganzen einen eigenthümlichen Ton giebt, welcher, je nachdem die Pünktchen oder Streifen dichter oder weiter stehen, abgeändert wird. Wir sehen denselben Fall auch beim Regenbogen. Wenn die Sonnenstrahlen auf eine bestimmte Weise auf Regentropfen fallen, so werden sie, nachdem sie in diesen Tropfen gebrochen worden sind, auf unser Auge zurückgeworfen werden. Bei dieser Brechung wird das Sonnenlicht in seine Farben aufgelöst; von den bunten Lichtstrahlen, welche nun von einem Tropfen ausgehen, kann nur einer von bestimmter Farbe von unserem Auge aufgefangen werden; somit würde jeder Tropfen als ein Pünktchen von bestimmter Farbe erscheinen, welche von dem Stande des Tropfens zur Sonne und zu unserem Auge abhängt. Bei höher oder tiefer stehenden Tropfen müssen die Farben also verschieden sein und wenn sie über oder unter einem bestimmten Bogen sich befinden, so werden sie gar kein Sonnenlicht auf unser Auge zurückwerfen und daher für unser Auge nicht sichtbar sein. Wegen der Entfernung, in welcher die Regentropfen sich bei einem Regenbogen gewöhnlich von uns befinden, würde man ein einziges dieser Pünktchen oder einige wenige neben einander nicht sehen können; wenn aber Tausende solcher Tropfen sich über eine große Strecke des Himmels verbreiten, so müssen sie uns durch ihre Vereinigung sichtbar werden und zwar in den Farben, welche wir bei dieser prächtigen Erscheinung bemerken.

§. 207.

Wenn man den Himmel aufmerksam betrachtet, ohne jedoch über die gesehenen Erscheinungen gehörig nachzudenken, so würde man leicht sich versucht fühlen zu zweifeln, ob die Natur wohl bei dem größten ihrer Werke, bei der unermeßlichen Schöpfung, die Ordnung und Regelmäßigkeit, die wir überall, auch in ihren kleinsten Werken bewundern, bewiesen hat. An einigen Stellen des Himmels sehen wir zahlreiche helle Sterne zu den glänzendsten Gruppen vereinigt, während andere große Strecken des Himmels von hellen Sternen ganz entblößt sind. Hier sehen wir den Grund des Himmels mit kleinen Sternen gleichsam besäet und dort wieder weithin sich erstreckende leere Räume, in denen unser Blick kaum auf einen einzigen Stern stößt und der Gürtel des Himmels, welchen wir Milchstraße nennen, besteht aus einer zahllosen Menge von Sternen, welche so klein und so dicht zusammengedrängt sind, daß das unbewaffnete Auge sie durchaus nicht mehr von einander zu unterscheiden vermag. Durch ein Fernrohr erblickt man nicht nur überall am Himmel mehr Sterne als mit unbewaffnetem Auge, sondern es tritt bei Anwendung eines solchen Instrumentes die scheinbar unregelmäßige Vertheilung der Sterne am Himmel noch viel stärker hervor, und es scheint, als ob die Natur die größten Körper der Schöpfung auf die launenhafteste Weise durch den Raum des Weltalls zerstreut habe. Diese Laune wird jedoch durch das Aussehen des Himmels keineswegs bewiesen und es läßt sich die Sache auf einfache Weise vollkommen erklären, was uns zugleich anzudeuten scheint, daß wir in der sogenannten Milchstraße das große für uns sichtbare Weltall beschauen. Wenn wir die scheinbar ungleichmäßige Vertheilung der Sterne am Himmel genau ins Auge fassen, so können wir uns leicht überzeugen, daß sie wenigstens großentheils in einer Sinnestäuschung beruhen kann oder muß. Ueberall sehen wir die Sterne kleiner, wo sie zahlreicher sind, und finden wir auch besonders sternreiche oder besonders sternarme Stellen am Himmel, so befolgt doch die Verbreitung der Sterne am Himmel im Ganzen ein bestimmtes Gesetz. Diejenigen Orte am Himmel, welche für unser Auge am weitesten von der Milchstraße entfernt sind, zeigen die wenigsten Sterne und regelmäßig findet man diese Sterne mit einer um so größeren Anzahl kleiner Sterne vermischt, je näher der betrachtete Ort an der Milchstraße ist; in der Milchstraße selbst sind die äußerst kleinen Sterne, welche man sieht, zahllos. Diese Umstände scheinen uns anzudeuten, daß die scheinbar unregelmäßige Verbreitung der Sterne am Himmel hauptsächlich eine Folge der eigentlichen Gestalt des sichtbaren Weltalls sein muß, welches wir Erdbewohner nur aus einem bestimmten Standpunkt betrachten und das somit einen ganz anderen Anblick gewähren muß, als für den Fall, daß wir es von außen betrachten oder in seiner ganzen Ausdehnung durchwandern könnten. Befinden wir uns mitten auf einem runden Stück Land, dessen Grenzen regelmäßig mit Bäumen bepflanzt sind, so werden uns diese Bäume auch regelmäßig vertheilt vorkommen. Befinden wir uns aber in einer langen Allee, so werden uns die Bäume um so kleiner und dichter gedrängt erscheinen, je weiter sie von uns sind. Ebenso muß die scheinbare Zerstreuung der Sterne am Himmel von der Gestalt des sichtbaren Weltalls abhängig sein. Die große Verschiedenheit in Helligkeit zwischen den verschiedenen Sternen zeigt uns schon, daß sie nicht alle gleich weit von uns entfernt sein können und daß der eine um das Hundert- und Tausendfache weiter entfernt sein muß als der andere. Je weiter sie von uns entfernt sind, desto kleiner müssen sie nothwendig scheinen, hat aber das Weltall die Gestalt eines kugelförmigen Körpers, in dessen Mitte wir gestellt sind und über dessen Raum die Sterne so ziemlich gleichmäßig vertheilt sind, so würden die äußersten Sterne nach allen Richtungen um uns herum gleich weit von uns entfernt sein und möchten wir nun im Stande sein, mit unseren Teleskopen die äußersten Sterne noch zu bemerken, also die Grenzen des Weltalls zu erreichen oder nicht, nothwendig würden uns die Sterne ziemlich gleichmäßig über den Himmel vertheilt scheinen. Hat dagegen das Weltall die Gestalt eines Körpers, dessen Länge und Breite seine Höhe bedeutend übertreffen, so werden sich nicht in allen Richtungen um uns herum gleichviel Sterne zeigen und sie müssen, sofern wir mit unseren Teleskopen die Grenzen des Weltalls erreichen können, unregelmäßig zerstreut scheinen, wenn sie auch in der Wirklichkeit noch so regelmäßig im Schöpfungsraume vertheilt sind. Unter dem Namen „sichtbares Weltall" verstehen wir natürlich denjenigen Theil des endlosen Raums, in welchem alle Himmelskörper, die wir mit unseren Teleskopen eben noch wahrnehmen können, enthalten sind. In diesem Sinne kann das Weltall nicht unendlich sein; denn wie groß auch die Kraft unsrer Teleskope sein möge, so muß es eine Entfernung geben, in welcher selbst die größten Sonnen der Schöpfung für diese Instrumente unsichtbar werden. Welches Bild wir uns auch von der Größe des Weltalls machen mögen, so können wir doch nicht annehmen, daß die entferntesten Gegenden des Himmels, wo sich noch Sterne befinden, nothwendig weiter als die Entfernungen reichen müssen, in welcher die Sterne für unsere Teleskope noch sichtbar sein können. In der That geht aus den Beobachtungen hervor, daß die Kraft der Teleskope in einigen Gegenden des Himmels weiter vordringen kann, als zu den äußersten Sternen, und daß also das verstärkte Sinnesorgan des Menschen die Grenzen des Weltalls wirklich erreicht hat.

§. 208.

Um sich nun von dem Verhältnisse zwischen der Gestalt des sichtbaren Weltalls und dem Aussehen der Milchstraße einen deutlichen Begriff zu machen, denke man sich auf der Oberfläche einer schwarzen Tafel zahlreiche weiße Punkte in ziemlich gleichmäßiger Verbreitung gezeichnet. Wenn wir nun diese Punkte in bestimmter Entfernung durch einen hohlen Cylinder betrachten, so werden wir eine bestimmte Anzahl derselben sehen können; entfernen wir uns aber weiter von der Tafel, so können wir auf einen Blick noch mehr von diesen Punkten übersehen. Auf diese größere Entfernuug sehen wir die Zwischenräume zwischen diesen Punkten und die Punkte selbst kleiner, während doch die Oeffnung des Cylinders, wenn wir seinen früheren Stand zum Auge nicht ändern, gleich groß bleibt. Daher sehen wir nun in diesem Raume viel mehr Punkte bei einander. Aus der Menge der in beiden Fällen mit dem Cylinder zu übersehenden Punkte würde man das Verhältniß zwischen den Entfernungen berechnen können, in welchen man sich in beiden Fällen befand. Sind nun über einen bestimmten Theil des Himmels zahlreiche Sterne vertheilt, so wird man in einem bestimmten Felde, welches man durch einen hohlen Cylinder oder durch ein Fernrohr abgrenzen kann, eine bestimmte Anzahl dieser Sterne sehen. Könnten wir uns aber viel weiter davon entfernen, so würden wir durch denselben Cylinder oder dasselbe Fernrohr eine viel größere Zahl übersehen können, wobei sie uns kleiner und zugleich dichter erscheinen würden. Genau dasselbe muß geschehen, wenn der Hintergrund des Himmels nicht in allen Richtungen um uns herum gleich weit von uns entfernt ist. Es werden daselbst die Sterne desto kleiner und dichter zu stehen scheinen, je weiter der Hintergrund selbst von uns entfernt ist und erstrecken sich die Sterne in der einen Richtung nicht so weit als in der anderen, so müssen sie uns unregelmäßig über den Himmel zerstreut scheinen, wie regelmäßig sie auch vertheilt sein mögen. Nun sehen wir aber nicht allein die Sterne am Hintergrund des Himmels, d. h. nicht allein diejenigen Sterne, welche am weitesten unter allen von uns entfernt sind, sondern auch diejenigen, welche zwischen unserem Auge und diesem Hintergrunde gelegen sind. Die Zahl der letzteren ist natürlich am größten an den Orten des Himmels, wo sein Hintergrund am fernsten von uns ist und die Sterne sich also am weitesten erstrecken. Dies ist also ein Grund mehr, warum man in diesen Regionen des Himmels innerhalb desselben Raumes mehr Sterne als in anderen Regionen sieht. Wenn nun auch die Sterne gleichmäßig über den Raum des Weltalls vertheilt sind, so müssen sie uns doch sehr ungleich über den Himmel verbreitet scheinen, sobald das Weltall mehr lang und breit als hoch ist und wir dadurch die Sterne in der einen Richtung in längeren Reihen als in der anderen vor uns sehen. Wo sich das sichtbare Weltall weit genug erstreckt, müssen die Sterne so zahlreich und dicht zu stehen scheinen, daß sie für das bloße Auge den ganzen Grund des Himmels erleuchten und einen matten Schimmer wie in der Milchstraße verursachen.

§. 209.

Setzen wir nun den Fall, daß der Raum, in welchem alle für uns sichtbaren Himmelslichter sich befinden und den wir das sichtbare Weltall nennen und welcher bei Vielen den Namen Milchstraßensystem trägt, die Gestalt einer dünnen, flachen Scheibe hat, während wir mit der Sonne und dem Sonnensystem inmitten der Scheibe uns befinden. Stellen wir diese Scheibe durch das Blatt eines runden Tisches vor, so müssen wir uns denken, daß die Sonne mit unsrer Erde in der Mitte der Tafel und zwar in der hölzernen Scheibe selbst sich befindet. Bis auf gewisse Entfernung sind die Sterne uns zu nahe, um so zahlreich zu erscheinen, daß sie uns den Hintergrund des Himmels erleuchten. Ziehen wir nun einen Kreis auf der Tafel, dessen Mittelpunkt mit dem des Tisches zusammenfällt und lassen wir die Scheibe, welche dieser Kreis aus der Tafel herausschneiden würde, den Theil des Weltalls vorstellen, dessen Sterne uns zu nahe sind, um durch ihre Vereinigung den matten Schimmer, wie wir ihn in der Milchstraße sehen, zu verursachen, so bleibt ein flacher Ring übrig, welcher die Vereinigung von Sternen darstellt, die dazu sich weit genug erstrecken. Die Sterne der inneren Scheibe sehen wir in allen Richtungen um uns herum, indem wir uns mitten in der Substanz dieser Scheibe befinden. Es müssen aber diese Sterne sehr unregelmäßig über den Himmel zerstreut scheinen, indem sie sich in verschiedenen Richtungen um uns herum in sehr verschiedenen Entfernungen von uns befinden. Nach oben und nach unten hat man nur die halbe Dicke der Scheibe, es sind hier also die Entfernungen am kleinsten, so daß man auch hier die wenigsten Sterne sieht. In der Richtung der Scheibe selbst hat man ihre halbe Länge oder ihren halben Durchmesser, es ist also in dieser Richtung die Ausdehnung des Sternenraumes am größten und man wird also auch die meisten Sterne sehen. Die Sterne, welche in dem übrigbleibenden Ringe des Tisches liegen, sieht man nicht in allen möglichen Richtungen um sich herum. Nach oben und nach unten hat man die Sterne dieses Ringes nicht, sondern sie bilden nur einen Gürtel von bestimmter Breite am Himmel, welcher einen matten Schimmer zeigt, weil seine Sterne sich weit genug erstrecken, um durch ihre scheinbare Gedrängtheit den Grund des Himmels zu erleuchten. So muß eine Milchstraße entstehen, welche den ganzen Himmel als ein regelmäßiger, überall gleich breiter Gürtel umgiebt, wenn nämlich die Gestalt des Himmels wirklich eine runde Scheibe ist, in deren Mitte wir stehen. Die Sterne müssen bei dieser Form des Weltalls sehr regelmäßig an Menge zunehmen, je näher sie sich der Milchstraße zeigen. Wie sehen also die Erscheinung der Milchstraße aus der Gestalt des sichtbaren Weltalls vollkommen erklärt und da die Milchstraße nicht einen regelmäßigen Gürtel bildet, während die Sterne nicht regelmäßig zahlreicher werden, je näher sie der Milchstraße stehen, so muß die Gestalt des Weltalls auch einigermaßen von einer regelmäßigen flachen Scheibe abweichen. Wäre die Gestalt des Weltalls genau bekannt, so würde man daraus die Gestalt der Milchstraße genau bestimmen können und es ist ersichtlich, daß umgekehrt die Möglichkeit bestehen muß, aus dem Aussehen der Milchstraße d. h. aus der Art und Weise, wie sich die Sterne vor unseren Augen über den Himmel verbreiten, zu der Gestalt des sichtbaren Weltalls zu gelangen.

§. 210.

Als man den matten Schimmer der Milchstraße durch Fernröhre in zahllose Sterne aufgelöst hatte und bei diesen Instrumenten die scheinbar unregelmäßige Verbreitung der Sterne am Himmel stärker noch als für das unbewaffnete Auge hervortrat, glaubten die Philosophen Wright, Kant und Lambert mit Recht, daß zur Erklärung dieser Unregelmäßigkeit eine eigenthümliche Gestalt des Weltalls hinreichend sein müßte, aber sie beschränkten sich auf ein oberflächliches Philosophiren, aus welchem durchaus nicht abgenommen werden konnte, was nun eigentlich die wahre Gestalt des Weltalls und welches seine Dimensionen seien. Der ältere Herschel hat sich zuerst angelegen sein lassen, aus der gewissenhaften Beobachtung des Himmels einige sichere Resultate über dessen Größe und Gestalt zu folgern, bei welchen Untersuchungen er gerade durch die Ideen und Gründe, welche wir in den drei vorigen Paragraphen kurz entwickelt haben, geleitet wurde. Die von Herschel zur Ausmessung des Himmels benutzten Hülfsmittel waren deshalb höchst einfach. Aus der Anzahl der Sterne, welche an verschiedenen Orten des Himmels im Felde eines und desselben Fernrohrs erscheinen, bestimmte er unter der Voraussetzung, daß die Sterne so ziemlich gleichmäßig durch den Raum des Weltalls verbreitet sind, das Verhältniß zwischen den Entfernungen, bis auf welche sich die Sterne an verschiedenen Orten des Himmels erstrecken. So konnte er in verschiedenen Richtungen um sich herum gleichsam die Tiefe des Himmels messen und aus diesen Bestimmungen zusammen die eigentliche Gestalt des Weltalls entnehmen, gleichwie man den Grund des Meeres mit seinen Höhen und Tiefen durch zahlreiche Messungen bestimmen kann. Auf diese Weise hat Herschel die Tiefe des Himmels an Hunderten von Punkten bestimmt, wozu er sich eines Teleskops von zwanzig Fuß Länge bediente. So kam er zu einer Bestimmung der Gestalt des sichtbaren Weltalls, welche er nicht nur in Worten beschrieb, sondern auch in einer Zeichnung darstellte. Diesen Untersuchungen zufolge hat das Weltall eine Gestalt, welche im Ganzen mit einem dicken Vergrößerungsglas verglichen werden kann, dessen Oberflächen aber sehr unregelmäßig sind und welches an der einen Seite in zwei Zungen gespalten ist, um die Zweige vorzustellen, in welche sich die Milchstraße über eine gewisse Strecke hin theilt. Die Dicke dieses Körpers, welcher das für uns sichtbare Weltall ausmacht, beträgt nach Herschel ungefähr die 170 malige Entfernung der nächsten Sterne und seine Länge übertrifft diese Entfernung 620 mal. Seine Länge kommt seiner Breite ziemlich nahe, ist aber viel größer, als seine Dicke und seine Höhe. Der Ort, welchen unsre Sonne mit ihrem System im Weltraum einnimmt, ist nach dieser Untersuchung Herschel's ungefähr in der Mitte seiner Dicke, aber nicht genau in der Mitte der Länge nach. Die Entfernungen der Erde von den äußersten Sternen des Weltalls sind daher in verschiedenen Richtungen um uns herum sehr verschieden und daraus läßt sich die Verbreitung der Sterne am Himmel, wie er sie durch seine Beobachtungen bestimmte, vollkommen erklären.

§. 211.

Die erwähnten Annahmen Herschel's über die Größe und die Gestalt des sichtbaren Weltalls findet man in vielen astronomischen Lehrbüchern als das Resultat aller seiner Untersuchungen vorgetragen und hier und da findet man selbst die für die Gestalt des Weltalls von Herschel entworfene Zeichnung treuherzig wiedergegeben, als wenn dieser Gegenstand erschöpft und jedes Bedenken unzulässig wäre. Sie waren jedoch nur die Früchte der ersten Jahre, welche Herschel der Untersuchung des Himmels weih'te und obschon er diese ersten Resultate mit der nöthigen Vorsicht öffentlich mittheilen zu können glaubte, so fügte er doch ausdrücklich bei, daß sein damaliger Zweck nur sein konnte, eine Probe von dem Geiste zu geben, in welchem er einstens zur Kenntniß des Baues des Weltalls zu gelangen hoffte und unumwunden erklärte er, daß seine späteren Untersuchungen seine jetzige Anschauung sehr abändern könnten. Als Herschel sich später genöthigt sah, seine anfänglichen Ideen über Größe und Gestalt des sichtbaren Weltalls theilweise zu widerrufen, hielten Andere fest daran und blieben dabei stehen, wie viel besser und umfassender die späteren auch sein mochten. Herschel betrat ein Feld, auf welches sich vor ihm kein Astronom gewagt hatte. Hier war Alles fremd und unentdeckt und die Ausdehnung dieses Gebietes war so groß, daß Jahrhunderte kaum zu seiner Durchforschung hinreichen würden. Die Bestimmung der Größe und Gestalt des sichtbaren Weltalls war keine Arbeit einiger wenigen Jahre und eines einzigen Gelehrten und Herschel sah sich gezwungen, aus seinen ersten Beobachtungen Schlüsse zu machen, um den weiter einzuschlagenden Weg zu bestimmen. Daher darf es uns nicht wundern, daß diese Folgerungen anfänglich auf Sätzen beruhten, deren Allgemeingültigkeit durch seine späteren Untersuchungen umgestoßen wurde. Anfangs meinte Herschel, daß er mit seinen Teleskopen bis zu den äußersten Grenzen des sichtbaren Weltalls vorgedrungen sei, und bestimmte die ungemein großen Dimensionen des Weltalls von der Voraussetzung aus, daß die Sterne ziemlich gleichmäßig über den Himmelsraum ausgebreitet seien. Nachdem er aber seine Untersuchungen noch einige Jahre fortgesetzt hatte, mußte er das Eine widerrufen und das Andere aufgeben; denn seine Begriffe von der Größe der sichtbaren Schöpfung waren anfänglich noch viel zu beschränkt. Mit je größeren und vollkommeneren Teleleskopen er den Himmel erforschte, um so mehr erweiterten sich seinem Blicke diese Grenzen, bis er in der späteren Zeit seines Lebens kaum mehr einen sicheren Ausspruch über die eigentlichen Dimensionen des Weltalls sich zu erlauben wagte.

§. 212.

Nachdem Herschel einige Jahre lang den Himmel mit seinem Teleskope von zwanzig Fuß durchsucht hatte, wurde er durch die Güte seines Fürsten (Königs Georg III.) in den Stand gesetzt, sich ein Teleskop von vierzig Fuß Länge zu verfertigen, dessen zweckmäßiger Gebrauch ein neues Licht über den Bau des Himmels zu versprechen schien. In den von der Milchstraße entferntesten Himmelsräumen sah er durch sein Teleskop nicht mehr Sterne, als durch die früheren Instrumente, so daß er in dieser Richtung wirklich die Grenzen des sichtbaren Weltalls erreicht haben muß. In der Milchstraße selbst sah er aber mit seinem Teleskop von vierzig Fuß weit mehr Sterne als mit dem früheren, woraus sich ergab, daß er dem sichtbaren Weltall noch eine viel zu geringe Ausdehnung zugeschrieben hatte. In der Milchstraße blieb unter seinem Teleskop von vierzig Fuß noch immer ein matter Schimmer, der sich selbst durch dieses Instrument nicht in Sterne auflösen ließ; es waren also die äußersten Grenzen derjenigen Sternvereinigung, zu welcher wir gehören, in der Richtung, worin wir die Milchstraße sehen, selbst für dieses Instrument nicht erreichbar. Durch sehr zahlreiche Untersuchungen bestimmte Herschel, bis auf welche Tiefe er mit seinen verschiedenen Teleskopen den Raum des Himmels durchdringen konnte, d. h. bis auf welche Entfernung jedes seiner Instrumente noch einzelne Sterne zu verrathen im Stande war. Er fand, daß die nächsten Fixsterne, selbst wenn sie 2300 mal weiter entfernt wären, durch sein Teleskop von vierzig Fuß noch einzeln sich unterscheiden lassen würden. Setzt man voraus, daß die Sterne im Durchschnitt gleiche Größe haben, so sind die mattesten Sterne, welche er mit seinem Teleskop von vierzig Fuß noch unterscheiden konnte, 2300 mal weiter von uns entfernt als diejenigen Sterne, welche uns am nächsten stehen. Die äußersten Grenzen müssen sich noch viel weiter erstrecken und die Länge des Weltalls ist größer, als die Entfernung der nächsten Sterne 4600 mal genommen. Wie wir gesehen haben, berechtigen uns mancherlei Umstände den Stern, dessen Entfernung Bessel bestimmte, zu den nächsten Sternen am Himmel zu rechnen und dennoch ist seine Entfernung so groß, daß sie sich kaum in Zahlen ausdrücken läßt, wenn man nicht zu einem Maaß seine Zuflucht nimmt, dessen Größe unsere Einbildungskraft übersteigt. Kaum können wir uns von der Entfernung der Sonne einen Begriff machen und der Stern Bessel's ist noch 592000 mal weiter entfernt, während diese Entfernung wiederum gegen die Dimensionen selbst desjenigen Theils des Weltalls, welches Menschenaugen zu erreichen vermochten, sehr klein erscheint. Das Licht, welches die Entfernung vom Monde in einer einzigen Sekunde durchmißt, hat 9 ½ Jahre nöthig, um von Bessel's Stern bis zu uns zu kommen, 43000 Jahre aber reichen dafür noch nicht hin, um das für uns sichtbare Weltall in seiner ganzen Ausdehnung zu durchmessen. Herschel hat in späterer Zeit zahlreiche Untersuchungen angestellt, um seine Kenntniß von der Größe und Gestalt des sichtbaren Weltalls zu vervollständigen, die meisten dieser Untersuchungen sind aber nicht auf uns gekommen, so daß wir kaum wissen, zu welchem Resultate er selbst über diesen Gegenstand am Ende seines langen Lebens kam.

§. 213.

Wie unvollkommen trotz des unermüdeten Forschens Herschel's unsere Kenntniß von dem Bau des Himmels geblieben sein möge, so reicht sie doch hin, um uns wenigstens einen Begriff von der Form und der gewaltigen Ausdehnung des sichtbaren Weltalls zu geben. Herschel hatte auf diesem Felde seiner Untersuchungen keine Vorgänger und auch keine Mitarbeiter und wir dürfen die völlige Ausmessung des Himmels nicht von einem einzigen Menschen erwarten. Daß wenigstens seine für die Größe des Weltalls erhaltenen Resultate nicht übertrieben sind, können wir schon aus der ungeheuren Menge der Sterne bei den Entfernungen, in welchen sie sich von uns befinden, schließen. Die Sterne, welche sich unserem bewaffneten Auge zeigen, sind buchstäblich unzählbar. Man hat ihre Menge geschätzt und kam zu allerlei verschiedenen Resultaten, sicher aber kann ihre Zahl nicht viel unter hundert Millionen betragen und wenn man auch annimmt, daß die Sterne in beträchtlicher Ferne bedeutend dichter zusammengedrängt sind, als die, welche uns näher sind, so gehört dennoch ein ungeheurer Raum dazu, um so viele Millionen Sonnen zu befassen. Struve bestimmte die Entfernung der mattesten Sterne, welche sich mit dem Fernrohr zu Dorpat noch unterscheiden ließen, auf 326 mal soweit als die Entfernung der nächsten Sterne und gewiß wurde dieses Instrument durch Herschel's großes Teleskop, welches den Schimmer der Milchstraße nicht gänzlich in Sterne aufzulösen vermochte, noch bedeutend übertroffen. Auch Mädler's Untersuchungen über den Schwerpunkt des sichtbaren Weltalls sind geeignet, um uns große Begriffe von dessen Ausdehnung beizubringen. Ohne Zweifel ist unsere Sonne diesem Schwerpunkt viel näher als seinen Grenzen und wenn sich auch ihre Entfernung von dem Schwerpunkt nicht unmittelbar bestimmen ließ, so glaubte sich doch Mädler eine Schätzung erlauben zu können, der zu Folge diese Entfernung 35 Millionenmal größer als die Entfernung der Erde von der Sonne sein würde. Die Zeit, binnen welcher die Sonne ihre ganze Bahn um den Schwerpunkt des Weltalls vollendet, schlug Mädler auf nicht weniger als 18 Millionen Jahre an und die Summe der Masse aller Sterne, welche vom Schwerpunkt nicht weiter als unsre Sonne entfernt sind, schätzte er auf 117 Millionenmal die Masse unsrer Sonne.

Die Ausdehnung des Weltalls verbunden mit der Fortpflanzung des Lichtes führt uns zu sehr merkwürdigen Folgerungen über das gegenwärtige Aussehen des Himmels. Wir sehen die Himmelskörper nur durch die Strahlen, welche sie aussenden, und wie erstaunlich schnell sich das Licht durch den Raum hin verbreiten möge, immer braucht es noch eine bedeutende Zeit, um so große Räume zu durchmessen, welche die Sterne von uns trennen. Die Strahlen der Himmelskörper nun, welche unser Auge treffen und welche ihr gegenwärtiges Aussehen bestimmen, sind früher von den Himmelskörpern ausgegangen, so daß wir diese nicht sehen, wie sie jetzt sind, sondern wie sie vor soviel Zeit waren, als das Licht zu seinem Wege bis zu uns gebraucht. So sehen wir Bessel's Stern nicht nur auf dem Orte, wo er vor 9 Jahren stand, sondern auch in dem Aussehen, welches er vor 9 Jahren hatte. Je entfernter die Sterne von uns sind, um so mehr Zeit wird das Licht bis zu uns gebrauchen, und um so größer muß der Zeitraum sein, welcher seitdem verflossen ist, wo sie so waren, wie wir sie jetzt sehen. Das Licht würde ungefähr tausend Jahre brauchen, um von einem Stern zu uns zu kommen, welcher hundertmal weiter, als Bessel's Stern entfernt ist. Wenn ein solcher Stern am Himmel entstände, so würden wir ihn erst tausend Jahr später gewahr werden. Würde ein solcher Stern erlöschen, so müßten wir ihn noch tausend Jahre nach seinem Verschwinden wahrnehmen. Alle Bewegungen und allen Lichtwechsel, welche wir in den höheren Regionen des Himmels entdecken, sehen wir so wie er vor Jahren und vor Jahrhunderten stattfand und in den entfernten Nebelflecken und Sternhaufen gewahren wir nur den Zustand, worin sie sich vor längstverflossener Zeit befanden. Nehmen wir die Entfernung der äußersten Sterne der Milchstraße, wie sie Herschel bestimmte, an, so sehen wir diese Gestirne so, wie sie vor 21000 Jahren bestanden. Die Strahlen von so viel tausend Himmelskörpern, welche jetzt unser Auge treffen, sind von ihnen ausgegangen, lange bevor die Erde bewohnbar war. In dem Himmel lesen wir mehr seine Geschichte als seine Gegenwart. Tausende im unermeßlichen Himmelsraum verborgener Sonnen, welche der menschliche Geist seinen schwachen Sinnen zugänglich zu machen wußte, können schon lange vor der Zeit in das Nichts versunken sein, als der Schöpfer des Weltalls auf der Erde durch vernünftige Wesen verherrlicht wurde.

§. 214.

Als Herschel seine Untersuchung des Himmels vierzig Jahre lang fortgesetzt hatte, fand er seine ursprüngliche Ansicht über die Art der Verbreitung der Sterne durch den Weltraum nicht unbedeutend abgeändert. Gegen die regelmäßige Verbreitung der Sterne im Himmelsraume sprachen viele Beobachtungen, und zuletzt konnte Herschel behaupten, daß die Sterne an einem Orte des unermeßlichen Raums dichter zusammengedrängt stehen als an dem anderen. Diese Unregelmäßigkeit scheint ihm jedoch nicht so groß vorgekommen zu sein, daß sie die Erklärung der Milchstraße, welche wir nach ihm auf den vorigen Seiten gegeben haben, umstoßen oder daß sie seine Resultate über die Dimensionen des sichtbaren Weltalls bedeutend abändern könnte. Herschel entnahm aus seinen Beobachtungen, daß im Allgemeinen in den höheren Regionen der Milchstraße die Sterne dichter zusammengedrängt stehen, als da, wo sie sich mehr in unserer Nähe befinden, ohne daß sich jedoch ein festes Gesetz, wie diese Dichtigkeit zunimmt, bestimmen ließe. Herschel sah durch seine Teleskope zahlreiche Streifen am Himmel, welche aus nahe bei einander gelegenen Sternen bestanden, und nichts Anderes sein konnten, als unermeßliche Schichten von Sternen, welche zu Millionen unregelmäßig im Weltall vertheilt waren. Schon mit bloßem Auge gewahrt man in der Milchstraße ganz deutlich zahlreiche Flecken, welche sich durch ihr Licht und wieder andere, welche sich durch Mangel an Licht unterscheiden. Mehr als zweihundert Stellen lassen sich in der Milchstraße zählen, welche sich einigermaßen durch ihr Licht vor der ganzen Milchstraße auszeichnen und es entsteht diese größere Helligkeit, wie die Teleskope lehren, aus einer größeren Gedrängtheit der Sterne, was sich bei einer vollkommen gleichmäßigen Vertheilung der Sterne schwierig erklären lassen würde. Die durch den Weltraum zerstreuten Himmelskörper müssen, wie die Doppelsterne beweisen, eine Anziehung auf einander ausüben, und wo ihrer Wirkung keine andere Kraft entgegentritt, müssen sich die Sterne gleichsam zu Klumpen zusammendrängen und an verschiedenen Stellen des Weltalls Gruppen bilden, welche sich durch außerordentlichen Sternenreichthum auszeichnen. Herschel verband diese Ideen mit seinen Beobachtungen und meinte wirklich, daß an einigen Stellen der Milchstraße die Sterne einander allmählig näher kommen und daß sie mehr und mehr die regelmäßige Vertheilung verlieren, welche sie vielleicht ursprünglich hatten. So würde sich die Milchstraße nach und nach in einzelne Felder oder Sterngruppen trennen, welche durch unermeßliche Zwischenräume von einander geschieden werden, so daß sich ihre Beschaffenheit nach und nach verändern und ihr gegenwärtiges Aussehen nicht ewig sein würde. Millionen von Jahren müßten aber verfließen, ehe auf solche Weise eine große Veränderung im Milchstraßensystem zu Stande kommen könnte. Ein Stern von der Größe der Sonne und vierhundert tausendmal weiter als die Erde von letzterer entfernt, würde 33 Millionen Jahre nöthig haben, um auf die Sonne niederzustürzen, wenn nämlich beide Körper ganz ungehindert der Wirkung ihrer gegenseitigen Anziehungskraft Folge leisten könnten und selbst die nächsten Sterne von bekannter Entfernung sind noch weiter von der Sonne entfernt, während vielleicht Sterne bestehen, die durch noch größere Entfernungen von allen übrigen abgeschieden sind. Bedenken wir nun, daß nirgends in dem Weltall das unmittelbare Niederstürzen eines Sternes auf einen anderen möglich ist, indem ihn rings von allen Seiten andere Sterne, welche ihn ebenfalls anziehen, umgeben; bedenken wir, daß außerdem jeder Stern mit einer eigenen Bewegung versehen sein muß, welche ihn hindert, der Richtung zu folgen, in welcher er angezogen wird, so muß uns dieses angeführte Beispiel überzeugen, daß ungemein große Zeiträume erforderlich sind, um eine auffallende Veränderung in der Vertheilung der Sterne und also in dem Aussehen der Milchstraße zu bewerkstelligen. Ferner ist es ganz unentschieden, in wie fern die Milchstraße seit dem frühen Alterthum Veränderungen erlitten haben kann, denn die Alten haben uns keine genaue Beschreibung, viel weniger eine richtige Abbildung der Milchstraße hinterlassen. Selbst jetzt, nachdem man so ungemein viele Opfer für die Beförderung unserer Kenntniß des Himmels gebracht hat, fehlt es immer noch an einer genauen Beschreibung oder Abbildung der Milchstraße, welche unsere Nachkommen in den Stand setzen könnte, über deren Unveränderlichkeit oder Veränderlichkeit zu entscheiden.

§. 215.

Nachdem Herschel durch zahlreiche Beobachtungen gezwungen war, den Satz von der gleichmäßigen Verbreitung der Sterne im Weltall, auf welchem seine ersten Untersuchungen über die Größe und Gestalt des sichtbaren Weltalls beruhten, zu verwerfen, stellte er an dessen Stelle einen anderen, welcher ihm als Führer durch den Raum der Schöpfung dienen sollte. Die Sterne müssen um so kleiner scheinen, je weiter sie von uns entfernt sind und je entfernter sie sind, desto größere und vollkommnere Teleskope wird man nöthig haben, um diese Körper von einander unterscheiden zu können, so daß die Kraft eines Teleskopes, welches eben noch hinreicht, um Sterne von einer bestimmten scheinbaren Größe zu unterscheiden, das Maß der Entfernung wird, in welcher sich diese Sterne von uns befinden. Bei der Anwendung dieses Grundsatzes geht man von der Voraussetzung aus, daß die Sterne im Durchschnitt gleiche Größe haben. Ist uns nun auch diese Voraussetzung erlaubt, so ist es nichts desto weniger doch möglich, daß außer der Entfernung der Sterne noch ein anderer Umstand einen merklichen Einfluß auf ihre scheinbare Helligkeit ausübt. Die Naturlehre hat viele herrliche Eigenschaften des Lichtes entdeckt, welche man ohne die Annahme einer äußerst dünnen elastischen Flüssigkeit, die den ganzen Weltraum erfüllt, nicht erklären kann. Diese Flüssigkeit wird durch die leuchtenden Körper in eine Wellenbewegung versetzt und indem die Wellen die Netzhaut unseres Auges treffen, verursachen sie die Wahrnehmung von Licht. Das Bestehen eines solchen Mediums im Schöpfungsraume wird außerdem durch die Bewegung einiger Körper unseres Sonnensystems wahrscheinlich gemacht und obschon es unendlich leicht und dünn sein muß, so liegt darin doch nicht, daß es vollkommen durchsichtig sein muß. Die Undurchsichtigkeit dieses Mediums kann verschiedenen Erscheinungen gemäß nur äußerst gering sein. So unbedeutend sie auch sein mag, so muß sie doch das Licht so unendlich weit entfernter Sterne einigermaßen vermindern und es müssen die entferntesten Sterne des Weltalls, wenn man Herschel's zweiten Satz auf sie anwendet, weiter von uns entfernt scheinen, als sie wirklich sind. Auf diesem zweiten Satz beruhte aber die Bestimmung der Entfernung der kleinsten Sterne, welche Herschel durch seine verschiedenen Teleskope noch unterscheiden konnte, und es ist nicht zu läugnen, daß auch dieser Umstand die Resultate Herschel's über den Bau des Weltalls unsicher macht. Struve hat kürzlich in der scheinbaren Zerstreuung der Sterne am Himmel einen unmittelbaren Beweis für das Bestehen eines solchen Mediums zu finden geglaubt, welcher das Licht der entfernteren Sterne sogar bedeutend dämpft. Bei diesem Beweise ging er jedoch stillschweigend von Sätzen aus, deren Wahrheit nicht bewiesen ist. Auch kann die Erscheinung, welche Struve einzig aus einem Medium erklären zu können meinte, ihren Grund in der Endlichkeit des sichtbaren Weltalls und in der allmähligen Abnahme der Sterne an dessen Grenzen haben.

§. 216.

In keinem ihrer Theile vielleicht ist die Astronomie so zurückgeblieben als in Bezug auf den Bau des Weltalls; aber wie schwierig auch diese großartige Untersuchung sein mag, ohne Zweifel würde sie schon glänzende Resultate geliefert haben, wenn der ältere Herschel Theilnahme und Nachfolger in seiner Arbeit gefunden hätte. Eine genaue Kenntniß des Baues des Himmels war nicht durch einen einzelnen Mann und an einem und demselben Orte zu erlangen. Sie forderte Untersuchungen, welche den ganzen Himmel umfassen, während ein großer Theil des Himmels an dem Orte, wo Herschel seine Beobachtungen anstellte (Slough in England) beständig unter dem Horizonte verborgen ist. Der jüngere Herschel, der würdige Nachfolger seines unsterblichen Vaters, begab sich, die Unvollkommenheit der Arbeit desselben recht gut kennend, mit einem seiner großen Instrumente nach dem Kap der guten Hoffnung, wo er mehrere Jahre mit der Untersuchung der südlichen Halbkugel des Himmels sich beschäftigte. Erst viele Jahre nach Herschel's Heimkehr wurden seine Beobachtungen am Kap herausgegeben und diese sind noch nicht zu einer neuen Untersuchung des Himmels als Ganzes benutzt worden. Schon früher hatte sich jedoch gezeigt, daß der jüngere Herschel die Ideen seines Vaters nicht ganz und gar billigte. Der jüngere Herschel meinte das Weltall nicht als eine unregelmäßige platte Scheibe, sondern vielmehr als einen unregelmäßigen flachen Ring betrachten zu müssen, in dessen innerem, sonst leerem Raume unsere Sonne mit dem Sonnensystem in einiger Entfernung vom Mittelpunkt sich befinde. So glanbte er den Umstand erklären zu müssen, daß sich die Milchstraße nach seinen Beobachtungen auf der südlichen Halbkugel des Himmels breiter und heller als auf der nördlichen Halbkugel zeige, seine Beobachtungen aber scheinen die Annahme eines solchen Ringes nicht zu fordern und wir legen auf die Untersuchungen des älteren Herschel zu großen

Werth, um leicht etwas annehmen zu können, wogegen er sich in seiner denkwürdigen Abhandlung vom Jahre 1784 ausdrücklich aussprach. Es verdient bemerkt zu werden, daß der jüngere Herschel, welcher sonst unsere Sonne nur als einen jener unzähligen leuchtenden Körper, welche den nächtlichen Himmel schmücken, betrachtet, ihr eine so merkwürdige Stelle in der Schöpfung zuschreibt. Herschels Ansicht wurde von dem Astronomen Carlini zu Mailand bestritten, später aber wieder aufgenommen und von Mosotti zu Buenos-Ayres, welcher sogar die sonderbaren Bewegungen der Sterne, die sie nothwendig in diesem Ringe machen müssen, untersuchte, eifrig vertheidigt. Mosotti stellte die Sonne nicht in den inneren leeren Theil des Ringes, sondern in den Ring selbst, wozu nach unserer Ansicht die Beobachtungen kein Recht geben. Wir werden durch bloßes Philosophiren keinen Schritt weiter kommen, sondern müssen durch ausdauernde Beobachtung unsere Kenntniß von dem Bau des Himmels fördern. Diese Beobachtungen müssen aber Tausende und Hunderttausende von Gestirnen umfassen und fordern also viel Zeit und eine kräftigere Mitwirkung. Nicht genug ist es, die Sterne nur zu zählen, sondern mit dieser Zählung muß auch eine Untersuchung über die Helligkeit ihres Lichtes verbunden sein. Wüßten wir, auf welche Weise Sterne von bestimmter Helligkeit über den Himmel vertheilt sind, wüßten wir dies nicht nur für die hellsten Sterne, sondern auch für diejenigen, welche sich nur durch gute Fernröhre sehen lassen, so würde unsere Kenntniß von dem Bau des Himmels weit vollkommner sein. Zwar hat man in neuerer Zeit einige Untersuchungen über das Licht der Sterne unternommen, sie waren aber noch unvollkommen und betrafen zu wenige Gestirne. Wollte man aus ihnen Folgerungen über den Bau des Himmels sich erlauben, so müßte man theilweise Voraussetzungen machen, deren Wahrheit nicht bewiesen ist, so daß sie Resultate liefern würden, welchen durch andere Beobachtungen widersprochen werden müßte. Der ältere Herschel ist durch seine Untersuchungen zu vielen merkwürdigen Resultaten, welche jetzt zu sehr außer Acht gelassen werden, gekommen. Nicht nur daß er in den entfernteren Regionen der Milchstraße unermeßliche Schichten unzählbarer dicht zusammengedrängter Sterne fand, sondern er entdeckte auch, daß unter den Sternen, welche sich schon mit einem kleinen Fernrohr sehen lassen, die entfernteren merklich dichter zusammenstehen als diejenigen, welche uns am nächsten sind. Diese letzte merkwürdige Eigenthümlichkeit ist unlängst von dem berühmten Struve bestätigt worden, welcher eine Untersuchung über das Licht und die Verbreitung der helleren Sterne machte, die weit genauer und vollständiger als die des älteren Herschel ist. Struve wollte den richtigen Ort aller Sterne bis zur siebenten Größe einschließlich bestimmen und daher mußte er sie nach ihrem Orte und nach ihrer Helligkeit in einen vorläufigen Katalog ordnen, wodurch wir einen Ueberblick des Himmels, wie er früher nicht möglich war, bekamen. Die mattesten von Struve in seinen Katalog aufgenommenen Sterne lassen sich schon durch ein sehr kleines Fernrohr sehr gut erkennen und obschon alle von ihm untersuchten Sterne uns verhältnißmäßig nahe sein müssen, so sind sie doch keineswegs gleichmäßig über den Raum, welchen sie einnehmen, verbreitet. Bei einer gleichmäßigen Vertheilung der Sterne durch den Raum müssen wir an allen Punkten des Himmels ungefähr gleich viel Sterne derselben Helligkeit gewahren, während man in der Milchstraße allein neben den helleren Sternen noch eine unzählige Menge sehr kleiner Sterne sehen muß, diejenigen nämlich, welche sich daselbst über die Grenzen hinaus erstrecken, wo an anderen Orten des Himmels die Sterne endigen. Struve fand in gleichen Himmelsfeldern in allen Richtungen um uns herum unter den Sternen von der ersten bis zur fünften Größe eine gleich große Anzahl Sterne von gleicher Helligkeit. Die Sterne der sechsten und auch die der siebenten Größe dagegen zeigen sich am sparsamsten an dem von der Milchstraße möglichst weit entfernten Punkte des Himmels. Von da nehmen sie regelmäßig an Menge um so mehr zu, je näher sie der Milchstraße stehen und in der Milchstraße selbst sind sie mehr als zweimal so zahlreich, als an dem Punkte des Himmels, welcher für unser Auge überall möglichst weit von der Milchstraße entfernt ist. Es folgt daraus, daß die hellsten Sterne, welche wir je nach ihrer geringeren oder größeren Entfernung als Sterne der ersten bis fünften Größe sehen, gleichmäßig über den Raum, welchen sie einnehmen, vertheilt sind; während die entfernteren Sterne von der sechsten und siebenten Größe in den Richtungen, wo wir die Milchstraße sehen, einander wirklich näher stehen als an anderen Orten des Himmels.

Diese merkwürdige Untersuchung wurde später von Struve auf eine weit größere Anzahl der Sterne ausgedehnt und diese neue Untersuchung schien ihn zu eben so unerwarteten als vortrefflichen Resultaten zu führen. Struve, dessen glorreicher Name durch astronomische Riesenarbeiten, die er auf bewundrungswürdige Weise vollendete, in der ganzen civilisirten Welt bekannt ist, trat unlängst mit einer Untersuchung über den Bau des Weltalls, der ersten derartigen Arbeit nach Herschel hervor. Er war der Meinung, alle Resultate Herschels über diesen Gegenstand gänzlich verwerfen zu müssen und behauptete, daß uns dessen Untersuchungen nicht das Geringste über die Größe und Gestalt des sichtbaren Weltalls lehren könnten, so daß er zu einer Erklärung der Gestaltung des Himmels kam, welche von der anfänglichen Darstellung Herschel's in jeder Hinsicht abweicht. Nach Struve's Ansicht sind seine Resultate nothwendige Folgen der am Himmel zu beobachtenden Erscheinungen; jedoch hat sich uns bei näherer Prüfung ergeben, daß auch sie auf Voraussetzungen beruhen, deren Wahrheit man vermuthen, nicht aber erweisen kann. Struve ging von dem Satz aus, daß die Sterne über den ganzen Raum des Weltalls im Durchschnitt ungefähr gleiche Größe haben und nahm außerdem an, daß sie in bestimmten Richtungen gleichmäßig über den Raum vertheilt sind. Seine Untersuchung gründete sich hauptsächlich auf die dreißigtausend Sterne eines bestimmten Himmelsgürtels, welche Bessel beobachtet und Weisse zu Krakau unlängst in einen Katalog geordnet hat. Diese Anordnung erleichterte es, beim Abzählen der Sterne an verschiedenen Theilen des Himmels auch ihre Helligkeit zu berücksichtigen, was Herschel versäumt hatte, so daß seine Arbeit mangelhaft bleiben mußte. Wenn wir jedoch erwägen, daß das Milchstraßensystem so viele Millionen Sterne enthält, so muß uns schon die geringe Anzahl der von Struve in Untersuchung genommenen Sterne ein unbedingtes Vertrauen auf seine Resultate über den Bau des Weltalls bedenklich erscheinen lassen. Er schloß, daß die ganze Erscheinung der Milchstraße und der ganze Anblick des Himmels nicht eine Folge einer eigenthümlichen Gestaltung des sichtbaren Weltalls sei, sondern nur die Folge einer höchst ungleichen Vertheilung der Sterne durch den Raum. Obgleich wir nun erklären müssen, daß wir in die Zahlen, durch welche Struve ausdrückte, wie die Gedrängtheit der Sterne im Schöpfungsraume zu- und abnehme, kein unbedingtes Vertrauen setzen können, so halten wir doch für unzweifelhaft, daß die ungleiche Vertheilung der Sterne, welche man so oft als mit der Weisheit des Schöpfers unvereinbar glaubte, von Struve vollkommen bewiesen ist. Durch Struve's eifrige Bemühungen hat unsere Kenntniß des Himmels wieder einen bedeutenden Fortschritt gemacht; sie haben uns aber auch einen neuen Beweis geliefert, daß eine vollständige Erforschung des Baues des Weltalls mit unüberwindlichen Schwierigkeiten verknüpft ist und anstatt unsere Leser mit einer Entwicklung der Untersuchungen Struve's zu ermüden, ziehen wir vor in aller Kürze zusammenzufassen, was unserer Ansicht nach von Herschel's und Struve's vereinigten Forschungen über den Bau des sichtbaren

Weltalls gegenwärtig als unzweifelhafte Wahrheit oder als hohe Wahrscheinlichkeit gelten kann. Sie beweisen uns, daß unsere Sonne weder durch ihre Größe, noch durch ihr Licht, noch durch ihre Stellung im Weltall von den übrigen Firsternen merklich verschieden ist. Sie muß eher zu den kleinen als zu den großen Firsternen gerechnet werden und der ungeheure Raum, welcher sie von den nächsten Firsternen trennt, ist durchaus nicht größer als derjenige, welcher zwischen den im Weltall unmittelbar aufeinander folgenden Sternen eben auch gefunden wird. Die Sonne befindet sich weder im Mittelpunkte einer Sphäre noch eines Sternenringes und die ausgezeichnete Stellung in der Schöpfung, welche ihren hohen Rang bezeugen sollte und von der man früher so sehr eingenommen war, muß ganz und gar aufgegeben werden. Alle für das bewaffnete Auge noch sichtbaren Sterne gehören zu einem System von mehr als hundert Millionen solcher Körper, welches sich nicht bis in die Unendlichkeit erstreckt. Dieses System hat eine Form, welche sich einigermaßen mit einer flachen unregelmäßigen Scheibe vergleichen läßt, deren Dicke und Höhe wir annähernd schätzen können, die sich aber weiter in die Länge und Breite erstreckt als die größten für unsere Teleskope noch erreichbaren Entfernungen, und deren Dimensionen von uns nicht bestimmt werden können, sehr leicht aber die Grenzen unserer kühnsten Phantasie übersteigen. Die Sterne sind sehr ungleichmäßig über den inneren Raum dieses Systems vertheilt, keineswegs aber ist diese Vertheilung ganz gesetzlos. Denkt man sich eine platte Fläche, durch welche der scheibenförmige Körper in der Hälfte seiner Dicke in zwei andere Scheiben getheilt wird, so sind im Allgemeinen die Sterne um so dichter zusammengedrängt, je näher sie dieser Fläche liegen und um so weiter zerstreut, je entfernter sie sich von dieser Fläche befinden, bis sie sich in bestimmten Entfernungen von dieser Fläche ganz verlieren. Ueber diese Fläche sind die Sterne bis auf eine bestimmte Entfernung ziemlich gleichmäßig vertheilt; endlich aber werden sie auch auf dieser Fläche sparsamer, bis sie in bestimmten, aber unmeßbaren Entfernungen ganz aufhören. Obschon die Art und Weise, wie die Sterne über den inneren Raum des Systems vertheilt sind, einigermaßen ein festes Gesetz zu befolgen scheint, so finden doch viele und große Ausnahmen statt. Hier sind die Sterne weit mehr als anderwärts angehäuft und das ganze System wird von unermeßlichen Schichten von Sternen, welche viel dichter als sonst zusammengedrängt sind, durchschnitten. Das Aussehen der Milchstraße ist eine Folge des Baues des Weltalls und muß sowohl aus seiner besonderen Form, als aus der ungleichmäßigen Verbreitung der Sterne durch den Schöpfungsraum erklärt werden.

Wir haben absichtlich die Bemühungen um die Bestimmung der Größe und Gestalt des sichtbaren Weltalls mit einiger Ausführlichkeit behandelt, damit man den Stand unserer Kenntniß dieses wichtigen Gegenstandes desto besser beurtheilen könne. Gewiß ist dieser Stand noch keineswegs befriedigend zu nennen. Wir sind in den höchsten Regionen der für uns sichtbaren Schöpfung noch nicht genug eingeweiht, um uns dabei aller unbewiesenen Sätze entledigen zu können und sobald die Astronomie sich mit ihren Betrachtungen in diese Regionen versteigt, hört die ihr sonst eigene mathematische Gewißheit großentheils auf. Es darf uns nicht wundern, daß der Mensch das größte für ihn sichtbare Werk seines Schöpfers noch nicht ergründen konnte. Betrachten wir uns selbst und den Körper, welchen wir bewohnen, in Beziehung zu der ganzen Schöpfung, so haben wir guten Grund uns über die Einsicht zu freuen, welche uns in den Bau des Weltalls vergönnt war. Fern von leeren Betrachtungen glaubten wir unsern Lesern diesen Blick nicht vorenthalten zu dürfen, welcher bei allem Zweifelhaften so viel Wahres, so viel Großes und Schönes unserem Auge enthüllt. Wenn er unserer Wißbegierde nicht ganz genügte, wenn er uns selbst die Astronomie in ihrem schwächsten Lichte zeigte, so kann er uns doch in dem großen Schöpfungsbaue die Allmacht seines Schöpfers lehren, welcher auch unser Schöpfer, unser Wohlthäter und Fürsorger ist.

§. 217.

Ein heiliger Schauer mag uns bei dem Gedanken an einen Gott überkommen, dessen Herrschaft sich über ein so unermeßliches Gebiet so vieler Millionen Sonnen erstreckt, aber eben so unerforschlich wie sein Wesen ist der unendliche Raum, dem sein Wille gebietet. Diese gewaltige Menge von Sonnen, welche wir unser Milchstraßensystem oder das sichtbare Weltall zu nennen gewohnt sind, gegen welches unser großes Sonnensystem wie ein winziges Pünktchen verschwindet, ist begrenzt und schon deshalb gegen den unendlichen Raum weniger als ein Sandkorn in der Wüste, weniger als ein Tropfen im Ocean. Der Raum kann kein Ende haben; denn mit dem Begriffe seiner Begrenzung ist der eines Raums außer diesen Grenzen unzertrennlich, und wie unermeßlich tief im Himmel wir uns auch das Ende des Raumes vorstellen mögen, an dem Ende unserer Vorstellung fängt er erst an. Unser Milchstraßensystem, das für uns sichtbare Weltall, nimmt, wie groß es auch für unsere Fassungskraft sein mag, nur einen bestimmten Raum ein, dessen Grenzen wir sogar theilweise mit unseren Teleskopen erreichen können, aber wo unserem Auge das Ende der Schöpfung ist, sind darum die Grenzen des Geschaffenen noch nicht. Wenn die Allmacht uns nicht vergeblich den Zugang zum Vortempel ihres Heiligthums, dessen vollkommne Erkenntniß für die Ewigkeit bewahrt bleiben muß, vergönnte, wenn die Betrachtung des Himmels in uns ihren höchsten Zweck erreicht, indem sie einen sittlichen Einfluß ausübt und unseren Gedanken von dem großen Werke zu dessen noch größerem Schöpfer emporführt, so wird in uns die Ueberzeugung leben, daß die Allmacht auch in ihrem Vermögen unendlich ist, und wir werden uns nicht zu behaupten vermessen, daß alles Geschaffene unseren schwachen Sinnen zugänglich sein muß. Der unendliche Raum, welcher das für uns sichtbare Weltall umgiebt, kann nach unseren Begriffen nicht leer sein. Auch in der unendlichen Tiefe, weit, weit über das Gebiet, wo die Sonnen unserem bewaffneten Auge verschwinden, muß sich die Gegenwart des Schöpfers in den Werken seiner Allmacht offenbaren.

Für unseren beschränkten Verstand ist diejenige Voraussetzung die natürlichste, daß außer unserem Milchstraßensystem noch Tausende von anderen Schöpfungen bestehen, die entweder mit unserem Milchstraßensystem übereinkommen oder davon verschieden sind und welche auf Fernen von einander geschieden sind, gegen die unser großes Weltall wiederum wie ein Stäubchen verschwinden muß. Wenn wir mit einigen verdienstvollen Astronomen die Anzahl der Sterne außerhalb unseres Milchstraßensystems als vollkommen unendlich annehmen, so begegnen wir einer Erscheinung, welche unsere Aufmerksamkeit verdient. Wenn die Zahl der Sterne wirklich unendlich ist, so muß jede von unserem Auge nach einem beliebigen Punkte des Himmels gezogene Linie einen Stern treffen; die Sterne müssen mit einander ohne irgend einen Zwischenraum den ganzen Himmel bedecken und wenn ihr Licht nicht geschwächt wird, den Himmel mit einer Sonnengluth bedecken, welcher unser Auge erliegen müßte. Nimmt man an, daß die Anzahl der Sterne unendlich ist, so muß man auch ein nicht völlig durchsichtiges Medium im ganzen Schöpfungsraume verbreitet denken, durch welches das Licht der Sterne um so mehr geschwächt wird, je tiefer sie sich im Schöpfungsraume befinden. Dasselbe schwächt für unser Auge schon den Glanz der anderen Schöpfungen, welche uns am nächsten sind und ist ein Schleier, welcher die Vollkommenheiten im tiefsten Inneren des Heiligthums dem sterblichen Auge in ewige Nacht verhüllt.

§. 218.

Bei dem muthmaßlichen Bestehen von Milchstraßensystemen außerhalb des unsrigen würde man sie leicht in dem Zusammenfluß von Tausenden von Sternen, welche wir unter dem Namen Sternhaufen kennen lernten, zu finden vermeinen können. Die Betrachtungen des älteren Herschel haben jedoch bis zur völligen Ueberzeugung bewiesen, daß die Sternhaufen keine anderen Milchstraßensysteme, keine neuen Schöpfungen außerhalb des Raumes, welchen wir als unser Weltall betrachten und dessen Größe unsere Begriffe bereits so sehr übersteigt, sein können. Die Sternhaufen halten sich innerhalb des Raumes unseres Milchstraßensystems auf, sie gehören zu unserem sichtbaren Weltall, von welchem sie nur sehr kleine Theile ausmachen, sie sind wundervolle Schaaren von Sonnen, welche unser Milchstraßensystem mit einander durchschwärmen und deren Zweck wir nicht fassen. Wenn wir auch die muthmaßlichen Schöpfungen außer derjenigen, wozu wir gehören, nicht in den sogenannten Sternhaufen finden, so brauchen sie sich doch unseren Blicken nicht ganz und gar zu entziehen. Herschel fand, daß die nächsten Fixsterne durch sein Teleskop von vierzig Fuß noch sichtbar sein würden, wenn sie auch 2300 mal weiter von uns entfernt wären. Auf solche Entfernung würde also sein Teleskop vereinzelte Sterne verrathen, Anhäufungen aber von Tausenden und Millionen von Sternen müßten sich durch dieses Instrument auf noch unvergleichlich weit größere Entfernungen als Flecken von mattem Schimmer entdecken lassen. So sehen wir auch schon mit bloßem Auge den matten Schimmer der Milchstraße und einiger Sternhaufen ganz oder großentheils von Sternen bewirkt, welche wegen ihrer Entfernung selbst durch ein ziemlich kräftiges Fernrohr nicht mehr zu unterscheiden sind. Herschel hat bewiesen, daß er einige Sternhaufen noch gesehen haben würde, selbst wenn sie 35000 mal weiter als die nächsten Fixsterne entfernt wären. Setzen wir den Fall, daß von den nächsten Fixsternen das Licht in 10 Jahren zu uns kommt, so würde es 350000 Jahre brauchen, um den Raum zu durchlaufen, welcher zwischen uns und einem so entfernten Gegenstande gelegen ist. Jedoch ist nicht zu bezweifeln, daß, wenn das Sternenlicht von einem Medium nicht gar zu sehr geschwächt wird, ein solches Milchstraßensystem wie das unsrige durch Herschel's Teleskop noch auf eine Entfernung, welche das Licht erst in vielen Millionen Jahren durchmessen kann, sichtbar sein muß.

§. 219.

Ein Milchstraßensystem aus Millionen von Sonnen wird auf Entfernungen von uns erweitert sein können, welche es unmöglich machen, selbst mit unserem riesigsten Teleskopen diese Sonnen von einander zu unterscheiden. Jedoch muß uns das zusammenschmelzende Licht dieser Sonnen auf unvergleichlich größere Entfernungen sichtbar sein. Es wird uns als ein Gegenstand, welcher sich als schwacher Flecken am Himmel zeigt, um so kleiner scheinen, je ferner er von uns ist, das ganze von dem Gegenstand empfangene Licht wird abnehmen, immer aber wird es bei allen Entfernungen mit gleicher Helligkeit vom dunkeln Himmelsgrund abstechen. Wir müssen also die Milchstraßensysteme außer dem unsrigen, so lange wenigstens ihre scheinbare Größe es nicht verbietet oder ihr Licht durch ein undurchsichtiges Medium zu sehr verringert wird, wahrnehmen. Nimmt man die Größe unseres Milchstraßensystems so mäßig an, als die späteren Untersuchungen Herschel's dies gestatten, so findet man, daß es noch groß genug scheinen würde, um das ganze Feld eines so stark vergrößernden Fernrohrs zu füllen, selbst wenn es sich auf eine Entfernung von uns befände, welche das Licht in vierzig Millionen Jahren erst durchmessen kann. Wenn aber das Licht im Himmelsraume von einem verdüsternden Medium nicht zu sehr geschwächt wird, so würde unser Milchstraßensystem in noch größerer Entfernung für unsere Teleskope sichtbar sein. Wir können es also nicht nur für möglich, sondern auch für wahrscheinlich halten, daß unter den zahlreichen von Herschel am Himmel entdeckten Flecken, über deren Entfernungen die Beobachtungen nichts ergeben, auch viele sich befinden, welche nichts Anderes sind, als Anhäufungen von Millionen von Sonnen und Milchstraßensystemen noch außerhalb des unermeßlichen Milchstraßensystems, zu welchem wir gehören. Herschel selbst kam schon sehr früh auf diese Vermuthung und wenn er in letzterer Zeit nicht mehr ausdrücklich davon sprach, so war es vielleicht darum, daß ihm nichts im Wege stehe, eine Ansicht, welche sein Innerstes ganz durchdrungen hatte, daß nämlich die Nebelflecken großentheils treibende Lichtwolken des Himmels seien, aus denen Sonnen und Sonnensysteme ihren Ursprung nahmen, höchst wahrscheinlich zu machen. Als Herschel noch nicht daran dachte, jeder einzelnen Art von Nebelflecken ihren Platz in der langen Reihe von Gegenständen, welche seinen Satz über den Ursprung der Sterne bestätigen mußten, einnehmen zu lassen, entwickelte er die Gründe, warum er viele dieser Gegenstände und vorzüglich die ausgebreiteten matten Flecken, welche sein kräftig bewaffnetes Auge kaum unterscheiden konnte, für andere Milchstraßensysteme hielt, die selbst das unsrige an Größe übertreffen und diese Vermuthung hat Herschel, mag er auch später anderes über die höheren Regionen des Himmels gedacht haben, nie zurückgenommen. So werden wir zu der Voraussetzung gedrängt, daß diese Millionen uns sichtbarer Sonnen, welche über einen Raum verbreitet sind, gegen den wir mit unserer ganzen Erde, ja selbst mit unserem ganzen Sonnensystem ins Nichts zusammensinken, daß diese unzählbare Menge von muthmaßlichen Weltsystemen, welche wir als das Weltall zu betrachten gewöhnt sind, eben nicht mehr als ein winziges Pünktchen ist, das sich inmitten der Schöpfung verliert. Unser großes Weltall ist nur ein einzelnes System von Sonnen, rings umgeben von anderen Systemen, welche durch die Größe und Menge ihrer Welten das unsrige übertreffen und deren Entfernungen das Licht mit seiner außerordentlichen Geschwindigkeit erst in Millionen von Jahren durchmessen kann und die wir sehen, wie sie vor Millionen von Jahren bestanden. Wie sehr können nicht diese unermeßlichen anderen Schöpfungen, von denen unser am stärksten bewaffnetes Auge kaum noch einen Eindruck empfangen kann, von unserem Milchstraßensystem verschieden sein? Welche unendliche Verschiedenheit von Welten und Wundern muß noch außerhalb des unermeßlichen Gebietes der für uns sichtbaren Schöpfung bestehen! Hier aber wird auch die kühnste Phantasie in ihrem Fluge gelähmt. Die Grenzen unseres Kennens und Wissens liegen uns sehr nahe, weit ausgedehnt aber ist das Gebiet, wo keine Sicherheit mehr herrscht und unser beschränkter Verstand nur an Wahrscheinlichkeiten sich festhalten kann. In dem Reiche der großen Schöpfung hat sich der menschliche Geist in die größten Fernen und in die tiefste Verborgenheit einen Zugang gebahnt, aber diese Orte des Himmels liegen weit über die Grenzen hinaus, welche wir mit unserer Muthmaßung noch erreichen können. Kein endlicher Verstand wird zu den in der tiefsten Tiefe des unendlichen Raumes verborgenen Geheimnissen vordringen; keine Zeit wird die Wunder und Vollkommenheiten ganz enthüllen, an denen sich unser Geist wie an einem unerschöpflichen Quell himmlischer Freude ewig wird laben können.

Druck von W. Pormetter, Kommandantenstr. 7.